东北师范大学文库
DONGBEI SHIFAN DAXUE WENKU

基础量子化学

王荣顺等　编著

东北师范大学出版社
长　春

图书在版编目（CIP）数据

基础量子化学/王荣顺等 编著. —2 版. —长春：东北师范大学出版社，2015.3（2025.7 重印）
ISBN 978－7－5681－0300－8

Ⅰ.①基…　Ⅱ.①王…　Ⅲ.①量子化学　Ⅳ.O64

中国版本图书馆 CIP 数据核字(2015)第 267575 号

□责任编辑：曲春波　□封面设计：李冰彬
□责任校对：历杏梅　□责任印制：张允豪

东北师范大学出版社出版发行
长春净月经济开发区金宝街 118 号（邮政编码：130117）
网址：http：//www.nenup.com
东北师范大学出版社激光照排中心制版
河北省廊坊市永清县晔盛亚胶印有限公司
河北省廊坊市永清县燃气工业园榕花路 3 号（065600）
2015 年 3 月第 2 版　2025 年 7 月第 3 次印刷
幅面尺寸：148mm×210mm　印张：11.75　字数：300 千

定价：68.00 元

目　　录

第一章 量子力学基础

§1.1 Schrödinger 方程

一、量子力学的历史回顾

19 世纪末的三大发现(电子、X 射线和天然放射性)充分证明了原子和分子是由带电质点组成的。这些带电的质点在原子中是怎样分布的?也即原子的具体图像是什么样?从 1909 年起 Rutherford(卢瑟福)、Geiger(盖革)和 Mersden(马斯登)进行了一系列的实验,发现了 α 粒子的散射现象。在 α 粒子散射实验的基础上,Rutherford 于 1911 年提出了原子的有核模型,认为:原子的中央有一个带正电的核,电子绕核运动;核的体积很小,直径为10^{-13} cm～10^{-12} cm,是原子的直径(10^{-8} cm)的万分之一;核带的正电荷与核外电子的总负电荷相等;由于电子质量很小,因此原子的质量几乎全部集中在核上。可见原子核有两个明显的特点:一小两重。核子间是借一种短程力而结合在一起的。关于原子核结构的细节可以留给物理学家去阐述。

从化学的角度,我们所关心的原子结构问题是核外电子的运动规律,因为它决定了原子的性质。具体地说,原子结构就是电子运动的状态,电子所具有的能量,以及核外电子的排布。

我们知道,宏观物体的行为是用经典力学的牛顿定律描述的,而原子等微观粒子的行为则是用量子力学的定律来描述的。这两方面的正确性都是以它们的解与实验相符合为根据的。

量子理论的发展大致可分为两个阶段。第一阶段是旧量子论(1900—1923),第二阶段是量子力学(1924 年至今)。旧量子论是量子力学的前驱,它是自 19 世纪末以来,在大量的事实与经典物理学理论产生了不可克服的矛盾的基础上提出来的。其中最著名的实验是黑体辐射、光电效应和原子的线光谱。为了解释这些实验事实,在微观粒子的运动中引进了一个崭新的不连续性概念,即量子化的概念。第一次提出这个概念的是 1900 年 Planck(普朗克)在解释黑体辐射实验事实时引进来的,提出了振子能量的变化是量子化的;1905 年 Einstein(爱因斯坦)在解释光电效应的实验事实时,提出了光子能量的变化是量子化的;1913 年 bohr(玻尔)在解释原子线光谱的实验事实时,提出了原子“定态”的假设,得到原子能量的变化是量子化的。

1923 年 de Broglie(德布罗意)将相对论观念和 Planck 以及 Einstein 的观念联系起来。相对论将质量与能量相联系,得到$E=mc^2$;而 Planck 和 Einstein 又将能量和频率相联系,即 $E=h\nu$。两者结合起来就给出了质量与频率间的关系,即

$$mc^2=h\nu$$

$$\because\ \nu=\frac{c}{\lambda},\therefore\ mc^2=\frac{hc}{\lambda},\text{故}\ \lambda=\frac{h}{mc}=\frac{h}{p}。$$

这就是说,任何质量为 m 的物质,也和光一样具有波动性,其波长也应和光类似,为

$$\lambda=\frac{h}{mv}=\frac{h}{p} \tag{1.1 - 1}$$

这就是有名的 de Broglie 关于物质波(或称德布罗意波)的假设。

1927 年 Davisson(截维森)和 Germer(革末)的电子衍射实验有力地证明了 de Broglie 假设。1932 年 Stern(斯登)用氢和氦分子做实验,也观测到了同样的衍射效应,这就证实了粒子的波动性并非电子所特有,其他一切微观粒子(如原子、分子、质子、中子、α 粒子等)也都有类似的波动性,因此波粒二象性是一切物质所具有的普遍属性,这就是量子力学的实验基础。

电子既然具有波动性，它的行为就必然可以用一种波动方程来描述，这就是 1926 年 Schrödinger 提出的并以他的名字命名的波动方程，它是量子力学的基本方程。

1927 年 Heitler（海特勒）和 London（伦敦）利用这个方程讨论了两个氢原子之间形成 H_2 分子的化学键的本质，获得了很大成功。当今，用量子力学方法来讨论化学键问题，已形成了一门专门的学科——量子化学。

二、Schrödinger 方程

在经典力学中，粒子的运动受牛顿第二定律支配：$F=m\dfrac{d^2x}{dt^2}$。我们只要知道粒子的最初坐标（即在 t_0 时刻粒子在 x_0 处时以及粒子最初的速度），即在 t_0 时刻粒子的速度为 v_0，那么我们就能严格地预见粒子未来的运动。

但是，1927 年 Heisenberg（海森堡）发现了测不准原理，它告诉我们微观粒子的位置和速度不能被同时精确测定。因此，经典力学的方法是不能描述微观粒子的运动状态的。

电子具有波动性，像光波、声波、弦振动等一样，它的行为必然可以用一种波动方程来描述。这种波动方程是 1926 年由 Schrödinger 提出的。他考虑到物质波的波长具有量子化的特点，而在经典物理学中，波长具有量子化特点的只有驻波。所以，专门研究波动理论的 Schrödinger 很自然地从驻波的运动方程出发来建立电子波的运动方程。

一维(x)谐驻波振幅的一般表示式是

$$\psi(xt)=A\sin2\pi\left(\frac{x}{\lambda}+k\right)\sin2\ \pi\nu t \qquad (1.1-2)$$

其中 ψ 是振幅，A 是最大振幅，k 是常数。将上式微分两次即得

$$\frac{\partial\psi}{\partial x}=A\cos2\pi\left(\frac{x}{\lambda}+k\right)\cdot\frac{2\ \pi}{\lambda}\ \sin2\pi\nu t \qquad (1.1-3)$$

$$\frac{\partial^2\psi}{\partial x^2}=-A\sin2\pi\left(\frac{x}{\lambda}+k\right)\cdot\frac{4\pi^2}{\lambda^2}\sin2\pi\nu t$$

$$\cdots=-\frac{4\ \pi^2}{\lambda^2}\psi\cdots \qquad (1.1-4)$$

将 de Broglie 关系式 $\lambda=\frac{h}{p}$ 代入(1.1 - 4)式中得

$$\frac{\partial^2\psi}{\partial x^2}=-\frac{4\ \pi^2P^2}{h^2}\psi \tag{1.1 - 5}$$

由于总能量 E 是势能 V 和动能 $\frac{1}{2}mv^2$ 之和,即

$$E=\frac{P^2}{2m}+V,\therefore\ P^2=2m(E-V) \tag{1.1 - 6}$$

将(1.1 - 6)式代入(1.1 - 5)式中,得

$$\frac{\partial^2\psi}{\partial x^2}+\frac{8\pi^2m}{h^2}(E-V)\psi=0\ \text{或} \tag{1.1 - 7}$$

$$\frac{d^2\psi(x)}{dx^2}+\frac{8\pi^2m}{h^2}[E-V(x)]\psi(x)=0 \tag{1.1 - 8}$$

这就是质量为 m 的粒子,一维运动的定态 Schrödinger 方程。在三维空间中方程是

$$\nabla^2\psi+\frac{8\pi^2m}{h^2}(E-V)\psi=0 \tag{1.1 - 9}$$

其中

$$\nabla^2=\frac{\partial^2}{\partial x^2}+\frac{\partial^2}{\partial y^2}+\frac{\partial^2}{\partial z^2} \tag{1.1 - 10}$$

ψ 表示电子波的振幅,称为波函数。应当注意,不要对定态这个概念发生误解,不能理解为处于定态的粒子是静止的,定态是指 $|\psi|^2$(几率密度)值不随时间而改变。

Schrödinger 方程建立后不久,同年 Born(玻恩)对波函数 ψ 作了正确的统计解释,Born 提出 $|\psi|^2d\tau$ 是在体积元 $d\tau$ 中发现电子的概率,而 $|\psi|^2$ 则是在各处找到电子的几率密度。这就把 ψ 与电子的某种物理学上可观察的性质联系起来了。Born 的统计解释是与电子的波动性和 Heisenberg 的测不准原理相一致的。其中 $|\psi|^2=\psi^*\psi$,当 ψ 是复数时,ψ^* 是 ψ 的共轭复数(或复共轭)。两者的关系只是在复数中的虚部相差一个符号,例如,若 $\psi=a+bi$,则 $\psi^*=a-bi$;若 $\psi=e^{xi}$,则 $\psi^*=e^{-xi}$。

从 Born 的统计解释出发,ψ 作为物理上合理的可接受函数,必须满足以下限制条件:

① 它必须是一个单值函数，即在空间一点(x,y,z)只能有一个值。

② 归一化条件，即在空间各处找到电子的总几率必须为 1，则

$$\int |\psi|^2 d\tau = 1 \tag{1.1-11}$$

§1.2　算　　符

一、算　符

因为每一个物理性质，如能量、坐标、动量等都对应于一个量子力学算符，所以从算符的角度，我们将可以得到更一般的量子力学理论。

1. 算符的基本性质

(1) 定义

① 算符

设某一种运算 $\hat{F}$ 把函数 u 变成为函数 v，用符号表示为

$$\hat{F}u = v \tag{1.2-1}$$

则表示这种运算的符号 $\hat{F}$ 就称为算符。可见算符是一种运算符号，通过这种运算可将一个函数变成另一个与之对应的函数。例如，$\frac{du}{dx}=v$，$\frac{d}{dx}$ 就是算符，它表示对一个函数进行导数运算（对 x 求导）；$xu = v$，x 也是算符，它对 u 的作用是与 u 相乘。设 3 是一个算符，表示对某函数乘以 3，则 $\hat{3}(x^2+3e^x)=3x^2+9e^x$，$\sqrt{u}=v$，$\sqrt{\ }$ 也是算符，它表示对某一个函数取平方根。

② 线性算符

设 $u_1(x)$ 和 $u_2(x)$ 是两个任意函数，如果某算符 $\hat{A}$ 满足：

$$\hat{A}(c_1u_1+c_2u_2)=c_1\hat{A}u_1+c_2\hat{A}u_2 \tag{1.2-2}$$

其中 c_1 和 c_2 为任意常数，则称 $\hat{A}$ 为线性算符，即两个任意函数的任意线

性组合，经算符作用后，仍然得到两个函数的线性组合，则该算符叫线性算符。

例如，x，$\frac{d}{dx}$ 都是线性算符；而开平方的算符$\sqrt{\ }$、取对数的算符 log 都不是线性算符。

$\because \sqrt{c_1 u_1 + c_2 u_2} \neq c_1 \sqrt{u_1} + c_2 \sqrt{u_2}$

③ 厄米算符

我们知道，函数 ψ 的共轭复函数 ψ^* 就是把 ψ 中的 i 改为－i。算符 $\hat{A}$ 也有它的复数共轭算符 $\hat{A}^*$，$\hat{A}^*$ 就是把 $\hat{A}$ 中的 i 改为－i。

如果线性算符 $\hat{A}$ 满足

$$\int u_1^*(x)\hat{A}u_2(x)dx = \int u_2(x)\hat{A}^*u_1^*(x)dx \tag{1.2 - 3}$$

其中 $u_1(x)$ 和 $u_2(x)$ 是任意两个平方可积的函数，积分遍于自变量的全部区间，则称 $\hat{A}$ 是厄米算符。

例如，对坐标算符 x，它是实变量，所以 $x^* = x$，则

$$\int_{-\infty}^{\infty} u_1^*(x)xu_2(x)dx = \int_{-\infty}^{\infty} u_2(x)xu_1^*(x)dx$$

$$= \int_{-\infty}^{\infty} u_2(x)x^*u_1^*(x)dx \tag{1.2 - 3}$$

故坐标变量 x 是厄米算符。

又如动量算符 $\hat{P}_x = -i\hbar\frac{\partial}{\partial x}$ 我们有

$$\int_{-\infty}^{\infty} u_1^*\hat{P}_x u_2 dx = -i\hbar\int_{-\infty}^{\infty} u_1^*\frac{\partial u_2}{\partial x}dx \text{（用分部积分法可得）}$$

$$= -i\hbar u_1^* u_2 \Big|_{-\infty}^{\infty} + i\hbar\int_{-\infty}^{\infty} u_2\frac{\partial u_1^*}{\partial x}dx$$

因为 u_1 和 u_2 都是平方可积的函数，故 $u_1(\pm\infty) = 0$；$u_2(\pm\infty) = 0$，从而得

$$\int_{-\infty}^{\infty} u_1^* \hat{P}_x u_2 dx = 0 + i\hbar \int_{-\infty}^{\infty} u_2 \frac{\partial u_1^*}{\partial x} dx$$

$$= \int_{-\infty}^{\infty} u_2 \left(i\hbar \frac{\partial}{\partial x}\right) u_1^* dx = \int_{-\infty}^{\infty} u_2 \left(-i\hbar \frac{\partial}{\partial x}\right)^* u_1^* \cdot dx$$

$$= \int_{-\infty}^{\infty} u_2 \hat{P}_x^* u_1^* dx \tag{1.2-4}$$

故动量算符 $\hat{P}_x$ 是厄米算符。

再看微分算符$\frac{d}{dx}$,我们有

$$\int_{-\infty}^{\infty} u_1^* \frac{du_2}{dx} dx = u_1^* u_2 \Big|_{-\infty}^{\infty} - \int_{-\infty}^{\infty} u_2 \frac{du_1^*}{dx} dx$$

$$= -\int_{-\infty}^{\infty} u_2 \left(\frac{d}{dx}\right)^* u_1^* dx \tag{1.2-5}$$

因为$\frac{d}{dx} = \left(\frac{d}{dx}\right)^*$是实的,故前面的负号去不掉。所以微分算符$\frac{d}{dx}$是线性算符,但不是厄米的。由此可见,$\hat{P}_x$ 中的虚数 i 对这个算符是厄米算符有着决定性的意义。

(2) 算符的代数运算规则

① 算符的相等

如果两个算符 $\hat{A}$ 和 $\hat{B}$,分别作用于任一函数 u,所得的新函数相等,即

$$\hat{A} u(x) = \hat{B} u(x) \tag{1.2-6}$$

则说明算符 $\hat{A}$ 和 $\hat{B}$ 相等,表示为 $\hat{A} = \hat{B}$。

② 算符的相加

如果算符 $\hat{A}$,$\hat{B}$ 和 $\hat{C}$ 满足

$$\hat{C} u(x) = \hat{A} u(x) + \hat{B} u(x) \tag{1.2-7}$$

其中 $u(x)$ 为任意函数，即如果算符 $\hat{A}$ 和 $\hat{B}$ 分别作用于任一函数 u，所得到的两个新函数等于另一个算符 $\hat{C}$ 作用于 u 的结果，则说算符 $\hat{C}$ 是算符 $\hat{A}$ 和 $\hat{B}$ 之和，表示为 $\hat{C}=\hat{A}+\hat{B}$

两个算符之和的定义，自然可以推广到多个算符之和的情形，而且显然算符的加法满足结合律和交换律。

③ 算符的相乘

如果算符 $\hat{A}$，$\hat{B}$ 和 $\hat{C}$ 满足

$$\hat{C}u(x)=\hat{A}(\hat{B}u(x)) \tag{1.2 - 8}$$

其中 $u(x)$ 是任意函数，即如果两个算符 $\hat{A}$ 和 $\hat{B}$ 先后作用于任一函数 u，所得的结果与另一个算符 $\hat{C}$ 作用于 u 的结果相等，则说算符 $\hat{C}$ 是算符 $\hat{A}$ 和 $\hat{B}$ 之积，表示为

$$\hat{C}=\hat{A}\hat{B} \tag{1.2 - 9}$$

算符 $\hat{C}$ 作为算符 $\hat{A}$ 与 $\hat{B}$ 之积应理解为一个算符，它对任意一个函数 u 的作用包含着双重运算；首先用 $\hat{B}$ 作用于 u，得到一个新函数 $\hat{B}u$，然后再用 $\hat{A}$ 作用于 $\hat{B}u$，而得最后的结果 $\hat{A}(\hat{B}u)$。

算符服从乘法结合律和分配律

$$\hat{A}(\hat{B}\hat{C})=(\hat{A}\hat{B})\hat{C} \text{ 和} \tag{1.2 - 10}$$

$$\hat{A}(\hat{B}+\hat{C})=\hat{A}\hat{B}+\hat{A}\hat{C}$$

但必须注意两个算符的积与算符的前后次序有关，一般来说，$\hat{A}\hat{B}\neq\hat{B}\hat{A}$，即算符的乘法不满足交换律。

例如：$\hat{P}_x xu(x)=-i\hbar\dfrac{\partial}{\partial x}(xu)=-i\hbar u-i\hbar x\dfrac{\partial u}{\partial x}$

而 $x\hat{P}_x u(x)=x\left(-i\hbar\dfrac{\partial u}{\partial x}\right)=-i\hbar x\dfrac{\partial u}{\partial x}$

$(\hat{P}_x x-x\hat{P}_x)u=-i\hbar u$，$\therefore \hat{P}_x x-x\hat{P}_x=-i\hbar$

因而按算符相等的定义，有 $\hat{P}_x x \neq x\hat{P}_x$。

算符代数与通常代数的主要差别是数服从乘法交换律，但算符则不一定。

④ 算符的平方

算符的平方定义为算符自身的乘积：$\hat{A}^2 = \hat{A}\hat{A}$。

例如，微分算符的平方为

$$\left(\frac{d}{dx}\right)^2 f(x) = \frac{d}{dx}\left(\frac{df}{dx}\right) = f''$$

$$\therefore \left(\frac{d}{dx}\right)^2 = \frac{d^2}{dx^2}$$

又如动量算符 $\hat{P}_x$ 的平方为

$$\left(-i\hbar\frac{\partial}{\partial x}\right)^2 \psi = -i\hbar\frac{\partial}{\partial x}\left(-i\hbar\frac{\partial\psi}{\partial x}\right) = i^2\hbar^2\frac{\partial^2\psi}{\partial x^2} = -\hbar^2\frac{\partial^2\psi}{\partial x^2}$$

根据两个算符相等的定义有 $\left(-i\hbar\frac{\partial}{\partial x}\right)^2 = -\hbar^2\frac{\partial^2}{\partial x^2}$。

⑤ 算符的对易关系

两个算符 $\hat{A}$ 和 $\hat{B}$ 可以组成乘积 $\hat{A}\hat{B}$，也可以组成乘积 $\hat{B}\hat{A}$。

这两个乘积之差称为算符 $\hat{A}$ 和 $\hat{B}$ 的对易子，并用符号 $[\hat{A},\hat{B}]$ 来表示，即

$$[\hat{A},\hat{B}] \equiv \hat{A}\hat{B} - \hat{B}\hat{A} \tag{1.2 - 11}$$

若 $[\hat{A},\hat{B}] \neq 0$，即 $\hat{A}\hat{B} \neq \hat{B}\hat{A}$，则称算符 $\hat{A}$ 和 $\hat{B}$ 不对易。例如，$[\hat{P}_x, x] = -i\hbar$，说明算符 $\hat{P}_x$ 和 x 是不对易的。

若 $[\hat{A},\hat{B}] = 0$，即 $\hat{A}\hat{B} = \hat{B}\hat{A}$，则称算符 $\hat{A}$ 和 $\hat{B}$ 对易。

例如：$\hat{P}_x\hat{P}_y u(x,y) = -i\hbar\frac{\partial}{\partial x}\left[-i\hbar\frac{\partial}{\partial y}\right]u(x,y) = (-i\hbar)^2\frac{\partial}{\partial x}\frac{\partial u}{\partial y} = (-i\hbar)^2\frac{\partial}{\partial y}\frac{\partial u}{\partial x} = -i\hbar\frac{\partial}{\partial y}\left[-i\hbar\frac{\partial}{\partial x}u(x,y)\right] = \hat{P}_y\hat{P}_x u(x,y)$。按算符相等的定义，则有 $\hat{P}_x\hat{P}_y = \hat{P}_y\hat{P}_x$，故 $\hat{P}_x$ 和 $\hat{P}_y$ 是对易的。

又如算符 x 和 y 也是可对易的，因为对任意函数 u 都有 $xyu = yxu$。

可以证明，坐标算符 x,y,z，动量算符 $\hat{P}_x,\hat{P}_y,\hat{P}_z$ 和常数算符 c 之间的对易关系为

$$\begin{cases}[\mu,v]=0\\ [\hat{P}_\mu,\hat{P}_v]=0\\ [\hat{P}_\mu,v]=-\mathrm{i}\hbar\delta_{\mu v}\end{cases} \qquad (1.2-12)$$

其中 $(\mu,v = x,y,z)$

$$\delta_{\mu v}=\begin{cases}0 & 当\ \mu\neq v\\ 1 & 当\ \mu=v\end{cases}$$

$$[\hat{A},c]=0$$

其中 $\hat{A}$ 是任意算符。

这就是说坐标的分量算符 x,y,z 之间互相对易；动量的分量算符 $\hat{P}_x$，$\hat{P}_y,\hat{P}_z$ 之间互相对易；动量的某一分量算符（例如 $\hat{P}_x$）和相对应的坐标分量算符（例如 x）不对易，而和其他两个不对应的坐标分量算符（例如 y 和 z）对易；常数算符 c 和任意算符都对易。

2. 算符化规则

作为量子力学的第二个基本假定，是每个物理性质（例如能量，坐标，动量）都对应于一个量子力学算符。作为这个假定的组成部分，量子力学提出了下列算符化规则：

① 时空坐标这些力学量的算符就是它自己，即

$$\hat{X}=x,\hat{Y}=y,\hat{Z}=z,\hat{T}=t \qquad (1.2-13)$$

② 动量的算符为

$$\begin{cases}\hat{P}_x=-\mathrm{i}\hbar\dfrac{\partial}{\partial x}\\ \hat{P}_y=-\mathrm{i}\hbar\dfrac{\partial}{\partial y}\\ \hat{P}_z=-\mathrm{i}\hbar\dfrac{\partial}{\partial z}\end{cases} \qquad (1.2-14)$$

③ 任意一个力学量 L(这个力学量在经典力学中有它的对应量）的算符 $\hat{L}$ 可按下列步骤得到。

首先，写出该力学量在经典力学中对应量的表达式。

$L = L(x, y, z, P_x, P_y, P_z, t)$

然后，将上式中的动量换成动量算符(时空坐标算符就是它自己)，即可得到力学量 L 的算符 $\hat{L}$：$\hat{L} = \hat{L}(x, y, z, \hat{P}_x, \hat{P}_y, \hat{P}_z, t)$。

例 1　推求 $\hat{P}_x^2$。

$$\hat{P}_x^2 = \left(-i\hbar\frac{\partial}{\partial x}\right)^2 = \left(-i\hbar\frac{\partial}{\partial x}\right)\left(-i\hbar\frac{\partial}{\partial x}\right) = -\hbar^2\frac{\partial^2}{\partial x^2} \qquad (1.2-15)$$

同理可得

$$\hat{P}_y^2 = -\hbar^2\frac{\partial^2}{\partial y^2} \qquad \hat{P}_z^2 = -\hbar^2\frac{\partial^2}{\partial z^2}$$

例 2　推求能量算符。假设有一个体系，其中势能函数为 $V(x) = ax^2$，a 是常数，则势能算符为 $\hat{V}(x) = ax^2$，即势能算符就是 $V(x)$，总之，对任一势能函数都有

$$\hat{V}(x) = V(x) \qquad (1.2-16)$$

动能 T 的经典力学表达式为

$$T = \frac{1}{2}mv_x^2, P_x = mv, v_x = \frac{P_x}{m}$$

$$\therefore T = \frac{1}{2}m\left(\frac{P_x}{m}\right)^2 = \frac{P_x^2}{2m}$$

用对应的动量算符代替 P_x，得动能算符为

$$\hat{T} = -\frac{\hbar^2}{2m}\frac{\partial^2}{\partial x^2} = -\frac{\hbar^2}{2m}\frac{d^2}{dx^2} \qquad (1.2-17)$$

总能量 E 的经典力学表达式为

$$E = T + V = \frac{P_x^2}{2m} + V(x)$$

能量算符 $\hat{H} = \hat{T} + \hat{V} = -\frac{\hbar^2}{2m}\frac{d^2}{dx^2} + V(x)$

或 $E = \frac{1}{2m}(P_x^2 + P_y^2 + P_z^2) + V(x, y, z)$

$$\hat{H}=\frac{1}{2m}\left[\left(-\mathrm{i}\hbar\frac{\partial}{\partial x}\right)^2+\left(-\mathrm{i}\hbar\frac{\partial}{\partial y}\right)^2+\left(-\mathrm{i}\hbar\frac{\partial}{\partial z}\right)^2\right]+V(x,y,z)$$

$$=-\frac{\hbar^2}{2m}\left(\frac{\partial^2}{\partial x^2}+\frac{\partial^2}{\partial y^2}+\frac{\partial^2}{\partial z^2}\right)+V(x,y,z) \qquad (1.2-18)$$

$\nabla^2=\frac{\partial^2}{\partial x^2}+\frac{\partial^2}{\partial y^2}+\frac{\partial^2}{\partial z^2}$ 叫拉普拉斯(Laplace) 算符，以上代入上式，则

$$\hat{H}=-\frac{\hbar}{2m}\nabla^2+V \qquad (1.2-19)$$

这就是我们熟知的 Hamilton(哈密顿) 算符(或能量算符)。

微观粒子还有一些新的力学量，在经典力学中根本不存在它们的对应量，如粒子的自旋，此时，上述的算符化规则当然无效，这时就只有以实验所发现的这些力学量的客观性质为依据，并考虑到算符应属的类型，才能写出表示这些力学量的算符形式。

二、算符和量子力学

1. 本征函数和本征值

假如某函数被算符 $\hat{A}$ 作用的结果就是原来函数 $f(x)$ 乘以某常数 k，就说 $f(x)$ 是算符 $\hat{A}$ 属于本征值 k 的本征函数，写成

$$\hat{A}f(x)=kf(x) \qquad (1.2-20)$$

例如，e^{2x} 是算符$\frac{d}{dx}$ 属于本征值为 2 的一个本征函数，即 $\left(\frac{d}{dx}\right)e^{2x}=2e^{2x}$。若 $f(x)$ 是算符 $\hat{A}$ 属于本征值 k 的本征函数，则 $cf(x)$(c 是任意常数) 也是其本征函数，这是容易证明的。因为根据算符的性质，我们有 $\hat{A}(cf)=c\hat{A}f=ckf=k(cf)$。这就告诉我们，若任一线性算符 $\hat{A}$，属于某个本征值 k 的本征函数为 $f(x)$，则该本征函数乘以任意常数 c 之后，$cf(x)$ 仍然是该算符属于同一本征值 k 的本征函数。

2. 厄米算符的本征值是实数

量子力学中表示微观粒子的任意一个可观测力学量的算符都是线性

厄米算符,现在我们来证明厄米算符的本征值是实数。

若 $\hat{A}$ 是厄米算符,φ_i 和 φ_j 是任意品优函数(以后将会看到品优的含义),则有

$$\int \varphi_i^* \hat{A} \varphi_j d\tau = \int \varphi_j \hat{A}^* \varphi_i^* d\tau$$

令 $\varphi_i = \varphi_j$,则 $\int \varphi_i^* \hat{A} \varphi_i d\tau = \int \varphi_i (\hat{A} \varphi_i)^* d\tau$ (1.2 - 21)

假定 φ_i 是 $\hat{A}$ 属于本征值 b 的本征函数,即 $\hat{A} \varphi_i = b\varphi_i$

则(1.2 - 21)式变成

$$b\int \varphi_i^* \varphi_i d\tau = \int \varphi_i (b\varphi_i)^* d\tau = b^* \int \varphi_i \varphi_i^* d\tau$$

$$\therefore (b - b^*) \int |\varphi_i|^2 d\tau = 0$$

由于积分不能为零,因为积分为零则意味着对一切坐标 φ_i 都是零,这不符合物理意义上的要求,故只有 $b - b^* = 0$,$\therefore b = b^*$,得证。

3. 本征函数的性质

线性厄米算符的本征函数具有一些基本性质,这些性质在量子力学理论中是很重要的。

(1) 正交性

若有两个函数 $F(x)$ 和 $G(x)$,满足

$$\int F^*(x) G(x) dx = 0 \tag{1.2 - 22}$$

(积分是对自变量 x 的全部区域进行的)则称 F 和 G 相互正交。

现在我们来证明一个普遍的定理,同一厄米算符的属于不同本征值的本征函数彼此正交。

即已知 $\hat{B} F = sF$ 和 $\hat{B} G = tG$ (1.2 - 23)

其中 F 和 G 是厄米算符 $\hat{B}$ 属于不同本征值的本征函数,要求证明

$$\int F^* G d\tau \equiv \langle F | G \rangle = 0 \tag{1.2 - 24}$$

由于 $\hat{B}$ 是厄米算符,所以有

$\int F^* \hat{B} G d\tau = \int G(\hat{B} F)^* d\tau$　该式也可用 Dirac 符号表示成

$\langle F \mid \hat{B} \mid G\rangle = \langle G \mid \hat{B} \mid F\rangle^*$

将(1.2 - 23)式代入上式得

$\langle F \mid t \mid G\rangle = \langle G \mid s \mid F\rangle^*$

$$t\langle F \mid G\rangle = s^* \langle G \mid F\rangle^* \tag{1.2 - 25}$$

由于 $\hat{B}$ 是厄米算符，所以本征值是实数，故有 $s = s^*$，又因为 $\langle G \mid F\rangle^* = \langle F \mid G\rangle$，则(1.2 - 25)式可写成 $(t-s)\langle F \mid G\rangle = 0$。

由于 t 和 s 是 $\hat{B}$ 的两个不同的本征值，故 $t \neq s$，则得

$$\langle F \mid G\rangle = 0 \quad \text{证毕。} \tag{1.2 - 26}$$

以上讨论的是属于不同本征值的本征函数彼此正交。那么属于同一个本征值的不同的本征函数(即在简并情况下)是否正交呢?回答是不一定正交，但我们可以造出一些本征函数，它们彼此是正交的。

为此，我们首先介绍一条定理：属于同一本征值的不同的本征函数的任意线性组合，还是这个本征值的本征函数。这是一个关于 n 重简并能级的波函数的重要定理。

证明：设有 n 个独立的波函数 $\psi_1, \psi_2, \cdots, \psi_n$，$W$ 是简并能级，则有

$$\hat{H}\psi_1 = W\psi_1, \hat{H}\psi_2 = W\psi_2, \cdots, \hat{H}\psi_n = W\psi_n \tag{1.2 - 27}$$

或统一写成，$\hat{H}\psi_i = W\psi_i, i = 1, 2, \cdots, f$，$f$ 是简并度。现在要证明简并能级的 n 个波函数的线性组合

$$\varphi = c_1\psi_1 + c_2\psi_2 + \cdots + c_n\psi_n \tag{1.2 - 28}$$

仍是 Hamilton 算符 $\hat{H}$ 的属于本征值 W 的本征函数，亦即要证明

$\hat{H}\varphi = W\varphi$ 或

$$\hat{H}(c_1\psi_1 + c_2\psi_2 + \cdots + c_n\psi_n) = W(c_1\psi_1 + c_2\psi_2 + \cdots + c_n\psi_n \tag{1.2 - 29}$$

成立。

由于 $\hat{H}$ 是线性算符，所以

$$\begin{aligned}&\hat{H}(c_1\psi_1+c_2\psi_2+\cdots+c_n\psi_n)\\&=\hat{H}c_1\psi_1+\hat{H}c_2\psi_2+\cdots+\hat{H}c_n\psi_n\\&=c_1\hat{H}\psi_1+c_2\hat{H}\psi_2+\cdots+c_n\hat{H}\psi_n\\&=c_1W\psi_1+c_2W\psi_2+\cdots+c_nW\psi_n\\&=W(c_1\psi_1+c_2\psi_2+\cdots+c_n\psi_n)\end{aligned}$$ 证毕。

这就告诉我们，简并能级的波函数的任一线性组合都是 $\hat{H}$ 的属于相同本征值的本征函数。

现在，我们继续讨论上面提出的问题。假设 F 和 G 是有相同本征值的独立的本征函数，则有

$$\hat{B}F=sF,\hat{B}G=sG\cdots \tag{1.2 - 30}$$

函数 F 和 G 并不一定正交，但我们可以做 F 和 G 的线性组合，形成两个新的本征函数(因为它们的任意线性组合都还是厄米算符 $\hat{B}$ 属于同一本征值 s 的本征函数) φ_1 和 φ_2，使 φ_1 和 φ_2 是彼此正交的。具体做法是采用 Schmidt(施密特) 正交化方法，即选 $\varphi_1=F$，并将 φ_2 表示为

$$\varphi_2=G+cF \tag{1.2 - 31}$$

选择常数 c 以确保 φ_1 和 φ_2 的正交性。即我们要求

$$\int\varphi_1^*\varphi_2d\tau\equiv\langle\varphi_1\mid\varphi_2\rangle=0 \tag{1.2 - 32}$$

将(1.2 - 31) 式代入(1.2 - 32) 式中，得 $\int F^*(G+cF)d\tau=\int F^*Gd\tau+c\int F^*Fd\tau=0$。因此，选择 $c=-\dfrac{\int F^*Gd\tau}{\int F^*Fd\tau}$。可见，从已知函数 F 和 G，按上式选择系数 c，在采用(1.2 - 31) 式组合成两个新的本征函数 φ_1 和 φ_2，则 φ_1 和 φ_2 是正交的，并属于简并的本征值，这种 Schmidt 正交化方法可以推广到 n 重简并的情况，给出 n 个线性独立的正交本征函数属于简并的本征值。

因此，虽然不能保证简并本征值的本征函数是正交的，但是只要我们愿意，总可以利用 Schmidt 正交化方法(或其他方法) 选得它们是正交的。

事实上，除非另加说明，我们总是假定已选择的本征函数是正交归一化的，即

$$\int \varphi_i^* \varphi_j d\tau \equiv \langle \varphi_i \mid \varphi_j \rangle = \delta_{ij} = \begin{cases} 0, i \neq j \\ 1, i = j \end{cases}$$

其中 φ_i 和 φ_j 是厄米算符的本征函数，满足上式的函数集合 $\varphi_1, \varphi_2, \cdots, \varphi_n \equiv \{\varphi\}$，称为正交归一化集合。

(2) 完整性

我们先看一个例子，即用一维箱中粒子的波函数来展开一个函数。我们知道，箱中粒子的波函数为

$$\psi_n(x) = \left(\frac{2}{l}\right)^{\frac{1}{2}} \sin\left(\frac{n\pi x}{l}\right) \quad n = 1, 2, \cdots \qquad (1.2-33)$$

x 的变化范围是 0 与 l 之间。为了在 $0 < x < l$ 区间上把任一函数 $f(x)$ 按 $\psi_n(x)$ 展开为级数

$$f(x) = \sum_{n=1}^{\infty} a_n \psi_n(x) = \left(\frac{2}{l}\right)^{\frac{1}{2}} \sum_{n=1}^{\infty} a_n \sin\left(\frac{n\pi x}{l}\right) \quad 0 \leqslant x \leqslant l \qquad (1.2-34)$$

当代入 $x = 0$ 和 $x = l$ 时，我们得到限制条件 $f(0) = 0 = f(l)$，即 $f(x)$ 必须满足与 $\psi_n(x)$ 有相同的边界条件，还要假定 $f(x)$ 是有限、单值和连续的。在这种情况下，可以证明展开式(1.2 - 34)是成立的。

据此，数学中有如下定义：若任何一个具有相同自变量的，在同一定义域，并且满足同样边界条件的连续函数，总可以写成一个函数系的线性组合，则该函数系是完整的。

在量子力学中，任何一个表示力学量的算符，它们的本征函数系都构成完整系。因此，任一函数都可按力学量算符的本征函数展开为级数，或者说任一状态可表示为算符本征态的叠加，即(1.2 - 34)式。

现在我们来推导展开式(1.2 - 34)中展开系数 a_n 的表达式，为此，用 ψ_m^* 乘以(1.2 - 34)式的两边，得

$$\psi_m^* f(x) = \sum_{n=1}^{\infty} a_n \psi_m^* \psi_n \qquad (1.2-35)$$

将(1.2 - 33)式代入(1.2 - 35)式，得

$$\psi_m^* f(x) = \left(\frac{2}{l}\right)\sum_{n=1}^{\infty} a_n \sin\left(\frac{n\pi x}{l}\right)\sin\left(\frac{m\pi x}{l}\right) \tag{1.2 - 36}$$

现在在 0 到 l 区间上对(1.2 - 36) 式进行积分，并假定积分和无限加合可以交换，则有

$$\int_0^l \psi_m^* f(x) dx = \sum_{n=1}^{\infty} a_n \int_0^l \psi_m^* \psi_n dx =$$

$$\sum_{n=1}^{\infty} a_n \left(\frac{2}{l}\right)\int_0^l \sin\left(\frac{n\pi x}{l}\right)\sin\left(\frac{m\pi x}{l}\right) dx \tag{1.2 - 37}$$

我们知道箱中粒子的波函数是正交归一化的，即

$$\left(\frac{2}{l}\right)\int_0^l \sin\left(\frac{n\pi x}{l}\right)\sin\left(\frac{m\pi x}{l}\right) dx = \delta_{mn}$$

则(1.2 - 37) 式可写成

$$\begin{aligned}\int_0^l \psi_m^* f(x) dx &= \sum_{n=1}^{\infty} a_n \delta_{mn} \\ &= a_1\delta_{m1} + a_2\delta_{m2} + \cdots + a_m\delta_{mm} + a_{m+1}\delta_{m\,m+1} + \cdots \\ &= 0 + 0 + \cdots + a_m + 0 \\ &= a_m\end{aligned}$$

这就得到了展开系数的表达式为

$$a_m = \int_0^l \psi_m^* f(x) dx \tag{1.2 - 38}$$

将(1.2 - 38) 式代入(1.2 - 34) 式得

$$f(x) = \sum_{n=1}^{\infty}\left[\int_0^l \psi_n^* f(x) dx\right]\psi_n(x) \tag{1.2 - 39}$$

综上所述，我们可以简要地概括为：厄米算符的本征函数构成了一个完整的正交系，而且其本征值是实的。

最后，我们再讨论一下展开系数 a_n 的意义。因为 $f(x)$ 代表体系一个可能的状态，因此应该是归一化的，即 $\int f^* f dx = 1$。

将 f 和 f^* 都向算符的本征函数系展开

$$f(x) = \sum_{n=1}^{\infty} a_n \psi_n(x)$$

$$f^*(x) = \sum_{m=1}^{\infty} a_m^* \psi_m^*(x)$$

则

$$\int f^* f dx = \int \sum_m a_m^* \psi_m^* \sum_n a_n \psi_n dx$$
$$= \sum_m \sum_n a_m^* a_n \int \psi_m^* \psi_n dx$$

根据本征函数的正交归一化性质，有

$$\sum_m \sum_n a_m^* a_n \int \psi_m^* \psi_n dx = \sum_m \sum_n a_m^* a_n \delta_{mn} = \sum_n a_n^* a_n = \sum_n |a_n|^2,$$ 即

$$\sum_n |a_n|^2 = \int f^* f dx = 1 \tag{1.2 - 40}$$

可见 $|a_n|^2$ 具有概率的意义，它代表在状态 f 观察到 L_n（本征函数 ψ_n 的本征值）的概率，这叫力学量取值概率原理。可表述为：对由波函数 f（已归一化）所描述的微观状态，可将 f 向某力学量算符的本征函数系作展开，则展开式的系数的绝对值的平方，就代表该力学量的取值几率分布，即

$$f(x) = \sum_n a_n \psi_n(x), \quad |a_n|^2 = W(L_n) \tag{1.2 - 41}$$

4. 可对易算符的本征函数

(1) 如果两个算符有共同的完整的本征函数系，则两个算符是可对易的。令 $\hat{A}$ 和 $\hat{B}$ 代表两个线性算符，它们具有共同的完整的本征函数系 φ_i，则有

$$\hat{A}\varphi_i = s_i \varphi_i \quad \hat{B}\varphi_i = t_i \varphi_i \tag{1.2 - 42}$$

其中 s_i 和 t_i 是本征值。现在我们要证明的是：$[\hat{A}, \hat{B}] = 0$。上式是个算符方程，因为两个算符若是相等的，那么不论哪一个算符用到任一个函数上，必须给出相同的结果，所以我们必须证明，$(\hat{A}\hat{B} - \hat{B}\hat{A})f = 0f = 0$ 成立，其中 f 是任意函数。

证明：我们用完整的本征函数系 φ_i 把 f 展开，得

$$f = \sum_i c_i \varphi_i$$

在每一边都用$(\hat{A}\hat{B}-\hat{B}\hat{A})$作用上去，得

$$(\hat{A}\hat{B}-\hat{B}\hat{A})f=(\hat{A}\hat{B}-\hat{B}\hat{A})\sum_i c_i\varphi_i$$

由于$\hat{A}$和$\hat{B}$都是线性算符，而且两个线性算符之积还是一个线性算符，所以$\hat{A}\hat{B}$和$\hat{B}\hat{A}$是线性算符，故得

$$\begin{aligned}(\hat{A}\hat{B}-\hat{B}\hat{A})f&=\sum_i c_i(\hat{A}\hat{B}-\hat{B}\hat{A})\varphi_i\\&=\sum_i c_i[\hat{A}(\hat{B}\varphi_i)-\hat{B}(\hat{A}\varphi_i))]\end{aligned}$$

利用(1.2-42)式得

$$\begin{aligned}(\hat{A}\hat{B}-\hat{B}\hat{A})f&=\sum_i c_i[\hat{A}t_i\varphi_i-\hat{B}s_i\varphi_i]\\&=\sum_i c_i(s_it_i\varphi_i-t_is_i\varphi_i)=0\end{aligned}$$

证毕。

可见，如果$\hat{A}$和$\hat{B}$有共同的完整本征函数系，则$\hat{A}$和$\hat{B}$就是可对易的。

应当注意，两个算符$\hat{A}\hat{B}$和$\hat{B}\hat{A}$作用在一个函数上虽然给出了相同的结果，但我们尚不能作出$\hat{A}\hat{B}=\hat{B}\hat{A}$的结论。例如，$\frac{d}{dx}$和$\frac{d^2}{dx^2}$作用到$e^x$上给出了相同的结果，但可以肯定$\frac{d}{dx}\neq\frac{d^2}{dx^2}$。为了得出两个算符相等的结论，必须是它们作用在每个函数上都给出相同的结果。因为，如果$\hat{A}$和$\hat{B}$不是可对易的，它们也可能有一个或几个共同的本征函数；但是，两个不对易算符不能有共同的完整的本征函数系。

(2) 如果两个算符$\hat{A}$和$\hat{B}$是可对易的，则能给它们选出一个共同的完整的本征函数系。

令φ_i和t_i是算符$\hat{B}$的本征函数和本征值，则有$\hat{B}\varphi_i=t_i\varphi_i$，用算符$\hat{A}$作用到这个方程的两边，得$\hat{A}\hat{B}\varphi_i=\hat{A}t_i\varphi_i$。

因为$\hat{A}$是线性的，而且$\hat{A}$和$\hat{B}$是可对易的，即$\hat{A}\hat{B}=\hat{B}\hat{A}$，则有

$\hat{B}(\hat{A}\varphi_i) = t_i(\hat{A}\varphi_i)$。

这个方程说明 $\hat{A}\varphi_i$ 也是算符 $\hat{B}$ 的本征函数，并且与 φ_i 有相同的本征值 t_i。现在我们假定 $\hat{B}$ 的本征值是非简并的，即每一个本征值 t_i 都对应一个且仅对应一个线性独立的本征函数，在这种情况下，两个本征函数 φ_i 和 $\hat{A}\varphi_i$ 都属同一本征值 t_i，则这两个本征函数就一定是线性相关的，即一个是另一个的倍数，或说一个可被另一个线性表出

$$\hat{A}\varphi_i = c_i\varphi_i \tag{1.2 - 43}$$

其中 c_i 是某一个常数。这个方程表明，函数 φ_i 也是算符 $\hat{A}$ 的本征函数，所以 φ_i 是算符 $\hat{A}$ 和 $\hat{B}$ 的共同的本征函数。以前我们还讨论过，任一物理量的算符的本征函数都构成一个完整的集合，因而 φ_i 构成一个完整集合。

当本征值 t_i 的能级是 n 重简并时，也可得到同样的结果，这里不再证明。

上述证明可以推广到两个以上算符的情况：一组厄米算符，$\hat{A}$，$\hat{B}$，$\hat{C}$，… 当且仅当每一对算符都彼此可对易时，它们才有共同的完整的本征函数系。

§1.3 状态叠加原理

首先回顾一下大家比较熟悉的经典力学的情况，在声、光等波动理论中都有波的叠加原理：两个可能的波动过程 ψ_1 和 ψ_2 线性叠加的结果 $a\psi_1 + b\psi_2$ 也是一个可能的波动过程。光学中的 Huygens(惠更斯) 原理就是这样的一个原理，这个原理是：在空间任一点 P 的光波强度可以由前一时间波上各点传播出来的光波在 P 点的线性叠加而求得。在声学和光学中，就是用这个原理来解释声和光的干涉和衍射现象的。

电子衍射实验证明实物粒子也具有波动性，物质波也有衍射现象，这就使我们很容易地想到描写实物粒子的波，或者说描写实物粒子状态的

波函数也应该服从叠加原理。

基于这种想法，提出了一个量子力学的重要的基本假设（或基本原理）——状态叠加原理：如果波函数 $\psi_i(i=1,2,\cdots,n)$ 分别描写微观体系的 n 个可能的状态，则由它们的线性叠加所得的波函数

$$\psi=\sum_{i=1}^{n}c_i\psi_i \tag{1.3 - 1}$$

也是这个体系的一个可能状态。

我们知道，当体系处于某一个状态 ψ 时，体系的某一个力学量 $\hat{G}$ 不一定有确定值。只有在 $\hat{G}$ 的本征函数所对应的状态为 ψ_i（简称本征态）时，$\hat{G}$ 才取确定值 g_i，如在状态 ψ_1 观察到力学量 $\hat{G}$ 的取值是 g_1，在 ψ_2 观察到 $\hat{G}$ 的取值是 g_2，……，在状态 ψ_n 观察到 $\hat{G}$ 的取值是 g_n，（$\psi_1,\psi_2,\cdots,\psi_n$，都是 $\hat{G}$ 的本征态）。而在状态 ψ（不是 $\hat{G}$ 的本征态）观察到 $\hat{G}$ 的取值就不确定，但各种取值的几率分布是有规律性的。下面就讨论这种规律性。

为书写方便，用 x 代表全部空间变量，并假定 ψ 和时间 t 无关，则有

$$\hat{G}\psi_i = g_i\psi_i \quad i=1,2,\cdots,n \tag{1.3 - 2}$$

因为 $\psi(x)$ 是体系的一个可能的状态，$|\psi(x)|^2$ 是几率密度，因此 $\psi(x)$ 应该是归一化的，即有

$$\int\psi^*(x)\,\psi(x)dx=1 \tag{1.3 - 3}$$

$\psi(x)$ 也可以写成 $\psi(x)=\sum\limits_{j=1}^{n}c_j\psi_j$，则

$$\psi^*(x)=\sum_{j=1}^{n}c_j^*\,\psi_j^* \tag{1.3 - 4}$$

将(1.3 - 1)和(1.3 - 4)式代入(1.3 - 3)式，得

$$1=\int\psi^*(x)\psi(x)d\tau=\int\sum_{j=1}^{n}c_j^*\,\psi_j^*\,\sum_{i=1}^{n}c_i\psi_i dx$$

$$=\sum_i\sum_j c_j^*c_i\int\psi_j^*\,\psi_i dx \tag{1.3 - 5}$$

因 ψ_i 和 ψ_j 都是 $\hat{G}$ 的本征函数，所以是正交归一化的，故(1.3 - 5)式

可写成

$$1 = \int \psi^* \psi dx = \sum_i \sum_j c_j^* c_i \delta_{ij} = \sum_i c_i^* c_i = \sum_i | c_i |^2$$

$$故 \sum_i | c_i |^2 = \int \psi^* \psi dx = 1 \tag{1.3 - 6}$$

由该式可见，$| c_i |^2$ 具有几率的意义，实际上 $| c_i |^2$ 是测量性质 G 时得到 g_i 值的几率。因此，可以把展开式(1.3 - 1)看成是：一般态 ψ(已归一化)是算符 $\hat{G}$ 的本征态 ψ_i 的叠加(或向力学量 $\hat{G}$ 的本征函数系作展开)，展开式的系数的绝对值的平方 $| c_i |^2$，它决定着在测量 G 时得到 g_i 值的几率 $W(g_i)$，所以 $| c_i |^2$ 代表着力学量 $\hat{G}$ 的取值几率分布，这叫做力学量取值几率原理。即

$$\psi(x) = \sum_i c_i \psi_i$$

$$| c_i |^2 = W(g_i) \tag{1.3 - 7}$$

现在的问题是如何求得展开系数 c_i，从而得到几率 $| c_i |^2$。

用 ψ_j^* 乘(1.3 - 1)式，并对整个自变量区域积分，得

$$\int \psi_j^* (x) \psi(x) dx = \sum_i c_i \int \psi_j^* \psi_i dx = \sum_i c_i \delta_{ij}$$

$$所以\ c_j = \int \psi_j^* \psi dx = \langle \psi_j | \psi \rangle \tag{1.3 - 8}$$

那么，测量 G 时，发现 g_j 值的几率是

$$| c_j |^2 = | \int \psi_j^* \psi dx |^2 = | \langle \psi_j | \psi \rangle |^2 \tag{1.3 - 9}$$

§1.4 力学量的平均值和差方平均值

一、力学量的平均值

对于处在给定状态 ψ 的粒子。如果它的某一个力学量 F 不具有确定值，而是有一定的几率分布：$\begin{cases} L_n \\ W(L_n) \end{cases} \quad n = 1,2,3,\cdots$

从而就有一个平均值

$$\langle F\rangle = \sum_n L_n W(L_n) \tag{1.4 - 1}$$

现在我们来导出求平均值$\langle F\rangle$(有时也用$\overline{F}$表示)的公式。

假定ψ_n是$\hat{F}$的本征函数,即

$$\hat{F}\psi_n = L_n\psi_n \tag{1.4 - 2}$$

则ψ可以向$\hat{F}$的本征函数系展开

$$\psi = \sum_n c_n\psi_n \tag{1.4 - 3}$$

$$\psi^* = \sum_m c_m^*\psi_m^* \tag{1.4 - 4}$$

由此可得

$$\begin{aligned}\int\psi^*\hat{F}\psi dx &= \int\sum_m c_m^*\psi_m^*\hat{F}\sum_n c_n\psi_n dx\\ &= \sum_m\sum_n c_m^* c_n\int\psi_m^*\hat{F}\psi_n dx\\ &= \sum_m\sum_n c_m^* c_n\int\psi_m^* L_n\psi_n dx\\ &= \sum_m\sum_n c_m^* c_n L_n\int\psi_m^*\psi_n dx\\ &= \sum_m\sum_n c_m^* c_n L_n\delta_{mn}\\ &= \sum_n c_n^* c_n L_n\\ &= \sum_n |c_n|^2 L_n\end{aligned} \tag{1.4 - 5}$$

又因为$|c_n|^2 = W(L_n)$,代入(1.4 - 1)式,得

$$\langle F\rangle = \sum_n L_n |C_n|^2 \tag{1.4 - 6}$$

比较(1.4 - 5)和(1.4 - 6)式,得

$$\langle F\rangle = \int\psi^*(x)\hat{F}\psi(x)dx \tag{1.4 - 7}$$

这就是量子力学中任意一个力学量$\hat{F}$的平均值公式。

由于力学量算符 $\hat{F}$ 是厄米算符，利用厄米算符的性质，我们将会看到力学量的平均值 $\langle F\rangle$ 是实数。

$\because\ \langle F\rangle = \int \psi^*(x)\ \hat{F}\psi(x)dx$，

则 $\langle F\rangle^* = \int \psi(x)\ \hat{F}^*\psi^*(x)dx$。

根据厄米算符的定义有

$$\int \psi^*(x)\hat{F}\psi(x)dx = \int \psi(x)\hat{F}^*\psi^*(x)dx$$

可见 $\langle F\rangle = \langle F\rangle^*$，故 $\langle F\rangle$ 是实数。

二、差方平均值

为了定量地表示力学量 F 取值不确定的程度，也就是在多次测量中 F 的个别取值所具有的统计偏差的大小，引进力学量 F 的差方平均值为

$$\overline{(\Delta F)^2} = \sum_n (L_n - \overline{F})^2 W(L_n) \tag{1.4-8}$$

根据力学量 F 差方平均值的定义可以看出：如果对于给定的状态 ψ，力学量 F 的取值不确定，则 $\overline{(\Delta F)^2}$ 总是大于零的，即 $\overline{(\Delta F)^2} > 0$。另外，如果力学量 F 取确定值，则 $\overline{(\Delta F)^2} = 0$。例如，若 F 取确定值 L_2，即 $W(L_2) = 1$，而 $W(L_n) = 0, n \neq 2$。于是 $L_2 = \overline{F}$，则 $\overline{(\Delta F)^2} = \sum_n (L_n - \overline{F})^2 W(L_n) = (L_2 - \overline{F})^2 W(L_2) = (L_2 - L_2)^2 = 0$。而且显而易见，如果 $\overline{(\Delta F)^2}$ 越大，则 F 取值不确定的程度增加。

如何计算差方平均值呢？我们引进差方算符

$$(\Delta\hat{F})^2 = (\hat{F} - \overline{F})^2 \tag{1.4-9}$$

则

$$\begin{aligned}\overline{(\Delta F)^2} &= \int \psi^*(x)\,(\Delta\hat{F})^2\psi(x)dx \\ &= \int \psi^*(x)(\hat{F} - \overline{F})^2\psi(x)dx \end{aligned} \tag{1.4-10}$$

这就是力学量 F 的差方平均值公式。

§1.5　不同力学量同时有确定值的条件

当体系处于某一个状态 ψ 时，体系的某一个力学量 $\hat{L}$ 在这个状态中不一定具有确定值。如果 $\hat{L}$ 在 ψ_n 态有确定值，则 ψ_n 一定是 $\hat{L}$ 的本征函数，这时 $\hat{L}$ 的值就是 ψ_n 所对应态的本征值 L_n，即

$$\hat{L}\psi_n = L_n\psi_n \tag{1.5 - 1}$$

若体系的另一个力学量 $\hat{M}$ 在 ψ_n 态也有确定值 M_n，则有

$$\hat{M}\psi_n = M_n\psi_n \tag{1.5 - 2}$$

说明 ψ_n 是 $\hat{L}$ 和 $\hat{M}$ 的共同本征函数。

现在将 $\hat{L}$ 作用到(1.5 - 2)式的两边，并利用(1.5 - 1)式，得

$$\hat{L}\hat{M}\psi_n = \hat{L}M_n\psi_n = M_n\hat{L}\psi_n = M_nL_n\psi_n \tag{1.5 - 3}$$

再将 $\hat{M}$ 作用到(1.5 - 1)式的两边，并利用(1.5 - 2)式，得

$$\hat{M}\hat{L}\psi_n = \hat{M}L_n\psi_n = L_n\hat{M}\psi_n = L_nM_n\psi_n \tag{1.5 - 4}$$

用(1.5 - 3)式减去(1.5 - 4)式，得

$$(\hat{L}\hat{M} - \hat{M}\hat{L})\psi_n = 0 \tag{1.5 - 5}$$

则 $(\hat{L}\hat{M} - \hat{M}\hat{L}) = 0$。

这就说明如果两个算符 $\hat{L}$ 和 $\hat{M}$ 存在共同的本征函数 ψ_n，则这两个算符一定对易。这是我们早已熟悉的结果，而且我们还证明了，如果两个算符 $\hat{L}$ 和 $\hat{M}$ 互相对易，则它们一定存在共同的完整的本征函数系 ψ_n，$n = 1,2,3,\cdots$

可见，在两个算符的共同本征函数所描写的状态中，两个算符所代表的力学量都有确定值。因此可得结论：不同力学量同时有确定值的充分必要条件是这些力学量所对应的算符是互相对易的。

一组对易算符的共同本征函数分别属于各自给定的本征值，这是唯一确定的。我们称这组对易算符所表示的各力学量构成一个力学量的完整集合。例如，$\hat{P}_x$，$\hat{P}_y$，$\hat{P}_z$ 互相对易，因此存在一个共同的完整的本征函数系，相应的动量的三个分量 P_x、P_y 和 P_z 可以同时取确定值，并构成一个力学量的完全集合。以后会学到，对于中心力场，能量 E、轨道角动量的平方 L^2 和轨道角动量在 z 轴的分量 L_z 也能构成一个力学量的完全集合。

§1.6 量子力学的基本假定

这里所讲的内容，实际上是以前所讲内容的概括和总结。

(1) 一个体系的状态可以由一个坐标和时间的函数 $\psi(q_1, \cdots, q_{3n}, t)$ 来描述，这个函数叫波函数。波函数决定了体系的全部可观测量。进一步假设 ψ 是单值、连续和平方可积的。

物理上解释 ψ 是用 $\psi^* \psi d\tau$ 代表在小体积 $d\tau$ 中找到粒子的几率，因为粒子一定存在于空间某处，因此几率密度的积分应该为 1，这就是归一化条件 $\int \psi^* \psi d\tau = 1$，这里 $d\tau = d_{q_1} \cdots d_{q_{3n}}$，积分是对整个 $3n$ 维空间而作。

(2) 每一个物理上可观测的量都对应一个线性厄米算符，或叫厄米算符，为找出这个算符，可按照量子力学算符的规则进行，首先写出这个可观测量的经典力学表达式，它是通过笛卡儿坐标与相应的线性动量表示的，然后代替每个坐标 x 用算符 $\hat{x}$，代替每个动量分量 P_x 用算符 $-i\hbar \frac{\partial}{\partial x}$，就得到量子力学算符。

(3) 从测量可观测的物理量 $\hat{G}$ 中所能得到的结果，只能是方程 $\hat{G} \varphi_i = g_i \varphi_i$ 的本征值 g_i，$\hat{G}$ 是与性质 G 对应的算符，φ_i 是本征函数。

我们最关心的是原子和分子能级，这些是由能量算符或哈密顿算符 $\hat{H}$ 的本征值给出的，$\hat{H}$ 的本征方程为 $\hat{H}\psi = E\psi$，是一个非含时的薛定谔方程，所以找到任一性质的可能值需要解一个本征值方程。

(4) 设 $\hat{G}$ 是代表物理上可测量的任一线性厄米算符，则本征方程 $\hat{G}\varphi_i = g_i\varphi_i$ 的本征函数 φ_i 构成一个完整的函数系。

而且，我们可以把任一态的波函数展开成任一量子力学算符的本征函数的线性叠加，即 $\psi = \sum_i c_i\varphi_i$。

(5) 设 $\psi(q,t)$ 是在时刻 t 一个体系的归一化波函数，则在时刻 t，可观测量 G 的平均值是 $\langle G\rangle = \int \psi^* \hat{G}\psi d\tau$，作为例子，我们有：

① 单粒子坐标 x 的平均值

$$\langle x\rangle = \iiint \psi^* x\psi d\tau$$

② 单粒子动量 x 分量平均值

$$\langle P_x\rangle = \iiint \psi^* \left(-i\hbar \frac{\partial}{\partial x}\right)\psi d\tau$$

应该注意，如果 $\hat{G}$ 是坐标的代数函数[例如(1)]，在积分中算符被放置的位置是无关紧要的。但是，如果 $\hat{G}$ 是微分算符，则必须将算符夹在 ψ^* 和 ψ 之间，使它仅仅作用在 ψ 上。

(6) 一个未受微扰体系的态，随时间变化可由含时 Schrödinger 方程给出，$-\frac{\hbar}{i}\frac{\partial}{\partial t}\psi = \hat{H}\psi$。其中 $\hat{H}$ 是体系的哈密顿算符，亦即能量算符。

量子力学中这些假定的正确与否，是由这些假定推出各种运动方程，再由运动方程的解与实验事实是否相符来决定的。

第二章　简单体系 Schrödinger 方程的解

§2.1　一维势箱中的粒子

一、微分方程的一般知识

由于 Schrödinger 方程是微分方程，所以先复习一下有关微分方程的一般知识，在这里我们只考虑包含一个自变量的常微分方程，它反映了自变量 x，函数有 $y(x)$ 及其一阶，二阶 … 导数之间的某种函数关系 f，

$f(x, y, y', y'', \cdots, y^{(n)}) = 0$。　(2.1 - 1)

例如：$y^{(IV)} + x(y')^2 + \sin x \cos y = 3e^x$　(2.1 - 2)

一个常微分方程的阶数是方程中出现的最高阶导数的阶次，如(2.1 - 1) 式是 n 阶的，(2.1 - 2) 式是 4 阶的。

线性微分方程是具有以下形式的一种特殊类型的微分方程。

$A_n(x)y^{(n)} + A_{n-1}(x)y^{(n-1)} + \cdots + A_0(x)y = g(x)$　(2.1 - 3)

其中 $A_i(x)$ 是自变量 x 的各种已知函数。不能变成(2.1 - 3) 形式的微分方程是非线性的。如果 $g(x) = 0$，这种微分方程称为齐次的，$g(x) \neq 0$ 就称为非齐次的。

可见，一维的 Schrödinger 方程 $\frac{d^2\psi}{dx^2} + \frac{8\pi^2 m}{h^2}(E - V)\psi = 0$ 是一个二阶线性齐次的微分方程，这种方程的一般形式可以写为

$$y''+P(x)y'+Q(x)y=0 \tag{2.1-4}$$

若有两个独立的函数 y_1 和 y_2，每一个都满足(2.1-4)式，则(2.1-4)式的一般解为

$$y=c_1y_1+c_2y_2 \tag{2.1-5}$$

这是很容易证明的，只要将(2.1-5)式代入(2.1-4)式，有

$$c_1y_1''+c_2y_2''+P(x)c_1y_1'+P(x)c_2y_2'+Q(x)c_1y_1+Q(x)c_2y_2$$
$$=c_1[y_1''+P(x)y_1'+Q(x)y_1]+c_2[y_2''+P(x)y_2'+Q(x)y_2]$$
$$=c_10+c_20=0$$，得证。

可见，n 阶微分方程的普遍解中包括 n 个任意常数，为了确定这些常数，必须有边界条件。这些条件规定了在一点或一些点上 y 或其各阶导数的数值。例如，设 y 为两端固定振动弦的位移，则我们知道在两端上 y 必须为零。

若(2.1-3)式中不但 $g(x)=0$，而且 $A_i(x)$ 是常数，则(2.1-4)式变为

$$y''+py'+qy=0 \tag{2.1-6}$$

其中 p,q 为常数。(2.1-6)式称为常系数的线性齐次二阶微分方程。假定它有形式为 $y=e^{sx}$ 的解，将它代入(2.1-6)式得

$$s^2e^{sx}+pse^{sx}+qe^{sx}=0$$
$$e^{sx}(s^2+ps+q)=0$$
$$s^2+ps+q=0 \tag{2.1-7}$$

该方程称为辅助方程，它是个二次方程。所以有两个根 s_1 和 s_2，若 s_1 和 s_2 不等，则为(2.1-7)式的两个独立解，即 e^{s_1x} 和 e^{s_2x}。因此，(2.1-7)式的一般解为

$$y=c_1e^{s_1x}+c_2e^{s_2x} \tag{2.1-8}$$

二、一维势箱中的粒子

1. 写出 Schrödinger 方程

所谓一维势箱，是指粒子运动的势场在一线段 l 内为零，其余各处(至无限远)均为无限大，如图 2.1-1。这种体系在物理学上看来似乎是不实际的，但作为一种近似，在讨论金属和共轭分子中电子的运动时，都

可应用这种模型。在 Ⅰ、Ⅲ 区域中，$V(x)=\infty$，则一维的薛氏方程变为 $\frac{d^2\psi}{dx^2}+\frac{8\pi^2 m}{h^2}(E-\infty)\psi=0$。

由 $\hbar=\frac{h}{2\pi}$，则 $h^2=4\pi^2\hbar^2$，代入上式，得

$$\frac{d^2\psi}{dx^2}+\frac{2m}{\hbar^2}(E-\infty)\psi=0$$

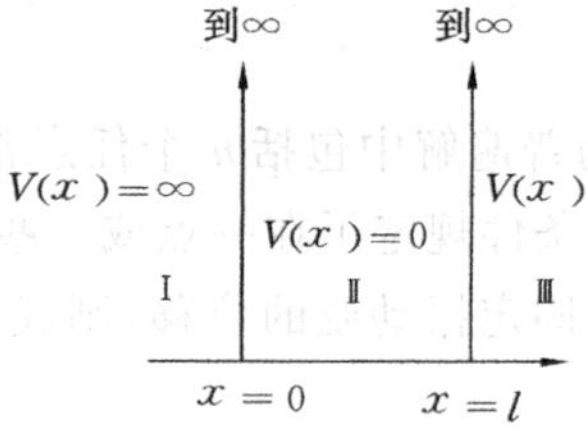

图 2.1-1　一维势箱粒子的势能

与 ∞ 相比，E 可以忽略，所以 $\frac{d^2\psi}{dx^2}=\infty\psi$，$\psi=\frac{1}{\infty}\cdot\frac{d^2\psi}{dx^2}\approx 0$。

由此得出结论：在箱子之外，ψ 为零，即

$\psi_{\mathrm{I}}=0$ 或 $\psi_{\mathrm{III}}=0$　(2.1-9)

在 Ⅱ 区域中，$0<x<l$，$V(x)=0$，这时薛氏方程为

$$\frac{d^2\psi_{\mathrm{II}}}{dx^2}+\frac{2m}{\hbar^2}E\psi_{\mathrm{II}}=0 \quad (2.1-10)$$

2. 求　解

可以看出，方程(2.1-10)式是常系数的线性齐次二阶微分方程。它的辅助方程为 $s^2+2mE\hbar^{-2}=0$。

可得两个根为 $s_{1,2}=\pm(-2mE)^{\frac{1}{2}}\hbar^{-1}$　(2.1-11)

能量 E 等于势能(为零)加动能(为正的)，故 E 为正值。所以(2.1-11)式又可写成 $s_{1,2}=\pm\mathrm{i}(2mE)^{\frac{1}{2}}\hbar^{-1}$。

按(2.1-8)式得

$$\psi_{\mathrm{II}}=c_1 e^{\mathrm{i}(2mE)^{\frac{1}{2}}\cdot x\hbar^{-1}}+c_2 e^{-\mathrm{i}(2mE)^{\frac{1}{2}}\cdot x\hbar^{-1}} \quad (2.1-12)$$

令 $\theta=(2mE)^{\frac{1}{2}}\cdot x\hbar^{-1}$　(2.1-13)

则　$\psi_{\text{II}} = c_1 e^{i\theta} + c_2 e^{-i\theta}$　(2.1 - 14)

$\because\ e^{i\theta} = \cos\theta + i\sin\theta$

$e^{-i\theta} = \cos\theta - i\sin\theta$

$\therefore \psi_{\text{II}} = c_1\cos\theta + ic_1\sin\theta + c_2\cos\theta - ic_2\sin\theta$

$= (c_1 + c_2)\cos\theta + (ic_1 - ic_2)\sin\theta$

$= A\cos\theta + B\sin\theta$

A,B 为任意常数。

将(2.1 - 13) 式代入上式,得

$$\psi_{\text{II}} = A\cos[\hbar^{-1}(2mE)^{\frac{1}{2}} \cdot x] + B\sin[\hbar^{-1}(2mE)^{\frac{1}{2}} \cdot x] \quad (2.1 - 15)$$

利用边界条件确定常数 A 和 B,由于波函数的自然条件要求ψ是连续的,所以在箱外 $\psi = 0$,则在边界上 ψ 也应为零,即在 $x = 0$ 处 ψ_{I} 和 ψ_{II} 有趋于相同的值,即 $\lim\limits_{x\to 0}\psi_{\text{I}} = \lim\limits_{x\to 0}\psi_{\text{II}}$,$0 = \lim\limits_{x\to 0}\{A\cos[\hbar^{-1}(2mE)^{\frac{1}{2}}x] + B\sin[\hbar^{-1}(2mE)^{\frac{1}{2}}x]\}$,则{ }中的两项要分别为零。

由 $A\cos[\hbar^{-1}(2mE)^{\frac{1}{2}} \cdot 0] = 0$,$\because \cos 0 \neq 0$,$\therefore A = 0$,

故 $\psi_{\text{II}} = B\sin\left[\left(\frac{2\pi}{h}\right)(2mE)^{\frac{1}{2}} \cdot x\right]$　(2.1 - 16)

同样,使用在 $x = l$ 处的连续性条件,得

$$\lim_{x\to l}\psi_{\text{III}} = \lim_{x\to l}\psi_{\text{II}}$$

$$0 = B\sin\left[\left(\frac{2\pi}{h}\right)(2mE)^{\frac{1}{2}}l\right] \quad (2.1 - 17)$$

其中 $B \neq 0$,因为这样会使波函数在各处均为零,等于是一只空箱子,所以要使(2.1 - 17) 式成立,必须满足 $\sin\left[\left(\frac{2\pi}{h}\right)(2mE)^{\frac{1}{2}}l\right] = 0$,正弦函数在 $0, \pm\pi, \pm 2\pi, \pm 3\pi, \cdots$ 处为零,这就要求

$$\left(\frac{2\pi}{h}\right)(2mE)^{\frac{1}{2}}l = \pm n\pi \quad (2.1 - 18)$$

但由于物理学上的要求,$n \neq 0$,因为当 $n = 0$ 时,则有$\left(\frac{2\pi}{h}\right)(2mE)^{\frac{1}{2}} = 0$,由(2.1 - 16) 式可见 $\psi_{\text{II}} = 0$,这是不合理的,

故$\left(\frac{4\pi^2}{h^2}\right)(2mE)l^2 = n^2\pi^2$

则 $E = n^2 \cdot \frac{h^2}{8ml^2}, n = 1,2,3,\cdots$ (2.1 - 19)

将(2.1 - 18) 式代入(2.1 - 16) 式,得

$$\psi_{\text{II}} = B\sin\left(\frac{n\pi x}{l}\right), n = 1,2,3,\cdots \quad (2.1 - 20)$$

用归一化条件确定常数 B,有$\int_{-\infty}^{+\infty} |\psi|^2 dx = 1$,

即$\int_{-\infty}^{0} |\psi_{\text{I}}|^2 dx + \int_{0}^{l} |\psi_{\text{II}}|^2 dx + \int_{l}^{\infty} |\psi_{\text{III}}|^2 dx$

$$= |B|^2 \int_0^l \sin^2\left(\frac{n\pi x}{l}\right) dx = 1$$

$\because \sin^2 t = \frac{1 - \cos 2t}{2}$,代入上式

$$|B|^2 \int_0^l \left(\frac{1 - \cos 2\frac{n\pi x}{l}}{2} dx\right) = 1$$

$$\frac{|B|^2}{2}\left[\int_0^l dx - \int_0^l \cos 2\left(\frac{n\pi x}{l}\right) dx\right] = 1$$

故$|B| = \left(\frac{2}{l}\right)^{\frac{1}{2}}$。

代入(2.1 - 20) 式,得

$$\psi_{\text{II}} = \sqrt{\frac{2}{l}} \sin\left(\frac{n\pi x}{l}\right) \qquad n = 1,2,3,\cdots \quad (2.1 - 21)$$

3. 讨　论

(1) 能量值是量子化的

由(2.1 - 19) 式 $E = n^2 \cdot \frac{h^2}{8ml^2}$ $n = 1,2,3,\cdots$ 可知,粒子的能量只有满足该方程时才是允许的,所以应用边界条件的结果,引出了能量值是

量子化的结论，而经典力学则认为箱中的粒子可具有任何非负的能量值。

(2) 零点能

$\because n \neq 0$，$\therefore E_0 = 0$ 的状态 ψ_0 是不存在的。最低能量值是 $n = 1$，$E_1 = \dfrac{h^2}{8ml^2}$，相应的状态是 ψ_1。这个能量最低的状态 ψ_1 所具有的能量叫零点能。因为势能 $V = 0$，所以这个能量必然全是动能，这就告诉我们，粒子即使在最低能量状态也是在运动着的。

(3) 波函数和几率密度图

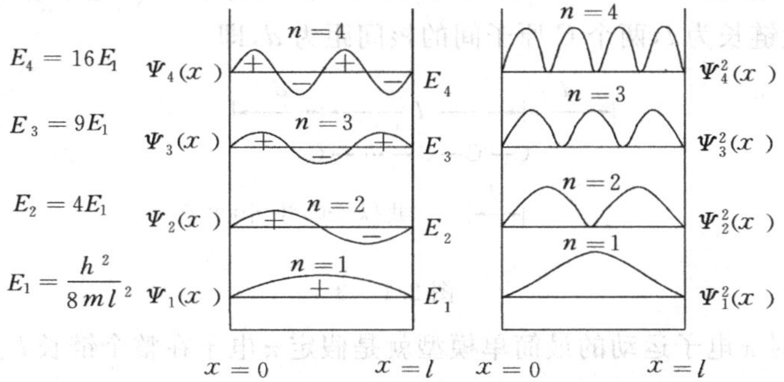

图 2.1 - 2　边长为 l 的一维势箱中粒子的能级、波函数和几率密度

由图 2.1 - 2 可见，粒子在区间 $0 < x < l$ 中不同位置上出现的几率是不同的（ψ 不同，ψ^2 当然不同），在有些点上 $\psi = 0$，我们把波函数为零的点称为节点。量子数 n 的值每增加 1，节点也增加一个。

ψ 和 ψ^2 存在节点好像不可理解，如当 $n = 2$ 时，在 $x = l/2$ 处找到粒子的几率是零。那么一个粒子由箱子的一边跑到另一边是怎样通过的呢？这个表面上的矛盾是由于我们试图用对宏观粒子运动的认识去理解微观粒子的运动而产生的。但电子和其他微观粒子不能用宏观世界的经典物理概念来充分而正确的加以描述。微观粒子具有波动性，从波动的角度来理解节点就很自然了。

图 2.1 - 2 表明，在箱中各点找到粒子的几率是不一样的，而经典物理学认为一个箱中粒子的能量是一定的，它的运动是在两壁之间不断往返，因此在箱中各点找到粒子的几率是相同的。

在量子力学中，对最低能级，我们发现在箱子的中点有一几率最大值。随着能级的升高，节点也增多，几率的最大值和最小值之间也越靠近。当量子数 n 很大，能级很高时，沿箱子长度上几率的变化将几乎看不出来。这就是说，对高量子数态，则趋于经典的均一几率密度的结果。这种在量子数趋于很大的情况下，量子力学过渡到经典力学，被称为 Bohr（玻尔）的对应原理。

(4) 应用 —— 讨论直链共轭多烯分子的吸收光谱和离域能

对一个由 $2k$ 个碳原子构成的共轭多烯，共有 $2k$ 个 π 电子形成离域 π 键，假设链长为 l，两个 C 原子间的核间距为 d，即

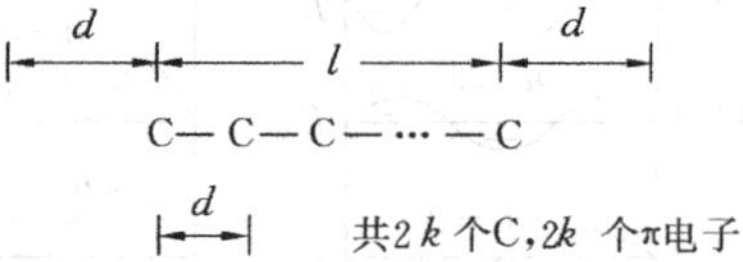

图 2.1 - 3

这时 π 电子运动的最简单模型就是假定 π 电子在整个链长 l 上运动，近似地认为原子核及其电子所产生的总位能是固定的，这就相当于电子是在边长为 l 的一维势箱中的运动。

由图 2.1 - 3 可知，$l=(2k+1)d$（假定 π 电子运动的范围超出端点 C 原子 d 这么多距离，故总长度增加了 $2d$）。根据前面的讨论可以直接写出

$$\begin{cases} \psi_n=\sqrt{\dfrac{2}{(2k+1)d}}\sin\dfrac{n\pi x}{(2k+1)d} \\ E_n=\dfrac{n^2h^2}{8m(2k+1)^2d^2} \end{cases}$$

例如，丁二烯，有 4 个 π 电子，所以 $k=2$。这 4 个 π 电子占据 E_1 和 E_2，受激时一个电子可以从 E_2 跃迁到 E_3：
吸收的能量为

$$\Delta E=E_3-E_2=\frac{h^2}{8md^2}\left(\frac{3^2}{5^2}-\frac{2^2}{5^2}\right) \tag{2.1 - 22}$$

取 $d=1.4$ Å，$\because \Delta E=h\nu=\dfrac{hc}{\lambda}$，故丁二烯吸收光谱的波长应为 $\lambda=\dfrac{hc}{\Delta E}=$

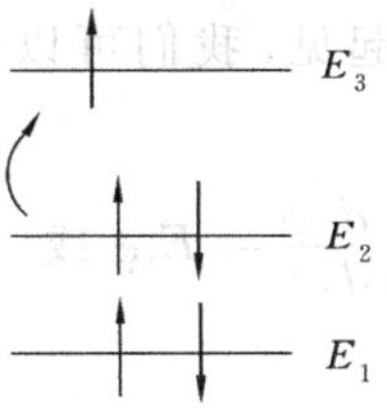

图 2.1 - 4

3200 Å。

而实验测得的 $\lambda = 2200$ Å，因为所用模型较粗糙，所以计算结果和实验值不完全吻合是可以理解的，但仍不失为一种近似的估计方法。

另外，由(2.1 - 22)式可见，碳链越长(k 越大)，ΔE 就越小，λ 则越大，即随着共轭多烯烃碳链的增长，吸收峰的位置将向长波方向移动(红移)。这一点也是和实验结果完全一致的。

而且，由 $E_n = \dfrac{n^2h^2}{8ml^2}$ 可知，粒子的能量随着共轭链 l 的增长而降低，这种粒子从较狭窄的活动范围过渡到较宽广的活动范围时，产生能量降低的效应，称为离域效应。离域效应在有机化学中是相当重要的，如上述丁二烯分子中的两对 π 电子，由于离域效应，故其活动范围并不局限于两个碳原子之间的狭窄区域，它们的活动范围已扩大到包括 4 个碳原子的较宽广的区域，所以丁二烯分子的共轭双键不同于乙烯分子中的双键，它具有能量更低的稳定性。苯分子中的叁对 π 电子也有类似的情况。

这个模型还可以用来近似地讨论金属中电子运动的问题。

§2.2　自 由 粒 子

一、一维自由粒子

质量为 m 的粒子在无场一维空间中的运动可以作为应用 Schrödinger 方程最简单的例子。由于是在无场空间中的运动，所以粒子

的势能 V 是常数，为方便起见，我们可以选定它为零。显然，其定态 Schrödinger 方程为

$$\hat{H}\psi = \frac{1}{2m}\hat{P}_x^2\psi = -\frac{\hbar^2}{2m}\frac{d^2\psi}{dx^2} = E_x\psi \text{ 或}$$

$$\frac{d^2\psi}{dx^2} + \frac{2m}{\hbar^2}E_x\psi = 0 \qquad (2.2-1)$$

这种类型的微分方程是我们已经熟悉了的二阶常微分方程，它的一个解是

$$\psi = \psi_1 = Ae^{\frac{i}{\hbar}\sqrt{2mE_x}x} \qquad (2.2-2)$$

其中 A 是积分常数。

由这个解我们可以看出：

① 当 $x \to \pm\infty$ 时，为了使波函数 ψ 满足"有限的"条件，$\sqrt{2mE_x}$ 必须是实数，所以 E_x 必须是正数，因为若 $E_x < 0$，则有

$$\mathrm{i}(2mE_x)^{\frac{1}{2}} = \mathrm{i}(-2m \mid E_x \mid)^{\frac{1}{2}} = \mathrm{i}(2m \mid E_x \mid)^{\frac{1}{2}}$$

$$= -(2m \mid E_x \mid)^{\frac{1}{2}}$$

所以当 $x \to -\infty$ 时，(2.2-2) 式变为无穷大，故要求 $E \geqslant 0$，即从 0 到 $+\infty$ 的任何值都是允许的。所以自由粒子的能谱是连续的而不是分立的。

② 由于我们选定了自由粒子的势能 $V = 0$，所以其总能量为 $E_x = \frac{1}{2m}P_x^2$，则(2.2-2) 式可写成

$$\psi_1 = Ae^{-\frac{i}{\hbar}|P_x|x} \qquad (2.2-3)$$

因为 $\hat{P}_x\psi_1 = -\mathrm{i}\hbar\frac{d\psi_1}{dx} = -\mathrm{i}\hbar\left(\frac{\mathrm{i}}{\hbar} \mid P_x \mid\right)Ae^{-\frac{\mathrm{i}}{\hbar}|P_x|x} = \mid P_x \mid \psi_1$，

可见，ψ_1 不仅是 $\hat{H}$ 的本征函数，而且也是 $\hat{P}_x$ 的本征函数，其本征值为 $\mid P_x \mid$。把 ψ_1 乘以时间因子，得

$$\psi_1 = \varphi_1 e^{-\frac{\mathrm{i}}{\hbar}E_x t} = Ae^{\frac{\mathrm{i}}{\hbar}(|P_x|x - E_x t)} \qquad (2.2-4)$$

ψ_1 表示沿 $+x$ 方向运动，具有确定动量 $+\mid P_x \mid$ 的平面波。

③ 根据对波函数的统计解释，我们可以知道，发现粒子在 x 与 $x + dx$ 间的几率 dW 为

$$dW = \psi_1^* \psi_1 dx = \varphi_1^* \varphi_1 dx = aa^* dx$$

几率密度 $\rho = \dfrac{dW}{dx} = aa^*$，$aa^*$ 为常数，即粒子在 x 轴上任何点出现的几率密度都相等，也就是当 ρ_x 值完全确定时，x 的位置就完全不确定了。这是符合测不准关系的。

一维自由粒子 Schrödinger 方程(2.2－1)式的另一个解是

$$\psi = \psi_2 = Be^{-\frac{i}{\hbar}\sqrt{2mE_x}x} = Be^{-\frac{i}{\hbar}|P_x|x}$$

其中 E_x 也必须大于零，∵ 若 $E_x < 0$，则当 $x \to \infty$，ψ_2 变为无穷大。而 $\hat{P}_x\psi_2 = -i\hbar\dfrac{d\psi_2}{dx} = -|P_x|\psi_2$，可见，$\psi_2$ 是算符 $\hat{P}_x$ 的另一本征函数，其本征值为 $-|P_x|$。同样乘以时间因子，得

$$\psi_2 = \varphi_2 e^{-\frac{i}{\hbar}E_x t} = Be^{-\frac{i}{\hbar}(|P_x|x + E_x t)} \tag{2.2-5}$$

ψ_2 表示沿 $-x$ 方向运动，具有确定动量 $-|P_x|$ 的平面波。

ψ_1 和 ψ_2 都是含时 Schrödinger 方程 $\hat{H}\psi = -\dfrac{\hbar^2}{2m}\dfrac{\partial^2\psi}{\partial x^2} = i\hbar\dfrac{\partial}{\partial t}\psi$ 的解。

最后，我们讨论一维自由粒子 Schrödinger 方程的通解。根据态的叠加原理，ψ_1 和 ψ_2 的线性组合也是方程(2.2－1)的解，即

$$\psi = \psi_1 + \psi_2 = Ae^{\frac{i}{\hbar}|P_x|x} + Be^{-\frac{i}{\hbar}|P_x|x} \tag{2.2-6}$$

这个解包含两个积分常数 A 和 B，所以是二阶微分方程的通解。但因 $\hat{P}_x\psi \neq$ 常数 $\cdot\,\psi$，故 ψ 仅仅是 $\hat{H}$ 的本征函数，而不是算符 $\hat{P}_x$ 的本征函数。

利用 $e^{i\alpha} = \cos\alpha + i\sin\alpha$ 和 $e^{-i\alpha} = \cos\alpha - i\sin\alpha$ 可以将(2.2－6)式化为

$$\psi = (A+B)\cos\left(\frac{|P_x|}{\hbar}x\right) + i(A-B)\sin\left(\frac{|P_x|}{\hbar}x\right)$$

$$= A'\cos\left(\frac{|P_x|}{\hbar}x\right) + B'\sin\left(\frac{|P_x|}{\hbar}x\right) \tag{2.2-7}$$

其中 $A' = A + B$，$B' = i(A - B)$。

将 de Broglie 关系式 $|P_x| = \dfrac{h}{\lambda}$ 或 $\lambda = \dfrac{h}{|P_x|}$ 和 $\hbar = \dfrac{h}{2\pi}$ 代入(2.2－7)式中，得

$$\psi = A'\cos\left(\frac{2\pi x}{\lambda}\right) + B'\sin\left(\frac{2\pi x}{\lambda}\right) \tag{2.2-8}$$

该式表示 ψ 是余弦函数和正弦函数的叠加。其中的 λ 是 de Broglie 波长。(2.2 - 8) 式也可写成

$$\psi = N_x \sin\left[\frac{2\pi}{\lambda}(x - x_0)\right] = N_x \sin\left[\frac{2\pi}{h}\,|\,P_x\,|\,(x - x_0)\right]$$

$$= N_x \sin\left[\frac{1}{\hbar}\sqrt{2mE_x}(x - x_0)\right] \tag{2.2 - 9}$$

二、三维自由粒子

1. 三维自由粒子的 Schrödinger 方程

三维自由粒子的 Schrödinger 方程为

$$\nabla^2 \psi + \frac{2m}{\hbar^2} E\psi = 0 \tag{2.2 - 10}$$

或者用笛卡儿坐标表示成

$$\frac{\partial^2 \psi}{\partial x^2} + \frac{\partial^2 \psi}{\partial y^2} + \frac{\partial^2 \psi}{\partial z^2} + \frac{2m}{\hbar^2} E\psi = 0 \tag{2.2 - 11}$$

这是一个包含三个独立变量 x, y 和 z 的偏微分方程。

2. 分离变量

为了解方程(2.2 - 11)，通常需要利用分离变量法，把它分解成三个常微分方程，这三个常微分方程中的每一个都只含这三个变量中的一个变量。

我们先来研究将解 ψ 写成

$$\psi(x, y, z) = X(x)Y(y)Z(z) \tag{2.2 - 12}$$

形式的可能性。其中 $X(x)$ 只是 x 的函数，$Y(y)$ 只是 y 的函数，而 $Z(z)$ 只是 z 的函数。将(2.2 - 12) 式代入(2.2 - 11) 式，再将全式除以 ψ，得

$$\frac{1}{X}\frac{d^2X}{dx^2} + \frac{1}{Y}\frac{d^2Y}{dy} + \frac{1}{Z}\frac{d^2Z}{dz} + \frac{2m}{\hbar^2}E = 0 \tag{2.2 - 13}$$

因为 X 只是 x 的函数，所以在 y 或 z 变化时，第一项是不变的。同样，第二项与 x 和 z 无关，第三项与 x 和 y 无关。不过，对于任意选择的 x, y 和 z，这三项之和必须等于常数 $-\frac{2m}{\hbar^2}E$。可见，当我们使 y 和 z 固定不变而改变 x 时，由于其他项不依赖于 x，所以这时只有第一项能够改变。但是，由

于这三项之和必须等于一个常数,所以我们可以得出结论:$\frac{1}{X}\frac{d^2X}{dx^2}$和$x$以及$y,z$都是无关的,故它应该等于一个常数。对其他项也可应用完全一样的论证,这样我们就得到三个常微分方程

$$\frac{1}{X}\frac{d^2X}{dx^2}=k_x,\frac{1}{Y}\frac{d^2Y}{dy^2}=k_y \text{ 和 } \frac{1}{Z}\frac{d^2Z}{dz^2}=k_z \tag{2.2-14}$$

以及条件

$$k_x+k_y+k_z=-\frac{2m}{\hbar^2}E \tag{2.2-15}$$

令$k_x=-\frac{2m}{\hbar^2}E_x$,这就给出$x$的方程为

$$\frac{d^2X}{dx^2}+\frac{2m}{\hbar^2}E_xX=0 \tag{2.2-16}$$

3. 求　解

方程(2.2-16)是我们很熟悉的,它的形式与(2.2-1)式完全一样,所以其通解为

$$X=Ae^{\frac{i}{\hbar}\sqrt{2mE_x}x}+Be^{-\frac{i}{\hbar}\sqrt{2mE_x}x} \tag{2.2-17}$$

该式也可写成三角函数的形式,即(2.2-9)式

$$X=N_x\sin\left[\frac{1}{\hbar}\sqrt{2mE_x}(x-x_0)\right] \tag{2.2-18}$$

这个解的正确性,可以通过将它代入(2.2-16)式而得到证实。由于它也包含两个任意的积分常数N_x和x_0,所以也是通解。由方程(2.2-18)可以看出,常数x_0决定了正弦函数零值的位置。

因为Y和Z的方程与(2.2-16)式是完全类似的,可直接写为

$$\left.\begin{aligned}\frac{d^2Y}{dy^2}+\frac{2m}{\hbar}E_yY=0\\ \frac{d^2Z}{dz^2}+\frac{2m}{\hbar}E_zZ=0\end{aligned}\right\} \tag{2.2-19}$$

它们的解是

$$Y=N_y\sin\left[\frac{1}{\hbar}\sqrt{2mE_y}(y-y_0)\right] \tag{2.2-20}$$

$$Z=N_z\sin\left[\frac{1}{\hbar}\sqrt{2mE_z}(z-z_0)\right] \tag{2.2-21}$$

对应于能值为

$$E = E_x + E_y + E_z \tag{2.2 - 22}$$

波函数的完整表达式是

$$\psi(x,y,z) = N\sin\left\{\frac{1}{\hbar}\sqrt{2mE_x}(x - x_0)\right\}\cdot \sin\left\{\frac{1}{\hbar}\sqrt{2mE_y}(y - y_0)\right\}\cdot \sin\left\{\frac{1}{\hbar}\sqrt{2mE_z}(z - z_0))\right\} \tag{2.2 - 23}$$

其中 $N = N_x \cdot N_y \cdot N_z$，是归一化常数。这类函数的归一化问题是一个复杂的问题，原因是它在构型空间的无限大体积内仍然具有有限大的值。因为以后我们的重点是讨论原子和分子结构问题，并不去讨论碰撞问题和其他包括自由粒子的问题，因此我们不进一步讨论这类函数的归一化问题。

§2.3　谐　振　子

一、微分方程的级数解法

作为讨论谐振子的数学准备，我们先介绍一下微分方程的级数解法。级数解法对方程没有特殊的要求，所以是一种比较普遍的方法。由于级数常有一定的收敛区域，因此在解方程之前，必先选定某个点 x_0 的邻域，而后在这个区域上解微分方程，所得的级数也在这个区域上适用。

为了说明此法，考虑微分方程

$$y''(x) + c^2 y(x) = 0 \tag{2.3 - 1}$$

其中 c^2 是正实数，这是一个常系数二阶线性齐次微分方程。现在，我们用级数方法来求解方程(2.3 - 1)。假设它的解可以在 $x = 0$ 附近作 Taylor(泰勒) 级数展开，即

$$y(x) = \sum_{n=0}^{\infty} a_n x^n = a_0 + a_1 x + a_2 x^2 + a_3 x^3 + \cdots \tag{2.3 - 2}$$

其中 $a_0, a_1, \cdots$ 系数是用让(2.3 - 2)式满足方程(2.3 - 1)式来确定的。对(2.3 - 2)式求导,得

$$y'(x) = a_1 + 2a_2 x + 3a_3 x^2 + \cdots = \sum_{n=1}^{\infty} n a_n x^{n-1} \tag{2.3 - 3}$$

$$y''(x) = 2a_2 + 3 \cdot 2a_3 x + \cdots = \sum_{n=2}^{\infty} n(n-1) a_n x^{n-2} \tag{2.3 - 4}$$

将(2.3 - 2)和(2.3 - 4)代入(2.3 - 1)式,得

$$\sum_{n=2}^{\infty} n(n-1) a_n x^{n-2} + \sum_{n=0}^{\infty} c^2 a_n x^n = 0 \tag{2.3 - 5}$$

要想把两个加合项合并,最好使每个加合项的加合限与 x 的方次都相同,这时两个级数就可逐项相加。为此,在(2.3 - 5)式的第一个加合项中,令 $n = k + 2$,则

$$\sum_{n=2}^{\infty} n(n-1) a_n x^{n-2} = \sum_{k=0}^{\infty} (k+2)(k+1) a_{k+2} \cdot x^k \text{ 或}$$

$$\sum_{n=2}^{\infty} n(n-1) a_n x^{n-2} = \sum_{n=0}^{\infty} (n+2)(n+1) a_{n+2} \cdot x^n \tag{2.3 - 6}$$

将(2.3 - 6)式代入(2.3 - 5)式,得

$$\sum_{n=0}^{\infty} [(n+2)(n+1) a_{n+2} + c^2 a_n] x^n = 0 \tag{2.3 - 7}$$

这是一个包含 x 的各幂次的恒等式,对 x 的所有值都成立,则每一 x 幂次的系数都必须等于零。由 x^n 的系数等于零,可得

$$(n+2)(n+1) a_{n+2} + c^2 a_n = 0$$

$$a_{n+2} = -\frac{c^2}{(n+1)(n+2)} a_n \tag{2.3 - 8}$$

(2.3 - 8)式叫递推关系式。由此可知,若知道了 a_0 值,利用(2.3 - 8)式就能求出 $a_2, a_4, a_6, \cdots$ 若已知 a_1 值,就能求出 $a_3, a_5, a_7, \cdots$ 显然,只要知道 a_0 和 a_1 值,就能求出所有的系数。由于对 a_0 和 a_1 没有加以限制,所以它们是任意常数,现用 A 和 Bc 表示之,则

$$a_0 = A,\ a_1 = Bc \tag{2.3 - 9}$$

利用递推关系式(2.3 - 8),可以求出系数

$$a_0 = A \quad a_2 = -\frac{c^2 A}{1 \cdot 2}$$

$$a_4 = \frac{c^4 A}{4 \cdot 3 \cdot 2 \cdot 1} \quad a_6 = -\frac{c^6 A}{6!}$$

$$a_{2k} = (-1)^k \frac{c^{2k}}{(2k)!}, k = 0,1,2,\cdots \tag{2.3 - 10}$$

$$a_1 = Bc, a_3 = -\frac{c^3 B}{2 \cdot 3}, a_5 = \frac{c^5 B}{5 \cdot 4 \cdot 3 \cdot 2}, a_7 = -\frac{c^7 B}{7!}, \cdots$$

$$a_{2k+1} = (-1)^k \frac{c^{2k+1} B}{(2k+1)!}, k = 0,1,2,\cdots \tag{2.3 - 11}$$

于是，微分方程(2.3 - 11) 式的解可以写成

$$\begin{aligned} y &= \sum_{n=0}^{\infty} a_n x^n \\ &= \sum_{n=0,2,4\cdots}^{\infty} a_n x^n + \sum_{n=1,3,5\cdots}^{\infty} a_n x^n \\ &= A\sum_{k=0}^{\infty}(-1)^k \frac{c^{2k} x^{2k}}{(2k)!} + B\sum_{k=0}^{\infty}(-1)^k \frac{c^{2k+1} x^{2k+1}}{(2k+1)!} \end{aligned} \tag{2.3 - 12}$$

二、一维谐振子

这个问题的重要性在于许多体系都可以近似地看做是线性谐振子。双原子分子的振动就是一例。一般来说，任何一个体系在稳定平衡点附近都可以近似地用线性谐振子来表示。

1. 经典力学处理

一个质量为 m 的粒子受到向原点的吸引力，这个力与距原点的距离成正比，但与位移的方向相反，所以

$$F_x = -kx \tag{2.3 - 13}$$

F_x 是作用在粒子上的力沿 x 方向的分量，在一维问题中也是总力，根据牛顿第二定律有：$F_x = m\dfrac{d^2x}{dt^2}$，故运动方程是：$-kx = m\dfrac{d^2x}{dt^2}$。其中 t 是时间，若令 $c^2 = k/m$，则运动方程变成

$$\frac{d^2x}{dt^2} + c^2 x = 0 \tag{2.3 - 14}$$

这种形式的微分方程我们已见过多次了，其解为

$$x = A\sin(2\pi\nu t + b) \tag{2.3 - 15}$$

其中 A,b 为积分常数，ν 是振动频率。而且

$$\nu = \frac{1}{2\pi}\left(\frac{k}{m}\right)^{\frac{1}{2}} \tag{2.3 - 16}$$

其中 k 是力常数。

现在再来考虑体系的总能量 E。我们知道，势能 V 与力的分量之间的关系为：$F_x = -\frac{\partial V}{\partial x}, F_y = -\frac{\partial V}{\partial y}, F_z = -\frac{\partial V}{\partial z}$。由于我们现在处理的是一维问题，故有 $F_x = -\frac{dV}{dx} = -kx$，积分之，得

$$V = \frac{1}{2}kx^2 + c \tag{2.3 - 17}$$

其中 c 是积分常数，势能总有一任意附加常数。我们选择 $c = 0$，则有

$$V = \frac{1}{2}kx^2 \tag{2.3 - 18}$$

在经典力学中，一个质量为 m 的粒子，如果其位能 $V(x)$ 具有(2.3 - 18) 式的形式，则叫做线性一维谐振子，简称谐振子。x 是粒子离开平衡点的位移。

将(2.3 - 16) 式代入(2.3 - 18) 式得

$$V = 2\pi^2\nu^2 mx^2 \tag{2.3 - 19}$$

显然，位能 $V(x)$ 的图像是一抛物线。

动能 T 是

$$T = \frac{1}{2}m\left(\frac{dx}{dt}\right)^2 \tag{2.3 - 20}$$

对(2.3 - 15) 式求 t 的导数得：$\frac{dx}{dt} = 2\pi\nu \cdot A\cos(2\pi\nu t + b)$，将此式代入(2.3 - 20) 式中有

$$T = \frac{1}{2}m[2\pi\nu A\cos(2\pi\nu t + b)]^2 = 2\pi^2\nu^2 mA^2\cos^2(2\pi\nu t + b)$$

将(2.3 - 15) 式代入(2.3 - 19) 式中得：$V = 2\pi^2\nu^2 mA^2\sin^2(2\pi\nu t + b)$，则总能量 E 为

$$E = T + V = 2\pi^2\nu^2 mA^2[\sin^2(2\pi\nu t + b) + \cos^2(2\pi\nu t + b)]$$
$$= 2\pi^2\nu^2 mA^2 \tag{2.3 - 21}$$

2. 量子力学处理

线性谐振子的 Hamilton(哈密顿) 量为

$$\hat{H}=\frac{1}{2m}\hat{P}_x^2+\frac{1}{2}kx^2=-\frac{\hbar^2}{2m}\frac{d^2}{dx^2}+\frac{1}{2}kx^2。$$

(1) 线性谐振子的 Schrödinger 方程

Schrödinger 方程为 $\hat{H}\psi=E\psi$,

即 $-\frac{\hbar^2}{2m}\frac{d^2\psi}{dx^2}+\frac{1}{2}kx^2\psi=E\psi$。

上式乘以 $\frac{2m}{\hbar^2}$,得

$$\frac{d^2\psi}{dx^2}+\left(\frac{2mE}{\hbar^2}-\frac{mkx^2}{\hbar^2}\right)\psi=0 \tag{2.3-22}$$

令 $\alpha\equiv\frac{2mE}{\hbar^2},\beta=\frac{\sqrt{mk}}{\hbar}$ (2.3 - 23)

则(2.3 - 22) 式变为

$$\frac{d^2\psi}{dx^2}+(\alpha-\beta^2x^2)\psi=0 \tag{2.3-24}$$

在微分方程(2.3 - 24) 中,如果 x^2 的系数为 1 就比较好解。为此,我们进行变换变量,令

$$z=\sqrt{\beta}\,x \tag{2.3-25}$$

将该式代入(2.3 - 24) 式,得

$$\frac{d^2\psi}{dz^2}+\left(\frac{\alpha}{\beta}-z^2\right)\psi=0 \tag{2.3-26}$$

这是一个变系数的二阶常微分方程。当 $z\rightarrow\infty$ 时,$z^2>>\frac{\alpha}{\beta}$,这时(2.3 - 26) 式中的 $\frac{\alpha}{\beta}$ 可以略去,方程可简化为

$$\frac{d^2\psi}{dz^2}-z^2\psi=0 \tag{2.3-27}$$

(2.3 - 27) 式的渐进解(即 $z\rightarrow\infty$ 时的解) 为 $\psi=e^{\pm\frac{z^2}{2}}\equiv\exp\left(\pm\frac{1}{2}z^2\right)$,

因为$\frac{d\psi}{dz}=\pm z\exp\left(\pm\frac{1}{2}z^2\right)$，$\frac{d^2\psi}{dz^2}=\pm\exp\left(\pm\frac{1}{2}z^2\right)+z^2\exp\left(\pm\frac{1}{2}z^2\right)=(z^2+1)\exp\left(\pm\frac{1}{2}z^2\right)\approx z^2\psi$，同样 $\psi=z^n\exp\left(\pm\frac{1}{2}z^2\right)$　$n=0,1,2,\cdots$ 也是(2.3 - 27) 式的渐进解。因此，我们猜想(2.3 - 26) 式之解 ψ 为一多项式乘 $\exp\left(\frac{1}{2}z^2\right)$或一多项式乘 $\exp\left(\frac{1}{2}z^2\right)$。前一个猜想是不许可的，因为当 $z\to\infty$ 时，$\psi\to\infty$，这是违反波函数的有限性条件的。为了使波函数在无穷远处具有 $\psi_{z\to\infty}\to\exp\left(-\frac{1}{2}z^2\right)$的形式，我们很自然地把 ψ 写成如下的形式来求解。

$$\psi(z)=\exp\left(-\frac{1}{2}z^2\right)H(z)\tag{2.3 - 28}$$

式中待求函数 $H(z)$ 当 z 为有限时应为有限，而当 $z\to\pm\infty$ 时，$H(z)$ 的行为也必须保证 $\psi(x)$ 为有限。

先求出(2.3 - 28) 式对 z 的二级微商，即

$$\frac{d\psi}{dz}=\left(-zH+\frac{dH}{dz}\right)e^{-\frac{1}{2}z^2}\tag{2.3 - 29}$$

$$\frac{d^2\psi}{dz^2}=\left(-H-2z\frac{dH}{dz}+z^2H+\frac{d^2H}{dz^2}\right)e^{-\frac{1}{2}z^2}$$

再将(2.3 - 28) 和(2.3 - 29) 式代入(2.3 - 26) 式，得到 $H(z)$ 所满足的方程为

$$\frac{d^2H}{dz^2}-2z\frac{dH}{dz}+\left(\frac{\alpha}{\beta}-1\right)H=0\tag{2.3 - 30}$$

(2) 幂级数法解 H 方程

令　$$H=\sum_{k=0}^{\infty}a_kz^k\tag{2.3 - 31}$$

$$\frac{dH}{dz}=\sum_{k=1}^{\infty}a_kkz^{k-1}=\sum_{k=0}^{\infty}a_kkz^{k-1}\tag{2.3 - 32}$$

$$\frac{d^2H}{dz^2}=\sum_{k=2}^{\infty}a_kk(k-1)z^{k-2}=\sum_{j=0}^{\infty}(j+2)(j+1)a_{j+z}z^j$$

$$=\sum_{k=0}^{\infty}a_{k+2}(k+1)(k+2)z^k\tag{2.3 - 33}$$

其中已用了 $j=k-2$,将 k 换成 j。而用什么字母来表示它都不会对结果有影响,所以最后又将 j 改变成 k。

将(2.3 - 31)、(2.3 - 32) 和(2.3 - 33) 式代入(2.3 - 30) 式得

$$\sum_{k=0}^{\infty}a_{k+2}(k+1)(k+2)z^k-\sum_{k=0}^{\infty}2a_kkz^k+\sum_{k=0}^{\infty}\left(\frac{\alpha}{\beta}-1\right)a_kz^k=0$$

因为不论 z 等于何值,上式是恒等的,所以 z^k 的系数必须等于零,即

$a_{k+2}(k+1)(k+2)+\left(\frac{\alpha}{\beta}-1-2k\right)a_k=0$,则

$$a_{k+2}=\frac{2k+1-\frac{\alpha}{\beta}}{(k+1)(k+2)}a^k\quad k=0,1,2,\cdots \tag{2.3 - 34}$$

利用这个公式可以由 a_0 算出所有 k 为偶数的 a_k,由 a_1 算出所有 k 为奇数的 a_k, a_0 和 a_1 是两个任意的积分常数。求出所有的系数 a_k 之后,由(2.3 - 31) 式可求得 $H(z)$,再代入(2.3 - 28) 式,即可得所要求的波函数 ψ,这是解决这个问题的基本思路。但是,在(2.3 - 34) 式中可看出,如果 $\frac{\alpha}{\beta}$ 不是整数,则 k 可以一直向上递推下去,直到 ∞。这样由(2.3 - 31) 式可知,H 就成为无穷级数了。现在讨论当 H 为无穷级数时能否满足波函数 ψ 为有限值的要求。

当 k 为很大时,由(2.3 - 34) 式得高次项系数之比为

$$\frac{a_{k+2}}{a_k}=\frac{2}{k} \tag{2.3 - 35}$$

我们把它和 e^{z^2} 的级数展开式比较。因为 $e^{z^2}=\sum\limits_{l=0}^{\infty}\frac{z^{2l}}{l\,!}$,令 $k=2l$,则

$$e^{z^2}=\sum_{k=\text{偶数}}^{\infty}\frac{1}{\left(\frac{k}{2}\right)!}z^k$$

$$=1+\frac{z^2}{1!}+\frac{z^4}{2!}+\cdots+\frac{z^k}{\left(\frac{k}{2}\right)!}+\frac{z^{k+2}}{\left(\frac{k}{2}+1\right)!}+\cdots \tag{2.3 - 36}$$

此级数的相邻项系数的比值为

$$\frac{a_{k+2}}{a_k}=\frac{\left(\frac{k}{2}\right)!}{\left(\frac{k}{2}+1\right)!}\approx\frac{2}{k}(k>>2) \qquad (2.3-37)$$

比较(2.3 - 35)和(2.3 - 37)式可知,$H(z)$ 与 e^{z^2} 相仿。由(2.3 - 28)式知道 $\psi(z)=e^{-\frac{1}{2}z^2}\cdot H(z)$,所以 $\psi(z)$ 与 $e^{\frac{1}{2}z^2}$ 相仿。当 $z\to\infty$ 时,$e^{\frac{1}{2}z^2}\to\infty$,即 $\underset{z\to\infty}{\psi(z)}\to\infty$,故与波函数的标准条件(有限性)相抵触,当然不能作为我们的波函数,因此 $H(z)$ 成为无穷级数是不能允许的,必须在某一项中断而变成多项式。

为了使级数(2.3 - 31)式在某一项中断,由(2.3 - 34)式可以看出,必须在 k 等于某一数 n 时有下列关系式存在

$$2n+1-\frac{\alpha}{\beta}=0\ \text{或}\ \frac{\alpha}{\beta}=2n+1\quad (n=\text{正整数}) \qquad (2.3-38)$$

这时,由(2.3 - 34)式得 $a_{n+2}=a_{n+4}=\cdots=0$,于是 $H(z)$ 就成为多项式而不是无穷级数了。

(3) 讨　论

① 谐振子能量的量子化

为了满足波函数的标准化条件,$\frac{\alpha}{\beta}$ 必须满足(2.3 - 38)式。现在把(2.3 - 23)式代入(2.3 - 38)式,得

$$\frac{\alpha}{\beta}=\frac{2}{\hbar}\sqrt{\frac{m}{k}}E=2n+1$$

$$E=\frac{\hbar}{2}\sqrt{\frac{k}{m}}(2n+1)\quad (n=0,1,2,\cdots) \qquad (2.3-39)$$

将(2.3 - 16)式代入上式中,得

$$E=2\pi\hbar\nu\left(n+\frac{1}{2}\right)\quad \text{因为}\ \hbar=\frac{h}{2\pi}$$

$$\text{所以}\ E=\left(n+\frac{1}{2}\right)h\nu\quad (n=0,1,2,\cdots) \qquad (2.3-40)$$

由此可见,在量子力学中谐振子能量的量子化公式(2.3 - 40)是很自然地得到的,是为了满足波函数的标准条件的必然结果。两相邻能级间

的间隔均为 $h\nu$，如图 2.3 - 1。

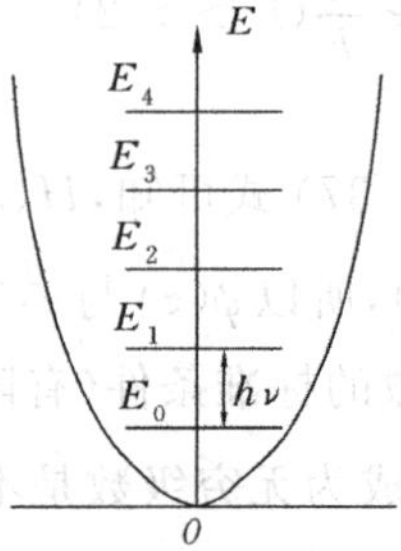

图 2.3 - 1 线性谐振子的能级

$$E_{n+1} - E_n = h\nu\left[(n+1)+\frac{1}{2}\right] - h\nu\left(n+\frac{1}{2}\right) = h\nu \qquad (2.3 - 41)$$

能量最低的状态称为基态，谐振子的基态($n = 0$) 能量是

$$E_0 = \frac{1}{2}h\nu \qquad (2.3 - 42)$$

称为零点能，说明谐振子即使到绝对零度时也是在振动的。而在旧量子论中，按照人为的量子化条件，给出谐振子的能量为

$$E = nh\nu \quad (n = 0,\ 1,\ 2,\ \cdots) \qquad (2.3 - 43)$$

可见，谐振子的最低能量($n = 0$) 是零，说明谐振子在绝对零度时可以不振动。

现在实验证明量子力学给出的(2.3 - 40) 式是正确的，而旧量子论的(2.3 - 43) 式是错误的。谐振子具有零点振动能的现象是关于物质和运动永远不能分离(即世界上没有不运动的物质，也没有脱离物质的运动) 的辨证唯物主义宇宙观的一个有力的科学证明。

② 零点振动能的讨论

这是用经典概念无法理解的问题，但却可以用量子力学中的测不准关系很好地加以说明。在说明之前，我们先定义偶函数和奇函数。若 $f(x)$ 满足

$$f(-x) = f(x) \qquad (2.3 - 44)$$

就说 f 是 x 的偶函数。例如，x^2 和 e^{-bx^2} 都是偶函数。偶函数的图像以 y 轴为对称的，如图 2.3 - 2 所示，因此 $f(x)$ 为偶函数时，有 $\int_{-a}^{a} f(x)dx =$

$2\int_0^a f(x)dx$ 成立。

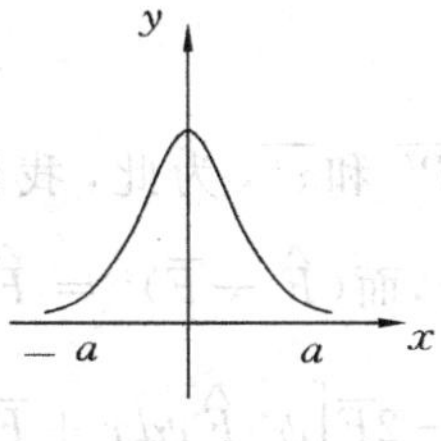

图 2.3 - 2

若 $g(x)$ 满足 $g(-x)=-g(x)$　(2.3 - 45)

则说 g 是 x 的奇函数。例如，$x,\frac{1}{x},xe^{x^2}$ 等都是奇函数。令(2.3 - 45)式中的 $x=0$，我们看到，奇函数在 $x=0$ 时值为零(如果 $g(0)$ 有定义且为单值)。奇函数图像的一般特殊点示于图2.3 - 3 中，由于在 y 轴一边的正的贡献被另一边对应的负的贡献相抵消，所以当 $g(x)$ 为奇函数时有 $\int_{-a}^{a} g(x)dx=0$ 成立。

(2.3 - 46)

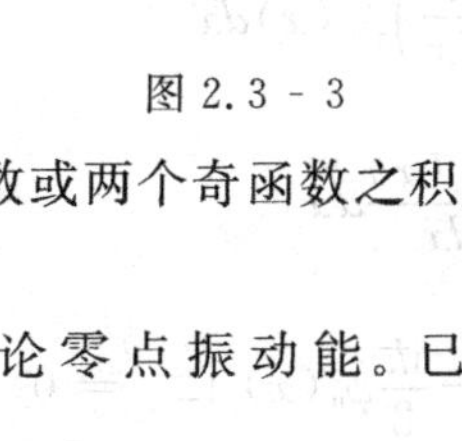

图 2.3 - 3

容易证明，两个偶函数或两个奇函数之积是偶函数，但奇函数与偶函数之积是奇函数。

现在，我们开始讨论零点振动能。已经知道，线性谐振子的 Schrödinger 方程为 $\left(\frac{\hat{P}_x^2}{2m}+\frac{1}{2}kx^2\right)\psi(x)=E\psi(x)$，以 $\int\psi^* dx$ 作用于上式的两边，得 $\frac{1}{2m}\int\psi^*\hat{P}_x^2\psi dx+\frac{1}{2}k\int\psi^* x^2\psi dx=\int\psi^* E\psi dx$，利用平均值公

式 $\overline{F} = \int \psi^*(x) \hat{F} \psi(x) dx$，上式可写成

$$\frac{1}{2m}\overline{P_x^2} + \frac{k}{2}\overline{x^2} = \overline{E} \quad (2.3-47)$$

要得到能量 E，必须求出$\overline{P_x^2}$ 和$\overline{x^2}$，为此，我们利用差方平均值公式：$\overline{(\Delta F)^2} = \int \psi^*(\hat{F} - \overline{F})^2 \psi dx$，而$(\hat{F} - \overline{F})^2 = \hat{F}^2 - 2\overline{F}\hat{F} + \overline{F}^2$，

$$\text{所以} \overline{(\Delta F)^2} = \int \psi^* \hat{F}^2 \psi dx - 2\overline{F}\int \psi^* \hat{F} \psi dx + \overline{F}^2 \int \psi^* \psi dx$$
$$= \overline{F^2} - 2\overline{F} \times \overline{F} \times \overline{F} + \overline{F} \times \overline{F} = \overline{F^2} - (\overline{F})^2$$

以上用到了 $\overline{F^2} = \int \psi^* \hat{F}^2 \psi dx$，因为力学量 F 的算符是 $\hat{F}$，所以 F^2 的算符一定是 $\hat{F}^2$，即

$$\overline{F^2} = \overline{(\Delta F)^2} + (\overline{F})^2 \quad (2.3-48)$$

由此可得

$$\overline{P_x^2} = \overline{(\Delta P_x)^2} + (\overline{P_x})^2 \quad (2.3-49)$$

$$\overline{X^2} = \overline{(\Delta X)^2} + (\overline{X})^2 \quad (2.3-50)$$

现在再求$(\overline{P_x})^2$ 和$(\overline{X})^2$，由平均值公式有：$\overline{X} = \int_{-\infty}^{\infty} \psi_n^*(x) x \psi_n(x) dx = 0$，因为 $\psi_n^2(x)$ 是一个偶函数，x 是奇函数，$x\psi_n^2(x)$ 是奇函数，根据(2.3 - 46)式可知，上述积分为零。

$$\overline{P_x} = \int_{-\infty}^{\infty} \psi_n^*(x)\left(-\mathrm{i}\hbar \frac{d}{dx}\right)\psi_n(x) dx$$
$$= -\mathrm{i}\hbar \int_{-\infty}^{\infty} \psi_n^*(x) \frac{d\psi_n(x)}{dx} dx$$
$$= -\frac{\mathrm{i}\hbar}{2}\int_{-\infty}^{\infty} d(\psi_n^2) = -\frac{\mathrm{i}\hbar}{2}\psi_n^2(x)\Big|_{-\infty}^{\infty} = 0$$

因为 $\psi_n(\pm\infty) = 0$，这时(2.3 - 49)和(2.3 - 50)变成

$$\left.\begin{aligned} \overline{P_x^2} &= \overline{(\Delta P_x)^2} \\ \overline{X_x^2} &= \overline{(\Delta X_x)^2} \end{aligned}\right\} \quad (2.3-51)$$

将上述两式代入(2.3－47)式,得

$$\overline{E}=\frac{1}{2m}\overline{(\Delta P_x)^2}+\frac{k}{2}\overline{(\Delta x)^2} \tag{2.3-52}$$

我们知道,测不准关系式使$\overline{(\Delta P_x)^2}$和$\overline{(\Delta X)^2}$不能同时为零,因而$\overline{E}$的最小值也不能为零,而必须是有限正值。为了求出$\overline{E}$的最小值,利用测不准关系式$\overline{(\Delta X)^2(\Delta P_x)^2}\geqslant\frac{\hbar^2}{4}$,即$\overline{(\Delta P_x)^2}\geqslant\frac{\hbar^2}{4\overline{(\Delta X)^2}}$,将上式代入(2.3－52)式,得$\overline{E}\geqslant\frac{\hbar^2}{8m}\frac{1}{\overline{(\Delta x)^2}}+\frac{k}{2}\overline{(\Delta x)^2}$。令$\xi\equiv\overline{(\Delta X)^2}$,则

$$\overline{E}\geqslant\frac{\hbar^2}{8m}\frac{1}{\xi}+\frac{k}{2}\xi \tag{2.3-53}$$

将此式对ξ求极小值,即让$\frac{\partial\overline{E}}{\partial\xi}=0$,并取等号,则得

$$\frac{\hbar^2}{8m}\left(-\frac{1}{\xi^2}\right)+\frac{k}{2}=0$$

$$\xi^2=\frac{\hbar^2}{8m}\cdot\frac{2}{k}=\frac{\hbar^2}{4mk}$$

$$\xi=\frac{\hbar}{2\sqrt{mk}}$$

将上式代入(2.3－53)式,得E的最小值为

$$E_{\min}=\frac{\hbar^2}{8m}\cdot\frac{2\sqrt{mk}}{\hbar}+\frac{k}{2}\cdot\frac{\hbar}{2\sqrt{mk}}$$

$$=\frac{\hbar}{4}\sqrt{\frac{k}{m}}+\frac{\hbar}{4}\sqrt{\frac{k}{m}}=\frac{\hbar}{2}\sqrt{\frac{k}{m}}$$

将$\hbar=\frac{h}{2\pi}$和(2.3－16)式代入上式,得

$$E_{\min}=\frac{h}{2}\cdot\frac{1}{2\pi}\sqrt{\frac{k}{m}}=\frac{1}{2}h\nu$$

由此可见,谐振子的零点振动能是与测不准关系并存的,是量子力学的自然结果。

③ 谐振子的波函数

由(2.3－28)式可知,我们要讨论线性谐振子波函数的性质,也就是

多项式 $H(z)$ 的性质。我们在 H 下加一脚码 n，以表示多项式的最高次幂是 n。$H_n(z)$ 称厄米(Hermitian) 多项式，对应于能量 E_n 的波函数是

$$\psi_n = N_n E^{-\frac{1}{2}z^2} H_n(z) \qquad (2.3-54)$$

此函数称为厄米函数，式中的 N_n 是归一化常数。

在方程(2.3 - 30) 中，以(2.3 - 38) 式的 $\frac{\alpha}{\beta} = 2n+1$ 代入，得 H_n 所满足的方程

$$\frac{d^2 H_n}{dz^2} - 2z\frac{dH_n}{dz} + 2nH_n = 0 \qquad (2.3-55)$$

为了得到厄米多项式 $H_n(z)$ 的具体形式，令 $u = e^{-z^2}$，则

$$\frac{du}{dz} = -2zu \qquad (2.3-56)$$

利用求两个函数之积的高阶导数的莱布尼兹(Leibnitz) 法则

$$(u\nu)^n = u^n\nu + nu^{n-1}\nu' + \frac{n(n-1)}{2!}u^{n-2}\nu'' + \cdots + \frac{n(n-1)\cdots(n-k+1)}{k!}u^{(n-k)}\nu^{(k)} + \cdots + u\nu^n$$

将(2.3 - 56) 式对 z 微商$(n+1)$ 次，则有

$$\frac{d^{n+2}u}{dz^{n+2}} = -2\frac{d^{n+1}(zu)}{dz^{n+1}} = -2\left[\frac{d^{n+1}u}{dz^{n+1}}z + (n+1)\frac{d^n u}{dz^n}z'\right]$$

从第三项开始，以后全都是零，因为 $z' = 1$，$z'' = 0$，即得

$$\frac{d^{n+2}u}{dz^{n+2}} + 2z\frac{d^{n+1}u}{dz^{n+1}} + 2(n+1)\frac{d^n u}{dz^n} = 0 \qquad (2.3-57)$$

如果以 $\frac{d^n u}{dz^n} = (-1)^n e^{-z^2} H_n(z)$ (2.3 - 58)

代入(2.3 - 57) 式中，则有

$$\frac{d^{n+1}u}{dz^{n+1}} = (-1)^n\left(\frac{dH_n}{dz} - 2zH_n\right)e^{-z^2}$$

$$\frac{d^{n+2}u}{dz^{n+2}} =$$

$$(-1)^n\left[\left(\frac{d^2 H_n}{dz^2} - 2H_n - 2z\frac{dH_n}{dz}\right) - 2z\frac{dH_n}{dz} - 2zH_n\right]e^{-z^2}$$

$$= (-1)^n\left[\frac{d^2H_n}{dz^2} - 4z\frac{dH_n}{dz} + 4z^2H_n - 2H_n\right]e^{-z^2}$$

这时，(2.3 - 57) 式可写成

$$\frac{d^2H_n}{dz^2} - 4z\frac{dH_n}{dz} + 4z^2H_n - 2H_n + 2z\left(\frac{dH_n}{dz} - 2zH_n\right) + 2(n+1)H_n =$$

0，即 $\frac{d^2H_n}{dz^2} - 2z\frac{dH_n}{dz} + 2nH_n = 0$，这就是方程(2.3 - 55) 式。

由(2.3 - 58) 式可得

$$H_n(z) = (-1)^n e^{z^2}\frac{d^n}{dz^n}(e^{-z^2}) \tag{2.3 - 59}$$

这就是厄米多项式的微分表达式，也叫做 Rodrigues(罗德瑞古斯) 公式。以 $n = 0,1,2$ 代入这个公式，就得到前面三个最简单的厄米多项式为

$$H_0(z) = (-1)^0 e^{z^2}\cdot e^{-z^2} = 1$$

$$H_1(z) = (-1)e^{z^2}(-2ze^{-z^2}) = 2z$$

$$H_2(z) = (-1)^2 e^{z^2}[(-2e^{-z^2} - 2z(-2z)e^{-z^2}] = 4z^2 - 2$$

以下依此类推。

现在我们来确定波函数 ψ_n 中的归一化常数 N_n。由归一化条件可得 $\int_{-\infty}^{\infty}\psi_n^*(x)\psi_n(x)dx = 1$，将(2.3 - 54) 式代入上式，并将积分变数由 x 换成 z，得到

$$\frac{1}{\sqrt{\beta}}\int_{-\infty}^{\infty}N_n^2 e^{-z^2}H_n^2(z)dz = 1 \qquad (z = \sqrt{\beta}\,x)$$

将 $H_n(z)$ 的表达式(2.3 - 59) 代入上式，并移项得

$$\frac{1}{N_n^2} = (-1)^n\frac{1}{\sqrt{\beta}}\int_{-\infty}^{\infty}H_n(z)e^{-z^2}\cdot e^{z^2}\frac{d^n(e^{-z^2})}{dz^n}dz$$

$$= (-1)^n\frac{1}{\sqrt{\beta}}\int_{-\infty}^{\infty}H_n(z)\frac{d^n(e^{-z^2})}{dz^n}dz$$

进行分部积分得到

$$\frac{1}{N_n^2} = (-1)^n\frac{1}{\sqrt{\beta}}H_n(z)\frac{d^{n-1}(e^{-z^2})}{dz^{n-1}}\Big|_{-\infty}^{\infty} -$$

$$(-1)^n \frac{1}{\sqrt{\beta}}\int_{-\infty}^{\infty} \frac{d^{n-1}(e^{-z^2})}{dz^{n-1}} \frac{dH_n(z)}{dz}dz$$

上式右边第一项是 e^{-z^2} 与一个多项式的乘积，所以把 $z=\pm\infty$ 代入后等于零。对第二项继续进行分部积分 $(n-1)$ 次，最后得到 $\frac{1}{N_n^2} = \frac{1}{\sqrt{\beta}}\int_{-\infty}^{\infty} \frac{d^n H_n(z)}{dz^n}e^{-z^2}dz$。由(2.3 - 59)可知，$H_n(z)$ 中最高次项 z^n 的系数是 2^n，因为 e^{-z^2} 对 z 微商一次得到一个 $(-2z)$，微商 n 次就得到 $(-2z)^n = (-1)^n \cdot 2^n \cdot z^n$，所以 $\frac{d^n H_n(z)}{dz^n} = (-1)^{2n}2^n n! = 2^n n!$，故

$$\frac{1}{N_n^2} = \frac{1}{\sqrt{\beta}}2^n n! \int_{-\infty}^{\infty} e^{-z^2}dz = \frac{1}{\sqrt{\beta}}2^n n!\sqrt{\pi}$$

$$N_n = \left(\sqrt{\frac{\beta}{\pi}}\frac{1}{2^n n!}\right)^{\frac{1}{2}} \tag{2.3 - 60}$$

把(2.3 - 60)代入(2.3 - 54)，得线性谐振子的归一化波函数 ψ_n。

$$\psi_n(z) = \left[\sqrt{\frac{\beta}{\alpha}}\frac{1}{2^n n!}\right]^{\frac{1}{2}} e^{\frac{-z^2}{2}} H_n(z) \tag{2.3 - 61}$$

其中 $z=\sqrt{\beta}x$，$\beta = \frac{\sqrt{mk}}{\hbar}$。

根据(2.3 - 59)和(2.3 - 61)，我们可以具体写出线性谐振子的定态归一化波函数，其中前三个是

$$n=0, \psi_0(x) = \left(\frac{\beta}{\pi}\right)^{\frac{1}{4}} e^{-\frac{1}{2}z^2} = \left(\frac{\beta}{\pi}\right)^{\frac{1}{4}} \cdot e^{-\frac{1}{2}\beta x^2}$$

$$n=1, \psi_1(x) = \left(\frac{\beta}{\pi}\right)^{\frac{1}{4}} \frac{1}{\sqrt{2}}e^{-\frac{1}{2}\beta x^2} \cdot 2\sqrt{\beta}x = \frac{\sqrt{2}\beta^{\frac{3}{4}}}{\pi^{\frac{1}{4}}}xe^{-\frac{1}{2}\beta x^2}$$

$$n=2, \psi_2(x) = \left(\frac{\beta}{\pi}\right)^{\frac{1}{4}} \frac{1}{2\sqrt{2}}e^{-\frac{1}{2}\beta x^2}(4\beta x^2 - 2)$$

$$= \left(\frac{\beta}{\pi}\right)^{\frac{1}{4}} \frac{1}{\sqrt{2}}(2\beta x^2 - 1)e^{-\frac{1}{2}\beta x^2}$$

图 2.3 - 4 画出了 ψ_0，ψ_1 和 ψ_2 随 x 变化的情况。

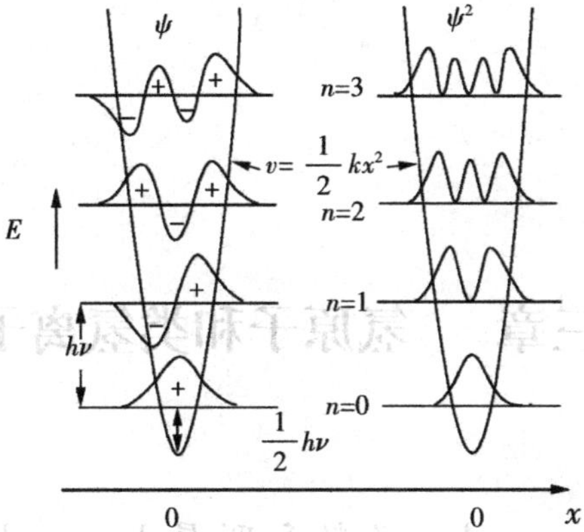

图 2.3 - 4　线性谐振子的能级、波函数和几率密度

我们看到，除 $x=\pm\infty$ 外，$\psi_0(x)$ 在任何点都不等于零；$\psi_1(x)$ 在 $x=0$ 处等于零；$\psi_2(x)$ 在 $x=\pm\sqrt{\frac{1}{2\beta}}$ 处等于零。波函数等于零的点称为节点。一般来说，$\psi_n(x)$ 有 n 个节点。

第三章　氢原子和类氢离子

§3.1　Legendre 函数和联属 Legendre 函数

Legendre 函数是量子力学中常用的特殊函数之一，在今后的讨论中，我们将要用到它，所以作为一种数学准备，在此作一介绍。

一、Legendre 函数

1. Legendre 方程和 Legendre 多项式

在物理学中，我们通常会遇到这样的微分方程

$$(1-x^2)\frac{d^2\Theta}{dx^2}-2x\frac{d\Theta}{dx}+\lambda\Theta=0 \tag{3.1 - 1}$$

这种形式的微分方程称为 Legendre 方程。其中 $x=\cos\theta$，θ 是极角，Θ 是 x 的函数，当然也就是 θ 的函数。因为 $0\leqslant\theta\leqslant\pi$，故 $-1\leqslant x\leqslant 1$。

因为方程(3.1 - 1)的解 Θ 表示一定物理状态，因此要求 Θ 在 x 的变化范围内是单值、连续和有限的。

现在，我们用级数法来求解，设

$$\Theta=\sum_{k=0}^{\infty}a_kx^k=a_0+a_1x+a_2x^2+\cdots+a_kx^k+\cdots \tag{3.1 - 2}$$

$$\Theta'=a_1+2a_2x+3a_3x^2+\cdots+ka_kx^{k-1}+\cdots=\sum_{k=1}^{\infty}ka_kx^{k-1} \tag{3.1 - 3}$$

$$\Theta'' = 2a_2 + 6a_3 x + \cdots + k(k-1)a_k x^{k-2} + \cdots$$

$$= \sum_{k=2}^{\infty} k(k-1)a_k x^{k-2} \qquad (3.1-4)$$

将(3.1 - 4)、(3.1 - 3)和(3.1 - 2)式代入(3.1 - 1)式，得

$$(1-x^2)\sum_{k=2}^{\infty} k(k-1)a_k x^{k-2} - 2x\sum_{k=1}^{\infty} ka_k x^{k-1} + \lambda\sum_{k=0}^{\infty} a_k x^k = 0$$

合并同次项得

$$\sum_{k=2}^{\infty} k(k-1)a_k x^{k-2} - \sum_{k=0}^{\infty} k(k-1)a_k x^k - 2\sum_{k=0}^{\infty} ka_k x^k + \lambda\sum_{k=0}^{\infty} a_k x^k = 0$$

$$\sum_{k=2}^{\infty} k(k-1)a_k x^{k-2} + \sum_{k=0}^{\infty} [\lambda - 2k - k(k-1)]a_k x^k = 0$$

对前一项求和，令 $k = k+2$，则得

$$\sum_{k=0}^{\infty} (k+2)(k+1)a_{k+2} x^k + \sum_{k=0}^{\infty} [\lambda - 2k - k(k-1)]a_k x^k = 0$$

合并同次项得

$$\sum_{k=0}^{\infty} \{(k+2)(k+1)a_{k+2} + [\lambda - 2k - k(k-1)]a_k\} x^k = 0$$

这是一恒等式，无论 x 取何值该式都成立，即 x 各次幂的系数必须为零，所以我们可以取 x^k 的系数为零，则得递推公式

$$(k+2)(k+1)a_{k+2} + [\lambda - 2k - k(k-1)]a_k = 0$$

故 $$a_{k+2} = \frac{2k + k(k-1) - \lambda}{(k+2)(k+1)}a_k = \frac{k(k+1) - \lambda}{(k+1)(k+2)}a_k \qquad (3.1-5)$$

有了递推公式(3.1 - 5)式后，显然只要知道最初的两个系数 a_0 和 a_1，则其他所有项的系数均可求出，再代入(3.1 - 2)式中，即可求得 Θ。

如给定 $a_0 \neq 0$，则可求出所有 x 为偶次幂的系数。

$$a_2 = \frac{0 \times 1 - \lambda}{(0+1)(0+2)}a_0 = \frac{-\lambda}{2!}a_0$$

$$a_4 = \frac{2(2+1)}{(2+1)(2+2)}a_2 = \frac{2 \times 3 - \lambda}{3 \times 4}a_2$$

$$= \frac{2\times 3-\lambda}{3\times 4}\left(-\frac{\lambda}{2!}a_0\right)=-\frac{(2\times 3-\lambda)\lambda}{4!}a_0$$

……

如给定 $a_1 \neq 0$,则可求出所有 x 为奇次幂的系数。

$$a_3 = \frac{1(1+1)-\lambda}{(1+1)(1+2)}a_1 = \frac{1\times 2-\lambda}{3!}a_1$$

$$a_5 = \frac{3(3+1)-\lambda}{(3+1)(3+2)}a_3 = \frac{3\times 4-\lambda}{4\times 5}\left(\frac{1\times 2-\lambda}{3!}a_1\right)$$

$$= \frac{(1\times 2-\lambda)(3\times 4-\lambda)}{5!}a_1$$

……

则 $\Theta = a_0\left[1-\frac{\lambda}{2!}x^2-\frac{(2\times 3-\lambda)\lambda}{4!}x^4-\cdots\right]+$

$$a_1\left[x+\frac{1\times 2-\lambda}{3!}x^3+\frac{(1\times 2-\lambda)(3\times 4-\lambda)}{5!}x^5+\cdots\right]$$

即 $\Theta = \sum_{k=0}^{\infty}a_{2k}x^{2k}+\sum_{k=0}^{\infty}a_{2k+1}x^{2k+1} = \Theta_1(x)+\Theta_2(x)$ (3.1 - 6)

其中 $\Theta_1(x)$ 是偶次项之和,$\Theta_2(x)$ 是奇次项之和。

因为Legendre方程是二阶微分方程,故一般解(3.1 - 6)式中会有两个积分常数 a_0 和 a_1。a_0 和 a_1 可由起始条件给出

$$\begin{cases} a_0 = \Theta(0) \\ a_1 = \Theta'(0) \end{cases} \quad (3.1 - 7)$$

在上面的讨论中,我们没有涉及到级数在什么范围收敛的问题。可以证明,级数在 $|x|<1$ 的范围内是收敛的,而在两个端点,即 $x=\pm 1$ 时就开始发散。现在,我们要求在 $-1\leqslant x\leqslant 1$ 的范围内,Θ 都是有限的(因为 $x=\cos\theta$),由递推关系式(3.1 - 5)可以看出,λ 不能取任意值,而必须取 $\lambda=n(n+1)$,$n=0,1,2,\cdots$

当 $\lambda=n(n+1)$ 时,递推关系式(3.1 - 5)变为

$$a_{k+2} = \frac{k(k+1)-n(n+1)}{(k+1)(k+2)}a_k \quad (3.1 - 8)$$

显然,当 $k=n$ 时,$a_{n+2}=0$,从而有

$a_{n+4}=a_{n+6}=\cdots=0$ n 可为偶数或奇数。

(1)n 为偶数

$$\Theta_1(x)=\sum_{k=0}^{\infty}a_{2k}x^{2k}$$

由(3.1 - 8)式可知,该级数到 $k=n$ 为止,它已不是无穷级数,而是一个多项式了。而 $\Theta_2(x)=\sum_{k=0}^{\infty}a_{2k+1}x^{2k+1}$ 仍是一个无穷级数,但我们可以令 $a_1=0$,则 $a_3=a_5=\cdots=0$,故 $\Theta_2=0$。由(3.1 - 6)式可知,整个 Θ 就是一个 n 次多项式了,我们称为 Legendre 多项式,并用 $P_n(x)$ 表示。可见 Legendre 多项式是 Legendre 方程的多项式解。

下面具体求算几个 Legendre 多项式:

对 $n=0$,只有一项,即 $P_0(x)=a_0(0)$;对 $n=2$,有两项:$a_0^{(2)}$。

由(3.1 - 8)式求

$$a_2^{(2)}=\frac{0(0+1)-2(2+1)}{(0+1)(0+2)}a_0^{(2)}=-3a_0^{(2)}$$

$$a_4^{(2)}=\frac{2(2+1)-2(2+1)}{(2+1)(2+2)}a_2^{(2)}=0$$

以后的系数全为零,即 $a_6^{(2)}=a_8^{(2)}=\cdots=0$,故 $P_2(x)=a_0^{(2)}(1-3x^2)$。

对 $n=4$,有三项 $a_0^{(4)}$。

由(3.1 - 8)式求

$$a_2^{(4)}=\frac{0(0+1)-4(4+1)}{(0+1)(0+2)}a_0^{(4)}=-10a_0^{(4)}$$

$$a_4^{(4)}=\frac{2(2+1)-4(4+1)}{(2+1)(2+2)}a_2^{(4)}=\frac{(6-20)}{3\times 4}(-10a_0^{(4)})$$

$$=\frac{14\times 10}{12}a_0^{(4)}=\frac{35}{3}a_0^{(4)}$$

$a_6^{(4)}$ 以后的系数全为零。

故 $$P_4(x)=a_0^{(4)}\left(1-10x^2+\frac{35}{3}x^4\right)\cdots$$

依次类推,可得 $P_n(x)$。因为 $a_0^{(0)}$,$a_0^{(2)}$,$a_0^{(4)}$ 可以不一样,故须标明。

那么,怎样来确定这些 $a_0^{(n)}$ 呢?通常是使 $P_n(1)=1$ 这样来选取 $a_0^{(n)}$。如对于 $a_0^{(2)}$ 有 $1=P_2(1)=a_0^{(2)}(1-3)=-2a_0^{(2)}$;故 $a_0^{(2)}=-\frac{1}{2}$。又如对

于 $a_0^{(4)}$，有 $1 = P_4(x) = a_0^{(4)}\left(1-10+\frac{35}{3}\right) = a_0^{(4)}\left(\frac{-27+35}{3}\right) = a_0^{(4)}\left(+\frac{8}{3}\right)$，故 $a_0^{(4)} = +\frac{3}{8}$。

(2)n 为奇数

与讨论 n 为偶数时的情况类似，可以得到 $\Theta_2(x)$ 是 n 次多项式。$\Theta_1(x)$ 是无穷级数。这时取 $a_1 \neq 0, a_0 = 0$，则可得 $P_n(x) = \Theta(x)$ 是一个 n 次多项式，所不同的是在这个多项式中只含有 x 的奇次项。

通过与前面类似的方法，可以求得

$$P_1(x) = a_1^{(1)} x$$

$$P_3(x) = a_1^{(3)}\left(x - \frac{5}{3}x^3\right)$$

$$P_5(x) = a_1^{(5)}\left(x - \frac{14}{3}x^3 + \frac{63}{15}x^5\right)$$

……

同理，我们这样来选择 $a_1^{(n)}$，使 $P_n(1) = 1$。

现在，我们可以列出前几个 Legendre 多项式为

$$P_0(x) = 1$$

$$P_1(x) = x$$

$$P_2(x) = \frac{1}{2}(3x^2 - 1)$$

$$P_3(x) = \frac{1}{2}(5x^3 - 3x)$$

$$P_4(x) = \frac{1}{8}(35x^4 - 30x^2 + 3) \tag{3.1 - 9}$$

$$P_5(x) = \frac{1}{8}(63x^5 - 70x^3 + 15x)$$

$$P_6(x) = \frac{1}{16}(213x^6 - 315x^4 + 105x^2 - 5)$$

$$P_7(x) = \frac{1}{16}(429x^7 - 693x^5 + 315x^3 - 35x)$$

2. Legendre 多项式的性质

(1) 微分表达式

可以把 Legendre 多项式写成

$$P_n(x) = \frac{1}{2^n n!}\frac{d^n}{dx^n}(x^2-1)^n \qquad (3.1-10)$$

该式称为 Legendre 多项式的微分表达式，也叫 Rodrigues 公式。

我们先以 $n=2$ 的情形来验证一下，然后再给出一般地证明。

当 $n=2$ 时，

$$\begin{aligned} P_2(x) &= \frac{1}{2^2 2!}\frac{d^2}{dx^2}(x^2-1)^2 \\ &= \frac{1}{8}\frac{d^2}{dx^2}(x^4-2x^2+1) \\ &= \frac{1}{8}\frac{d}{dx}(4x^3-4x) \\ &= \frac{1}{8}(12x^2-4) = \frac{1}{2}(3x^2-1) \end{aligned}$$

其结果与(3.1 - 9)式是完全一致的。

现在给出一个一般的证明。

设 n 为整数，c 为常数，令

$$y = c(1-x^2)^n \qquad (3.1-11)$$

则　$y' = cn(1-x^2)^{n-1}(-2x) = \dfrac{-2nxy}{(1-x^2)}$

故　$(1-x^2)y' + 2nxy = 0 \qquad (3.1-12)$

对 x 微分(3.1 - 12)式$(n+1)$次。

这里要用到求两个函数之积的高阶导数的莱布尼兹(Leibniz，G. W)法则。该法则是：为求乘积 uv 的 n 级微商，先按牛顿二项式定理展开$(u+v)^n$，再在展开式中将 u 和 v 的指数换成微商的级数，首尾两零次项换成原来的函数。即

$$\begin{aligned} (u+v)^n &= u^n + nu^{n-1}v + \frac{n(n-1)}{2!}u^{n-2}v^2 + \cdots + nuv^{n-1} + v^n \\ &= \sum_{k=0}^{n}\frac{n!}{k!(n-k)!}u^{n-k}v^k \end{aligned}$$

和$(uv)^n = u^n v + nu^{(n-1)}v' + \frac{n(n-1)}{2!}u^{(n-2)}v'' + \cdots +$

$$\frac{n(n-1)\cdots(n-k+1)}{k!}u^{(n-k)}v^{(k)} + \cdots + uv^{(n)}$$

在(3.1 - 12)式的前一项中,$u = y' = \frac{dy}{dx}$,$v = (1-x^2)$,当该项运用莱布尼兹法则时,从 v'' 开始均为零,得

$$\left[(1-x^2)\frac{dy}{dx}\right]^{(n+1)} = \frac{d^{n+2}y}{dx^{n+2}}(1-x^2) + (n+1)\frac{d^{n+1}y}{dx^{n+1}}(-2x) + \frac{(n+1)n}{2!}\frac{d^n y}{dx^n}(-2) \qquad (3.1-13)$$

在(3.1 - 12)式的后一项中,$u = y$,$v = x$,当该项运用莱布尼兹法则时,从 v'' 开始均为零,得

$$(xy)^{n+1} = \frac{d^{n+1}y}{dx^{n+1}}x + (n+1)\frac{d^n y}{dx^n} \qquad (3.1-14)$$

由(3.1 - 13)和(3.1 - 14)式可知,当对 x 微分(3.1 - 12)式$(n+1)$次时,得到

$$(1-x^2)\frac{d^{n+2}y}{dx^{n+2}} - 2x(n+1)\frac{d^{n+1}y}{dx^{n+1}} - \frac{2n(n+1)}{2!}\frac{d^n y}{dx^n} + 2nx\frac{d^{n+1}y}{dx^{n+1}} + 2n(n+1)\frac{d^n y}{dx^n} = 0$$

或

$$(1-x^2)\frac{d^{n+2}y}{dx^{n+2}} - 2x(n+1)\frac{d^{n-1}y}{dx^{n+1}} - n(n+1)\frac{d^n y}{dx^n} + 2nx\frac{d^{n+1}y}{dx^{n+1}} + 2n(n+1)\frac{d^n y}{dx^n} = 0$$

即

$$(1-x^2)\frac{d^{n+2}y}{dx^{n+2}} - 2x\frac{d^{n+1}y}{dx^{n+1}} + n(n+1)\frac{d^n y}{dx^n} = 0 \qquad (3.1-15)$$

令 $z = \frac{d^n y}{dx^n}$,则(3.1 - 15)变成

$$(1-x^2)\frac{d^2 z}{dx^2} - 2x\frac{dz}{dx} + n(n+1)z = 0$$

这就是 Legendre 方程(3.1 - 1)式。

通过前面的讨论我们已经知道,Legendre 方程的解是 Legendre 多项

式 $P_n(x)$，现在 z 是 Legendre 方程的解，所以 z 是 Legendre 多项式，即 $z=\frac{d^n y}{dx^n}=P_n(x)$。将(3.1 - 11) 式代入上式，得 $z=c\frac{d^n}{dx^n}(1-x^2)^n=P_n(x)$，其中 c 是常数因子，为了使 $P_n(1)=1$，我们选取常数 $c=\frac{(-1)^n}{2^n n!}$，故 $P_n(x)=\frac{1}{2^n n!}\frac{d^n}{dx^n}(x^2-1)^n$，得证。

(2) 一般表达式

利用 Legendre 多项式的微分表达式可以得到一般表达式。

根据牛顿二项式定理，有

$$(x^2-1)^n=\sum_{k=0}^{n}\frac{n!}{k!(n-k)!}x^{2n-2k}(-1)^k$$

将该式代入(3.1 - 10) 式中，得

$$\begin{aligned}P_n(x)&=\frac{1}{2^n n!}\frac{d^n}{dx^n}(x^2-1)^n\\&=\frac{1}{2^n n!}\sum_{k=0}^{n}\frac{(-1)^k n!}{k!(n-k)!}\frac{d^n}{dx^n}x^{2n-2k}\\&=\frac{1}{2^n n!}\sum_{k=0}^{\left[\frac{n}{2}\right]}\frac{(-1)^k n!}{k!(n-k)!}(2n-2k)(2n-2k-1)\cdots\\&\quad(n-2k+1)\end{aligned}$$

这里 k 最多到 $\frac{n}{2}$，符号 $\left[\frac{n}{2}\right]$ 的意义是表示 $\frac{n}{2}$ 的整数部分，即

$$\left[\frac{n}{2}\right]=\begin{cases}\frac{n}{2} & (n\text{ 为偶数})\\ \frac{1}{2}(n-1) & (n\text{ 为奇数})\end{cases}$$

将上式中的分子和分母同除以 $n!$，则得

$$P_n(x)=\sum_{k=0}^{\left[\frac{n}{2}\right]}(-1)^k\frac{(2n-2k)!}{2^n k!(n-k)!(n-2k)!}x^{n-2k}\qquad(3.1 - 16)$$

该式称为 Legendre 多项式的一般表达式，或叫 $P_n(x)$ 的幂级数定义。

现在，进一步讨论一下 $P_n(x)$ 的奇偶性，显然，函数 $P_n(x)$ 的奇偶性

由(3.1 - 16)式中 x^{n-2k} 的这一部分来决定。因而 $P_n(-x)=(-1)^{n-2k}P_n(x)$，即 $P_n(-x)=(-1)^nP_n(x)$。可见，当 n 为偶数时，$P_n(-x)=P_n(x)$，故 $P_n(x)$ 为偶函数；当 n 为奇数时，$P_n(-x)=-P_n(x)$，故 $P_n(x)$ 为奇函数。例如：

$$P_2(x)=\frac{1}{2}(3x^2-1)$$

$$P_2(-x)=\frac{1}{2}[3(-x^2)-1]=\frac{1}{2}(3x^2-1)$$
$$=P_2(x)\qquad \text{是偶函数}$$

$$P_3(x)=\frac{1}{2}(5x^3-3x)$$

$$P_3(-x)=\frac{1}{2}[5(-x)^3-3(-x)]=\frac{-1}{2}(5x^3-3x)$$
$$=-P_3(x)\qquad \text{是奇函数}$$

(3) 正交性

Legendre 方程(3.1 - 1)式 $(1-x^2)\dfrac{d^2\Theta}{dx^2}-2x\dfrac{d\Theta}{dx}+\lambda\Theta=0$ 也可写成 $\dfrac{d}{dx}[(1-x^2)\dfrac{d\Theta}{dx}]+\lambda\Theta=0$。将 $\Theta(x)=P_n(x)$ 和 $\lambda=n(n+1)$ 代入上式，得

$$\frac{d}{dx}\left[(1-x^2)\frac{dP_n(x)}{dx}\right]+n(n+1)P_n(x)=0 \tag{3.1 - 17}$$

用 $P_m(x)$ 左乘上式，并在区间$[-1,1]$对 x 积分，得

$$\int_{-1}^{1}P_m(x)\left\{\frac{d}{dx}\left[(1-x^2)\frac{dP_n(x)}{dx}\right]+n(n+1)P_n(x)\right\}dx=0 \tag{3.1 - 18}$$

应用分部积分法，计算(3.1 - 18)式中的第一个积分，即

$$\int_{-1}^{1}P_m(x)\frac{d}{dx}\left[(1-x^2)\frac{dP_n(x)}{dx}\right]dx \text{ 中}$$

$P_m(x)=u$，$\dfrac{d}{dx}\left[(1-x^2)\dfrac{dP_n(x)}{dx}\right]=dv$，则

$$\int_{-1}^{1} P_m(x)\frac{d}{dx}\left[(1-x^2)\frac{dP_n(x)}{dx}\right]dx$$

$$= P_m(x)(1-x^2)\frac{dP_n(x)}{dx}\Big|_{-1}^{1} - \int_{-1}^{1}(1-x^2)\frac{dP_n(x)}{dx}\frac{dP_m(x)}{dx}dx$$

$$= 0 - \int_{-1}^{1}(1-x^2)\frac{dP_n(x)}{dx}\frac{dP_m(x)}{dx}dx$$

将该式代入(3.1 - 18)式中，则(3.1 - 18)式可写成

$$\int_{-1}^{1}\left[-(1-x^2)\frac{dP_n(x)}{dx}\frac{dP_m(x)}{dx}+n(n+1)P_mP_n\right]dx = 0$$

或 $$\int_{-1}^{1}\left[(x^2-1)\frac{dP_m}{dx}\frac{dP_n}{dx}+n(n+1)P_mP_n\right]dx = 0 \qquad (3.1-19)$$

现在交换 m 和 n 的位置(相当于把 $\Theta = P_m(x)$，然后用 $P_n(x)$ 左乘并积分)，有

$$\int_{-1}^{1}\left[(x^2-1)\frac{dP_n(x)}{dx}\frac{dP_m(x)}{dx}+m(m+1)P_nP_m\right]dx = 0$$

(3.1 - 20)

用(3.1 - 20)式减去(3.1 - 19)式，得

$$[m(m+1)-n(n+1)]\int_{-1}^{1}P_m(x)P_ndx = 0 \qquad (3.1-21)$$

当 $m \neq n$ 时，则由(3.1 - 21)式可知，有

$$\int_{-1}^{1}P_m(x)P_n(x)dx = 0 \qquad (3.1-22)$$

这就是 Legendre 函数的正交性。

(4) 归一化

在(3.1 - 21)式中，当 $m = n$ 时，则有 $\int_{-1}^{1}[P_n(x)]^2dx \neq 0$，令它等于 N_n，并用 Rodrigues 公式(3.1 - 10)来计算这个积分值，即

$$N_n = \int_{-1}^{1}[P_n(x)]^2dx$$

$$= \frac{1}{2^{2n}(n!)^2}\int_{-1}^{1}\frac{d^n}{dx^n}(x^2-1)^n\frac{d^n}{dx^n}(x^2-1)^ndx \qquad (3.1-23)$$

用分部积分法，并令$\frac{d^n}{dx^n}(x^2-1)^n=u$，$\frac{d^n}{dx^n}(x^2-1)^n dx=dv$，则

$$\begin{aligned}&\int_{-1}^{1}\frac{d^n}{dx^n}(x^2-1)^n\frac{d^n}{dx^n}(x^2-1)^n dx\\&=\frac{d^n}{dx^n}(x^2-1)^n\cdot\frac{d^{n-1}}{dx^{n-1}}(x^2-1)^n\Big|_{-1}^{1}-\\&\quad\int_{-1}^{1}\frac{d^{n-1}}{dx^{n-1}}(x^2-1)^n\cdot\frac{d^{n+1}}{dx^{n+1}}(x^2-1)^n dx\\&=0-\int_{-1}^{1}\frac{d^{n-1}}{dx^{n-1}}(x^2-1)^n\cdot\frac{d^{n+1}}{dx^{n+1}}(x^2-1)^n dx\end{aligned}$$

这次分部积分的结果告诉我们，前一因子的微商减少了一次，后一因子的微商增加了一次，最前面多了一个负号。由此推理可知，若继续进行 n 次分部积分，则得

$$\begin{aligned}&\int_{-1}^{1}\frac{d^n}{dx^n}(x^2-1)^n\frac{d^n}{dx^n}(x^2-1)^n dx\\&=(-1)^n\int_{-1}^{1}(x^2-1)^n\frac{d^{2n}}{dx^{2n}}(x^2-1)^n dx\end{aligned}\qquad(3.1-24)$$

利用牛顿二项式定理展开$(x^2-1)^n$，则(3.1 - 24)式中的

$$\begin{aligned}&\frac{d^{2n}}{dx^{2n}}(x^2-1)^n=\\&\frac{d^{2n}}{dx^{2n}}\left[x^{2n}-nx^{2(n-1)}+\frac{n(n-1)}{2!}x^{2(n-2)}-\cdots\right]=(2n)!\end{aligned}\qquad(3.1-25)$$

因为其中的$\frac{d^{2n}}{dx^{2n}}x^{2n}=(2n)!$，而中括号中从第二项开始，其 $2n$ 次微的值全为零。

将(3.1 - 25)式代入(3.1 - 24)式，得

$$\begin{aligned}&\int_{-1}^{1}\frac{d^n}{dx^n}(x^2-1)^n\frac{d^n}{dx^n}(x^2-1)^n dx\\&\quad=(-1)^n(2n)!\int_{-1}^{1}(x^2-1)^n dx\end{aligned}\qquad(3.1-26)$$

将(3.1 - 26)式代入(3.1 - 23)式，得

$$N_n=\frac{(-1)^n}{2^{2n}(n!)^2}(2n)!\int_{-1}^{1}(x^2-1)^n dx$$

$$= \frac{(2n)!}{2^{2n}(n!)^2}\int_{-1}^{1}(1-x^2)^n dx \tag{3.1 - 27}$$

其中 $\int_{-1}^{1}(1-x)^n dx = \int_{-1}^{1}(1-x)^n(1+x)^n dx$，用分部积分法，令 $(1-x)^n = u$，$(1+x)^n dx = dv$，则

$$v = \int dv = \int (1+x)^n dx = \frac{(1+x)^{n+1}}{n+1}，故$$

$$\int (1-x^2)^n dx = (1-x)^n \cdot \frac{(1+x)^{n+1}}{n+1}\Big|_{-1}^{1} + \int_{-1}^{1}\frac{(1+x)^{n+1}}{n+1}n(1-x)^{n-1}dx$$

$$= 0 + \frac{n}{n+1}\int_{-1}^{1}(1+x)^{n+1}(1-x)^{n-1}dx$$

继续进行 n 次分部积分，得

$$\int_{-1}^{1}(1-x^2)^n dx = \frac{n(n-1)(n-2)\cdots 2\cdot 1}{(n+1)(n+2)\cdots 2n}\int_{-1}^{1}(1+x)^{2n}dx$$

$$= \frac{(n!)^2}{(2n)!}\cdot\frac{(1+x)^{2n+1}}{2n+1}\Big|_{-1}^{1}$$

$$= \frac{2^{2n+1}(n!)^2}{(2n+1)!} - 0 \tag{3.1 - 28}$$

将(3.1 - 28)式代入(3.1 - 27)式，得

$$N_n = \frac{(2n)!}{2^{2n}(n!)^2}\cdot\frac{2^{2n+1}(n!)^2}{(2n+1)!} = \frac{2}{2n+1} \tag{3.1 - 29}$$

故常数 $\frac{1}{\sqrt{N_n}} = \sqrt{\frac{2n+1}{2}}$ 称为 $P_n(x)$ 的归一化因子，即归一化的 Legendre 函数为 $\sqrt{\frac{2n+1}{2}}P_n(x)$。

Legendre 函数的正交归一化性质可统一写成

$$\int_{-1}^{1}P_m(x)P_n(x)dx = \frac{2}{2n+1}\delta_{mn}，其中$$

$$\delta_{mn} = \begin{cases}1 & (m=n)\\ 0 & (m\neq n)\end{cases}。$$

二、联属 Legendre 函数

1. 联属 Legendre 函数

在物理学中遇到的这种方程

$$(1-x^2)\frac{d^2\Theta}{dx^2}-2x\frac{d\Theta}{dx}+\left(\lambda-\frac{m^2}{1-x^2}\right)\Theta=0 \tag{3.1 - 30}$$

称为联属 Legendre 方程。当 $m=0$ 时，该方程就变成为(3.1 - 1)式的 Legendre 方程：$(1-x^2)\frac{d^2\Theta}{dx^2}-2x\frac{d\Theta}{dx}+\lambda\Theta=0$。联属 Legendre 方程的解 $P_n^{|m|}(x)$ 可以由 Legendre 函数 $P_n(x)$ 来定义

$$P_n^{|m|}(x)=(1-x^2)^{\frac{|m|}{2}}\frac{d^{|m|}}{dx^{|m|}}P_n(x) \tag{3.1 - 31}$$

$P_n^{|m|}(x)$ 称为 n 次 $|m|$ 阶的联属 Legendre 函数。和 $P_n(x)$ 一样，$x=\cos\theta$，θ 是极角，变化区间 0 到 π，所以变量 x 的定义域为 $-1\leqslant x\leqslant 1$。为了保证在 x 的定义域内 Θ 是有限值，必须使 $\lambda=n(n+1)$，从而使 $P_n^{|m|}(x)$ 成为一个多项式。

由(3.1 - 31)式可知，当 $m=0$ 时，$P_n^0(x)=P_n(x)$。又因 $P_n(x)$ 是 x 的 n 次多项式，所以当 $|m|>n$ 时，$P_n^{|m|}(x)=0$，故必有 $n\geqslant|m|$。

现在给出(3.1 - 31)式的证明。

令 $$\Theta=(1-x^2)^{\frac{|m|}{2}}z \tag{3.1 - 32}$$

其中 z 和 Θ 一样，也是 x 的函数。

则 $$\begin{aligned}\Theta'&=(1-x^2)^{\frac{|m|}{2}}z'+\frac{|m|}{2}(1-x^2)^{\frac{|m|}{2}-1}(-2x)z\\&=(1-x^2)^{\frac{|m|}{2}}z'-|m|x(1-x^2)^{\frac{|m|}{2}-1}z\end{aligned} \tag{3.1 - 33}$$

$$\begin{aligned}\Theta''&=(1-x^2)^{\frac{|m|}{2}}z''-|m|x(1-x^2)^{\frac{|m|}{2}-1}z'-\\&\quad|m|x(1-x^2)^{\frac{|m|}{2}-1}z'-|m|(1-x^2)^{\frac{|m|}{2}-1}z-\\&\quad|m|\left(\frac{|m|}{2}-1\right)(1-x^2)^{\frac{|m|}{2}-2}(-2x)xz\\&=(1-x^2)^{\frac{|m|}{2}}z''-2|m|x(1-x^2)^{\frac{|m|}{2}-1}z'-\end{aligned}$$

$$|m|(1-x^2)^{\frac{|m|}{2}-1}z+|m|(|m|-2)x^2(1-x^2)^{\frac{|m|}{2}-2}z \tag{3.1 - 34}$$

将(3.1 - 32)、(3.1 - 33)和(3.1 - 34)式代入(3.1 - 30)式,得

$$\begin{aligned}&(1-x^2)\Theta''-2x\Theta'+\left[n(n+1)-\frac{m^2}{1-x^2}\right]\Theta\\&=(1-x^2)\left[(1-x^2)^{\frac{|m|}{2}}z''-2|m|x(1-x^2)^{\frac{|m|}{2}-1}z'-\right.\\&\quad\left.|m|(1-x^2)^{\frac{|m|}{2}-1}z+|m|(|m|-2)x^2(1-x^2)^{\frac{|m|}{2}}z\right]-\\&\quad 2x\left[(1-x^2)^{\frac{|m|}{2}}z'-|m|x(1-x^2)^{\frac{|m|}{2}-1}z\right]+\\&\quad\left[n(n+1)-\frac{m^2}{1-x^2}\right](1-x^2)^{\frac{|m|}{2}}z\\&=(1-x^2)^{\frac{|m|}{2}}\{(1-x^2)z''-2(|m|+1)z'x+[n(n+1)-\\&\quad|m|+m^2x^2(1-x^2)^{-1}-m^2(1-x^2)^{-1}]z\}\\&=(1-x^2)^{\frac{|m|}{2}}\{(1-x^2)z''-2(|m|+1)xz'+[n(n+1)-\\&\quad|m|-m^2(1-x^2)^{-1}(1-x^2)]z\}\\&=(1-x^2)^{\frac{|m|}{2}}\{(1-x^2)z''-2(|m|+1)xz'+[n(n+1)-|m|(|\\&\quad m|+1)]z\}=0\end{aligned}$$

即

$$(1-x^2)z''-2(|m|+1)xz'+[n(n+1)-|m|(|m|+1)]z=0。 \tag{3.1 - 35}$$

而 Legendre 多项式 $P_n(x)$ 满足当 $\lambda=n(n+1)$ 时的 Legendre 方程(3.1 - 1)式,即

$$(1-x^2)P''_n(x)-2xP'_n(x)+n(n+1)P_n(x)=0 \tag{3.1 - 36}$$

将该式对 x 微商 $|m|$ 次,并利用莱布尼兹法则,有

$$(uv)^n=u^nv+nu^{(n-1)}v'+\frac{n(n-1)}{2!}u^{(u-2)}v''+\cdots+$$

$$\frac{n(n-1)\cdots(n-k+1)}{k!}u^{(n-k)}v^k+\cdots+uv^n$$

可以得到

$$\frac{d^{|m|}}{dx^{|m|}}[(1-x^2)P''_n(x)]=(1-x^2)\frac{d^{|m|+2}P_n}{dx^{|m|+2}}-$$

$$2|m|x\frac{d^{|m|+1}P_n}{dx^{|m|+1}}-|m|(|m|-1)\frac{d^{|m|}P_n}{dx^{|m|}} \qquad (3.1-37)$$

其中 $u=P''_n(x)$,$v=(1-x^2)$。从 v''' 开始所有项均为零。

同理可得

$$\frac{d^{|m|}}{dx^{|m|}}[2xP'_n(x)]=2x\frac{d^{|m|+1}P_n}{dx^{|m|+1}}+2|m|\frac{d^{|m|}P_n}{dx^{|m|}} \qquad (3.1-38)$$

$u=P'_n(x)$,$v=2x$ 和

$$\frac{d^{|m|}}{dx^{|m|}}[n(n+1)P_n]=n(n+1)\frac{d^{|m|}P_n}{dx^{|m|}} \qquad (3.1-39)$$

$u=P_n(x)$,$v=n(n+1)$。

将(3.1 - 37)、(3.1 - 38) 和(3.1 - 39) 式代入(3.1 - 36) 式,得

$$(1-x^2)\frac{d^{|m|+2}P_n}{dx^{|m|+2}}-2|m|x\frac{d^{|m|+1}P_n}{dx^{|m|+1}}-|m|(|m|-1)\frac{d^{|m|}P_n}{dx^{|m|+1}}-$$

$$2x\frac{d^{|m|+1}P_n}{dx^{|m|+1}}-2|m|\frac{d^{|m|}P_n}{dx^{|m|}}+n(n+1)\frac{d^{|m|}P_n}{dx^{|m|}}=0$$

整理后可得

$$(1-x^2)\frac{d^{|m|+2}P_n}{dx^{|m|+2}}-2(|m|+1)x\frac{d^{|m|+1}P_n}{dx^{|m|+1}}+[n(n+1)-$$

$$|m|(|m|+1)]\frac{d^{|m|}P_n}{dx^{|m|}}=0 \qquad (3.1-40)$$

比较(3.1 - 35) 式和(3.1 - 40) 式可见

$$z=\frac{d^{|m|}P_n}{dx^{|m|}} \qquad (3.1-41)$$

将(3.1 - 41) 式代入(3.1 - 32) 式,即得

$$\Theta=(1-x^2)^{\frac{|m|}{2}}\frac{d^{|m|}P_n}{dx^{|m|}}=P_n^{|m|}(x)$$

它是满足联属 Legendre 方程(3.1 - 30) 式,当 $\lambda=n(n+1)$ 时的解。[证毕]

2. 正交归一化

$$\int_{-1}^{1}P_n^{|m|}(x)P_{n'}^{|m|}(x)dx=0 \qquad (n\neq n') \qquad (3.1-42)$$

这就是联属 Legendre 函数的正交性。

证明：$P_n^{|m|}(x)$ 和 $P_{n'}^{|m|}(x)$ 分别满足的联属 Legendre 方程为

$$\frac{d}{dx}\left[(1-x^2)\frac{dP_n^{|m|}}{dx}\right]+\left[n(n+1)-\frac{m^2}{1-x^2}\right]P_n^{|m|}=0 \qquad (3.1-43)$$

和 $$\frac{d}{dx}\left[(1-x^2)\frac{dP_{n'}^{|m|}}{dx}\right]+\left[n'(n'+1)-\frac{m^2}{1-x^2}\right]P_{n'}^{|m|}=0 \qquad (3.1-44)$$

用 $P_{n'}^{|m|}$ 乘(3.1-43)式，减去用 $P_n^{|m|}$ 乘(3.1-44)式，并在定义域从 -1 到 $+1$ 积分，得

$$\int_{-1}^{1}\left\{P_{n'}^{|m|}\frac{d}{dx}\left[(1-x^2)\frac{dP_n^{|m|}}{dx}\right]-P_n^{|m|}\frac{d}{dx}\left[(1-x^2)\frac{dP_{n'}^{|m|}}{dx}\right]\right\}dx+[n(n+1)-n'(n'+1)]\cdot\int_{-1}^{1}P_n^{|m|}P_{n'}^{|m|}dx=0$$

即

$$\int_{-1}^{1}\frac{d}{dx}\left\{(1-x^2)\left[P_{n'}^{|m|}\frac{dP_n^{|m|}}{dx}-P_n^{|m|}\frac{dP_{n'}^{|m|}}{dx}\right]\right\}dx$$

$$=[n'(n'+1)-n(n+1)]\int_{-1}^{1}P_n^{|m|}P_{n'}^{|m|}dx$$

$$=\left\{(1-x)^2\left[P_{n'}^{|m|}\frac{dP_{n'}^{|m|}}{dx}-P_n^{|m|}\frac{dP_{n'}^{|m|}}{dx}\right]\right\}\Bigg|_{-1}^{1}=0$$

故 $[n'(n'+1)-n(n+1)]\int_{-1}^{1}P_n^{|m|}P_{n'}^{|m|}dx=0$。

当 $n\neq n'$ 时，$n'(n+1)-n(n+1)\neq 0$，只有

$$\int_{-1}^{1}P_n^{|m|}P_{n'}^{|m|}dx=0 \qquad \text{证毕。}$$

现在讨论联属 Legendre 函数的归一化性质。

$$\int_{-1}^{1}[P_n^{|m|}]^2dx=\int_{-1}^{1}(1-x^2)^{2\times\frac{|m|}{2}}\frac{d^{|m|}}{dx^{|m|}}P_n(x)\frac{d^m}{dx^{|m|}}P_n(x)dx$$

用分部积分法进行计算，令

$$\begin{cases} u=(1-x^2)^{|m|}\dfrac{d^{|m|}}{dx^{|m|}}P_n(x) \\ dv=\dfrac{d^{|m|}}{dx^{|m|}}P_n(x)dx \end{cases}$$

则 $\begin{cases} du = \dfrac{d}{dx}\left[(1-x^2)^{|m|}\dfrac{d^{|m|}}{dx^{|m|}}P_n(x)\right] \\ v = \dfrac{d^{|m|-1}}{dx^{|m|-1}}P_n(x) \end{cases}$

显然可见，$uv\,|_{-1}^{1} = 0$。

所以 $\int_{-1}^{1}[P_n^{|m|}]^2 dx = -\int_{-1}^{1}\dfrac{d^{|m|-1}}{dx^{|m|-1}}\dfrac{d}{dx}\left[(1-x^2)^{|m|}\dfrac{d^{|m|}P_n}{dx^{|m|}}\right]dx$

(3.1 - 45)

由 Legendre 微分方程 (3.1 - 36) 式，即 $(1-x^2)P''_n - 2xP'_n + n(n+1)P_n = 0$，将该式对 x 微商 $|m|-1$ 次(利用莱布尼兹法则求算，具体过程与由(3.1 - 36) 式得到(3.1 - 40) 式完全类同)，得

$$(1-x^2)\frac{d^{|m|+1}}{dx^{|m|+1}}P_n - 2|m|x\frac{d^{|m|}P_n}{dx^{|m|}} + [n(n+1)-|m|(|m|-1)]\frac{d^{|m|-1}P_n}{dx^{|m|-1}} = 0 \qquad (3.1 - 46)$$

因为

$$\begin{aligned} n(n+1)-|m|(|m|-1) &= n^2+n-m^2+|m| \\ &= n^2-n|m|+n|m|-m^2+|m|+n \\ &= (n+|m|)(n-|m|+1) \end{aligned} \qquad (3.1 - 47)$$

将(3.1 - 46) 式乘以$(1-x^2)^{|m|-1}$，并将(3.1 - 47) 式代入其中，可得

$$(1-x^2)^{|m|}\frac{d^{|m|+1}}{dx^{|m|+1}}P_n - 2|m|x(1-x^2)^{|m|-1}\frac{d^{|m|}}{dx^{|m|}}P_n$$

$$= -(n+|m|)(n-|m|+1)(1-x^2)^{|m|-1}\frac{d^{|m|-1}}{dx^{|m|-1}}P_n$$

即$\dfrac{d}{dx}\left[(1-x^2)^{|m|}\dfrac{d^{|m|}P_n}{dx^{|m|}}\right] = -(n+|m|)(n-|m|+1)(1-x^2)^{|m|-1}\cdot\dfrac{d^{|m|-1}}{dx^{|m|-1}}P_n$ (3.1 - 48)

将(3.1 - 48) 式代入(3.1 - 45) 式，得

$$\int_{-1}^{1}[P_n^{|m|}(x)]^2 dx = (n+|m|)(n-|m|+1)\int_{-1}^{1}(1-x^2)^{|m|-1}\left[\frac{d^{|m|-1}P_n}{dx^{|m|-1}}\right]^2 dx$$

因为　$P_n^{|m|-1}(x)=(1-x^2)^{|m|-\frac{1}{2}}\dfrac{d^{|m|-1}P_n}{dx^{|m|-1}}$

所以 $\int_{-1}^{1}[P_n^{|m|}(x)]^2dx=$

$$(n+|m|)(n-|m|-1)\int_{-1}^{1}[P_n^{|m|-1}(x)]^2dx \quad (3.1-49)$$

该式实际是积分的循环公式，所以可重复上述过程，并进行 m 次，得

$$\int_{-1}^{1}[P_n^{|m|}(x)]^2dx=(n+|m|)(n-|m|+1)(n+|m|-1)$$

$$(n-|m|+2)\int_{-1}^{1}[P_n^{|m|-2}(x)]^2dx$$

……

$$=(n+|m|)(n+|m|-1)(n+|m|-2)\cdots(n+1)n\cdots(n-$$

$$|m|+2)(n-|m|+1)\int_{-1}^{1}[P_n(x)]^2dx$$

$$=(n+|m|)(n+|m|-1)(n+|m|-2)\cdots(n+1)n\cdots(n-$$

$$|m|+2)(n-|m|+1)\frac{(n-|m|)!}{(n-|m|)!}\int_{-1}^{1}[P_n(x)]^2dx$$

因为由(3.1 - 29)式知道 $\int_{-1}^{1}[P_n(x)]^2dx=\dfrac{2}{2n+1}$，

故 $N_n=\int_{-1}^{1}[P_n^{|m|}(x)]^2dx=\dfrac{(n+|m|)!}{(n-|m|)!}\dfrac{2}{2n+1}$　(3.1 - 50)

所以 $P_n^{|m|}(x)$ 的归一化系数为

$$\frac{1}{\sqrt{N_n}}=\sqrt{\frac{(2n+1)(n-|m|)!}{2(n+|m|)!}} \quad (3.1-51)$$

则归一化的联属 Legendre 函数为

$$\Theta_n^{|m|}=\sqrt{\frac{(2n+1)(n-|m|)!}{2(n+|m|)!}}P_n^{|m|}(x)$$

$$=\sqrt{\frac{(2n+1)(n-|m|)!}{2(n+|m|)!}}(1-x^2)^{\frac{|m|}{2}}\frac{d^{|m|}}{dx^{|m|}}P_n(x)$$

§3.2 Laguerre 多项式和联属 Laguerre 函数

前面已经比较详细的讨论了 Lagendre 多项式和联属 Lagendre 函数，今后还会遇到 Laguerre 多项式和联属 Laguerre 函数，但在此不再作详细的讨论，只给出主要结果。

Laguerre 方程为

$$\rho L_r''(\rho) + (1-\rho)L_r'(\rho) + rL_r(\rho) = 0 \qquad (3.2-1)$$

该方程的解是

$$L_r(\rho) = e^{\rho}\frac{d^r}{d\rho^r}\rho^r e^{-\rho} \qquad (3.2-2)$$

则 $L_r(\rho)$ 叫做 Laguerre 多项式。上式中的 ρ 是在 $0 \leqslant \rho < \infty$ 之间变化的变量，r 显然应为零或正整数。

Laguerre 多项式并不互相正交，但函数 $e^{-\frac{\rho}{2}}L_r(\rho)$ 与 $e^{-\frac{\rho}{2}}L_t(\rho)$，当 $t \neq r$ 时，是互相正交的，即

$$\int_0^{\infty} e^{-\rho}L_t(\rho)L_r(\rho)d\rho = 0 \qquad (3.2-3)$$

当 $t = r$ 时，

$$\int_0^{\infty} e^{-\rho}[L_r(\rho)]^2 d\rho = (-1)^r\int_0^{\infty} e^{-\rho}\rho^r L_r(\rho)d\rho = (r!)^2 \qquad (3.2-4)$$

所以，Laguerre 函数 $\frac{1}{r!}e^{-\frac{\rho}{2}}L_r(\rho)$ 组成一个正交归一化集合。

第 r 次 Laguerre 多项式的第 s 阶导数，称为 $r-s$ 次 s 阶的联属 Laguerre 多项式。

$$L_r^s(\rho) = \frac{d^s}{d\rho^s}L_r(\rho) \qquad (3.2-5)$$

对(3.2-1) 式取导数，可得 $L_r^s(\rho)$ 所满足的微分方程为

$$\rho L_r^{s\prime\prime}(\rho) + (s+1-\rho)L_r^{s\prime}(\rho) + (r-s)L_r^s(\rho) = 0 \qquad (3.2-6)$$

如果用 $n+l$ 代替 r，用 $2l+1$ 代替 s，则方程(3.2-6) 变成

$$\rho L_{n+l}^{2l+1\,\prime\prime}(\rho)+[2(l+1)-\rho]L_{n+l}^{2l+1\,\prime}(\rho)+(n-l-1)L_{n+l}^{2l+1}(\rho)=0 \quad (3.2-7)$$

以后在讨论氢原子的 R 方程时，将会看到其解就是 $n-l-1$ 次 $2l+1$ 阶的联属 Laguerre 多项式，即 $R_{nl}(r)=N\,e^{-\frac{\rho}{2}}\rho^l L_{n+l}^{2l+1}(\rho)$。这些函数称为联属 Laguerre 函数，$N$ 为待定的归一化系数。

联属 Laguerre 多项式的级数定义为

$$L_{n+l}^{2l+1}(\rho)=\sum_{k=0}^{n-l-1}(-1)^{k+1}\frac{[(n+l)!]^2}{(n-l-1-k)!(2l+1+k)!k!}\cdot\rho^k \quad (3.2-8)$$

联属 Laguerre 函数的归一化积分值为

$$\int_0^\infty e^{-\rho}\rho^{2l}[L_{n+l}^{2l+1}(\rho)]^2\rho^2 d\rho=\frac{2n[(n+l)!]^2}{(n-l-1)} \quad (3.2-9)$$

其中的 ρ^2 这个因子是从球极坐标中的体积元得来的。

§3.3　氢原子和类氢离子

氢原子和类氢离子是由原子核（带有 $+Ze$ 电荷）和一个核外电子（带有电荷 $-e$）构成的。原子核和电子之间的相互作用力可以认为是两个点电荷之间的静电库仑吸引力。

一、氢原子和类氢离子的 Schrödinger 方程

现在我们要研究的是氢原子和类氢离子中电子绕核的相对运动，这时可以把核看成是固定不动的力心，也就是要研究电子在这个力心所产生的静电场中的运动。把核的位置选在坐标系的原点，用 r 表示电子和原子核之间的距离。按照库仑定律，电子的位能为

$$V(r)=-\frac{Ze^2}{r} \quad (3.3-1)$$

所以，体系的 Hamilton 算符为

$$\hat{H}=-\frac{\hbar^2}{2\mu}\nabla^2-\frac{Ze^2}{r} \quad (3.3-2)$$

其中 μ 为约化质量。这时，在直角坐标系中体系的定态 Schrödinger 方程为

$$\hat{H}\psi = E\psi \qquad \text{或}$$

$$\nabla^2\psi + \frac{2\mu}{\hbar^2}\left(E + \frac{Ze^2}{r}\right)\psi = 0 \tag{3.3-3}$$

该方程在球坐标系中容易进行分离变量求解，因此还要进行坐标变换，将(3.3－3)式写成在球坐标系中的具体形式。

直角坐标系和球坐标系之间的相互关系为

$$\left.\begin{aligned} x &= r\sin\theta\cos\phi \\ y &= r\sin\theta\sin\phi \\ z &= r\cos\theta \\ r &= \sqrt{x^2 + y^2 + z^2} \end{aligned}\right\} \tag{3.3-4}$$

在球坐标系中，Laplace(拉普拉斯) 算符 ∇^2 为

$$\nabla^2 = \frac{1}{r^2}\frac{\partial}{\partial r}\left(r^2\frac{\partial}{\partial r}\right) + \frac{1}{r^2\sin\theta}\frac{\partial}{\partial\theta}\left(\sin\theta\frac{\partial}{\partial\theta}\right) + \frac{1}{r^2\sin^2\theta}\frac{\partial}{\partial\phi^2}$$

将该式代入(3.3－3)式中，得

$$\frac{1}{r^2}\frac{\partial}{\partial r}\left(r^2\frac{\partial\psi}{\partial r}\right) + \frac{1}{r^2\sin\theta}\frac{\partial}{\partial\theta}\left(\sin\theta\frac{\partial\psi}{\partial\theta}\right) + \frac{1}{r^2\sin^2\theta}\frac{\partial^2\psi}{\partial^2\phi^2} + \frac{2\mu}{\hbar^2}\left(E + \frac{Ze^2}{r}\right)\psi = 0$$

$$\psi = \psi(r,\theta,\phi) \tag{3.3-5}$$

(3.3－5)式就是在球坐标系中氢原子和类氢离子的定态 Schrödinger 方程。

二、求　解

1. 变量分离

当势能 V 只是 r 的函数，即 $V = V(r)$，而与 θ 和 ϕ 无关时，称为中心势场。在中心势场的条件下，波函数 ψ 还可以进一步分解。令 $\psi = \psi(r,\theta,\phi) = R(r)\Theta(\theta)\Phi(\phi)$ (3.3－6)

其中 $R(r)$ 只是 r 的函数，$\Theta(\theta)$ 只是 θ 的函数，$\Phi(\phi)$ 只是 ϕ 的函数。

将(3.3－6)式代入(3.3－5)式，然后用 $\frac{r^2\sin^2\theta}{R\Theta\Phi}$ 乘全式，得

$$\frac{\sin^2\theta}{R}\frac{d}{dr}\left(r^2\frac{dR}{dr}\right)+\frac{\sin\theta}{\Theta}\frac{d}{d\theta}\left(\sin\theta\frac{d\Theta}{d\theta}\right)+\frac{1}{\Phi}\frac{d^2\Phi}{d\phi^2}+$$

$$\frac{2\mu r^2\sin^2\theta}{\hbar^2}\left(E+\frac{Ze^2}{r}\right)=0\quad 或$$

$$\frac{\sin^2\theta}{R}\frac{d}{dr}\left(r^2\frac{dR}{dr}\right)+\frac{\sin\theta}{\Theta}\frac{d}{d\theta}\left(\sin\theta\frac{d\Theta}{d\theta}\right)+$$

$$\frac{2\mu r^2\sin^2\theta}{\hbar^2}\left(E+\frac{Ze^2}{r}\right)=-\frac{1}{\Phi}\frac{d^2\Phi}{d\phi^2}\tag{3.3-7}$$

此式左边各项只与变量 r 和 θ 有关，右边一项只与变量 φ 有关，而与 r,θ 无关。又因 r,θ 和 ϕ 都是独立变量，所以要使左边恒等于右边，只有等号两边都等于一个常数方属可能。此常数用 m^2 表示时，则方程(3.3－7)分离成两个方程

$$-\frac{1}{\Phi}\frac{d^2\Phi}{d\phi^2}=m^2\tag{3.3-8}$$

和

$$\frac{\sin^2\theta}{R}\frac{d}{dr}\left(r^2\frac{dR}{dr}\right)+\frac{\sin\theta}{\Theta}\frac{d}{d\theta}\left(\sin\theta\frac{d\Theta}{d\theta}\right)+$$

$$\frac{2\mu r^2\sin^2\theta}{\hbar^2}\left(E+\frac{Ze^2}{r}\right)=m^2\tag{3.3-9}$$

(3.3－9)式用 $\sin^2\theta$ 除之，得

$$\frac{1}{R}\frac{d}{dr}\left(r^2\frac{dR}{dr}\right)+\frac{1}{\Theta\sin\theta}\frac{d}{d\theta}\left(\sin\theta\frac{d\Theta}{d\theta}\right)+$$

$$\frac{2\mu r^2}{\hbar^2}\left(E+\frac{Ze^2}{r}\right)=\frac{m^2}{\sin^2\theta}$$

移项可得

$$\frac{1}{R}\frac{d}{dr}\left(r^2\frac{dR}{dr}\right)+\frac{2\mu r^2}{\hbar^2}\left(E+\frac{Ze^2}{r}\right)=$$

$$\frac{m^2}{\sin^2\theta}-\frac{1}{\Theta\sin\theta}\frac{d}{d\theta}\left(\sin\theta\frac{d\Theta}{d\theta}\right)\tag{3.3-10}$$

此式左边只与变量 r 有关，右边只与变量 θ 有关，而 r 和 θ 是相互独立的变量，所以要使两边恒等，两边必须都等于常数，今用 λ 表示此常量，则得

$$\frac{m^2}{\sin^2\theta}-\frac{1}{\Theta\sin\theta}\frac{d}{d\theta}\left(\sin\theta\frac{d\Theta}{d\theta}\right)=\lambda\tag{3.3-11}$$

和 $$\frac{1}{R}\frac{d}{dr}\left(r^2\frac{dR}{dr}\right)+\frac{2\mu r^2}{\hbar^2}\left(E+\frac{Ze^2}{r}\right)=\lambda \tag{3.3 - 12}$$

至此，我们完成了变量分离工作，将(3.3 - 5)式分离成了分别只与一个变量有关的三个常微分方程，即(3.3 - 8)式是只与变量 ϕ 有关的 Φ 方程，(3.3 - 11)式是只与变量 θ 有关 Θ 的方程，(3.3 - 12)式是只与变量 r 有关的 R 方程。只要分别求解这三个方程，以求得 Φ, Θ 和 R，再将它们代入(3.3 - 6)式，即得 ψ。

2. Φ 方程之解

由(3.3 - 8)式可得

$$\frac{d^2\Phi}{d\phi^2}+m^2\Phi=0 \tag{3.3 - 13}$$

这种形式的微分方程已见过多次，并为大家所熟知，它是一个普通的二阶常系数线性齐次微分方程，其解为

$$\Phi_m = Ae^{im\phi} = A\cos m\phi + \mathrm{i}A\sin m\phi \tag{3.3 - 14}$$

式中 A 是常数。波函数的标准条件要求 Φ 在空间各点都是单值的，因为空间任一点在 ϕ 角增加 2π 后回到原来的位置，所以必须有 $\Phi(\phi)=\Phi(\phi+2\pi)$，将此关系式代入(3.3 - 14)式，得

$$A\cos m\phi + \mathrm{i}A\sin m\phi = A\cos m(\phi+2\pi) + \mathrm{i}A\sin m(\phi+2\pi) \tag{3.3 - 15}$$

该式只有当 m 为整数，即 $m=0,\pm1,\pm2,\cdots$ 时才能满足。这一整数 m 叫磁量子数。

常数 A 由归一化条件求取，即 $\int_0^{2\pi}\Phi^*\Phi d\phi = \int_0^{2\pi}A^2 d\phi = 2\pi A^2 = 1$，则

$A=\frac{1}{\sqrt{2\pi}}$，故

$$\Phi_m(\phi)=\frac{1}{\sqrt{2\pi}}e^{im\phi} \tag{3.3 - 16}$$

当 m 的绝对值相同时，可以有

$$\left.\begin{aligned}\Phi_{|m|} &= Ae^{i|m|\phi} = A\cos|m|\phi + iA\sin|m|\phi \\ \Phi_{-|m|} &= Ae^{-i|m|\phi} = A\cos|m|\phi - iA\sin|m|\phi\end{aligned}\right\} \tag{3.3-17}$$

两个解。因为(3.3-8)式是线性微分方程，所以它如有若干个独立解时，这些独立解的线性组合 $\Phi_{|m|}+\Phi_{-|m|}$ 和 $\Phi_{|m|}-\Phi_{-|m|}$ 也是这一方程的解，所以

$$\left.\begin{aligned}\Phi_1 &= \Phi_{|m|}+\Phi_{-|m|} = 2A\cos|m|\phi = B\cos|m|\phi \\ \Phi_2 &= \Phi_{|m|}-\Phi_{-|m|} = 2iA\sin|m|\phi = B'\sin|m|\phi\end{aligned}\right\} \tag{3.3-18}$$

也为(3.3-8)式之解。常数 B 和 B' 由归一化条件求取，即

$$\int_0^{2\pi}\Phi_1^*\Phi_1\,d\phi = B^2\int_0^{2\pi}\cos^2|m|\phi\,d\phi$$

$$= \frac{B^2}{|m|}\int_0^{2\pi}\cos^2|m|\phi\,d|m|\phi$$

因为　$\cos^2\alpha = \dfrac{1+\cos2\alpha}{2}$

所以　$\displaystyle\int_0^{2\pi}\Phi_1^*\Phi_1 d\phi = \frac{B^2}{|m|}\int_0^{2\pi}\frac{1+\cos2|m|\phi}{2}d|m|\phi$

$$= \frac{B^2}{|m|}\left(\frac{1}{2}\int_0^{2\pi}d|m|\phi + \frac{1}{2}\int_0^{2\pi}\cos2|m|\phi\,d|m|\phi\right)$$

$$= \frac{B^2}{|m|}\left(\frac{1}{2}|m|\phi\Big|_0^{2\pi} + \frac{1}{4}\int_0^{2\pi}\cos2|m|\phi\,d2|m|\phi\right)$$

$$= \frac{B^2}{|m|}\left(\frac{1}{2}|m|\cdot2\pi + \frac{1}{4}\sin2|m|\phi\Big|_0^{2\pi}\right) = B^2\pi = 1$$

故　$B=\dfrac{1}{\sqrt{\pi}}$，同样可得 $B'=\dfrac{1}{\sqrt{\pi}}$，所以

$$\left.\begin{aligned}\Phi_1 &= \frac{1}{\sqrt{\pi}}\cos|m|\phi \\ \Phi_2 &= \frac{1}{\sqrt{\pi}}\sin|m|\phi\end{aligned}\right\} \tag{3.3-19}$$

现利用上述结果，将前几个 Φ 函数列在表 3.3-1 中。

表 3.3 - 1 $\Phi_m(\phi)$ 函数

磁量子数	指数型	三角函数型
$m=0$	$\Phi_0=\frac{1}{\sqrt{2\pi}}$	$\Phi_0=\frac{1}{\sqrt{2\pi}}\quad B=\frac{1}{\sqrt{\pi}}$
$m=\pm 1$	$\Phi_1=\frac{1}{\sqrt{2\pi}}e^{i\phi}$	$\Phi_{\lvert 1\rvert}=\frac{1}{\sqrt{\pi}}\cos\phi\sim\Phi_1+\Phi_{-1}=B\cos\lvert m\rvert\phi$
	$\Phi_{-1}=\frac{1}{\sqrt{2\pi}}e^{-i\phi}$	$\Phi_{\lvert 1\rvert'}=\frac{1}{\sqrt{\pi}}\sin\phi\sim\Phi_1-\Phi_{-1}=B'\sin\lvert m\rvert\phi$
$m=\pm 2$	$\Phi_2=\frac{1}{\sqrt{2\pi}}e^{2i\phi}$	$\Phi_{\lvert 2\rvert}=\frac{1}{\sqrt{\pi}}\cos 2\phi\sim\Phi_2+\Phi_{-2}$
	$\Phi_{-2}=\frac{1}{\sqrt{2\pi}}e^{-2i\phi}$	$\Phi_{\lvert 2\rvert'}=\frac{1}{\sqrt{\pi}}\sin 2\phi\sim\Phi_2-\Phi_{-2}$

3. Θ 方程之解

用 Θ 乘(3.3 - 11)式两边并移项,得

$$\frac{1}{\sin\theta}\frac{d}{d\theta}\left(\sin\theta\frac{d\Theta}{d\theta}\right)-\frac{m^2\Theta}{\sin^2\theta}+\lambda\Theta=0 \tag{3.3 - 20}$$

为了便于求解 Θ 方程,引入一个新的变量,令 $\xi=\cos\theta$,因为 $0\leqslant\theta\leqslant\pi$,所以 $-1\leqslant\xi\leqslant 1$。$\Theta$ 原来是 θ 的函数,现在同时也就是 ξ 的函数了。

另外,根据复合函数求微商的法则,有

$$\frac{d}{d\theta}=\frac{d\xi}{d\theta}\cdot\frac{d}{d\xi}=-\sin\theta\cdot\frac{d}{d\xi}=-(1-\cos^2\theta)^{\frac{1}{2}}\frac{d}{d\xi}$$

$$=-(1-\xi^2)^{\frac{1}{2}}\frac{d}{d\xi}$$

所以

$$\frac{1}{\sin\theta}\frac{d}{d\theta}=\frac{1}{\sin\theta}\left(-\sin\theta\frac{d}{d\xi}\right)=-\frac{d}{d\xi}$$

则

$$\frac{1}{\sin\theta}\frac{d}{d\theta}\left(\sin\theta\frac{d\Theta}{d\theta}\right)=\frac{1}{\sin\theta}\frac{d}{d\theta}\left(\sin\theta\frac{d\xi}{d\theta}\cdot\frac{d\Theta}{d\xi}\right)$$

$$=\frac{d}{d\xi}\left(-\sin^2\theta\frac{d\Theta}{d\xi}\right)=\frac{d}{d\xi}\left[(1-\xi^2)\frac{d\Theta}{d\xi}\right]$$

$$=(1-\xi^2)\frac{d^2\Theta}{d\xi^2}-2\xi\frac{d\Theta}{d\xi}$$

将此结果代入(3.3－20)式中，得

$$(1-\xi^2)\frac{d^2\Theta}{d\xi^2}-2\xi\frac{d\Theta}{d\xi}+\left(\lambda-\frac{m^2}{1-\xi^2}\right)\Theta=0 \tag{3.3-21}$$

这正是以前讲过的联属 Legendre 方程(3.1－30)式，它的解是联属 Legendre 函数 $P_l^{|m|}(\xi)$，即

$$P_l^{|m|}(\xi)=(1-\xi^2)^{\frac{|m|}{2}}\frac{d^{|m|}}{d\xi^{|m|}}P_l(\xi) \tag{3.3-22}$$

$P_l(\xi)$ 是 Legendre 多项式，其微分表达式为

$$P_l(\xi)=\frac{1}{2^l l!}\frac{d^l}{d\xi^l}(\xi^2-1)^l \tag{3.3-23}$$

参数 λ 的值由以前的讨论知道应为

$$\lambda=l(l+1)\qquad l=0,1,2,\cdots \tag{3.3-24}$$

只有这样，方程(3.3－20)才有在区域 $-1\leqslant\xi\leqslant 1$ 上是有限的解。而且还必须有

$$l\geqslant|m| \tag{3.3-25}$$

否则 $P_l^{|m|}(\xi)=0$。

在这里，自然地得到了角量子数 l 的可能值是 0,1,2,⋯ 以及磁量子数 m 的极值是 $\pm l$。

将(3.3－23)式代入(3.3－22)式，得

$$P_l^{|m|}(\xi)=\frac{1}{2^l l!}(1-\xi^2)^{\frac{|m|}{2}}\frac{d^{l+|m|}}{d\xi^{l+|m|}}(\xi^2-1)^l \tag{3.3-26}$$

可以看出，它是 ξ 的 $l-|m|$ 次(因为 $2l-(l+|m|)=l-|m|$)的多项式与函数 $(1-\xi^2)^{\frac{|m|}{2}}$ 的乘积。

由以前的讨论知道，$P_l^{|m|}(\xi)$ 的归一化因子为

$$\left[\frac{(2l+1)(l-|m|)!}{2(l+|m|)!}\right]^{\frac{1}{2}} \tag{3.3-27}$$

故

$$\Theta_{lm}(\theta)=\left[\frac{(2l+1)(l-|m|)!}{2(l+|m|)!}\right]^{\frac{1}{2}}P_l^{|m|}(\xi) \tag{3.3-28}$$

其中的 $P_l^{|m|}(\xi)$ 由(3.3－26)式给出，而且 $\xi=\cos\theta$。

由(3.3－26)和(3.3－28)式，可以得到联属 Legendre 函数 $\Theta_{lm}(\theta)$，现列在表 3.3－2 中。

表 3.3 - 2 联属 Legendre 函数 $\Theta_{lm}(\theta)$

$l=0$ s 轨道	$\Theta_{00}(\theta)=\frac{\sqrt{2}}{2}$
$l=1$ p 轨道	$\Theta_{10}(\theta)=\frac{\sqrt{6}}{2}\cos\theta$
	$\Theta_{1\pm1}(\theta)=\frac{\sqrt{3}}{2}\sin\theta$
$l=2$,d 轨道	$\Theta_{20}(\theta)=\frac{\sqrt{10}}{4}(3\cos^2\theta-1)$
	$\Theta_{2\pm1}(\theta)=\frac{\sqrt{15}}{2}\sin\theta\cos\theta$
	$\Theta_{2\pm2}(\theta)=\frac{\sqrt{15}}{4}\sin^2\theta$
$l=3$,f 轨道	$\Theta_{30}(\theta)=\frac{3\sqrt{14}}{4}\left(\frac{5}{3}\cos^3\theta-\cos\theta\right)$
	$\Theta_{3\pm1}(\theta)=\frac{\sqrt{42}}{8}\sin\theta(5\cos^2\theta-1)$
	$\Theta_{3\pm2}(\theta)=\frac{\sqrt{105}}{4}\sin^2\theta\cos\theta$
	$\Theta_{3\pm3}(\theta)=\frac{\sqrt{70}}{8}\sin^3\theta$

4. *R* 方程之解

已知 R 方程为(3.3 - 12) 式

$$\frac{1}{R}\frac{d}{dr}\left(r^2\frac{dR}{dr}\right)+\frac{2\mu r^2}{\hbar^2}\left(E+\frac{Ze^2}{r}\right)=\lambda$$

将 $\lambda=l(l+1)$ 代入上式,同时为简化该方程,采用下列变换,令

$$R(r)=\frac{u(r)}{r} \qquad (3.3 - 29)$$

则有 $\dfrac{dR}{dr}=\dfrac{1}{r}\dfrac{du}{dr}-\dfrac{u}{r^2}$

和 $\dfrac{d}{dr}\left(r^2\dfrac{dR}{dr}\right)=\dfrac{d}{dr}\left(r\dfrac{du}{dr}-u\right)=r\dfrac{d^2u}{dr^2}+\dfrac{du}{dr}-\dfrac{du}{dr}=r\dfrac{d^2u}{dr^2}$

则 R 方程可写成

$$\frac{1}{r^2}\left(r\frac{d^2u}{dr^2}\right)+\left[\frac{2\mu}{\hbar^2}\left(E+\frac{Ze^2}{r}\right)-\frac{l(l+1)}{r^2}\right]\frac{u}{r}=0$$

即
$$\frac{d^2u}{dr^2}+\left[\frac{2\mu}{\hbar^2}\left(E+\frac{Ze^2}{r}\right)-\frac{l(l+1)}{r^2}\right]u=0 \tag{3.3 - 30}$$

这就是 $u(r)$ 所应满足的径向波方程，解得 $u(r)$ 后，再代入(3.3 - 29)式即可得径向波函数 $R(r)$。

由方程(3.3 - 30)式可知，在解径向波方程的同时，可得到参数 E 的可能取值，即定态的能量值。经过研究知道，当 $E>0$ 时，对于 E 的任何值，在 r 的全部区域($0\leqslant r\leqslant\infty$ 中，方程(3.3 - 30)都有满足波函数标准条件的解，即粒子的能量具有连续谱，而且 $R(r)_{r\to\infty}\neq 0$。这就是说，在相应的定态中，粒子在距力心无穷远处出现的几率也不为零，也就是说电子可以离开固定电荷而运动到无限远处，相当于原子的电离态。当 $E<0$ 时，为了使径向波方程在区域($0\leqslant r\leqslant\infty$)内有满足波函数标准条件的解 $R(r)$，参数 E 具有分立谱，而且 $R(r)$ 在 $r\to\infty$ 时很快地趋于零，说明粒子只能束缚在力心周围运动，相当于粒子的束缚态或结合态。下面我们只讨论 $E<0$ 时的情形。

为了方便起见，令

$$\left.\begin{aligned}\alpha&=\left(\frac{8\mu|E|}{\hbar^2}\right)^{\frac{1}{2}}\\ \beta&=\frac{2\mu Ze^2}{\alpha\hbar^2}=\frac{Ze^2}{\hbar}\frac{2\mu}{\hbar}\left(\frac{\hbar^2}{8\mu|E|}\right)^{\frac{1}{2}}\\ &=\frac{Ze^2}{\hbar}\left(\frac{\mu}{2|E|}\right)^{\frac{1}{2}}\end{aligned}\right\} \tag{3.3 - 31}$$

并作变量代换，引入新的变量

$$\rho=\alpha r \tag{3.3 - 32}$$

则按复合函数求导的法则，有

$$\frac{du}{dr}=\frac{du}{d\rho}\cdot\frac{d\rho}{dr}=\alpha\frac{du}{d\rho}$$

$$\frac{d^2u}{dr^2}=\alpha\frac{d}{dr}\left(\frac{du}{d\rho}\right)=\alpha\frac{d^2u}{d\rho^2}\cdot\frac{d\rho}{dr}=\alpha^2\frac{d^2u}{d\rho^2}$$

利用上述关系式，则(3.1－30)式变为

$$\alpha^2\frac{d^2u}{d\rho^2}+\left[\frac{2\mu}{\hbar^2}\left(E+\frac{Ze^2}{r}\right)-\frac{l(l+1)}{r^2}\right]u=0$$

或

$$\frac{d^2u}{d\rho^2}+\left[\frac{2\mu}{\alpha^2\hbar^2}\left(E+\frac{Ze^2}{r}\right)-\frac{l(l+1)}{\rho^2}\right]u=0 \qquad (3.3-33)$$

其中 $\frac{2\mu}{\alpha^2\hbar^2}E=\frac{2\mu}{\hbar^2}\frac{\hbar^2}{8\mu|E|}E=\frac{1}{4}\frac{E}{|E|}$

$$=-\frac{1}{4}\quad(\because E<0)$$

和 $\frac{2\mu}{\alpha^2\hbar^2}\cdot\frac{Ze^2}{r}=\frac{2\mu Ze^2}{\hbar^2}\left(\frac{\hbar^2}{8\mu|E|}\right)^{\frac{1}{2}}\frac{1}{\alpha r}$

$$=\frac{Ze^2}{\hbar^2}\left(\frac{\mu}{2|E|}\right)^{\frac{1}{2}}\frac{1}{\rho}=\frac{\beta}{\rho}$$

则(3.3－33)式变成

$$\frac{d^2u}{d\rho^2}+\left(\frac{\beta}{\rho}-\frac{1}{4}-\frac{l(l+1)}{\rho^2}\right)u=0(0\leqslant\rho\leqslant\infty) \qquad (3.3-34)$$

先研究这个方程的渐近行为，即先决定 u 在大的 ρ 值区间内的形式。然后在 u 中引入一个幂级数形式的因子(它后来简化成一个多项式)来讨论 u 对于小的 ρ 值行为。这种方法称为多项式方法。现在，就用这个方法来解(3.3－34)式。

当 $\rho\to\infty$ 时，(3.3－34)式变为 $\frac{d^2u}{d\rho^2}-\frac{1}{4}u=0$，它的解[也就是(3.3－34)式的渐近解]是 $u(\rho)=e^{\pm\frac{\rho}{2}}$。其中 $e^{\frac{\rho}{2}}$ 不满足波函数的标准条件，而 $e^{-\frac{\rho}{2}}$ 是满足要求的。所以，按照多项式方法，取 $u(\rho)$ 的形式为

$$u(\rho)=e^{-\frac{\rho}{2}}f(\rho) \qquad (3.3-35)$$

则 $\frac{du}{d\rho}=e^{-\frac{\rho}{2}}\frac{df}{d\rho}-\frac{1}{2}e^{-\frac{\rho}{2}}f$

$$\frac{d^2u}{d\rho^2}=e^{-\frac{\rho}{2}}\frac{d^2f}{d\rho^2}-\frac{1}{2}e^{-\frac{\rho}{2}}\frac{df}{d\rho}-\frac{1}{2}e^{-\frac{\rho}{2}}\frac{df}{d\rho}+\frac{1}{4}e^{-\frac{\rho}{2}}f$$

$$=e^{-\frac{\rho}{2}}\frac{d^2f}{d\rho^2}-e^{-\frac{\rho}{2}}\frac{df}{d\rho}+\frac{1}{4}e^{-\frac{\rho}{2}}f$$

将上面的结果代入(3.3 - 34)式，得 f 所满足的方程为

$$e^{-\frac{\rho}{2}}\frac{d^2f}{d\rho^2}-e^{-\frac{\rho}{2}}\frac{df}{d\rho}+\frac{1}{4}e^{-\frac{\rho}{2}}f+\left(\frac{\beta}{\rho}-\frac{1}{4}-\frac{l(l+1)}{\rho^2}\right)e^{-\frac{\rho}{2}}f=0$$

即

$$\frac{d^2f}{d\rho^2}-\frac{df}{d\rho}+\left(\frac{\beta}{\rho}-\frac{l(l+1)}{\rho^2}\right)f=0 \qquad (3.3-36)$$

以幂级数的方法求这个方程的解，设

$$f(\rho)=\sum_{k=0}^{\infty}b_k\rho^{k+s} \qquad (3.3-37)$$

其中 s 必须是大于零的整数，以保证 $R=\frac{u}{r}$ 在 $r=0$ 处为有限。

由(3.3 - 37)式得

$$\frac{df}{d\rho}=\sum_{k=0}^{\infty}b_k(k+s)\rho^{k+s-1}$$

$$\frac{d^2f}{d\rho^2}=\sum_{k=0}^{\infty}b_k(k+s)(k+s-1)\rho^{k+s-2}$$

将上述结果代入(3.3 - 36)式，得

$$\sum_{k=0}^{\infty}b_k(k+s)(k+s-1)\rho^{k+s-2}-\sum_{k=0}^{\infty}b_k(k+s)\rho^{k+s-1}+\sum_{k=0}^{\infty}\beta b_k\rho^{k+s-1}-\sum_{k=0}^{\infty}l(l+1)b_k\rho^{k+s-2}=0$$

由 ρ^{k+s-1} 的系数等于零，得递推关系

$$b_{k+1}(k+s+1)(k+s)-b_k(k+s)+\beta b_k-l(l+1)b_{k+1}=0$$

$$b_{k+1}=\frac{k+s-\beta}{(k+s+1)(k+s)-l(l+1)}b_k \qquad (3.3-38)$$

如果级数(3.3 - 37)式是无穷级数，则相邻两项的系数之比当 $k\to\infty$ 时，由(3.3 - 38)式，得 $\frac{b_{k+1}}{b_k}\xrightarrow[k\to\infty]{}\frac{1}{k}$，而级数 $e^{\rho}=1+\frac{\rho}{1!}+\frac{\rho^2}{2!}+\cdots+\frac{\rho^k}{k!}+\cdots$ 的相邻两项的系数之比，当 $k\to\infty$ 时也是 $\frac{1}{k}$，即 $\frac{\frac{1}{(k+1)!}}{\frac{1}{k!}}\xrightarrow[k\to\infty]{}\frac{1}{k}$。所以级数(3.3 - 37)在 $\rho\to\infty$ 时的行为与 e^{ρ} 相同，因而 $R=\frac{u}{r}=\frac{\alpha}{\rho}u(\rho)=$

$\frac{\alpha}{\rho}e^{-\frac{\rho}{2}}f(\rho)=\frac{\alpha f(\rho)}{e^{\rho}}\frac{e^{\frac{\rho}{2}}}{\rho}$ 在 $\rho\to\infty$ 时趋于无限大，这与波函数的标准条件相抵触。由此得到结论：级数(3.3 - 37) 式只能包含有限项。设最高次项是 $b_n\rho^{n_r+s}$，则从 b_{n_r+1} 开始均等于零。以 $k=n_r$ 代入(3.3 - 38) 式，得

$$b_{n_r+1}=\frac{n_r+s-\beta}{(n_r+s+1)(n_r+s)-l(l+1)}b_{n_r}=0$$

由此可得 $\beta=n_r+s$ (3.3-39)

另外，级数(3.3 - 37) 是从 $k=0$ 开始的，故 b_{-1} 应为零。现以 $k=-1$ 代入(3.3 - 38) 式，得 $b_0[(-1+s+1)(-1+s)-l(l+1)]=0$，因为 $b_0\neq0$，所以只有 $s(s-1)-l(l+1)=0$，即 $s^2-s-l(l+1)=0$。这是个关于 s 的一元二次方程，可求得 2 个根为：$s=\begin{cases}l+1\\-l\end{cases}$。但 s 必须大于零，所以我们只取 $s=l+1$。将此 s 值代入(3.3 - 39) 式，并以 n 表示 n_r+l+1，得到

$$\beta=n_r+l+1=n \tag{3.3 - 40}$$

n 称为主量子数，n_r 称为径量子数。因为 n_r 和 l 都是正整数或零，所以 $n=1,2,3,\cdots\quad l\leqslant n-1$。

这就自然地得到了主量子数 n 的最小值不能是零，而是从 1 开始的正整数；角量子数 l 的最大值是 $n-1$。

以 $\beta=n$ 代入(3.3 - 31) 式，得

$$n=\frac{Ze^2}{\hbar}\left(\frac{\mu}{2\mid E\mid}\right)^{\frac{1}{2}}\qquad n^2=\frac{Z^2e^4}{\hbar^2}\frac{\mu}{2\mid E\mid}$$

$$\left.\begin{aligned}&\mid E\mid=\frac{\mu Z^2e^4}{2\hbar^2n^2}\qquad \text{因为 } E<0\\&\text{故 } E=-\frac{\mu Z^2e^2}{2\hbar^2n^2}\qquad n=1,2,\cdots\end{aligned}\right\} \tag{3.3 - 41}$$

由此可见，在粒子能量小于零的情况下(束缚态)，粒子能量只有取(3.3 - 41) 式所给出的分立值时，波函数才有满足标准条件的解；不同的 n 对应于不同的状态。

现在继续求粒子的径向函数，将 $\beta=n$ 和 $s=l+1$ 代入(3.3 - 38) 式，得

$$b_{k+1} = -\frac{n-l-1-k}{(k+l+2)(k+l+1)-l(l+1)}b_k$$

因为上式的分母为

$$\begin{aligned}&(k+l+2)(k+l+1)-l(l+1)\\&=[(k+1)+(l+1)][(k+1)+l]-l(l+1)\\&=(k+1)^2+l(l+1)+l(k+1)+(l+1)(k+1)-l(l+1)\\&=(k+1)^2+l(k+1)+(l+1)(k+1)\\&=(k+1)(k+1+l+l+1)\\&=(k+1)(2l+2+k)\end{aligned}$$

所以　$$b_{k+1} = -\frac{n-l-1-k}{(k+1)(2l+2+k)}b_k \tag{3.3 - 42}$$

利用这个关系式，可以用 b_0 表示其余的系数 $b_1, b_2, \cdots$

$b_{n_r} = b_{n-l-1}$，即

b_0

$$k=0, b_1 = -\frac{n-l-1}{1(2l+2)}b_0$$

$$k=1, b_2 = -\frac{n-l-2}{2(2l+3)}b_1 = \frac{(n-l-1)(n-l-2)}{2!(2l+2)(2l+3)}b_0$$

……

$k = n-l-2$

$b_{n-l-1} =$

$$(-1)^{n-l-1}\frac{(n-l-1)(n-l-2)\cdots[n-l-(n-l-1)]}{(n-l-1)!(2l+2)(2l+3)\cdots(2l+n-l)}b_0$$

$$= (-1)^{n-l-1}\frac{(n-l-1)(n-l-2)\cdots 1}{(n-l-1)(2l+2)(2l+3)\cdots(n+1)}\cdot b_0$$

将这些系数代入(3.3 - 37)式中，得

$$f(\rho) = \sum_{k=0}^{n-l-1} b_k\rho^{k+l+1}$$

$$= b_0\rho^{l+1}\Big[1-\frac{n-l-1}{1!(2l+2)}\rho+\frac{(n-l-1)(n-l-2)}{2!(2l+2)(2l+3)}\rho^2+\cdots+$$

$$(-1)^{n-l-1}\frac{(n-l-1)(n-l-2)\cdots 1}{(n-l-1)!(2l+2)(2l+3)\cdots(n+l)}\rho^{n-l-1}\Big] \tag{3.3 - 43}$$

利用联属 Laguerre 多项式的级数定义，即(3.2 - 8) 式

$$L_{n+l}^{2l+1}(\rho)=\sum_{k=0}^{n-l-1}(-1)^{k+1}\frac{[(n+l)!]^2}{(n-l-1-k)!(2l+1+k)!k!}\rho^k$$

则(3.3 - 42) 式可以写成

$$f(\rho)=-b_0\frac{(2l+1)!(n-l-1)!}{[(n+l)!]^2}\rho^{l+1}L_{n+l}^{2l+1} \tag{3.3 - 44}$$

现在拿 $f(\rho)$ 中的最后一项来验证关系式(3.3 - 44)。按(3.3 - 43) 式 $f(\rho)$ 的最后一项为

$$b_0\rho^{l+1}(-1)^{n-l-1}\frac{1}{(2l+2)(2l+3)\cdots(n+l)}\rho^{n-l-1}$$

按(3.3 - 44) 式 $f(\rho)$ 的最后一项为

$$-b_0\frac{(2l+1)!(n-l-1)!}{[(n+l)!]^2}\rho^{l+1}(-1)^{n-l}\cdot$$

$$\frac{[(n+l)!]^2\rho^{n-l-1}}{[(n-l-1)-(n-l-1)]!(2l+1+n-l-1)!(n-l-1)!}$$

$$=(-1)^{n-l-1}b_0\rho^{l+1}\frac{(2l+1)!}{(n+l)!}\rho^{n-l-1}$$

$$=b_0\rho^{l+1}(-1)^{n-l-1}\frac{1}{(2l+2)(2l+3)\cdots(n+l)}\rho^{n-l-1}$$

两者完全相等。

另外，将(3.3 - 41) 式代入(3.3 - 31) 式，得

$$\alpha=\left(\frac{8\mu}{\hbar^2}\right)^{\frac{1}{2}}\left(\frac{\mu Z^2e^4}{2\hbar^2n^2}\right)^{\frac{1}{2}}=\frac{2\mu Ze^2}{n\hbar^2}=\frac{2Z}{na_0} \tag{3.3 - 45}$$

其中 $a_0=\frac{\hbar^2}{\mu e^2}=0.529$ Å 是氢原子的第一玻尔轨道半径。同时，由(3.3 - 32) 式可得

$$\rho=\alpha r=\frac{2Z}{na_0}r \tag{3.3 - 46}$$

再将(3.3 - 44) 式代入(3.3 - 35) 式，其结果和(3.3 - 32) 式一起代入(3.3-29) 式，得粒子的径向波函数为

$$R_{nl}(r)=N_{nl}e^{-\frac{Zr}{na_0}}\left(\frac{2Zr}{na_0}\right)^lL_{n+l}^{2l+1}\left(\frac{2Z}{na_0}r\right) \tag{3.3 - 47}$$

其中 N_{nl} 是归一化常数，由径向波函数 $R_{nl}(r)$ 的归一化条件，即 $\int_0^\infty R_{nl}^2(r)r^2dr = 1$ 可以算出

$$N_{nl} = -\left\{\left(\frac{2Z}{na_0}\right)^3 \frac{(n-l-1)!}{2n[(n+l)!]^3}\right\}^{\frac{1}{2}} \tag{3.3-48}$$

故 $$R_{nl}(r) = -\left\{\left(\frac{2Z}{na_0}\right)^3 \frac{(n-l-1)!}{2n[(n+l)!]^3}\right\}^{\frac{1}{2}} e^{-\frac{Zr}{na_0}}\left(\frac{2Zr}{na_0}\right)^l L_{n+l}^{2l+1}\left(\frac{2Zr}{na_0}\right) \tag{3.3-49}$$

根据(3.3 - 49)式可以算出氢原子和类氢离子的径向波函数 $R_{nl}(r)$，现列在表 3.3 - 3 中。

表 3.3-3　类氢离子的径向波函数 $R_{nl}(r)$

$n=1$，k 层	$\rho = \dfrac{2Zr}{na_0}$
$l=0$，1s	$R_{10}(r) = \left(\dfrac{Z}{a_0}\right)^{\frac{3}{2}} \cdot 2e^{-\frac{\rho}{2}}$
$n=2$，L 层	
$l=0$，2s	$R_{20}(r) = \dfrac{(Z/a_0)^{\frac{3}{2}}}{2\sqrt{2}} \cdot (2-\rho)e^{-\frac{\rho}{2}}$
$l=1$，2p	$R_{21}(r) = \dfrac{(Z/a_0)^{\frac{3}{2}}}{2\sqrt{6}} \cdot \rho e^{-\frac{\rho}{2}}$
$n=3$，M 层	
$l=0$，3s	$R_{30}(r) = \dfrac{(Z/a_0)^{\frac{3}{2}}}{9\sqrt{3}} \cdot (6-6\rho+\rho^2)e^{-\frac{\rho}{2}}$
$l=1$，3p	$R_{31}(r) = \dfrac{(Z/a_0)^{\frac{3}{2}}}{9\sqrt{6}} \cdot (4-\rho)e^{-\frac{\rho}{2}}$
$l=2$，3d	$R_{32}(r) = \dfrac{(Z/a_0)^{\frac{3}{2}}}{9\sqrt{30}}\rho^2 e^{-\frac{\rho}{2}}$
$n=4$，N 层	
$l=0$，4s	$R_{40}(r) = \dfrac{(Z/a_0)^{\frac{3}{2}}}{96} \cdot (24-36\rho+12\rho^2-\rho^3)^{-\frac{\rho}{2}}$
$l=1$，4p	$R_{41}(r) = \dfrac{(Z/a_0)^{\frac{3}{2}}}{32\sqrt{15}} \cdot (20-10\rho+\rho^2)\rho e^{-\frac{\rho}{2}}$

续 表

$l=2, 4d$	$R_{42}(r)=\dfrac{(Z/a_0)^{\frac{3}{2}}}{96\sqrt{5}}\cdot(6-\rho)\rho e^{-\frac{\rho}{2}}$
$l=3, 4f$	$R_{43}(r)=\dfrac{(Z/a_0)^{\frac{3}{2}}}{96\sqrt{35}}\rho^{-\frac{\rho}{2}}$
$n=5$, O 层	
$l=0, 5s$	$R_{50}(r)=\dfrac{(Z/a_0)^{\frac{3}{2}}}{3005}\cdot(120-240\rho+120\rho^2-20\rho^3+\rho^4)e^{-\frac{\rho}{2}}$
$l=1, 5p$	$R_{51}(r)=\dfrac{(Z/a_0)^{\frac{3}{2}}}{150\sqrt{30}}\cdot(120-90\rho+18\rho^2-\rho^3)\rho e^{-\frac{\rho}{2}}$
$l=2, 5d$	$R_{52}(r)=\dfrac{(Z/a_0)^{\frac{3}{2}}}{150\sqrt{70}}\cdot(42-14\rho+\rho^2)\rho^2 e^{-\frac{\rho}{2}}$
$l=3, 5f$	$R_{53}(r)=\dfrac{(Z/a_0)^{\frac{3}{2}}}{300\sqrt{70}}\cdot(8-\rho)\rho^3 e^{-\frac{\rho}{2}}$
$l=4, 5g$	$R_{54}(r)=\dfrac{(Z/a_0)^{\frac{3}{2}}}{900\sqrt{70}}\rho^4 e^{-\frac{\rho}{2}}$
$n=6$, P 层	
$l=0, 6s$	$R_{60}(r)=\dfrac{(Z/a_0)^{\frac{3}{2}}}{2160\sqrt{6}}\cdot(720-1800\rho+1200\rho^2-300\rho^3+30\rho^4-\rho^5)e^{-\frac{\rho}{2}}$
$l=1, 6p$	$R_{61}(r)=\dfrac{(Z/a_0)^{\frac{3}{2}}}{432\sqrt{210}}\cdot(840-840\rho+252\rho^2-28\rho^3+\rho^4)\rho e^{-\frac{\rho}{2}}$
$l=2, 6d$	$R_{62}(r)=\dfrac{(Z/a_0)^{\frac{3}{2}}}{864\sqrt{105}}\cdot(336-168\rho+24\rho^2-\rho^3)\rho^2 e^{-\frac{\rho}{2}}$
$l=3, 6f$	$R_{63}(r)=\dfrac{(Z/a_0)^{\frac{3}{2}}}{2592\sqrt{35}}\cdot(72-18\rho+\rho^2)\rho^3 e^{-\frac{\rho}{2}}$
$l=4, 6g$	$R_{64}(r)=\dfrac{(Z/a_0)^{\frac{3}{2}}}{12960\sqrt{7}}\cdot(10-\rho)\rho^4 e^{-\frac{\rho}{2}}$
$l=5, 6h$	$R_{65}(r)=\dfrac{(Z/a_0)^{\frac{3}{2}}}{12960\sqrt{77}}\rho^5 e^{-\frac{\rho}{2}}$

三、讨　论

1. 能　级

由(3.3 - 41)式知道 $E = \frac{\mu Z^2 e^4}{2\hbar^2 n^2}, n = 1,2,3\cdots$ 说明氢原子的能量只与主量子数 n 有关。所以当 n 确定之后，能级就被确定，但波函数 $\psi_{nlm}(r,\theta,\phi) = R_{nl}(r)Y_{lm}(\theta,\phi)$ 还没有完全确定，因为对应于一个 n，l 还可以取 n 个值，即 $l = 0,1,2,\cdots,(n-1)$。而且对应于一个 l，m 还可以取下面的 $2l+1$ 个值，即 $m = 0,\pm 1,\pm 2,\cdots,\pm l$。

若 l，m 不同，波函数 $\psi_{nlm}(r,\theta,\phi)$ 也不同，所以对应于一个能级有 $\sum_{l=0}^{n-1}(2l+1) = n^2$ 个波函数，即第 n 个能级是 n^2 度简并的。

2. 波函数的角度部分

波函数的角度部分 $\Phi_m(\phi)$ 和 $\Theta_{lm}(\theta)$ 的乘积以 $Y_{lm}(\theta\phi)$ 表示之，即

$$Y_{lm}(\theta\phi) = \Theta_{lm}(\theta)\Phi_m(\phi) \tag{3.3-50}$$

将(3.3 - 16)和(3.3 - 28)式代入(3.3 - 50)式中，并将 $\Theta_{lm}(\theta)$ 和 $\Phi_m(\phi)$ 的归一化系数合并为 N_{lm}，得

$$Y_{lm}(\theta\phi) = N_{lm}P_l^{|m|}(\xi)e^{im\phi} \tag{3.3-51}$$

其中

$$N_{lm} = \frac{1}{\sqrt{2\pi}}\left[\frac{(2l+1)(l-|m|)!}{2(l+|m|)!}\right]^{\frac{1}{2}}$$

$$= \sqrt{\frac{(2l+1)(l-|m|)!}{4\pi(l+|m|)!}} \tag{3.3 - 52}$$

$$P_l^{|m|}(\xi) = \frac{1}{2^l l!}(1-\xi^2)^{\frac{|m|}{2}}\frac{d^{l+|m|}}{d\xi^{l+|m|}}(\xi^2-1)^l \quad \xi = \cos\theta$$

$Y_{lm}(\theta\phi)$ 称为归一化球谐函数。现在按(3.3 - 51)式给出前几个 Y_{lm} 的具体表达式，列在表 3.3 - 4 中。

表 3.3－4 波函数的角度分布 Y_{lm}（复数形式）

$$Y_{0,0} = \frac{1}{\sqrt{4\pi}}$$

$$Y_{1,1} = \sqrt{\frac{3}{8\pi}}\sin\theta\, e^{i\phi}$$

$$Y_{1,0} = \sqrt{\frac{3}{4\pi}}\cos\theta$$

$$Y_{1,-1} = \sqrt{\frac{3}{8\pi}}\sin\theta\, e^{-i\phi}$$

$$Y_{2,2} = \sqrt{\frac{15}{32\pi}}\sin^2\theta\, e^{i2\phi}$$

$$Y_{2,1} = \sqrt{\frac{15}{8\pi}}\sin\theta\cos\theta\, e^{i\phi}$$

$$Y_{2,0} = \sqrt{\frac{5}{16\pi}}(3\cos^2\theta - 1)$$

$$Y_{2,-1} = \sqrt{\frac{15}{8\pi}}\sin\theta\cos\theta\, e^{-i\phi}$$

$$Y_{2,-2} = \sqrt{\frac{15}{32\pi}}\sin^2\theta\, e^{i2\phi}$$

$$Y_{3,3} = \frac{1}{4}\sqrt{\frac{35}{4\pi}}\sin^3\theta\, e^{3i\phi}$$

$$Y_{3,2} = \frac{1}{4}\sqrt{\frac{105}{2\pi}}\sin^2\theta\cos\theta\, e^{2i\phi}$$

$$Y_{3,1} = \frac{1}{4}\sqrt{\frac{21}{4\pi}}\sin\theta(5\cos^2\theta - 1)e^{i\phi}$$

$$Y_{3,0} = \sqrt{\frac{7}{4\pi}}\left(\frac{5}{2}\cos^3\theta - \frac{3}{2}\cos\theta\right)$$

续　表

$Y_{3,-1}=\frac{1}{4}\sqrt{\frac{21}{4\pi}}\sin\theta(5\cos^2\theta-1)e^{-i\phi}$
$Y_{3,-2}=\frac{1}{4}\sqrt{\frac{105}{2\pi}}\sin^2\theta\cos\theta\,e^{-2i\phi}$
$Y_{3,-3}=\frac{1}{4}\sqrt{\frac{35}{4\pi}}\sin^3\theta\,e^{-3i\phi}$

我们知道，$|Y_{lm}(\theta,\phi)|^2$ 称为电子云的角度分布函数，它表示在同一球面上各点几率密度的相对大小。将 $|Y_{lm}(\theta,\phi)|^2$ 对 θ,ϕ 的变化作图，这种图形称为电子云的角度分布图，在化学上是常用的。

现在用表 3.3 - 4 给出的结果来作 $|Y_{lm}|^2$ 图。由于 $Y_{0,0}=\frac{1}{\sqrt{4\pi}}$，故 $|Y_{0,0}|^2=\frac{1}{4\pi}$，它与 θ,ϕ 都无关，所以其图形为一球面。

$$Y_{1,1}=\sqrt{\frac{3}{8\pi}}\sin\theta\,e^{i\phi},\ |Y_{1,1}|^2=Y_{1,1}^*Y_{1,1}=\frac{3}{8\pi}\sin^2\theta$$

$$Y_{1,-1}=\sqrt{\frac{3}{8\pi}}\sin\theta\,e^{-i\phi},\ |Y_{1,-1}|^2=Y_{1,-1}^*Y_{1,-1}=\frac{3}{8\pi}\sin^2\theta$$

可见，$|Y_{1,1}|^2=|Y_{1,-1}|^2$，而且和 ϕ 无关。从表 3.3 - 4 中也可明显看出：$|Y_{l,m}|^2=|Y_{l,-m}|^2$。这是因为 $Y_{lm}(\theta,\phi)=N_{lm}P_l^{|m|}(\xi)e^{im\phi}$，所以

$$\begin{aligned}|Y_{lm}(\theta,\phi)|^2&=Y_{lm}^*(\theta,\phi)Y_{lm}(\theta,\phi)=N_{lm}^2[P_l^{|m|}(\xi)]^2\\&=N_{lm}^2[P_l^{|m|}(\cos\theta)]^2。\end{aligned}$$

说明 $|Y_{lm}(\theta,\phi)|^2$ 只是 θ 的函数，与 ϕ 无关，而 m 为正或为负，又只对 $e^{im\phi}$ 有影响，对 $P_l^{|m|}(\cos\theta)$ 并无影响，故有 $|Y_{2,1}|^2=|Y_{2,-1}|^2$，$|Y_{2,2}|^2=|Y_{2,-2}|^2$，等等。

$|Y_{1,0}|^2=\frac{3}{4\pi}\cos^2\theta$，则 $|Y_{1,0}|^2$、$|Y_{1,1}|^2$ 和 $|Y_{1,-1}|^2$ 均可在一平面上作它们与 θ 的图形，然后再旋转 2π，即得其空间图形。

$l=1$，p 电子

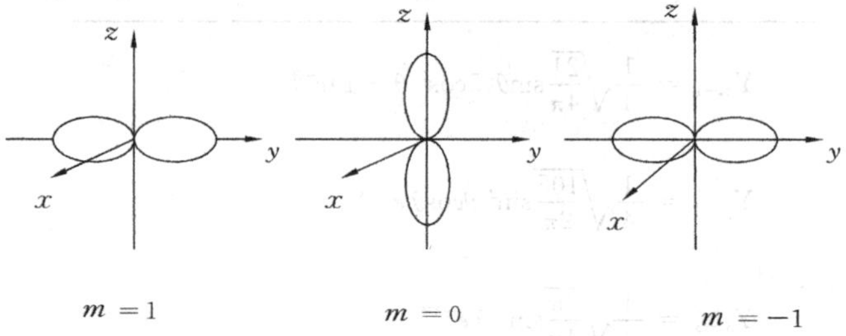

图 3.3 - 1

可见,用表 3.3 - 4 给出的结果作图时,$Y_{1,1}^2$ 和 $Y_{1,-1}^2$ 的图形是完全一样的。同理可作其他 Y_{lm}^2 图。

有时还需要 Y_{lm} 图,由表 3.3 - 4 可见,除 $m=0$ 的 Y_{l0} 外,其余的 Y_{lm} 均为复数。复数不能在一般情况下作图,因此须要把一个复波函数先改造成为实波函数,然后才能作图。

为此,先证明一条定理:解任意定态 Schrödinger 方程所得出的波函数,不是实函数,就是成对出现的简并函数,且互为复共轭。

证明:因为任意定态 Schrödinger 方程中,Laplace 算符是实算符,而物理上的考虑又要求位能 V 是实的,因此任意的 Hamilton 算符一定是实的。

对某一任意的定态 Schrödinger 方程 $\hat{H}\psi = E\psi$,其复共轭方程也必然成立,即 $\hat{H}^*\psi^* = E^*\psi^*$。由于 $\hat{H}$ 是实算符,能量当然是实的,则有 $\hat{H}\psi^* = E\psi^*$。这说明 ψ^* 也是 $\hat{H}$ 的一个本征函数,且和 ψ 同属于一个本征值 E,故 ψ 和 ψ^* 或者是不同的简并的复函数,或者是相同的实函数。

证毕。

该定理告诉我们,对于氢原子,属于某一个本征值 E_n,如有一个本征函数是 $f_1(r)f_2(\theta)e^{im\phi}$,则必然会同时还有一个本征函数为 $f_1(r)f_2(\theta)e^{-im\phi}$。如果有 f 个本征函数同属于本征值 E_n,则简并度等于 f,那么线性独立的本征函数就有 f 个,而且这些函数的任意线性组合,仍是属于同一本征值 E_n 的本征函数。因此,我们完全可以把它们任意地线性组合起来。只要最后挑出 f 个线性独立的作为本征函数即可。

既然属于同一本征值的复波函数，又是成对出现的，则可方便地将它们俩俩组合起来，得

$f_1(r)f_2(\theta)e^{im\phi}+f_1(r)f_2(\theta)e^{-im\phi}=2\,f_1(r)f_2(\theta)\cos m\phi$ 和

$f_1(r)f_2(\theta)e^{im\phi}-f_1(r)f_2(\theta)e^{-im\phi}=2\mathrm{i}f_1(r)f_2(\theta)\sin m\phi$

其中第一个是实的，第二个是纯虚的。由于对波函数乘以任意数，并不产生实质影响，故可对第二个函数乘以 $-\mathrm{i}$，从而得到一个等价的实函数。这样就可以把氢原子的全部波函数"改造"成实波函数。现在常用的波函数，绝大多数都是这种经过"改造"了的波函数。例如，对 $2p$ 轨道组($n=2, l=1, m=0,\pm1$)，原来的波函数形式是

$2p(+1)=f_1(r)\sin\theta e^{\mathrm{i}\phi}$

$2p(0)=f_1(r)\cos\theta$

$2p(-1)=f_1(r)\sin\theta e^{-\mathrm{i}\phi}$

其中只有 $2p(0)$ 是实的，即 $2p_z$ 轨道，其余两个都是复波函数。现在对复波函数进行改造

$$2p_x=\frac{1}{2}[2p(+1)+2p(-1)]=\frac{1}{2}f_1(r)\sin\theta(e^{\mathrm{i}\phi}+e^{-\mathrm{i}\phi})$$

$$=f_1(r)\sin\theta\cos\phi$$

$$2p_y=\frac{-\mathrm{i}}{2}[2p(+1)+2p(-1)]=\frac{-\mathrm{i}}{2}f_1(r)\sin\theta(e^{\mathrm{i}\phi}-e^{-\mathrm{i}\phi})$$

$$=f_1(r)\sin\theta\sin\phi$$

考虑归一化后，得

$$2p_x=\frac{1}{\sqrt{2}}[2p(+1)+2p(-1)]$$

$$2p_y=\frac{-\mathrm{i}}{\sqrt{2}}[2p(+1)-2p(-1)]$$

实际上，我们作波函数的角度分布图，根本不是作 $Y_{1,1}$ 或 $Y_{1,-1}$ 图，而是作 Y_{P_x} 和 Y_{P_y} 的图形。$Y_{P_x}=\frac{1}{2}(Y_{1,1}+Y_{1,-1})=\sin\theta\cos\phi$（不考虑归一化常数，以下同），$Y_{P_y}=\frac{-\mathrm{i}}{2}(Y_{1,1}-Y_{1,-1})=\sin\theta\sin\phi$，$Y_{P_z}=\cos\theta$。

对五个 d 轨道和七个 f 轨道，也可作完全类似的改造工作，使之成为

实的，不再重复。关于这些实的角度分布函数的作图法，在一般的《物质结构》教材中都有说明，所以也不在重复。

以上是波函数角度部分的实波函数的形式，但在量子化学中有时也用直角坐标 x, y, z 来表示，两者的关系是

$$x = r\sin\theta\cos\phi$$
$$y = r\sin\theta\sin\phi \quad (3.3-53)$$
$$z = r\cos\theta$$

例如：$Y_{2,\pm1} = \sqrt{\frac{15}{4\pi}}\sin\theta\cos\theta\cos\phi = \sqrt{\frac{15}{4\pi}}\frac{xz}{r^2}$。

表 3.3-5 中列出了用实波函数和直角坐标来表示波函数角度部分的具体表达式。

表 3.3-5 波函数的角度部分 Y_{lm}

$$Y_{0,0} = s = \frac{1}{\sqrt{4\pi}}$$

$$Y_{1,0} = p_z = \sqrt{\frac{3}{4\pi}}\cos\theta = \sqrt{\frac{3}{4\pi}}\frac{z}{r}$$

$$Y_{1,\pm1}\begin{cases} p_x = \sqrt{\frac{3}{4\pi}}\sin\theta\cos\theta = \sqrt{\frac{3}{4\pi}}\frac{x}{r} \\ p_y = \sqrt{\frac{3}{4\pi}}\sin\theta\sin\phi = \sqrt{\frac{3}{4\pi}}\frac{y}{r} \end{cases}$$

$$Y_{2,0} = d_{z^2} = \sqrt{\frac{5}{16\pi}}(3\cos^2\theta - 1) = \sqrt{\frac{5}{16\pi}}\frac{1}{r^2}(3z^2 - r^2)$$

$$Y_{2,\pm1} = \begin{cases} d_{xz} = \sqrt{\frac{15}{4\pi}}\sin\theta\cos\theta\cos\phi = \sqrt{\frac{15}{4\pi}}\frac{xz}{r^2} \\ d_{yz} = \sqrt{\frac{15}{4\pi}}\sin\theta\cos\theta\sin\phi = \sqrt{\frac{15}{4\pi}}\frac{yz}{r^2} \end{cases}$$

$$Y_{2,\pm2} = \begin{cases} d_{x^2-y^2} = \sqrt{\frac{15}{16\pi}}\sin^2\theta\cos2\phi = \sqrt{\frac{15}{16\pi}}\frac{x^2-y^2}{r^2} \\ d_{xy} = \sqrt{\frac{15}{16\pi}}\sin^2\theta\sin2\phi = \sqrt{\frac{15}{4\pi}}\frac{xy}{r^2} \end{cases}$$

$$Y_{3,0} = f_{z^3} = \frac{1}{4}\sqrt{\frac{7}{\pi}}(5\cos^3\theta - 3\cos\theta) = \frac{1}{4}\sqrt{\frac{7}{\pi}}\frac{z}{r^3}(5z^2 - 3r^2)$$

续　表

$Y_{3,\pm1}=$	$f_{xyz}=\frac{1}{8}\sqrt{\frac{42}{\pi}}\sin\theta(5\cos^2\theta-1)\cos\phi=\frac{1}{8}\sqrt{\frac{42}{\pi}}\frac{x(5z^2-r^2)}{r^3}$ $f_{yz^2}=\frac{1}{8}\sqrt{\frac{42}{\pi}}\sin\theta(5\cos^2\theta-1)\sin\phi=\frac{1}{8}\sqrt{\frac{42}{\pi}}\frac{y(5z^2-r^2)}{r^3}$
$Y_{3,\pm2}=$	$f_{z(x^2-y^2)}=\frac{1}{4}\sqrt{\frac{105}{\pi}}\sin^2\theta\cos\theta\cos2\phi=\frac{1}{4}\sqrt{\frac{105}{\pi}}\frac{z(x^2-y^2)}{r^3}$ $f_{zxy}=\frac{1}{4}\sqrt{\frac{105}{\pi}}\sin^2\theta\cos\theta\sin2\phi=\frac{1}{2}\sqrt{\frac{105}{\pi}}\frac{xyz}{r^3}$
$Y_{3,\pm3}=$	$f_{x(x^2-3y^2)}=\frac{1}{8}\sqrt{\frac{70}{\pi}}\sin^3\theta\cos3\phi=\frac{1}{8}\sqrt{\frac{70}{\pi}}\frac{x(x^3-3y^2)}{r^3}$ $f_{y(3x^2-y^2)}=\frac{1}{8}\sqrt{\frac{70}{\pi}}\sin3\theta\sin3\phi=\frac{1}{8}\sqrt{\frac{70}{\pi}}\frac{y(3x^2-y)}{r^3}$

3. 类氢离子的波函数

将以前分别求得的 R,Θ 和 Φ 合并起来即可得到类氢离子的定态波函数：$\psi_{nlm}(r,\theta,\phi)=R_{nl}(r)\Theta_{lm}(\theta)\Phi_m(\phi)$。其中

$$\begin{cases}\Phi_m(\phi)=\dfrac{1}{\sqrt{2\pi}}e^{im\phi}\\ \Theta_{lm}(\theta)=\sqrt{\dfrac{(2l+1)(l-|m|)!}{2(l+|m|)!}}P_l^{|m|}(\cos\theta)\\ R_{lm}(r)=-\sqrt{\left(\dfrac{2z}{na_0}\right)^3\dfrac{(n-l-1)!}{2n[(n+l)!]^3}}e^{-\frac{\rho}{2}}\rho^lL_{n+l}^{2l+1}(\rho)\end{cases}$$

式中 $\rho=\frac{2z}{na_0}r$，$a_0=\frac{\hbar^2}{\mu e^2}0.529\text{Å}$。

这里写出的波函数是正交归一的，即

$$\int_0^{\infty}\int_0^{\pi}\int_0^{2\pi}\psi_{nlm}^*\psi_{n'l'm'}r^2\sin\theta\,d\phi d\theta dr=\delta_{nn'}\delta_{ll'}\delta_{mm'}\qquad(3.3-54)$$

此外，R、Θ 和 Φ 函数也是正交归一的，即

$$\left.\begin{aligned}&\int_0^{2\pi}\Phi_m^*\Phi_{m'}d\phi=\delta_{mm'}\\&\int_0^{\pi}\Theta_{lm}\Theta_{l'm}\sin\theta\,d\,\theta=\delta_{ll'}\\&\int_0^{\infty}R_{nl}R_{n'l}r^2dr=\delta_{nn'}\end{aligned}\right\}\qquad(3.3-55)$$

量子数 n,l,m 应采取下列值：

$$\left.\begin{aligned}&n=1,2,3,4,\cdots\\&l=0,1,2,3,\cdots,(n-1)\\&m=0,\pm1,\pm2,\cdots\pm l\end{aligned}\right\}\qquad(3.5-56)$$

通常用符号 $s,p,d,f,g,h,\cdots$ 来依次代表 $l=0,1,2,3,4,5,\cdots$ 所以 $n=2,l=0$ 的状态可以写为 ψ_{2s}；$n=3,l=2$ 的状态可以写为 ψ_{3d}，依此类推。

表 3.3 - 6 中列出了类氢离子的波函数。

表 3.3 - 6 类氢离子的波函数 $\psi_{nlm}(r,\theta,\phi)$，$\sigma=\frac{n}{2}\rho=\frac{Zr}{a_0}$

$n=1,l=0,m=0,\psi_{1s}=\frac{1}{\sqrt{\pi}}\left(\frac{Z}{a_0}\right)^{\frac{3}{2}}e^{-\sigma}$

$n=2,l=0,m=0,\psi_{2s}=\frac{1}{4\sqrt{2\pi}}\left(\frac{Z}{a_0}\right)^{\frac{3}{2}}(2-\sigma)e^{-\frac{\sigma}{2}}$

$n=2,l=1,m=0,\psi_{2pz}=\frac{1}{4\sqrt{2\pi}}\left(\frac{Z}{a_0}\right)^{\frac{3}{2}}\sigma e^{-\frac{\sigma}{2}}\cos\theta$

$n=2,l=1,m=\pm1,\psi_{2px}=\frac{1}{4\sqrt{2\pi}}\left(\frac{Z}{a_0}\right)^{\frac{3}{2}}\sigma e^{-\frac{\sigma}{2}}\sin\theta\cos\phi$

$\psi_{2py}=\frac{1}{4\sqrt{2\pi}}\left(\frac{Z}{a_0}\right)^{\frac{3}{2}}\sigma e^{-\frac{\sigma}{2}}\sin\theta\sin\phi$

$n=3,l=0,m=0,\psi_{3s}=\frac{1}{81\sqrt{3\pi}}\left(\frac{Z}{a_0}\right)^{\frac{3}{2}}(27-18\sigma+2\sigma^2)e^{-\frac{\sigma}{3}}$

$n=3,l=0,m=0,\psi_{3pz}=\frac{\sqrt{2}}{81\sqrt{\pi}}\left(\frac{Z}{a_0}\right)^{\frac{3}{2}}(6-\sigma)\sigma e^{-\frac{\sigma}{3}}\cos\theta$

续　表

$$n=3,\ l=0,\ m=\pm1,\ \psi_{3px}=\frac{\sqrt{2}}{81\sqrt{\pi}}\left(\frac{Z}{a_0}\right)^{\frac{3}{2}}(6-\sigma)\sigma e^{-\frac{\sigma}{3}}\sin\theta\cos\phi$$

$$\psi_{3py}=\frac{\sqrt{2}}{81\sqrt{\pi}}\left(\frac{Z}{a_0}\right)^{\frac{3}{2}}(6-\sigma)\sigma e^{-\frac{\sigma}{3}}\sin\theta\sin\phi$$

$$n=3,\ l=2,\ m=0,\ \psi_{3dz^2}=\frac{1}{81\sqrt{6\pi}}\left(\frac{Z}{a_0}\right)^{\frac{3}{2}}\sigma^2 e^{-\frac{\sigma}{3}}(3\cos^2\theta-1)$$

$$n=3,\ l=2,\ m=\pm1,\ \psi_{3dxz}=\frac{\sqrt{2}}{81\sqrt{\pi}}\left(\frac{Z}{a_0}\right)^{\frac{3}{2}}\sigma^2 e^{-\frac{\sigma}{3}}\sin\theta\cos\theta\cos\phi$$

$$\psi_{3dyz}=\frac{\sqrt{2}}{81\sqrt{\pi}}\left(\frac{Z}{a_0}\right)^{\frac{3}{2}}\sigma^2 e^{-\frac{\sigma}{3}}\sin\theta\cos\theta\sin\phi$$

$$n=3,\ l=2,\ m=\pm2,\ \psi_{3dx^2-y^2}=\frac{1}{81\sqrt{2\pi}}\left(\frac{Z}{a_0}\right)^{\frac{3}{2}}\sigma^2 e^{-\frac{\sigma}{3}}\sin^2\theta\cos2\phi$$

$$\psi_{3dxy}=\frac{1}{81\sqrt{2\pi}}\left(\frac{Z}{a_0}\right)^{\frac{3}{2}}\sigma^2 e^{-\frac{\sigma}{3}}\sin^2\theta\sin2\phi$$

第四章　角动量理论和电子自旋

§4.1　向　　量

完全由其大小来决定的物理性质(如质量、长度、能量)叫标量,需要规定其方向和大小的物理性质(如力、速度、动量)叫向量。

一个向量可由一个有向线段来表示,这个线段的长度和方向给出该性质的大小和方向。

两个向量$\vec{A}$与$\vec{B}$之和,定义为移动第一个向量,使其尾与第二个向量的头相接,同时保持方向不变,随后从第二个向量尾至第一个向量头画出新的向量,见图 4.1 - 1。

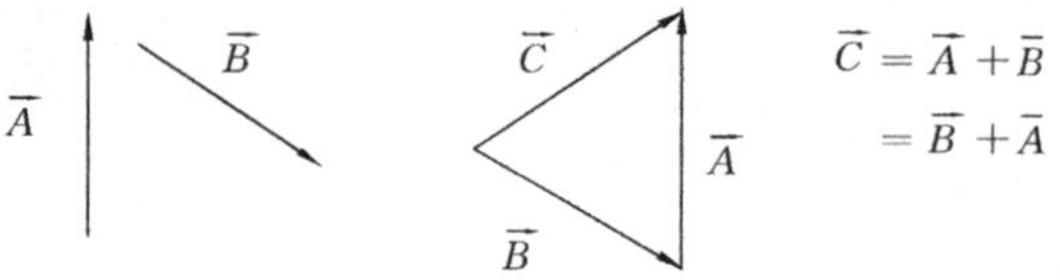

图 4.1 - 1　向量加法

一向量与一标量的乘积$C\vec{A}$,定义为长为$\vec{A}$的$|C|$倍的向量。当C为正,方向与$\vec{A}$相同,当C为负,方向与$\vec{A}$相反。

为了得到表示向量的代数方法,我们在空间建立笛卡尔坐标。沿x轴正方向我们画出一个单位长度的向量,记为$\vec{i}$(注意,它不是虚数$i=$

$\sqrt{-1}$)；同样在 y 和 z 轴正方向画出单位向量 $\vec{j}$ 和 $\vec{k}$（如图 4.1 - 2）。为了用三个单位向量表示出一向量 $\vec{A}$，先移动 $\vec{A}$，让它的尾在坐标原点，方向保持原来方向不变。随后找出 $\vec{A}$ 在 x，y 和 z 轴上的投影：A_x，A_y，和 A_z，根据向量的加法定义得

$$\vec{A} = A_x\vec{i} + A_y\vec{j} + A_z\vec{k} \tag{4.1 - 1}$$

可见，想确定一个向量 $\vec{A}$，只要规定它的三个分量（A_x，A_y 和 A_z）就足够了。

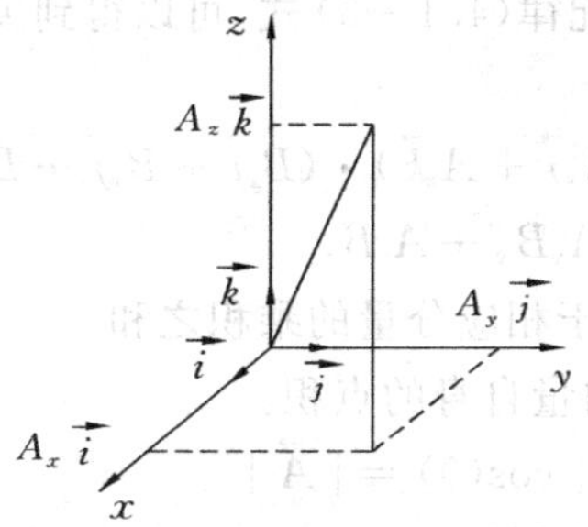

图 4.1 - 2　单位向量和 $\vec{A}$ 的分量

两个向量 $\vec{A}$ 和 $\vec{B}$ 相等，当且仅当所有对应的分量是相等的，即 $A_x = B_x$，$A_y = B_y$，$A_z = B_z$。因此，一个向量方程 $\vec{A} = \vec{B}$ 等价于三个标量方程。

用解析方法加和两个向量时，就是将相应的分量相加。例如：

$$\begin{aligned}\vec{A}+\vec{B} &= A_x\vec{i} + A_y\vec{j} + A_z\vec{k} + B_x\vec{i} + B_y\vec{j} + B_z\vec{k} \\ &= (A_x + B_x)\vec{i} + (A_y + B_y)\vec{j} + (A_z + B_z)\vec{k}\end{aligned} \tag{4.1 - 2}$$

一向量 $\vec{A}$ 与一标量 C 的乘积为

$$C\vec{A} = CA_x\vec{i} + CA_y\vec{j} + CA_z\vec{k} \tag{4.1 - 3}$$

向量 $\vec{A}$ 的大小 A 是它的长度，故是一标量，往往用记号 $|\vec{A}|$ 表示 $\vec{A}$ 的大小。

两个向量的点积或标量积定义为

$$\vec{A}\cdot\vec{B} = |\vec{A}||\vec{B}|\cos\theta = \vec{B}\cdot\vec{A} \tag{4.1 - 4}$$

θ 是 $\vec{A}$ 和 $\vec{B}$ 两个向量之间的夹角。点积（是三个标量的乘积）是个标量。$|\vec{A}|\cos\theta$ 是 $\vec{A}$ 在 $\vec{B}$ 上的投影。由向量加法定义可以得出，向量 $\vec{A}+\vec{B}$ 在某向量 $\vec{C}$ 上的投影是 $\vec{A}$ 和 $\vec{B}$ 在 $\vec{C}$ 上的投影之和。因此

$$(\vec{A}+\vec{B})\cdot\vec{C}=\vec{A}\cdot\vec{C}+\vec{B}\cdot\vec{C} \tag{4.1-5}$$

说明点积满足分配律。

由于三个单位向量 $\vec{i}$,$\vec{j}$ 和 $\vec{k}$ 每个的长度都是一单位,而且互相垂直,故有

$$\begin{aligned}\vec{i}\cdot\vec{i}=\vec{j}\cdot\vec{j}=\vec{k}\cdot\vec{k}=\cos(0)=1\\ \vec{i}\cdot\vec{j}=\vec{j}\cdot\vec{k}=\vec{k}\cdot\vec{i}=\cos\left(\frac{\pi}{2}\right)=0\end{aligned} \tag{4.1-6}$$

利用(4.1-6)式和分配律(4.1-5)式,可以得到关于两个向量点积的一个重要公式

$$\begin{aligned}\vec{A}\cdot\vec{B}&=(A_x\vec{i}+A_y\vec{j}+A_z\vec{k})\cdot(B_x\vec{i}+B_y\vec{j}+B_z\vec{k})\\&=A_xB_x+A_yB_y+A_zB_z\end{aligned} \tag{4.1-7}$$

即两个向量的点积,等于相应分量的乘积之和。

现在看一下一个向量自身的点积。

$$\vec{A}\cdot\vec{A}=|\vec{A}||\vec{A}|\cos(0)=|\vec{A}|^2 \tag{4.1-8}$$

利用(4.1-7)式,可得

$$|\vec{A}|=(A_x^2+A_y^2+A_z^2)^{\frac{1}{2}} \tag{4.1-9}$$

对三维向量还有另一种形式的乘积,即两个向量的叉积或向量积 $\vec{A}\times\vec{B}$ 是一个向量,其大小是

$$|\vec{A}\times\vec{B}|=|\vec{A}||\vec{B}|\sin\theta \tag{4.1-10}$$

它的线段垂直于 $\vec{A}$ 和 $\vec{B}$ 定义的平面,其方向是使 $\vec{A}$,$\vec{B}$ 和 $\vec{A}\times\vec{B}$ 形成一个右手系(如像 x, y, z 轴一样形成一个右手系),见图4.1-3。由定义得

$$\vec{B}\times\vec{A}=-\vec{A}\times\vec{B} \tag{4.1-11}$$

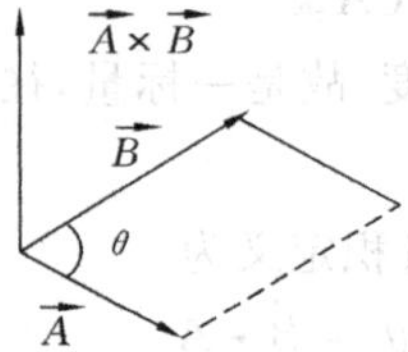

图 4.1-3　两个向量的叉积

此外,还可以证明

$$\vec{A}\times(\vec{B}+\vec{C})=\vec{A}\times\vec{B}+\vec{A}\times\vec{C} \tag{4.1-12}$$

对三个单位向量有

$$\vec{i}\times\vec{i}=\vec{j}\times\vec{j}=\vec{k}\times\vec{k}=\sin(0)=0 \tag{4.1 - 13}$$

和

$$\left.\begin{aligned}\vec{i}\times\vec{j}=\vec{k},\vec{j}\times\vec{i}=-\vec{k}\\ \vec{j}\times\vec{k}=\vec{i},\vec{k}\times\vec{j}=-\vec{i}\\ \vec{k}\times\vec{i}=\vec{j},\vec{i}\times\vec{k}=-\vec{j}\end{aligned}\right\} \tag{4.1 - 14}$$

用这些方程和分配律(4.1 - 12)式可求出

$$\begin{aligned}(\vec{A}\times\vec{B})&=(A_x\vec{i}+A_y\vec{j}+A_z\vec{k})\times(B_x\vec{i}+B_y\vec{j}+B_z\vec{k})\\ &=(A_yB_z-A_zB_y)\vec{i}+(A_zB_x-A_xB_z)\vec{j}+\\ &\quad(A_xB_y-A_yB_x)\vec{k}\end{aligned} \tag{4.1 - 15}$$

为了帮助记忆,可以写成

$$\vec{A}\times\vec{B}=\begin{vmatrix}\vec{i}&\vec{j}&\vec{k}\\ A_x&A_y&A_z\\ B_x&B_y&B_z\end{vmatrix}=\vec{i}\begin{vmatrix}A_y&A_z\\ B_y&B_z\end{vmatrix}-\vec{j}\begin{vmatrix}A_x&A_z\\ B_x&B_z\end{vmatrix}+\vec{k}\begin{vmatrix}A_x&A_y\\ B_x&B_y\end{vmatrix} \tag{4.1 - 16}$$

定义向量算符 del 为

$$\nabla\equiv\vec{i}\frac{\partial}{\partial x}+\vec{j}\frac{\partial}{\partial y}+\vec{k}\frac{\partial}{\partial z} \tag{4.1 - 17}$$

则线性动量的向量算符是

$$\hat{P}=-\mathrm{i}\hbar\nabla \tag{4.1 - 18}$$

定义函数 $g(x,y,z)$ 的梯度(记为 grad) 是用 del 作用在这个函数上的结果,即

$$\mathrm{grad}\ g\equiv\nabla g(x,y,z)\equiv\vec{i}\frac{\partial g}{\partial x}+\vec{j}\frac{\partial g}{\partial y}+\vec{k}\frac{\partial g}{\partial z} \tag{4.1 - 19}$$

可见,标量函数 $g(x,y,z)$ 的梯度是一向量。

一向量函数 $\vec{A}$ 的散度(记为 div) 是一标量函数,它可以用向量算符 del 和向量函数 $\vec{A}$ 的点积来求。

$$\begin{aligned}\mathrm{div}\vec{A}&\equiv\nabla\cdot\vec{A}\equiv\left(\vec{i}\frac{\partial}{\partial x}+\vec{j}\frac{\partial}{\partial y}+\vec{k}\frac{\partial}{\partial z}\right)\cdot(A_x\vec{i}+A_y\vec{j}+A_z\vec{k})\\ &\equiv\frac{\partial A_x}{\partial x}+\frac{\partial A_y}{\partial y}+\frac{\partial A_z}{\partial z}\end{aligned} \tag{4.1 - 20}$$

一个函数的梯度的散度为

$$\text{div}[\text{grad}\, g(x,y,z)] =$$

$$\left(\vec{i}\frac{\partial}{\partial x}+\vec{j}\frac{\partial}{\partial y}+\vec{k}\frac{\partial}{\partial z}\right)\cdot\left(\vec{i}\frac{\partial g}{\partial x}+\vec{j}\frac{\partial g}{\partial y}+\vec{k}\frac{\partial g}{\partial z}\right)\text{，即}$$

$$\nabla\cdot\nabla g = \frac{\partial^2 g}{\partial x^2}+\frac{\partial^2 g}{\partial y^2}+\frac{\partial^2 g}{\partial z^2} \tag{4.1 - 21}$$

它给出了拉普拉斯算符 ∇^2。

§4.2 轨道角动量算符的表达式和对易关系

轨道角动量是与粒子作为一个整体在空间运动相联系的角动量，它与经典力学中的角动量（表征质点轨道运动性质的一个力学量）相对应，故习惯上称为粒子的轨道角动量，以别于我们以后要讲到的另一种角动量 —— 自旋角动量，但绝不是说量子力学中还保留轨道概念。

角动量在原子结构的量子力学中是极其重要的物理量。为了更好地进行讨论，我们先复习一下角动量的经典力学理论。

一、角动量的经典力学理论

考虑一个质量为 m 的运动粒子，在空间中固定一个笛卡尔坐标系，令 $\vec{r}$ 是从原点到粒子的瞬间位置的向量，则有

$$\vec{r} = \vec{i}x+\vec{j}y+\vec{k}z \tag{4.2 - 1}$$

其中 x,y 和 z 是给定瞬间粒子的坐标，这些坐标是时间的函数。

定义速度向量 $\vec{v}$ 为位置向量 $\vec{r}$ 对时间的导数，即

$$\vec{v} = \frac{d\vec{r}}{dt} = \vec{i}\frac{dx}{dt}+\vec{j}\frac{dy}{dt}+\vec{k}\frac{dz}{dt} \tag{4.2 - 2}$$

$$v_x = \frac{dx}{dt},v_y = \frac{dy}{dt},v_z = \frac{dz}{dt}, \tag{4.2 - 3}$$

定义线性动量向量 $\vec{P}$ 为

$$\vec{P} = m\vec{v} \tag{4.2 - 4}$$

$$P_x = mv_x, P_y = mv_y, P_z = mv_z \tag{4.2-5}$$

粒子的角动量 $\vec{L}$ 定义为粒子的坐标向量 $\vec{r}$ 和动量 $\vec{P}$ 的向量积，即

$$\vec{L} = \vec{r} \times \vec{P} \tag{4.2-6}$$

根据(4.1 - 16) 式，(4.2 - 6) 式可以写成

$$\vec{L} = \begin{vmatrix} \vec{i} & \vec{j} & \vec{k} \\ x & y & z \\ P_x & P_y & P_z \end{vmatrix} \tag{4.2-7}$$

即

$$\begin{cases} L_x = yP_z - zP_y \\ L_y = zP_x - xP_z \\ L_z = xP_y - yP_x \end{cases} \tag{4.2-8}$$

这些是一个粒子的经典力学角动量的分量。

二、轨道角动量算符的表达式

按照算符化规则，微观粒子的轨道角动量 L 的算符应为 $\hat{L} = \hat{r} \times \hat{P}$，三个分量的算符分别为

$$\begin{cases} \hat{L}_x = y\hat{P}_z - z\hat{P}_y = y\left(-i\hbar\dfrac{\partial}{\partial z}\right) - z\left(-i\hbar\dfrac{\partial}{\partial y}\right) = -i\hbar\left(y\dfrac{\partial}{\partial z} - z\dfrac{\partial}{\partial y}\right) \\ \hat{L}_y = z\hat{P}_x - x\hat{P}_z = -i\hbar\left(z\dfrac{\partial}{\partial x} - x\dfrac{\partial}{\partial z}\right) \\ \hat{L}_z = x\hat{P}_y - y\hat{P}_x = -i\hbar\left(x\dfrac{\partial}{\partial y} - y\dfrac{\partial}{\partial x}\right) \end{cases} \tag{4.2-9}$$

因为 $\vec{L}$ 是一向量，$\vec{L}^2 = \vec{L} \cdot \vec{L}$ 是一个数量，有时我们只关心 $\vec{L}$ 的大小，其大小 $|\vec{L}| = \sqrt{\vec{L}^2}$，故我们往往需要研究 L^2，根据(4.2 - 7) 式可知 $\hat{L}^2 = |\hat{L}|^2 = L_x^2 + L_y^2 + L_z^2$，故 L^2 的算符是

$$\hat{L}^2 = |\hat{L}|^2 = \hat{L} \cdot \hat{L} = \hat{L}_x^2 + \hat{L}_y^2 + \hat{L}_z^2 \tag{4.2-10}$$

可以由(4.2 - 9) 式构成角动量平方的算符。

如果我们试图求 $\hat{L}^2$ 和 $\hat{L}_z$ 的本征函数，使用这些算符在笛卡尔坐标

中的公式，就会发现这些偏微分方程不能分离变量。为此，我们把它变换到球极坐标中去（图 4.2 - 1）。坐标 r 是原点到点 (x,y,z) 的距离，角度 θ 是向量 r 与正 z 轴之间的夹角，$\vec{r}$ 在 x,y 平面上投影与 x 轴之间的夹角为 ϕ。由三角关系给出

$$\begin{cases} x = r\sin\theta\cos\phi \\ y = r\sin\theta\sin\phi \\ z = r\cos\theta \end{cases} \tag{4.2 - 11}$$

$$r = (x^2 + y^2 + z^2)^{\frac{1}{2}} \tag{4.2 - 12}$$

$$\tan\phi = \frac{y}{x} \tag{4.2 - 13}$$

$$\cos\theta = \frac{z}{(x^2 + y^2 + z^2)^{\frac{1}{2}}} \tag{4.2 - 14}$$

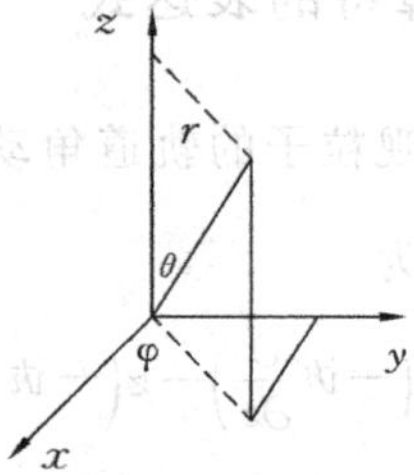

图 4.2 - 1 球坐标和直角坐标的关系

为把角动量算符变换到球极坐标，必须将 $\frac{\partial}{\partial x}$，$\frac{\partial}{\partial y}$ 和 $\frac{\partial}{\partial z}$ 变换到球极坐标。为此，我们假定有一 r,θ,ϕ 的函数 $f\ (r,\theta,\phi)$，我们作下列自变量代换：$r = r(x,\ y,\ z)$，$\theta = \theta(x,\ y,\ z)$，$\phi = \phi(x,\ y,\ z)$。并将此代入 f 中，使它变换成 x、y 和 z 的函数，即

$$f[r(x,\ y,\ z),\ \theta(x,\ y,\ z),\phi(x,\ y,\ z)] = g(x,y,z) \tag{4.2 - 15}$$

例如，假定 $f(r,\theta,\phi) = 3r\cos\theta + 2\tan^2\phi$，利用(4.2 - 11)和(4.2 - 13)式，得到 $g(x,\ y,\ z) = 3z + 2y^2x^{-2}$，利用多元函数与复合函数的微商法则有

$$\left(\frac{\partial g}{\partial x}\right)_{y,z} = \left(\frac{\partial f}{\partial r}\right)_{\theta,\phi}\left(\frac{\partial r}{\partial x}\right)_{y,z} + \left(\frac{\partial f}{\partial \theta}\right)_{r,\phi}\left(\frac{\partial \theta}{\partial x}\right)_{y,z} + \left(\frac{\partial f}{\partial \phi}\right)_{r,\theta}\left(\frac{\partial \phi}{\partial x}\right)_{y,z} \tag{4.2 - 16}$$

$$\left(\frac{\partial g}{\partial y}\right)_{x\cdot z}=\left(\frac{\partial f}{\partial r}\right)_{\theta\cdot\phi}\left(\frac{\partial r}{\partial y}\right)_{x\cdot z}+\left(\frac{\partial f}{\partial\theta}\right)_{r\cdot\phi}\left(\frac{\partial\theta}{\partial y}\right)_{x\cdot z}+\left(\frac{\partial f}{\partial\phi}\right)_{r\cdot\theta}\left(\frac{\partial\phi}{\partial y}\right)_{x\cdot z}\tag{4.2 - 17}$$

$$\left(\frac{\partial g}{\partial z}\right)_{x\cdot y}=\left(\frac{\partial f}{\partial r}\right)_{\theta\cdot\phi}\left(\frac{\partial r}{\partial z}\right)_{x\cdot y}+\left(\frac{\partial f}{\partial\theta}\right)_{r\cdot\phi}\left(\frac{\partial\theta}{\partial z}\right)_{x\cdot y}+\left(\frac{\partial f}{\partial\phi}\right)_{r\cdot\theta}\left(\frac{\partial\phi}{\partial z}\right)_{x\cdot y}\tag{4.2 - 18}$$

为了将这些方程变为算符方程，需要将 f 和 g 去掉，但是与(4.2 - 16)式对应的算符方程第一项，我们不能写成$\frac{\partial}{\partial r}\left(\frac{\partial r}{\partial x}\right)_{y\cdot z}$ 这种样子。因为这将暗示$\frac{\partial}{\partial r}$要作用在$\left(\frac{\partial r}{\partial x}\right)_{y\cdot z}$上。但是按照(4.2 - 16)式，它只应当作用在 f 上。因此，与(4.2 - 16)式对应的算符方程写成

$$\left(\frac{\partial}{\partial x}\right)=\left(\frac{\partial r}{\partial x}\right)_{y\cdot z}\frac{\partial}{\partial r}+\left(\frac{\partial\theta}{\partial x}\right)_{y\cdot z}\frac{\partial}{\partial\theta}+\left(\frac{\partial\phi}{\partial x}\right)_{y\cdot z}\frac{\partial}{\partial\phi}\tag{4.2 - 19}$$

同理可得

$$\left(\frac{\partial}{\partial y}\right)=\left(\frac{\partial r}{\partial y}\right)_{x\cdot z}\frac{\partial}{\partial r}+\left(\frac{\partial\theta}{\partial y}\right)_{x\cdot z}\frac{\partial}{\partial\theta}+\left(\frac{\partial\phi}{\partial y}\right)_{x\cdot z}\frac{\partial}{\partial\phi}\tag{4.2 - 20}$$

$$\left(\frac{\partial}{\partial z}\right)=\left(\frac{\partial r}{\partial z}\right)_{x\cdot y}\frac{\partial}{\partial r}+\left(\frac{\partial\theta}{\partial z}\right)_{x\cdot z}\frac{\partial}{\partial\theta}+\left(\frac{\partial\phi}{\partial z}\right)_{x\cdot y}\frac{\partial}{\partial\phi}\tag{4.2 - 21}$$

现在来计算$\left(\frac{\partial r}{\partial x}\right)_{y\cdot z}$一类的偏导数。在 y,z 不变的条件下，对(4.2 - 12)式求 x 的偏导数，得

$$\left(\frac{\partial r}{\partial x}\right)_{y\cdot z}=\frac{1}{2}(x^2+y^2+z^2)^{-\frac{1}{2}}(2x)$$

$$=\frac{x}{r}=\frac{r\sin\theta\cos\phi}{r}=\sin\theta\cos\phi\tag{4.2 - 22}$$

同理，对(4.2 - 12)式求 y 和 z 的偏导数，得

$$\left(\frac{\partial r}{\partial y}\right)_{x\cdot z}=\sin\theta\sin\phi\tag{4.2 - 23}$$

$$\left(\frac{\partial r}{\partial z}\right)_{x\cdot y}=\cos\theta\tag{4.2 - 24}$$

对(4.2 - 14)式分别求 x,y 和 z 偏导，得

$$-\sin\theta\left(\frac{\partial\theta}{\partial x}\right)_{y,z}=\frac{-\frac{1}{2}(x^2+y^2+z^2)^{-\frac{1}{2}}\cdot 2xz}{r^2}$$

$$=\frac{-xz}{r^3}=\frac{-r\sin\theta\cos\phi\, r\cos\theta}{r^3}$$

故 $$\left(\frac{\partial\theta}{\partial x}\right)_{y,z}=\frac{\sin\theta\cos\theta\cos\phi}{r\sin\theta}=\frac{\cos\theta\cos\phi}{r} \qquad (4.2-25)$$

和 $$\left(\frac{\partial\theta}{\partial y}\right)_{x,z}=\frac{\cos\theta\sin\phi}{r}\quad -\sin\theta\left(\frac{\partial\theta}{\partial z}\right)_{x,y}=\frac{r-\frac{1}{2}r^{-1}2z^2}{r^2}$$

$$=\frac{r-r^{-1}(r^2\cos^2\theta)}{r^2}=\frac{r(1-\cos^2\theta)}{r^2}=\frac{\sin^2\theta}{r} \qquad (4.2-26)$$

故 $$\left(\frac{\partial\theta}{\partial z}\right)_{x,y}=-\frac{\sin\theta}{r} \qquad (4.2-27)$$

对(4.2 - 13)式分别求 x,y,z 的偏导数，得

$$\frac{1}{\cos^2\phi}\left(\frac{\partial\phi}{\partial x}\right)_{y,z}=-\frac{y}{x^2}=-\frac{r\sin\theta\sin\phi}{r^2\sin^2\cos^2\phi}$$

$$\therefore\begin{cases}\left(\frac{\partial\phi}{\partial x}\right)_{y,z}=-\frac{\sin\phi}{r\sin\theta}\\ \left(\frac{\partial\phi}{\partial y}\right)_{x,z}=\frac{\cos\phi}{r\sin\theta}\\ \left(\frac{\partial\phi}{\partial z}\right)_{x,y}=0\end{cases} \qquad (4.2-28)$$

同理可得

将(4.2 - 22)、(4.2 - 25)、(4.2 - 28) 代入(4.2 - 19)，得

$$\frac{\partial}{\partial x}=\sin\theta\cos\phi\frac{\partial}{\partial r}+\frac{\cos\theta\cos\phi}{r}\frac{\partial}{\partial\theta}-\frac{\sin\phi}{r\sin\theta}\frac{\partial}{\partial\phi} \qquad (4.2-29)$$

同样可有

$$\frac{\partial}{\partial y}=\sin\theta\sin\phi\frac{\partial}{\partial r}+\frac{\cos\theta\sin\phi}{r}\frac{\partial}{\partial\theta}+\frac{\cos\phi}{r\sin\theta}\frac{\partial}{\partial\phi} \qquad (4.2-30)$$

$$\frac{\partial}{\partial z}=\cos\theta\frac{\partial}{\partial r}-\frac{\sin\theta}{r}\frac{\partial}{\partial\theta} \qquad (4.2-31)$$

至此，我们做好了在球极坐标中表示角动量算符的准备工作，将

(4.2 - 11)、(4.2 - 30) 和(4.2 - 31) 代入(4.2 - 9)，得

$$\hat{L}_x = -i\hbar\Big[r\sin\theta\,\sin\phi\Big(\cos\theta\frac{\partial}{\partial r}-\frac{\sin\theta}{r}\frac{\partial}{\partial\theta}\Big)-$$

$$r\cos\theta\Big(\sin\theta\,\sin\phi\frac{\partial}{\partial r}+\frac{\cos\theta\,\sin\phi}{r}\frac{\partial}{\partial\theta}+\frac{\cos\phi}{r\sin\theta}\frac{\partial}{\partial\theta}\Big)\Big]$$

$$\begin{cases}\hat{L}_x = i\hbar\Big(\sin\phi\dfrac{\partial}{\partial\theta}+\cot\theta\,\cos\phi\dfrac{\partial}{\partial\phi}\Big) & (4.2-32)\\ \hat{L}_y = -i\hbar\Big(\cos\phi\dfrac{\partial}{\partial\theta}+\cot\theta\,\sin\phi\dfrac{\partial}{\partial\phi}\Big) & (4.2-33)\\ \hat{L}_z = -i\hbar\dfrac{\partial}{\partial\phi} & (4.2-34)\end{cases}$$

若将 $\hat{L}_x,\hat{L}_y$ 和 $\hat{L}_z$ 每个都平方起来，再加到一起，即构成 $\hat{L}^2$。

$$\hat{L}^2 = -\hbar^2\Big(\frac{\partial^2}{\partial\theta^2}\Big)+\cot\theta\frac{\partial}{\partial\theta}+\frac{1}{\sin^2\theta}\frac{\partial^2}{\partial\phi^2}。\qquad(4.2-35)$$

由上讨论可以看到，虽然角动量算符与三个笛卡尔坐标都有关，但它却只与两个球极坐标 θ 和 ϕ 有关系。

三、对易关系

$$\begin{aligned}[\hat{L}_x,\hat{L}_y] &= [y\hat{P}_z - z\hat{P}_y, z\hat{P}_x - x\hat{P}_z]\\ &= (y\hat{P}_z - z\hat{P}_y)(z\hat{P}_x - x\hat{P}_z)-\\ &\quad (z\hat{P}_x - x\hat{P}_z)(y\hat{P}_z - z\hat{P}_y)\\ &= y\hat{P}_z z\hat{P}_x - y\hat{P}_z x\hat{P}_z - z\hat{P}_y z\hat{P}_x + z\hat{P}_y x\hat{P}_z -\\ &\quad z\hat{P}_x y\hat{P}_z + z\hat{P}_x z\hat{P}_y + x\hat{P}_z y\hat{P}_z - x\hat{P}_z z\hat{P}_y\\ &= \hat{P}_z zy\hat{P}_x + z\hat{P}_z x\hat{P}_y - z\hat{P}_z y\hat{P}_x - \hat{P}_z zx\hat{P}_y\\ &= (z\hat{P}_z - \hat{P}_z z)(x\hat{P}_y - y\hat{P}_x) = i\hbar\hat{L}_z\end{aligned}\qquad(4.2-36)$$

其中用到了(1.2 - 12) 式，即

$$\begin{cases}[\mu,\nu]=0 \\ [\hat{P}_\mu,\hat{P}_\nu]=0 \qquad (\mu,\nu=x,y,z) \\ [\hat{P}_\mu,\nu]=-\mathrm{i}\hbar\delta_{\mu,\nu}\end{cases}$$

同理可证

$$[\hat{L}_y,\hat{L}_z]=\mathrm{i}\hbar\hat{L}_x \tag{4.2-37}$$

$$[\hat{L}_z,\hat{L}_x]=\mathrm{i}\hbar\hat{L}_y \tag{4.2-38}$$

由此可知，角动量分量算符彼此都不对易。

现在讨论角动量平方算符 $\hat{L}^2$ 和角动量分量算符之间的对易关系。

$$\begin{aligned}[\hat{L}^2,\hat{L}_x]&=[\hat{L}_x^2+\hat{L}_y^2+\hat{L}_z^2,\hat{L}_x]\\&=[\hat{L}_x^2,\hat{L}_x]+[\hat{L}_y^2,\hat{L}_x]+[\hat{L}_z^2,\hat{L}_x]\\&=[\hat{L}_y^2,\hat{L}_x]+[\hat{L}_z^2,\hat{L}_x]\\&=[\hat{L}_y,\hat{L}_x]\hat{L}_y+\hat{L}_y[\hat{L}_y,\hat{L}_x]+[\hat{L}_z,\hat{L}_x]\hat{L}_z+\\&\quad\ \hat{L}_z[\hat{L}_z+\hat{L}_x]\\&=-\mathrm{i}\hbar\hat{L}_z\hat{L}_y-\mathrm{i}\hbar\hat{L}_y\hat{L}_z+\mathrm{i}\hbar\hat{L}_y\hat{L}_z+\mathrm{i}\hbar\hat{L}_z\hat{L}_y\end{aligned}$$

所以　$[\hat{L}^2,\hat{L}_x]=0$　(4.2-39)

同理可得

$$[\hat{L}^2,\hat{L}_y]=0 \tag{4.2-40}$$

$$[\hat{L}^2,\hat{L}_z]=0 \tag{4.2-41}$$

可见，角动量平方算符 $\hat{L}^2$ 和每个角动量分量算符都是对易的。因此，$\hat{L}^2$ 和分量之一可同时有确定值；但因 $\hat{L}$ 的分量彼此都不对易，所以就不能再有一个分量同时有准确值(对这规律有一个例外)。习惯上取 L_z 作为与 L^2 同时有确定值的那个分量。

§4.3　$\hat{L}^2$ 和 $\hat{L}_z$ 的本征值和本征函数

在前面的讨论中我们知道，角动量算符只与两个极坐标 θ 和 ϕ 有关，所以它的本征函数也只能是 θ 和 ϕ 的函数。我们用 $Y(\theta,\phi)$ 来表示这个函数，并用 b 和 c 来记为 $\hat{L}_z$ 和 $\hat{L}^2$ 的本征值，则必满足方程：

$$\hat{L}_z Y(\theta,\phi) = bY(\theta,\phi) \tag{4.3 - 1}$$

$$\hat{L}^2 Y(\theta,\phi) = cY(\theta,\phi) \tag{4.3 - 2}$$

一、$\hat{L}_z$ 的本征值和本征函数

因为 $\hat{L}_z = -i\hbar\frac{\partial}{\partial\phi}$，所以(4.3 - 1) 式可写成

$$-i\hbar\frac{\partial}{\partial\phi}Y(\theta,\phi) = bY(\theta,\phi) \tag{4.3 - 3}$$

由于 $\hat{L}_z$ 不包含 θ，所以可进行变量分离，得

$$Y(\theta,\phi) = S(\theta)T(\phi) \tag{4.3 - 4}$$

将此式代入(4.3 - 3) 中，得

$$-i\hbar\frac{\partial}{\partial\phi}[S(\theta)T(\phi)] = bS(\theta)T(\phi)$$

$$-i\hbar S(\theta)\frac{dT(\phi)}{d\phi} = bS(\theta)T(\phi)$$

$$\frac{dT(\phi)}{d\phi} = \frac{ib}{\hbar}T(\phi)$$

$$\ln T(\phi) = \frac{ib}{\hbar}(\phi + 常数)$$

$$T(\phi) = e^{\frac{ib\phi}{\hbar}} \cdot e^{常数} = Ae^{\frac{ib\phi}{\hbar}} \tag{4.3 - 5}$$

其中 A 是任意常数。

(4.3 - 5) 式是满足方程(4.3 - 3) 的一般解，现在我们要求满足自然条件的特解。由波函数的单值性，要求

$$T(\phi) = T(\phi + 2\pi) \tag{4.3-6}$$

利用(4.3 - 5)式,可得

$$Ae^{\frac{ib\phi}{\hbar}} \cdot e^{\frac{ib2\pi}{\hbar}} = Ae^{\frac{ib\phi}{\hbar}}$$

$$e^{\frac{ib2\pi}{\hbar}} = 1 \tag{4.3-7}$$

要保证 $e^{i\alpha} = \cos\alpha + i\sin\alpha = 1$,必须有 $\alpha = 2\pi m$,而且 $m = 0, \pm 1, \pm 2, \cdots$ 所以,由(4.3 - 7)式给出

$$b = m\hbar, m = 0, \pm 1, \pm 2, \cdots \tag{4.3-8}$$

将 b 代入(4.3 - 5)式,得

$$T(\phi) = Ae^{im\phi}, m = 0, \pm 1, \pm 2, \cdots \tag{4.3-9}$$

由归一化条件,可以确定 A 值,即

$$\int_0^{2\pi} |T(\phi)|^2 d\phi = 1, \int_0^{2\pi} T^*(\phi) T(\phi) d\phi = 1$$

$$\int_0^{2\pi} (Ae^{im\phi})^* (Ae^{im\phi}) d\phi = 1$$

$$|A|^2 \int_0^{2\pi} d\phi = 1 = |A|^2 \cdot 2\pi$$

$$\therefore |A| = \frac{1}{\sqrt{2\pi}} \tag{4.3-10}$$

代入(4.3 - 5)式,可得 $\hat{L}_z$ 的本征函数,即

$$T(\phi) = \frac{1}{\sqrt{2\pi}} e^{im\phi}, m = 0, \pm 1, \pm 2, \cdots \tag{4.3-11}$$

由此我们可以得出结论:轨道角动量的 z 分量的可能取值 b 由磁量子数 m 决定,$b = m\hbar$,因而是量子化的。b 具有确定值 $m\hbar$ 的态的波函数是 $T_m(\phi)$。由于属于一个给定的本征值 $b = m\hbar$,只有一个本征函数 $T_m(\phi)$,所以 $\hat{L}_z$ 的全部本征值都是非简并的。

二、$\hat{L}^2$ 的本征值和本征函数

$\hat{L}^2 Y(\theta,\phi) = cY(\theta,\phi)$,解此方程可以得到

$$\begin{cases} c = l(l+1)\hbar^2 \\ Y(\theta,\phi) = Y_{l,m}(\theta,\phi) \end{cases}$$

其中　$l = 0,1,2,\cdots$　$m = 0, \pm 1, \pm 2, \cdots, \pm l$。

可见，属于一个给定的本征值 c（由一个 L 值确定）、有 $2l+1$ 个线性独立的本征函数 $Y_{l,m}(\theta,\phi)$，所以简并度是 $f = 2l+1$。

我们还可以看到，轨道角动量平方 L^2 在实验上的全部可能取值为 $c = l(l+1)\hbar^2 (l = 0,1,2,\cdots)$，因而是量子化的；态 $Y_{m,l}(\theta,\phi)$，$m = 0, \pm 1, \pm 2, \cdots, \pm l$ 中的每一个都是 L^2 具有确定值 $c = l(l+1)\hbar^2$ 的状态。这就是我们把 l 叫角量子数的原因，因为 l 是决定轨道角动量大小的量子数。

三、$\hat{L}^2$ 和 $\hat{L}_z$ 的共同本征函数

我们在前面讨论过，如果 $\psi(x,t)$ 是描写一个状态的波函数，则 $c\psi(x,t)$ 也是描写这个状态的波函数，式中 c 是一个任意的常数因子。所谓"常数因子"，应作如下广义的理解，即 c 与 x、t 无关，对 x 和 t 来说是常数，但它完全可以是另外一个独立变数，如 y 的函数：$c = c(y)$。

因此，如果 $T_m(\phi)$ 是 $\hat{L}_z$ 的属于本征值 $b = m\hbar$ 的本征函数，则 $cT_m(\phi)$ 也是属于这个本征值的本征函数，其中 c 是一个和 ϕ 无关的量，它当然可以等于 $S(\theta)$，于是 $Y_{lm}(\theta,\phi) = T_m(\phi)S_{lm}(\theta)$ 也是属于本征值 $b = m\hbar$ 的本征函数，即有 $\hat{L}_z Y_{lm}(\theta,\phi) = m\hbar Y_{lm}(\theta,\phi)$。

根据前面的讨论，我们又知道

$$\hat{L}^2 Y_{lm}(\theta,\phi) = l(l+1)\hbar^2 Y_{lm}(\theta,\phi)$$

因此，我们可以看出球谐函数 $Y_{lm}(\theta,\phi)$ 是 $\hat{L}^2$ 和 $\hat{L}_z$ 的共同本征函数，可以表示为

$$\left.\begin{matrix} \hat{L}^2 \\ \hat{L}_z \end{matrix}\right\} Y_{lm}(\theta,\phi) = \left.\begin{matrix} l(l+1)\hbar^2 \\ m\hbar \end{matrix}\right\} Y_{lm}(\theta,\phi) \tag{4.3 - 12}$$

这就是说，在态 $Y_{lm}(\theta,\phi)$ 中，轨道角动量平方 L^2 具有确定值 $l(l+1)\hbar^2$，

同时角动量的 z 分量 L_z 也具有确定值 $m\hbar$。根据 $\hat{L}^2$ 和 $\hat{L}_z$ 的对易关系，也可得到上述结论。但是由于 $\hat{L}_x$，$\hat{L}_y$ 和 $\hat{L}_z$ 不对易，因此在态 $Y_{lm}(\theta,\phi)$ 中，角动量的其余两个分量 L_x 和 L_y 的取值并不确定，因此这时只能谈 $\vec{L}$ 的大小和它相对于 z 轴的方位取确定值。我们可以想象向量 $\vec{L}$ 绕着 z 轴旋转。

四、量子数 l 与 m 的物理意义和空间量子化

$Y_{lm}(\theta,\phi)$ 是 $\hat{L}^2$ 和 $\hat{L}_z$ 的共同本征函数，根据上面的讨论，它乘一个和 θ,ϕ 无关的 $R_{nl}(r)$，当然也是 $\hat{L}^2$ 和 $\hat{L}_z$ 的本征函数。因此 $\psi_{nlm}(r,\theta,\phi)=R_{nl}(r)Y_{lm}(\theta,\phi)$ 不仅是能量算符 $\hat{H}$ 的本征函数，同时也是 $\hat{L}^2$ 和 $\hat{L}_z$ 的本征函数，即 $\psi_{nlm}(r,\theta,\phi)$ 是 $\hat{H}$，$\hat{L}^2$ 和 $\hat{L}_z$ 这三个算符共同的本征函数。这就是说，当粒子处于 ψ_{nlm} 所描述的量子态时，它的能量 E、轨道角动量的平方 L^2 和 z 分量 L_z 同时具有确定值：E_{nl}，$c=l(l+1)\hbar^2$ 和 $b=m\hbar$。

这一点也可以从 $[\hat{H},\hat{L}^2]=0$ 和 $[\hat{H},\hat{L}_Z]=0$ 得到证明。我们知道在球极坐标中的 $\hat{H}$ 为

$$\hat{H}=-\frac{\hbar^2}{2m}\frac{1}{r^2}\frac{\partial}{\partial r}\left(r^2\frac{\partial}{\partial r}\right)-\frac{\hbar^2\nabla^2_{\theta,\phi}}{2mr^2}+V(r) \tag{4.3-13}$$

其中 $$\nabla^2_{\theta,\phi}=\frac{1}{\sin\theta}\frac{\partial}{\partial\theta}\left(\sin\theta\frac{\partial}{\partial\theta}\right)+\frac{1}{\sin^2\theta}\frac{\partial^2}{\partial\phi^2}$$

而 $$\hat{L}^2=-\hbar^2\left(\frac{\partial^2}{\partial\theta^2}+\cot\theta\frac{\partial}{\partial\theta}\right)+\frac{1}{\sin^2\theta}\frac{\partial^2}{\partial\phi^2},$$

所以 $-\hbar^2\nabla^2_{\theta\phi}=\hat{L}^2$，则(4.3-13)式可写成

$$\hat{H}=-\frac{\hbar^2}{2m}\frac{1}{r^2}\frac{\partial}{\partial r}\left(r^2\frac{\partial}{\partial r}\right)+\frac{\hat{L}^2}{2mr^2}+V(r) \tag{4.3-14}$$

因为 $\hat{L}^2$ 和 r 无关，故显然 $\hat{H}$ 表达式中的第一项和第三项和 $\hat{L}^2$ 对易；又因 $\hat{L}^2$ 和 $\hat{L}^2$ 对易，故整个 $\hat{H}$ 和 $\hat{L}^2$ 对易，即 $[\hat{H},\hat{L}^2]=0$。

同样，因为 $\hat{L}_z$ 和 r 无关，故 $\hat{H}$ 的表达式中第一项和第三项与 $\hat{L}_z$ 对易；又因 $\hat{L}^2$ 和 $\hat{L}_z$ 对易，故整个 $\hat{H}$ 和 $\hat{L}_z$ 对易，即 $[\hat{H},\hat{L}_z]=0$。

由上可知，$\hat{H}$，$\hat{L}^2$，$\hat{L}_z$ 是俩俩互相对易，故必定存在共同的本征函数系，就是 ψ_{nlm}，可写成

$$\left.\begin{matrix}\hat{H}\\ \hat{L}^2\\ \hat{L}_z\end{matrix}\right\}\psi_{nlm}(r,\theta,\phi)=\left.\begin{matrix}E_{nl}\\ l(l+1)\hbar^2\\ m\hbar\end{matrix}\right\}\psi_{nlm}(r,\theta,\phi) \tag{4.3 - 15}$$

由此可见，态 ψ_{nlm} 的三个量子数 n,l,m 的物理意义是：n,l 标志在该态粒子的能量 E 值；l 标志在该态粒子角动量 $\vec{L}$ 的大小；m 标志在该态粒子的 L_z 值。

能级只与量子数 n,l 有关，与 m 无关，从而属于一个给定的能级 E_{nl} 有 $(2l+1)$ 个线性独立的定态波函数 $\psi_{nlm}(m=-l,\cdots,0,\cdots,+l)$。现在我们知道，这些简并化的态不仅能量相同，轨道角动量的大小也相同，这些态的区别只是 L_z 有不同值，它意味着 $\vec{L}$ 相对于 z 轴的空间方位（与 z 轴的夹角）不同。因此，称能级 E_{nl} 关于"m"的空间量子化。轨道角动量 $\vec{L}$ 在它的大小 $L=\sqrt{l(l+1)}\hbar$ 给定后，它相对于 z 轴只能有 $(2l+1)$ 个分立的取向，分别对应于它的 z 分量取值为 $m\hbar(m=0,\pm1,\pm2,\cdots,\pm l)$，这叫做轨道角动量的空间量子化。下面是 d 状态 $(l=2)$ 的空间量子化的图形表示。

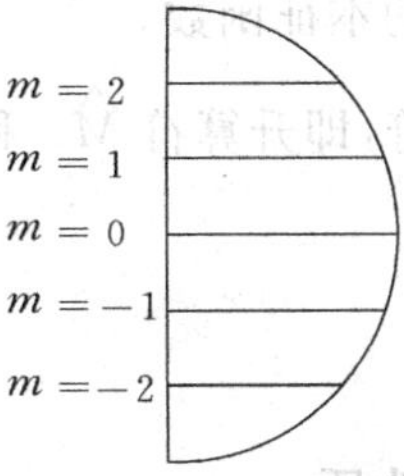

图 4.3 - 1　在 d 状态 $\vec{L}$ 的空间量子化

§4.4 角动量的阶梯算符

一、定　义

通过前面的讨论我们知道，求得 $\hat{L}^2$ 和 $\hat{L}_z$ 的本征值所用的方法，是将角动量算符表示成微分算符，然后解其微分方程。现在我们介绍一种只要知道对易关系，就可以解出角动量算符本征值的方法，这种办法适用于任何一个满足角动量对易关系的算符。

现在我们用 M 表示处理的任何一类角动量，则有三个线性算符 $\hat{M}_x$，$\hat{M}_y$ 和 $\hat{M}_z$，并且服从下列对易关系

$$\begin{cases}[\hat{M}_x,\hat{M}_y]=\mathrm{i}\hbar\hat{M}_z\\[\hat{M}_y,\hat{M}_z]=\mathrm{i}\hbar\hat{M}_x\\[\hat{M}_z,\hat{M}_x]=\mathrm{i}\hbar\hat{M}_y\end{cases}\tag{4.4-1}$$

定义算符 $\hat{M}^2$ 为 $\hat{M}^2=\hat{M}_x^2+\hat{M}_y^2+\hat{M}_z^2$　　(4.4-2)

可以用与讨论轨道角动量完全类似的方法，得到

$$[\hat{M}^2,\hat{M}_x]=[\hat{M}^2,\hat{M}_y]=[\hat{M}^2,\hat{M}_z]=0\tag{4.4-3}$$

因此，$\hat{M}^2$ 和 $\hat{M}_z$ 有共同的本征函数。

我们定义两个新算符，即升算符 $\hat{M}_+$ 和降算符 $\hat{M}_-$。

$$\begin{cases}\hat{M}_+\equiv\hat{M}_x+\mathrm{i}\hat{M}_y\\\hat{M}_-\equiv\hat{M}_x-\mathrm{i}\hat{M}_y\end{cases}\tag{4.4-4}$$

二、升降算符的性质

$$\hat{M}_+\hat{M}_-=(\hat{M}_x+\mathrm{i}\hat{M}_y)(\hat{M}_x-\mathrm{i}\hat{M}_y)$$

$$= \hat{M}_x(\hat{M}_x - i\hat{M}_y) + i\hat{M}_y(\hat{M}_x - i\hat{M}_y)$$

$$= \hat{M}_x^2 - i\hat{M}_x\hat{M}_y + i\hat{M}_y\hat{M}_x + \hat{M}_y^2$$

$$= \hat{M}^2 - \hat{M}_z^2 + i[\hat{M}_y, \hat{M}_x]$$

$$= \hat{M}^2 - \hat{M}_z^2 + \hbar\hat{M}_z \qquad (4.4-5)$$

类似地有 $\hat{M}_- \hat{M}_+ = \hat{M}^2 - \hat{M}_z^2 - \hbar\hat{M}_z$　(4.4-6)

值得注意的是升降算符相乘的结果不再包含 $\hat{M}_x$ 和 $\hat{M}_y$。升降算符 $\hat{M}_+$ 和 $\hat{M}_-$ 与算符 $\hat{M}_z$ 的对易关系是

$$[\hat{M}_+, \hat{M}_z] = [\hat{M}_x + i\hat{M}_y, \hat{M}_z]$$

$$= [\hat{M}_x, \hat{M}_z] + i[\hat{M}_y, \hat{M}_z]$$

$$= -i\hbar\hat{M}_y - \hbar\hat{M}_x$$

$$= -\hbar(\hat{M}_x + i\hat{M}_y) = -\hbar\hat{M}_+ \qquad (4.4-7)$$

或　$\hat{M}_+ \hat{M}_z - \hat{M}_z\hat{M}_+ = -\hbar\hat{M}_+$

即　$\hat{M}_+ \hat{M}_z = \hat{M}_z\hat{M}_+ - \hbar\hat{M}_+$　(4.4-8)

同理可得 $[\hat{M}_-, \hat{M}_z] = +\hbar\hat{M}_-$　(4.4-9)

或　$\hat{M}_- \hat{M}_Z = \hat{M}_z\hat{M}_- + \hbar\hat{M}_-$　(4.4-10)

三、角动量算符的本征值

用 Y 表示 $\hat{M}^2$ 和 $\hat{M}_z$ 的共同本征函数，则有

$$\hat{M}^2 Y = cY \qquad (4.4-11)$$

$$\hat{M}_Z Y = bY \qquad (4.4-12)$$

其中 c 和 b 是本征值。用升算符作用在(4.4-12)式上得

$$\hat{M}_+ \hat{M}_z Y = \hat{M}_+ bY$$

利用(4.4-8)式，并基于 $\hat{M}_+$ 是线性的，则上式可改写为

$$\hat{M}_z\hat{M}_+ Y - \hbar\hat{M}_+ Y = \hat{M}_+ bY$$

$$\hat{M}_z(\hat{M}_+ Y) = (b+\hbar)\hat{M}_+ Y \tag{4.4 - 13}$$

该式说明函数 $\hat{M}_+ Y$ 是算符 $\hat{M}_z$ 属于本征值 $b+\hbar$ 的本征函数。或者说，用升算符作用到本征函数 Y 上时，$\hat{M}_+ Y$ 仍是 $\hat{M}_z$ 的另一个本征函数，而本征值比 Y 的增加一个 $\hbar$，这就是 $\hat{M}_+$ 称为升算符的原因。

现在我们继续用升算符作用到(4.4 - 13) 式，并再次使用(4.4 - 8) 式，用与上述类似的方法，可以得到

$$\hat{M}_z(\hat{M}_+^2 Y) = (b+2\hbar)(\hat{M}_+^2 Y)$$

重复应用升算符 k 次，即可得到

$$\hat{M}_z(\hat{M}_+^k Y) = (b+k\hbar)(\hat{M}_+^k Y) \quad k = 0,1,2,\cdots \tag{4.4 - 14}$$

如果用降算符 $\hat{M}_-$ 作用在(4.4 - 12) 式上，并使用(4.4 - 10) 式，用相同方法可以得到

$$\hat{M}_z(\hat{M}_- Y) = (b-\hbar)(\hat{M}_- Y) \tag{4.4 - 15}$$

和 $$\hat{M}_z(\hat{M}_-^k Y) = (b-k\hbar)(\hat{M}_-^k Y) \tag{4.4 - 16}$$

说明用降算符 $\hat{M}_-$ 作用到 $\hat{M}_z$ 的本征函数 Y 上时，函数 $\hat{M}_- Y$ 仍是 $\hat{M}_z$ 的本征函数，而本征值却比 Y 的减少一个 $\hbar$，这就是 $\hat{M}_-$ 称为降算符的原因。

可见，我们用升算符和降算符作用在算符 $\hat{M}_z$ 的本征值为 b 的本征函数 Y 上时，可以得到一个本征值阶梯，每一阶相差一个 $\hbar$，即

⋮

—— $b+2\hbar$

—— $b+\hbar$

—— b

—— $b-\hbar$

—— $b-2\hbar$

⋮

函数 $\hat{M}_\pm^k Y$ 是 $\hat{M}_z$ 的属于本征值 $b\pm k\hbar$ 的本征函数，即

$$\hat{M}_z(\hat{M}_\pm^k Y) = (b \pm k\hbar)(\hat{M}_\pm^k Y) \qquad (4.4-17)$$

现在我们来证明这些函数 $\hat{M}_\pm^k Y$ 也是 $\hat{M}^2$ 的本征函数，且属于同一个本征值 c，即

$$\hat{M}^2(\hat{M}_\pm^k Y) = c(\hat{M}_\pm^k Y) \quad (k = 0,1,2) \qquad (4.4-18)$$

证明：

$$\text{因为}[\hat{M}^2,\hat{M}_\pm] = [\hat{M}^2,\hat{M}_x \pm \mathrm{i}\hat{M}_y]$$
$$= [\hat{M}^2,\hat{M}_x] \pm \mathrm{i}[\hat{M}^2,\hat{M}_y]$$
$$= 0 \pm 0 = 0$$

说明 $\hat{M}^2$ 和 $\hat{M}_+$，$\hat{M}_-$ 是可对易的。

而且 $[\hat{M}^2,\hat{M}_\pm^2] = [\hat{M}^2,\hat{M}_\pm]\hat{M}_\pm + \hat{M}_\pm[\hat{M}^2,\hat{M}_\pm] = 0 + 0 = 0$

用归纳法可以得到

$$[\hat{M}^2,\hat{M}_\pm^k] = 0 \quad \text{或} \ \hat{M}^2\hat{M}_\pm^k = \hat{M}_\pm^k \hat{M}^2 \qquad (4.4-19)$$

$k = 0,\ 1,\ 2,\cdots$

说明 $\hat{M}^2$ 和 $\hat{M}_\pm^k$ 是可对易的。

如果用 $\hat{M}_\pm^k$ 作用在 $\hat{M}^2 Y = cY$ 上，则得 $\hat{M}_\pm^k \hat{M}^2 Y = \hat{M}_\pm^k cY$，利用(4.4 - 19)式，有 $\hat{M}^2(\hat{M}_\pm^k Y) = c(\hat{M}_\pm^k Y)$，证毕。

前面我们讨论了利用阶梯算符所产生的 $\hat{M}_z$ 的本征值阶梯，这个阶梯有无界？我们现在来证明这个本征值集合必须有界。

证明：对某一个特定的本征函数 Y，其本征值为 b，则有

$$\hat{M}_z Y = bY$$

对利用阶梯算符所产生的本征函数和本征值的集合为

$$\hat{M}_z Y_k = b_k Y_k \qquad (4.4-20)$$

$$\text{其中} \quad Y_k = \hat{M}_\pm^k Y \qquad (4.4-21)$$

$$b_k = b \pm k\hbar \qquad (4.4-22)$$

将 $\hat{M}_z$ 作用在(4.4 - 20)式上得

$$\hat{M}_z^2 Y_k = b_k \hat{M}_z Y_k = b_k^2 Y_k \qquad (4.4-23)$$

现在用此式减去 $\hat{M}^2 \hat{M}_\pm^k Y = c\hat{M}_\pm^k Y$ 式，得

$$\hat{M}_z^2 y_k - \hat{M}^2 \hat{M}_\pm^k Y = b_k^2 Y_k - c\hat{M}_\pm^k Y$$

利用(4.4 - 21) 式和 $\hat{M}^2 = \hat{M}_x^2 + \hat{M}_y^2 + \hat{M}_z^2$，得

$$\hat{M}_z^2 Y_k - \hat{M}^2 Y_k = b_k^2 Y_k - c Y_k$$

$$(\hat{M}_x^2 + \hat{M}_y^2) Y_k = (c - b_k^2) Y_k \qquad (4.4-24)$$

因为 $\hat{M}_x^2 + \hat{M}_y^2$ 算符所对应的物理量是非负的，因此它的本征值也是非负的，所以 $c - b_k^2 \geqslant 0, \sqrt{c} \geqslant |b_k|$，故

$$\sqrt{c} \geqslant b_k \geqslant -\sqrt{c} \quad k = 0, \pm 1, \pm 2, \cdots \qquad (4.4-25)$$

证毕。

由于 k 变化时，c 保持不变，所以(4.4 - 25) 式证明了本征值集合 b_k 上和下都是有界的。

这个界具体是多大呢？为了回答这个问题，我们令 $b_{\max}$ 和 $b_{\min}$ 分别代表 b_k 值的最大和最小，$Y_{\max}$ 和 $Y_{\min}$ 是对应的本征函数，则有

$$\hat{M}_z Y_{\max} = b_{\max} Y_{\max} \qquad (4.4-26)$$

$$\hat{M}_z Y_{\min} = b_{\min} Y_{\min} \qquad (4.4-27)$$

用升算符 $\hat{M}_+$ 作用在(4.4 - 26) 式上，得

$$\hat{M}_+ \hat{M}_z Y_{\max} = b_{\max} \hat{M}_+ Y_{\max}$$

利用 $\hat{M}_+ \hat{M}_z = \hat{M}_z \hat{M}_+ - \hbar \hat{M}_+$，上式可写成

$$(\hat{M}_Z \hat{M}_+ - \hbar \hat{M}_+) Y_{\max} = b_{\max} \hat{M}_+ Y_{\max}$$

$$\hat{M}_z (\hat{M}_+ Y_{\max}) = (b_{\max} + \hbar)(\hat{M}_+ Y_{\max}) \qquad (4.4-28)$$

该式与 $b_{\max}$ 是 $\hat{M}_z$ 的最大本征值的规定相矛盾，因为现在的本征值是 $b_{\max} + \hbar$，超过了最大的 $b_{\max}$，解决这个矛盾的唯一方法就是

$$\hat{M}_+ Y_{\max} = 0 \qquad (4.4-29)$$

用降算符作用在上式，得 $\hat{M}_- \hat{M}_+ Y_{\max} = 0$。

利用(4.4 - 6) 式有$(\hat{M}^2 - \hat{M}_z^2 - \hbar\hat{M}_z)Y_{\max} = 0$。

利用(4.4 - 11)、(4.4 - 26) 式，上式可写成

$$(c - b_{\max}^2 - \hbar b_{\max})Y_{\max} = 0$$

$$c - b_{\max}^2 - \hbar b_{\max} = 0$$

$$c = b_{\max}^2 + \hbar b_{\max} \tag{4.4 - 30}$$

同样类似的办法，可以用降算符作用在(4.4 - 27) 式，可得到 $\hat{M}_- Y_{\min} = 0$，再用升算符作用在上式，经过运算可得

$$c = b_{\min}^2 - \hbar b_{\min} \tag{4.4 - 31}$$

用(4.4 - 30) 式减去(4.4 - 31) 式有

$$b_{\max}^2 + \hbar b_{\max} + (\hbar b_{\min} - b_{\min}^2) = 0$$

该式可看成是关于未知数 $b_{\max}$ 的二次代数方程，可解得两个根为

$$b_{\max} = \frac{-\hbar \pm \sqrt{\hbar^2 - 4(\hbar b_{\min} - b_{\min}^2)}}{2}$$

$$= \frac{-\hbar \pm \sqrt{(\hbar - 2b_{\min})^2}}{2}$$

$$= \frac{-\hbar \pm (\hbar - 2b_{\min})}{2}$$

故得 $b_{\max} = -b_{\min}$ 和 $b_{\max} = b_{\min} - \hbar$　(4.4 - 32)

第二个根显然是不合理的，因为它说明最大根比最小根还小一个 $\hbar$，所以将它舍掉，故得

$$b_{\max} = -b_{\min} \tag{4.4 - 33}$$

此外，由(4.4 - 22) 式知道，$b_{\max}$ 和 $b_{\min}$ 之间相差 $\hbar$ 的整数倍，即

$$b_{\max} - b_{\min} = n\hbar \quad n = 0,1,2,\cdots \tag{4.4 - 34}$$

将(4.4 - 33) 式代入上式得 $2b_{\max} = n\hbar$，则

$$b_{\max} = \frac{1}{2}n\hbar \tag{4.4 - 35}$$

或　$b_{\max} = j\hbar$　(4.4 - 36)

$$j = \frac{1}{2}n \quad n = 0,1,2,3,\cdots$$

$$j = 0, \frac{1}{2}, 1, \frac{3}{2}, \cdots$$

将(4.4 - 36)式代入(4.4 - 33)式得

$$b_{\min} = -j\hbar \qquad (4.4-37)$$

所以由(4.4 - 36)和(4.4 - 37)式可知

$$b = -j\hbar, (-j+1)\hbar, (-j+2)\hbar, \cdots, (j-2)\hbar, (j-1)\hbar, j\hbar$$

由(4.4 - 30)或(4.4 - 31)式可以求出

$$c = j(j+1)\hbar^2, \ j = 0, \frac{1}{2}, 1, \frac{3}{2}, \cdots \qquad (4.4-38)$$

以上的讨论只用到了角动量算符的定义和对易关系，就得到了 $\hat{M}^2$ 和 $\hat{M}_z$ 的本征值谱。这是一个一般的讨论，这里的角动量既包括轨道角动量，也包括后面要讲的自旋角动量，还包括它俩耦合起来或者几个粒子的轨道角动量（或自旋角动量）耦合起来的总角动量。

现在得到的结果和以前讨论轨道角动量的情况加以比较就可以看出，角量子数（$l = 0, 1, 2, \cdots$）除可以是整数外，现在也允许有半整数（$j = 0, \frac{1}{2}, 1, \frac{3}{2}, \cdots$），说明还有另一类角动量，这就是后面要讲的自旋角动量。

§4.5 电 子 自 旋

为了解释原子光谱的精细结构，1925 年 Uhlenbeck（乌伦贝克）和 Goudsmit（歌德斯密特）提出电子除有轨道角动量外，还有一种自旋角动量，或更简单地叫自旋。但是，电子自旋不是一个经典效应，那么，怎样用量子力学理论来描述电子自旋呢？这就是现在要讨论的问题。

一、自旋算符及其对易关系

我们已经知道，在量子力学中每一物理性质都有其对应的线性厄米算符。像轨道角动量这种性质，我们能够从它的经典表达式中，按照算符化规则来构成其量子力学算符。但是，微观粒子内在的自旋角动量没有经典力学与其类似，所以我们不能使用这种方法来构成自旋的算符。

根据量子力学的一般原理，电子自旋也应该用线性厄米算符来表示。从我们的目的来看，对自旋算符简单的用符号来表示，不给出它们的解析形式。

类似于轨道角动量算符 $\hat{L}^2,\hat{L}_x,\hat{L}_y,\hat{L}_z$，我们有自旋角动量算符 $\hat{S}^2,\hat{S}_x,\hat{S}_y,\hat{S}_z$。

$\hat{S}^2$ 是粒子总自旋角动量的平方算符，$\hat{S}_z$ 是粒子的自旋角动量沿 z 轴分量的算符。它们之间的关系也与轨道角动量类似，有

$$\hat{S}^2=\hat{S}_x^2+\hat{S}_y^2+\hat{S}_z^2 \tag{4.5-1}$$

假定自旋角动量所服从的对易关系与轨道角动量的相同，则有

$$\begin{cases}[\hat{S}_x,\hat{S}_y]=i\hbar\hat{S}_z\\ [\hat{S}_y,\hat{S}_z]=i\hbar\hat{S}_x\\ [\hat{S}_z,\hat{S}_x]=i\hbar\hat{S}_y\end{cases} \tag{4.5-2}$$

说明自旋角动量的分量算符之间是不对易的。

同样，还有

$$[\hat{S}^2,\hat{S}_x]=[\hat{S}^2,\hat{S}_y]=[\hat{S}^2,\hat{S}_z]=0 \tag{4.5-3}$$

说明自旋角动量的平方算符 $\hat{S}^2$ 和分量算符之间是互相对易的。

二、自旋算符 $\hat{S}^2$ 和 $\hat{S}_z$ 的本征值

由于自旋角动量算符及其相互间的对易关系和轨道角动量算符都有同样的形式，因此仿照对轨道角动量的处理方法，我们可以得到与轨道角动量有类似的结果。由于 $\hat{L}^2$ 的本征值是 $l(l+1)\hbar^2,l=0,1,2,\cdots$ $\hat{L}_z$ 的本征值是 $m\hbar,m=-l,\cdots,0,\cdots,+l$，共 $2l+1$ 个值。类似地有

$\hat{S}^2$ 的本征值是 $s(s+1)\hbar^2,s=0,\frac{1}{2},1,\frac{3}{2},\cdots$

$\hat{S}_z$ 的本征值是 $m_s\hbar,m_s=-s,-s+1,\cdots,s-1,+s$

共 $2s+1$ 个值。

我们知道，在 Stern（施登）和 Gerlach（盖拉赫）的实验中，所用的射线是处于 s 态的氢原子，故原子本身的轨道角动量为零（电子云球形对称），因而轨道磁矩也为零，但实验中确实有磁矩存在，所以这个磁矩应是电子本身所固有的，是自旋磁矩，是由于电子的自旋所引起的。而且算得了自旋磁矩对空间任意方向有两种取向，因而它在任意方向的投影有两个数值。由于磁矩和角动量成正比，因此自旋角动量在 z 轴（磁场方向）的分量也只有两个可能值，即 m_s 只可能有 2 个值，因此 $2s+1=2, s=\frac{1}{2}$，进而推得 $m_s=\pm\frac{1}{2}$，因此得到 $\hat{S}^2$ 的本征值为

$$\frac{1}{2}\left(\frac{1}{2}+1\right)\hbar^2=\frac{3}{4}\hbar^2 \tag{4.5-4}$$

$$\hat{S}_z \text{ 的本征值为 } \pm\frac{1}{2}\hbar \tag{4.5-5}$$

三、$\hat{S}^2$ 和 $\hat{S}_z$ 的本征函数

与 $s=\frac{1}{2}$ 相对应，$\hat{S}_z$ 可能有两个本征值：$+\frac{1}{2}\hbar$ 和 $-\frac{1}{2}\hbar$，与 $\hat{S}_z$ 的这两个本征值相对应的电子自旋波函数用 α 和 β 表示，则有

$$\hat{S}_z\alpha=+\frac{1}{2}\hbar\alpha \text{ 和 } \hat{S}_z\beta=-\frac{1}{2}\hbar\beta \tag{4.5-6}$$

由于 $\hat{S}_z$ 和 $\hat{S}^2$ 是可对易的，因此有共同的本征函数系。当然就可以取 $\hat{S}_z$ 的本征函数作为 $\hat{S}^2$ 的本征函数，即

$$\hat{S}^2\alpha=\frac{3}{4}\hbar^2\alpha \text{ 和 } \hat{S}^2\beta=\frac{3}{4}\hbar^2\beta \tag{4.5-7}$$

由于 $\hat{S}_z$ 和 $\hat{S}_x$，$\hat{S}_y$ 不对易，所以 α，β 不是算符 $\hat{S}_x$ 和 $\hat{S}_y$ 的本征函数。我们通常所说的“自旋向上”和“自旋向下”是指 $m_s=+\frac{1}{2}$ 和 $m_s=-\frac{1}{2}$。可参看图 4.5-1。

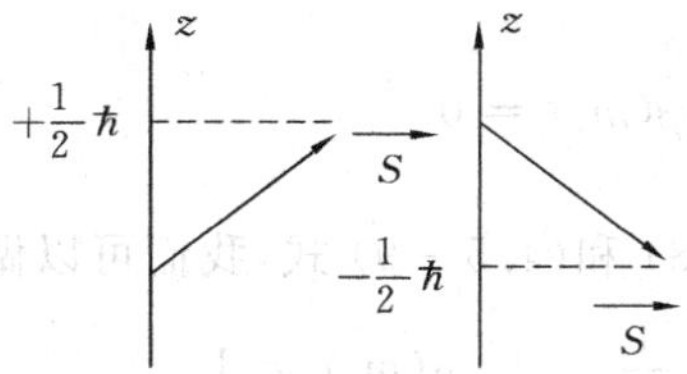

图 4.5 - 1　电子自旋向量相对 z 轴的两种可能取向

现在讨论电子自旋波函数的正交归一化性质。以前，我们处理的波函数是粒子空间坐标的函数，即 $\psi = \psi(x \cdot y \cdot z)$。那么描写自旋函数 α 和 β 的变量是什么呢？有时我们说是自旋坐标 ω，但不具体规定这个坐标是什么。在大多数情况下，我们取自旋量子数 m_s 作为自旋函数 α 和 β 所依赖的变量。这种安排不同于空间波函数，因为我们只可能有两种电子自旋本征函数和本征值，所以这种选择是方便的，则有 $\alpha = \alpha(m_s)$ 和 $\beta = \beta(m_s)$，这些波函数要求是归一化的。我们知道，单粒子波函数的三个变量是连续地从 $-\infty$ 变到 $+\infty$，所以归一化意味着

$$\int_{-\infty}^{+\infty}\int_{-\infty}^{+\infty}\int_{-\infty}^{+\infty} |\psi(xyz)|^2 dxdydz = 1$$

而电子自旋本征函数的变量 m_s 只能取两个分立的值：$+\frac{1}{2}$ 和 $-\frac{1}{2}$。所以表示单粒子自旋本征函数的归一化意味着

$$\left.\begin{aligned} \sum_{m_s=-\frac{1}{2}}^{\frac{1}{2}} |\alpha(m_s)|^2 = 1 \\ \sum_{m_s=-\frac{1}{2}}^{\frac{1}{2}} |\beta(m_s)|^2 = 1 \end{aligned}\right\} \tag{4.5 - 8}$$

由于本征函数 α 和 β 对应于厄米算符 $\hat{S}_z$ 的不同本征值（$+\frac{1}{2}\hbar$ 和 $-\frac{1}{2}\hbar$），所以它们是正交的，即

$$\sum_{m_s=-\frac{1}{2}}^{\frac{1}{2}} \alpha^*(m_s)\beta(m_s) = 0 \tag{4.5-9}$$

为了满足(4.5 - 8)和(4.5 - 9)式,我们可以做如下处理:

当 $m_s = +\frac{1}{2}$ $\alpha(m_s) = 1$

当 $m_s = -\frac{1}{2}$ $\alpha(m_s) = 0$

和 $\beta\left(+\frac{1}{2}\right) = 0$ $\beta\left(-\frac{1}{2}\right) = 1$

也可写成

$$\alpha(m_s) = \delta_{m_s,+\frac{1}{2}} \text{ 和 } \beta(m_s) = \delta_{m_s,-\frac{1}{2}} \tag{4.5-10}$$

当我们考虑包括空间变量和自旋变量的一个电子的完全波函数时,将用下式进行归一化。

$$\sum_{m_s=-\frac{1}{2}}^{\frac{1}{2}} \int_{-\infty}^{+\infty}\int_{-\infty}^{+\infty}\int_{-\infty}^{+\infty} |\psi(x,y,z,m)|^2 dxdydz = 1 \tag{4.5-11}$$

或者写成$\int |\psi(x,y,z,m_s)|^2 d\tau$,该式与上式一样,也代表着对自旋变量进行加合,对空间变量进行积分。

§4.6 电子自旋的阶梯算符

自旋角动量算符服从一般角动量的对易关系,因此使用自旋角动量的阶梯算符是很有用的。

仿照以前的讨论,定义自旋角动量的升算符和降算符是

$$\hat{S}_+ = \hat{S}_x + \mathrm{i}\hat{S}_y \tag{4.6-1}$$

$$\hat{S}_- = \hat{S}_x - \mathrm{i}\hat{S}_y \tag{4.6-2}$$

则与(4.4 - 5)和(4.4 - 6)式相似的会有

$$\hat{S}_+\hat{S}_- = \hat{S}^2 - \hat{S}_z^2 + \hbar\hat{S}_z \tag{4.6-3}$$

$$\hat{S}_- \hat{S}_+ = \hat{S}^2 - \hat{S}_z^2 - \hbar\hat{S}_z \tag{4.6 - 4}$$

自旋函数 α 和 β 是 $\hat{S}_z$ 的分别属于本征值为 $+\frac{1}{2}\hbar$ 和 $-\frac{1}{2}\hbar$ 的本征函数。由于 $\hat{S}_+$ 是升算符，它作用到 β 上将使本征值由 $-\frac{1}{2}\hbar$ 升到 $+\frac{1}{2}\hbar$，即函数 $(\hat{S}_+\beta)$ 是 $\hat{S}_z$ 的属于本征值为 $+\frac{1}{2}\hbar$ 的本征函数。而具有本征值为 $+\frac{1}{2}\hbar$ 的最一般的本征函数将是 $c\alpha$，c 是待定常数，所以有

$$\hat{S}_+ \beta = c\alpha \tag{4.6 - 5}$$

为了确定 c，可以利用(4.5 - 5)式，得

$$1 = \sum_{m_s} \alpha^*(m_s)\alpha(m_s) = \sum \left(\frac{\hat{S}_+\beta}{c}\right)^* \left(\frac{\hat{S}_+\beta}{c}\right)$$

$$\begin{aligned} |c|^2 &= \sum (\hat{S}_+\beta)^* (\hat{S}_+\beta) \\ &= \sum (\hat{S}_+\beta)^* (\hat{S}_x + \mathrm{i}\hat{S}_y)\beta \\ &= \sum (\hat{S}_+\beta)^* \hat{S}_x\beta + \mathrm{i}\sum (\hat{S}_+\beta)^* \hat{S}_y\beta \end{aligned} \tag{4.6 - 6}$$

现在我们利用 $\hat{S}_x$ 和 $\hat{S}_y$ 的 Hermite(厄米)对称性。一个算符 $\hat{A}$ 作用到连续变量 x 的函数上时，其 Hermite 对称性表现为

$$\int f^*(x)\hat{A}g(x)dx = \int g(x)[\hat{A}f(x)]^* dx$$

对于像 $\hat{S}_x$ 这一类算符，它作用到取分立值变量 m_s 的函数上时，其 Hermite 对称性表现为

$$\sum_{m_s} f^*(m_s)\hat{S}_x g(m_s) = \sum_{m_s} g(m_s)[\hat{S}_x f(m_s)]^* \tag{4.6 - 7}$$

令　$f = \hat{S}_+\beta$ 和 $g = \beta$，则(4.6 - 6)式可写成

$$c^*c = \sum \beta[\hat{S}_x\hat{S}_+\beta]^* + \mathrm{i}\sum \beta[\hat{S}_y\hat{S}_+\beta]^*$$

取该式的复共轭，得

$$cc^* = \sum \beta\hat{S}_x\hat{S}_+\beta - \mathrm{i}\sum \beta^* \hat{S}_y\hat{S}_+\beta$$

$$
\begin{aligned}
|c|^2 &= \sum \beta^* (\hat{S}_x - \mathrm{i}\hat{S}_y) \hat{S}_+ \beta \\
&= \sum \beta^* \hat{S}_- \hat{S}_+ \beta \\
&= \sum \beta^* (\hat{S}^2 - \hat{S}_z^2 - \hbar \hat{S}_z) \beta \\
&= \sum \beta^* \left(\frac{3}{4}\hbar^2 - \frac{\hbar^2}{4} + \frac{1}{2}\hbar^2 \right) \beta \\
&= \hbar^2 \sum \beta^* \beta = \hbar^2
\end{aligned}
$$

故 $|c| = \hbar$。选取 c 的位相为零，则 $c = \hbar$，则(4.6 - 5) 式变成

$$\hat{S}_+ \beta = \hbar\alpha \tag{4.6 - 8}$$

通过类似的计算，同样可证

$$\hat{S}_- \alpha = \hbar\beta \tag{4.6 - 9}$$

因为 α 是 m_s 最大可能值对应的本征函数，故升算符 $\hat{S}_+$ 作用上去后，定有

$$\hat{S}_+ \alpha = 0 \tag{4.6 - 10}$$

同理有 $\hat{S}_- \beta = 0$ (4.6 - 11)

由以上四个方程可以得到

$$(\hat{S}_+ + \hat{S}_-)\beta = \hbar\alpha \tag{4.6 - 12}$$

$$(\hat{S}_+ - \hat{S}_-)\beta = \hbar\alpha \tag{4.6 - 13}$$

和 $(\hat{S}_- + \hat{S}_+)\alpha = \hbar\beta$，$(\hat{S}_- - \hat{S}_+)\alpha = \hbar\beta$。

把(4.6 - 1) 和(4.6 - 2) 式代入(4.6 - 12) 和(4.6 - 13) 式，得

$$
\left.
\begin{aligned}
\hat{S}_x \beta &= \frac{1}{2}\hbar\alpha \\
\hat{S}_y \beta &= -\frac{1}{2}\mathrm{i}\hbar\alpha
\end{aligned}
\right\} \tag{4.6 - 14}
$$

同样可求得

$$\hat{S}_x \alpha = \frac{1}{2}\hbar\beta \text{ 和 } \hat{S}_y \alpha = -\frac{1}{2}\mathrm{i}\hbar\beta \tag{4.6 - 15}$$

§4.7　Pauli 原理

假设有一个包括许多全同粒子的体系，在经典力学中粒子的全同性不会导致什么特殊的结果。例如，考察一个球台上有几个全同的台球滚动，我们对任一个别台球的运动可以进行准确的跟踪，比如对这个体系采用拍照的办法。这时我们可以说，第一个球是沿某一途径运动，第二个球是沿另一个确定的途径运动着等等，这些途径都是由牛顿运动定律决定的。因此，虽然球是全同的，但是根据它们各自的运动途径，我们能把它们认出来，球的全同性对它们的运动没有特殊的影响。

但是，在量子力学中，测不准原理告诉我们，不能找出微观粒子的严格途径。如果一个体系中微观粒子的质量、电荷或自旋全不相同，我们就能利用这些性质来区分这些粒子。但是，如果一个体系是由全同粒子组成的，那么在经典力学中用来区分它们的方法，即规定它们的途径的方法，在量子力学中由于测不准原理而使之失效了。所以，一个有相互作用的全同粒子体系的波函数一定不会区分它们的。

可见，对一个全同粒子体系来说，经典力学仍然可以根据粒子的运动途径而加以区分，但量子力学对全同粒子，确是不可区分的。

现在我们讨论由于量子力学对全同粒子不可区分性的要求而产生的对波函数所加的限制条件。

考虑一个由 n 个全同微观粒子组成的体系，波函数是所有粒子的空间坐标和自旋坐标的函数，粒子的这些变量是 x_1，y_1，z_1，m_s。我们用 q 代表这四个变量，则 n 个全同粒子体系的波函数为$\psi=\psi(q_1,q_2,\cdots,q_n)$，定义 $\hat{P}_{12}$ 为置换算符(或交换算符)，它使粒子1和2的全部坐标进行交换

$$\hat{P}_{12}f(q_1,q_2,q_3,\cdots,q_n)=f(q_2,q_1,q_3,\cdots,q_n)$$

比如，$\hat{P}_{12}$ 作用在这样的函数上：电子 1 处于 1s 轨道上，而且自旋向上，电子 2 处在 3s 轨道上，而且自旋向下，则结果是

$$\hat{P}_{12}[1s(1)\alpha(1)3s(2)\beta(2)]=1s(2)\alpha(2)3s(1)\beta(1)$$

置换算符 $\hat{P}_{12}$ 的本征值是什么？使用 $\hat{P}_{12}$ 两次后，净效果应为没有，即

$$\hat{P}_{12}\hat{P}_{12}f(q_1,q_2,q_3,\cdots,q_n)=\hat{P}_{12}f(q_2,q_1,\cdots,q_n)$$
$$=f(q_1,q_2,\cdots,q_n)$$

可见，$\hat{P}_{12}^2=\hat{1}$，即 $\hat{P}_{12}^2$ 是单位算符。

现在求 $\hat{P}_{12}$ 的本征值。设 g_i 是 $\hat{P}_{12}$ 属于本征值为 c_i 的本征函数，则有 $\hat{P}_{12}g_i=c_ig_i$，再用 $\hat{P}_{12}$ 作用上式，得

$$\hat{P}_{12}\hat{P}_{12}g_i=c_i\hat{P}_{12}g_i \qquad \hat{P}_{12}^2g_i=c_i^2g_i$$

$$\because\ \hat{P}_{12}^2=\hat{1} \qquad \therefore\ g_i=c_i^2g_i \tag{4.7 - 1}$$

g_i 函数不能在各点都是零(零永远不能作为本征函数，因为是没有物理意义的)，从而(4.7 - 1)式两边同除以 g_i，得

$$c_i^2=1 \quad c_i=\pm 1 \tag{4.7 - 2}$$

至此，我们得到了置换算符 $\hat{P}_{12}$ 的本征值为 $+1$ 或 -1。这个推导方法，适用于任何一个算符的平方等于单位算符的算符。因此可得一个普通的结论：一算符其平方是单位算符，则它的本征值就是 $+1$ 或 -1。

设 h 是算符 $\hat{P}_{12}$ 属于本征值 $+1$ 的本征函数，则有

$$\hat{P}_{12}h(q_1,q_2,\cdots,q_n)=h(q_1,q_2,\cdots,q_n)$$

$$h(q_2,q_1,\cdots,q_n)=h(q_1,q_2,\cdots,q_n)$$

我们称 h 对交换粒子 1 与 2 的坐标来说是对称的。

当本征值为 -1 时，则有

$$\hat{P}_{12}h(q_1,q_2,\cdots,q_n)=-h(q_1,q_2,\cdots,q_n)$$

$$h(q_2,q_1,\cdots,q_n)=-h(q_1,q_2,\cdots,q_n)$$

如果该式成立，就称 h 对交换粒子 1 与 2 的坐标来说是反对称的。

随便一个函数不一定对交换 1 和 2 是对称的或反对称的，但是，我们可以把一个任意函数 $f_1(q_1,q_2,\cdots,q_n)$ 写成是对称的和反对称的函数之和的形式，即

$$f_1(q_1, q_2, \cdots, q_n)$$
$$= \frac{1}{2}[f(q_1,q_2,\cdots,q_n) + f(q_2,q_1,\cdots,q_n)] +$$
$$\frac{1}{2}[f(q_1,q_2,\cdots,q_n) - f(q_2,q_1,\cdots,q_n)]$$

这个方程表明 $\hat{P}_{12}$ 的本征函数构成一个完整系。

算符 $\hat{P}_{ij}$ 的定义为

$$\hat{P}_{ij}f(q_1,q_2,\cdots,q_i,\cdots,q_j,\cdots,q_n) = f(q_1,q_2,\cdots,q_j,\cdots,q_i,\cdots,q_n)$$

$\hat{P}_{ij}$ 的本征值与 $\hat{P}_{12}$ 的一样是 $+1$ 和 -1。

现在我们来考虑全同微观粒子体系的波函数，由于粒子是不可区分的，因此对这些粒子进行标记的方法不会影响体系的态，也就是说，下面的两个波函数 $\psi(q_1,\cdots,q_i,\cdots,q_j,\cdots,q_n)$ 和 $\psi(q_1,\cdots,q_j,\cdots,q_i,\cdots,q_n)$ 必须是对应着体系的相同态。与同一态对应的两个波函数最多相差一个常数因子，因此

$$\psi(q_1,\cdots,q_j,\cdots,q_i,\cdots,q_n) = c\psi(q_1,\cdots,q_i,\cdots,q_j,\cdots,q_n)$$
$$P_{ij}(q_1,\cdots,q_i,\cdots,q_j,\cdots,q_n) = c\psi(q_1,\cdots,q_i,\cdots,q_j,\cdots,q_n) \quad (4.7-3)$$

方程(4.7－3)说明 ψ 是 $\hat{P}_{ij}$ 的本征函数。但是，我们知道 $\hat{P}_{ij}$ 的本征值是 $+1$ 和 -1(即 $c=\pm 1$)，由此得出结论：一个包括 n 个全同粒子体系的波函数，对于交换任意两个粒子来说，都必须是对称的或者是反对称的。

而全同粒子体系的波函数 ψ 的对称性还具有下列性质：ψ 对于所有粒子对的坐标或者都是对称的，或者都是反对称的，而不可能对于一部分粒子对的坐标是对称的，对另一部分粒子对的坐标是反对称的。另外，ψ 的对称性不随时间而改变，即如果在某一时刻 ψ 是对称的(或反对称的)，则任何时刻 ψ 都是对称的(或反对称的)。

这样全同粒子体系的波函数就被整齐地分成了两类：一类是对称的，用 ψ_S 表示；一类是反对称的，用 ψ_A 表示。而且这种划分还具有某种“绝对”的意义，这是因为描写全同粒子体系的波函数只能是对称的或反对称的，而且波函数的这种对称性在运动过程中不会改变，也就是和外界条件无关，只能由构成这个体系的粒子的本性来决定。

那么,究竟什么样的全同粒子体系来用对称波函数描述,什么样的全同粒子体系来用反对称波函数描述呢?实验表明这和自旋有关。凡是自旋量子数 s 为整数(包括零)的粒子组成的全同粒子体系,应该用对称波函数来描述,这样的粒子叫玻色子。例如,光子的 $s=1$,π 介子和 k 介子的 $s=0$,这些基本粒子都属于玻色子。凡是自旋量子数 s 为半整数 $\left(\frac{1}{2},\frac{3}{2},\cdots\right)$ 的粒子组成的全同粒子体系都应当用反对称波函数来描述,这样的粒子叫费米子。例如,电子、质子、中子、μ 介子、中微子等的 s 都等于 $\frac{1}{2}$,这些基本粒子都属于费米子。

多电子原子、分子在不考虑原子核的运动时,是由电子组成的费米子体系,是量子化学的主要研究对象,因此有必要对费米子体系的定态波函数作比较深入地讨论。

为简便起见,先讨论由两个费米子组成的全同粒子体系,其 Hamilton 算符为

$$\hat{H}=\hat{H}(q_1)+\hat{H}(q_2)+W(q_1,q_2) \tag{4.7-4}$$

其中 $\begin{cases}\hat{H}(q_1)=-\dfrac{\hbar^2}{2m}\nabla_1^2+V(q_1)\\ \hat{H}(q_2)=-\dfrac{\hbar^2}{2m}\nabla_2^2+V(q_2)\end{cases}$ 是粒子 1 和 2 的 Hamilton 算符,两者形式相同,可以统称为单粒子的 Hamilton 算符 $\hat{H}$。

$$\hat{H}=-\frac{\hbar^2}{2m}\nabla^2+V(q) \tag{4.7-5}$$

而 $W(q_1q_2)$ 是两个粒子间的相互作用位能。

整个体系的定态 Schrödinger 方程为

$$\hat{H}\psi(q_1q_2)=E\psi(q_1q_2) \tag{4.7-6}$$

$W(q_1q_2)$ 的具体形式为 $W(q_1q_2)=\frac{e^2}{r_{12}}$,它使得方程不能严格求解。所以我们只讨论不考虑粒子间相互作用时费米子体系的定态波函数的形式和性质。这时,体系的 Hamilton 算符 $\hat{H}$ 就简单地等于两个单粒子的

Hamilton 算符之和，即 $\hat{H}=\hat{H}(q_1)+\hat{H}(q_2)=\hat{H}_0$。于是，(4.7 - 6) 式变为

$$[\hat{H}(q_1)+\hat{H}(q_2)]\psi(q_1q_2)=E\psi(q_1q_2) \tag{4.7 - 7}$$

该方程显然可用分离变量法求解，令 $\psi(q_1q_2)=\varphi(q_1)\varphi(q_2)$，代入(4.7 - 7) 式且两边除以 $\varphi(q_1)\varphi(q_2)$，得

$$\frac{1}{\varphi(q_1)}\hat{H}(q_1)\varphi(q_1)+\frac{1}{\varphi(q_2)}\hat{H}(q_2)\varphi(q_2)=E \tag{4.7 - 8}$$

让 $E=\varepsilon'+\varepsilon''$，则有 $\begin{cases}\hat{H}(q_1)\varphi(q_1)=\varepsilon'\varphi(q_1)\\ \hat{H}(q_2)\varphi(q_2)=\varepsilon''\varphi(q_2)\end{cases}$，这两个方程的形式完全一样，可统一写成

$$\hat{H}(q)\varphi(q)=\varepsilon\varphi(q) \tag{4.7 - 9}$$

这就是单粒子能量算符的本征方程。

以 ε_n 和 φ_n 表示 $\hat{H}(q)$ 的第 n 个本征值和相应的本征函数。

设 $\varepsilon'=\varepsilon_{n_1}$ 和 $\varepsilon''=\varepsilon_{n_2}$，则 $E=\varepsilon_{n_1}+\varepsilon_{n_2}$，$\psi=\varphi_{n_1}(q_1)\varphi_{n_2}(q_2)$，就是本征方程(4.7 - 7) 的解。

但同时也可以设 $\varepsilon'=\varepsilon_{n_2}$ 和 $\varepsilon''=\varepsilon_{n_1}$，则 $E=\varepsilon_{n_2}+\varepsilon_{n_1}$，$\psi'=\varphi_{n_2}(q_1)\varphi_{n_1}(q_2)$ 也是本征方程(4.7 - 7) 的解。

对应于一个本征值 E，有两个线性独立的本征函数 ψ 和 ψ'。但 ψ 和 ψ' 都不满足反对称条件，而我们要求的 $\psi(q_1q_2)$ 除了必须满足 $\hat{H}_0$ 的本征方程外，还必须是反对称的，即必须满足限制条件：$\hat{P}_{12}\psi(q_1q_2)=-\psi(q_1q_2)$。为此我们作 ψ 和 ψ' 的线性组合 $c_1\psi+c_2\psi'$，它还是 $\hat{H}_0$ 的本征函数，同时又必须满足

$$\hat{P}_{12}[c_1\varphi_{n_1}(q_1)\varphi_{n_2}(q_2)+c_2\varphi_{n_2}(q_1)\varphi_{n_1}(q_2)]$$
$$=-[c_1\varphi_{n_1}(q_1)\varphi_{n_2}(q_2)+c_2\varphi_{n_2}(q_1)\varphi_{n_1}(q_2)] \quad 而$$
$$\hat{P}_{12}[c_1\varphi_{n_1}(q_1)\varphi_{n_2}(q_2)+c_2\varphi_{n_2}(q_1)\varphi_{n_1}(q_2)]$$
$$=[c_1\varphi_{n_1}(q_2)\varphi_{n_2}(q_1)+c_2\varphi_{n_2}(q_1)\varphi_{n_1}(q_1)]$$

将上述两式进行对比，可以得到 $c_1=-c_2=c$，这样算符 $\hat{H}_0$ 属于本征值 $E=$

$\varepsilon_{n_1}+\varepsilon_{n_2}$ 的并且是反对称的本征函数就只有一个了，即

$$\psi_A(q_1q_2)=c[c_1\varphi_{n_1}(q_1)\varphi_{n_2}(q_2)-\varphi_{n_2}(q_1)\varphi_{n_1}(q_2)] \tag{4.7 - 10}$$

其中常数 c 可以由 ψ_A 的归一化条件来定。

$$\int\psi_A^*(q_1q_2)\psi_A(q_1q_2)dq_1dq_2=1 \tag{4.7 - 11}$$

可得 $2c^2=1, c=\dfrac{1}{\sqrt{2}}$，故

$$\psi_A(q_1q_2)=\frac{1}{\sqrt{2}}[\varphi_{n_1}(q_1)\varphi_{n_2}(q_2)-\varphi_{n_2}(q_1)\varphi_{n_1}(q_2)]$$

$$=\frac{1}{\sqrt{2}}\begin{vmatrix}\varphi_{n_1}(q_1) & \varphi_{n_1}(q_2)\\ \varphi_{n_2}(q_1) & \varphi_{n_2}(q_2)\end{vmatrix} \tag{4.7 - 12}$$

对于由 N 个费米子组成的全同粒子体系，上述结果不难推广。当不考虑粒子间的相互作用时，体系的能量等于 N 个单粒子能量之和，即

$$E=\varepsilon_{n_1}+\varepsilon_{n_2}+\cdots+\varepsilon_{n_N}=\sum_{i=0}^{N}\varepsilon_{n_i} \tag{4.7 - 13}$$

相应的定态波函数为

$$\psi_A(q_1q_2\cdots q_N)=\frac{1}{\sqrt{N!}}\begin{vmatrix}\varphi_{n_1}(q_1)\varphi_{n_1}(q_2)\cdots\varphi_{n_1}(q_N)\\ \varphi_{n_2}(q_1)\varphi_{n_2}(q_2)\cdots\varphi_{n_2}(q_N)\\ \cdots\cdots\\ \varphi_{n_N}(q_1)\varphi_{n_N}(q_2)\cdots\varphi_{n_N}(q_N)\end{vmatrix} \tag{4.7 - 14}$$

这称为 Slater(斯莱特) 行列式。这种波函数的反对称性是很明显的，因为任意两个粒子坐标的交换，相当于行列式中相应两列元素的互换，根据行列式的性质，这种交换将使行列式改变符号。

如果把(4.7 - 14) 式展开，应该包括 $N!$项，每一项都是 N 个单电子波函数 φ 相乘，如 $\varphi_{n_1}(q_1)\varphi_{n_2}(q_2)\cdots\varphi_{n_N}(q_N)$，其他的项相当于在 $\varphi_{n_1}(\ )\varphi_{n_2}(\ )\cdots\varphi_{n_N}(\ )$ 的( ) 中填入不同的 $q_1,q_2,\cdots,q_N$。这就相当于对 $q_1,q_2,\cdots,q_N$ 作一个全排列，根据全排列公式，应有 $N!$项。由于有 $N!$项，所以 $\psi_A(q_1q_2\cdots q_N)$ 的归一化系数为$\dfrac{1}{\sqrt{N!}}$。

也可以用下式来表示 Slater 行列式展开式中的一般项，即

$(-1)^p p\varphi_{n_1}(q_1)\varphi_{n_2}(q_2)\cdots\varphi_{n_N}(q_N)$

其中 p 代表对坐标 q_k 的某一种置换，置换一次出来一个负号(反对称性)，故前面要乘 $(-1)^p$。因此，(4.7 - 14) 式也可等价地写成

$$\psi_A = \frac{1}{\sqrt{N!}}\sum_p (-1)^p \hat{P}\ \varphi_{n_1}(q_1)\varphi_{n_2}(q_2)\cdots\varphi_{n_N}(q_N) \tag{4.7 - 15}$$

ψ_A 的表达式还表明，我们不能说体系中哪一个个别粒子处于哪一个单粒子态上，只能说整个粒子体系的状态是 ψ_A，ψ_A 被单粒子量子数的集合 $(n_1, n_2, \cdots, n_n)$ 所标志。

特别要注意的是这个集合中 N 个量子数必须互不相等，若有两个或两个以上相等，则相应的 Slater 行列式中将有两行或两行以上相同，这时行列式为零，即 $\psi_A = 0$，这就是说这种状态是不存在的。这个结果可表述为：全同费米子体系中，单粒子量子数中有两个或两个以上是相同的状态是不能实现的。这就是 Pauli 不相容原理。

现在讨论对于单粒子能级存在退化的情况。作为例子，我们讨论多电子原子，它可以看成是由 Z(原子序数) 个电子构成的费米子体系。单电子的能量算符为 $\hat{H} = -\frac{\hbar^2}{2m_e}\nabla^2 + V(r)$，单电子能级和相应的波函数为 ε_{nl} 和 $\varphi_{nlm_lm_s}$。其中 $m_l = 0, \pm 1, \pm 2, \cdots, \pm l$；$m_s = \pm\frac{1}{2}$。

能级 ε_{nl} 是退化的，退化度为 $f_{nl} = 2(2l+1)$。于是，只要把(4.7 - 13)式中的 $\varepsilon_{n_1}, \varepsilon_{n_2}, \cdots$ 改写成 $\varepsilon_{n_1l_1}, \varepsilon_{n_2l_2}, \cdots E$ 就是在不考虑电子间相互作用时原子的能量，由于这时 $N = z$，则

$$E = \sum_{i=1}^{z}\varepsilon_{n_il_i} \tag{4.7 - 16}$$

只要认为(4.7 - 14) 式中的单粒子量子数 n 代表 4 个量子数 n, l, m_l 和 m_s，那么 ψ_A 就是相应的原子定态波函数。

$$\psi_A(q_1q_2\cdots q_N) = \frac{1}{\sqrt{N!}}\begin{vmatrix} \varphi_{n_1l_1m_{l_1}m_{s_1}}(q_1)\varphi_{n_1l_1m_{l_1}m_{s_1}}(q_2)\cdots\varphi_{n_1l_1m_{l_1}m_{s_1}}(q_z) \\ \varphi_{n_2l_2m_{l_2}m_{s_2}}(q_1)\varphi_{n_2l_2m_{l_2}m_{s_2}}(q_2)\cdots\varphi_{n_2l_2m_{l_2}m_{s_2}}(q_z) \\ \cdots\cdots \\ \varphi_{n_zl_zm_{l_z}m_{s_z}}(q_1)\varphi_{n_zl_zm_{l_z}m_{s_z}}(q_2)\cdots\varphi_{n_zl_zm_{l_z}m_{s_z}}(q_z) \end{vmatrix} \tag{4.7 - 17}$$

其中各量子数组(nlm_lm_s)必须互相不完全相同。换句话说，在同一原子内，不能有两个或更多的电子具有同一组量子数，即在同一个单电子态 $\psi_{nlm_lm_s}$ 上最多只能有一个电子。例如，对全同费米子体系，反对称性的要求意味着

$$\psi(q_1,q_2,\cdots,q_n)=-\psi(q_2,q_1,\cdots,q_n) \qquad (4.7-18)$$

当电子 1 和 2 有相同坐标时，即 $x_1=x_2$，$y_1=y_2$，$z_1=z_2$，$m_{s_1}=m_{s_2}$ 或 $q_1=q_2$ 时，则有 $\psi(q_1,q_2,q_3,\cdots,q_n)=-\psi(q_1,q_2,q_3,\cdots,q_n)$，$2\psi=0$，则

$$\psi(q_1,q_2,q_3,\cdots,q_n)=0 \qquad (4.7-19)$$

这就是说，对具有相同自旋(即指 m_s 值相同)的两个电子，在三维空间同一点上发现它们的几率是零。由于 ψ 是连续函数，方程(4.7-19)意味着对自旋相同的两个电子，发现它们在空间中要彼此靠近的几率是很小的。因此 Pauli 原理迫使自旋相同的电子彼此分开。为了说明这一性质，往往说成为这种电子间的 Pauli 排斥作用。这里的“排斥作用”不是真实的物理力，而是反映一种事实，即电子波函数对交换坐标来说必须是反对称的。

第五章　多体问题和近似方法

多体问题的研究具有十分重要的意义，因为实际存在的原子、分子几乎都是多粒子体系，只有极少数几个例子，才可在一定的理想模型下化为单体问题。

这里所研究的多体和单体都属微客体，因此前面所讨论的有关微客体共性的基本理论，这里继续有效，并可直接推广。

由 $n(n \geqslant 2)$ 个粒子组成的体系具有 $4n$ 个自由度，描写这样一个体系的状态波函数是每个粒子的空间坐标、自旋坐标和时间的函数，即 $\psi = \psi(q_1, q_2, \cdots, q_n, t)$。波函数 ψ 的物理意义是 $|\psi|^2 = \psi^* \psi$ 代表在时刻 t，发现第一个粒子在 q_1，第二个粒子在 q_2，…，第 n 个粒子在 q_n 的几率密度。同时，ψ 应满足 Schrödinger 方程 $i\hbar \dfrac{\partial \psi}{\partial t} = \hat{H}\psi$，其中 $\hat{H}$ 是整个体系的 Hamilton，应为

$$\hat{H} = \sum_{k=1}^{n} \left\{ -\frac{\hbar^2}{2m_k}\nabla_k^2 + V_k(q_k, t) \right\} + \frac{1}{2}\sum_{k \neq j=1}^{n} W_{kj} q_k q_j$$

其中 $-\dfrac{\hbar^2}{2m_k}\nabla_k^2$ 和 V_k 分别是第 k 个粒子的动能算符和位能；W_{kj} 是第 k 个粒子和第 j 个粒子相互作用的位能（在单体问题中当然没有这一项），$\dfrac{1}{2}\sum\limits_{k \neq j=1}^{n} W_{kj}$ 是体系中每两个粒子间相互的作用位能之和，前面乘 $\dfrac{1}{2}$ 是为

了去掉重复项(因为$W_{kj}=W_{jk}$),显然该项也可等价地表示为$\sum_{j>k=1}^{n} W_{kj}$。这种直接推广的正确性已被实践所证明。其他量子力学基本原则对于多体问题也都适用,不再赘述,这反映了微观客体的共性。但是,多粒子体系还有自身所特有的属性,如等同性原理(或全同性原理),这就是下面要研究的。

§5.1 全同性原理

一、全同粒子和全同粒子体系

所谓全同粒子是指电荷、质量、自旋等一切固有属性都相同的粒子,如所有的电子,所有的质子等都是全同粒子。

由多个全同粒子所组成的体系,称为全同粒子体系。例如,原子序$Z\geqslant 2$的原子,当不考虑原子核的运动时,就是一个由Z个电子组成的全同粒子体系。

二、全同粒子体系 Hamilton 算符的特点

对于一个由n个全同粒子组成的体系,其 Hamilton 算符可用$\hat{H}(q_1, q_2, \cdots, q_n, t)$来表示,其具体形式为

$$\hat{H}=\sum_{k=1}^{n}\left\{-\frac{\hbar^2}{2m}\nabla_k^2+V(q_k,t)\right\}+\frac{1}{2}\sum_{k\neq j=1}^{n}W(q_k,q_j) \tag{5.1-1}$$

因为是全同粒子,所以所有粒子的质量m都是相同的,在外场中位能的函数形式也一样,每两个粒子间相作用的位能形式也一样,因而m_k,V_k和W_{kj}的下角标都可不写了。

现在考虑将$\hat{H}$中第k个粒子的坐标q_k与第j个粒子的坐标q_j互相调一下,这相当于在$\hat{H}$的表达式中将求和的次序改变一下,显然不会引起$\hat{H}$的改变,因为$-\frac{\hbar^2}{2m}\nabla_k^2-\frac{\hbar^2}{2m}\nabla_j^2=-\frac{\hbar^2}{2m}\nabla_j^2-\frac{\hbar^2}{2m}\nabla_k^2$,所以有

$$\hat{H}(q_1q_2\cdots q_k\cdots q_j\cdots q_n,t)=\hat{H}(q_1q_2\cdots q_j\cdots q_k\cdots q_n,t) \tag{5.1-2}$$

若为非全同粒子,则因为 $-\frac{\hbar^2}{2m_k}\nabla_k^2-\frac{\hbar^2}{2m_j}\nabla_j^2\neq-\frac{\hbar^2}{2m_k}\nabla_j^2-\frac{\hbar^2}{2m_j}\nabla_k^2$,所以在这时(5.1 - 2)式就不成立了。可见(5.1 - 2)式是全同粒子体系 Hamilton 算符的特征,故可得到结论:全同粒子体系的 Hamilton 算符对于任何一对粒子坐标的互换是不变的。

另外,当用算符 $\hat{P}_{jk}\hat{H}$ 作用在任意一个波函数 ψ 上时,并应用(5.1 - 2)式,则得

$$\begin{aligned}&\hat{P}_{jk}[\hat{H}(q_1q_2\cdots q_j\cdots q_k\cdots)\psi(\cdots q_j\cdots q_k\cdots)]\\&=\hat{H}(\cdots q_k\cdots q_j\cdots)\psi(\cdots q_k\cdots q_j\cdots)\\&=\hat{H}(\cdots q_j\cdots q_k\cdots)\hat{P}_{jk}\psi(\cdots q_j\cdots q_k\cdots)\end{aligned}$$

比较等式两边,并注意到 ψ 的任意性,可得

$$\hat{P}_{jk}\hat{H}=\hat{H}\hat{P}_{jk} \tag{5.1-3}$$

故得结论:交换算符和全同粒子体系的 Hamilton 算符是互相对易的。这其实是(5.1 - 2)式或上一个结论的另一种表述形式。

三、全同粒子体系波函数的特点

现在讨论粒子坐标的互换对于全同粒子体系的波函数的影响。

若 $\psi=\psi(q_1q_2\cdots q_j\cdots q_k\cdots q_n,t)$ 是描述给定物理条件下全同粒子体系的一个可以实现的状态,即 ψ 满足 Schrödinger 方程:$i\hbar\frac{\partial\psi}{\partial t}=\hat{H}\psi$。用 $\hat{P}_{jk}$ 作用于该方程的两边,并注意到 $\hat{P}_{jk}$ 和时间 t 无关,应用(5.1 - 3)式,可得

$$i\hbar\frac{\partial\psi}{\partial t}(\hat{P}_{jk}\psi)=\hat{P}_{jk}\hat{H}\psi=\hat{H}(\hat{P}_{jk}\psi) \tag{5.1-4}$$

可见 $\hat{P}_{jk}\psi$ 也满足 Schrödinger 方程。故得结论:如果波函数 $\psi(\cdots q_j\cdots q_k\cdots q_n,t)$ 描述给定物理条件下全同粒子体系的一个可能态,那么在波函数中将第 j 个和第 k 个粒子的坐标互换后所得到的新的波函数

$\psi = \hat{P}_{jk}\psi(q_1 q_2 \cdots q_k \cdots q_j \cdots q_n, t)$ 也描述在同样物理条件下全同粒子体系的一个可能态。

现在的问题是 $\psi' = \hat{P}_{jk}\psi$ 和 ψ 是否就是同一个状态？而 ψ' 和 ψ 的唯一差别是第 j 个粒子和第 k 个粒子的坐标发生了互换，所以也就是问：在全同粒子体系中将一对粒子互相交换后是否会引起体系状态的改变呢？

为解决这个问题，需要考虑区分两个全同粒子的可能性如何。由于全同粒子的一切固有属性都相同，所以固有性质当然无法区分两个全同粒子。于是就只能企图按照它们的运动状态来加以区分，从经典力学的观点来看，这在原则上是可能的。因为每个粒子都有自己特有的连续而准确的轨道，只要开始时记下两个粒子的位置，以后总可以通过追随它们各自的轨道来加以区分。但是从量子力学的观点来看，因为微观粒子具有波粒二象性，轨道的概念没有了，只有粒子的位置几率分布的概念，所以按照粒子在空间的位置是不可区分它们的。按照能量、动量等力学量的不同来区分两个全同粒子也同样无效，因为假定在开始时记下了两个粒子的能量和动量，后来由于粒子间的相互作用，其各自的能量或动量会发生改变，而且可以说这种改变是瞬息可变的。可见，按照个别粒子运动状态的不同来区分全同粒子的企图也是不能实现的。这就是说全同粒子具有等同性或不可分辨性，我们只能说整个全同粒子体系的状态而不能说体系中个别粒子的状态。

既然全同粒子具有不可分辨性，当然可以设想，任何两个粒子的交换将不会引起任何物理效应，也就是说不会引起全同粒子体系状态的改变。这一点已作为量子力学一个新的基本原理：全同粒子体系的状态在任意两个粒子互相交换时不改变。于是 $\hat{P}_{jk}\psi$ 和 ψ 所描述的实际上是全同粒子体系的同一个状态，从而它们之间只能相差一个常数因子。用 λ 来表示这个常数，则有

$$\hat{P}_{jk}\psi = \lambda\psi \quad (j \text{ 和 } k = 1, 2, \cdots, n) \tag{5.1 - 5}$$

上面的基本原理称为全同原理，而(5.1 - 5)式可看做是这个原理的数学表达式。另一方面，(5.1 - 5)式又正好可以作为交换算符 $\hat{P}_{jk}$ 的本征方

程，因此可以说：全同粒子体系的波函数，除了必须是 Schrödinger 方程的解以外，还必须是交换算符 $\hat{P}_{jk}$（对任何 j 和 k）的本征函数。

§5.2　定态微扰理论

对于简单体系的 Schrödinger 方程求解问题，我们都比较熟练了，如方盒中的粒子、刚性转子、谐振子和氢原子等。所谓"简单体系"就是指的一个粒子的问题，即单体问题。它们都可以通过严格求解相应的 Schrödinger 方程，得到波函数和能量。

但是，对于有两个以上的粒子所组成的体系的运动问题，即所谓的多体问题，是不能严格求解的。而实际上存在的原子、分子等又几乎都是多粒子体系，只有极少数几个例子，在一定的理想模型下才可化为单体问题。因此，对于多体问题的研究具有十分重要的实际意义。

微扰法就是求解多粒子体系 Schrödinger 方程的近似方法之一。这种方法的基本思想是把体系的哈密顿 $\hat{H}$ 分成两部分，即

$$\hat{H} = \hat{H}^0 + \hat{H}' \tag{5.2-1}$$

其中的一部分 $\hat{H}^0$ 必须是简单的，可以看成是简单化了的系统（或未受外界微扰的系统）的哈密顿量，这个系统可以严格的求解，即它的本征函数和本征值是已知的；而另一部分 $\hat{H}'$ 必须是小的，可将 $\hat{H}'$ 看做是加于 $\hat{H}^0$ 上的微扰。我们的目的是由未受微扰体系的本征值 $E_n^{(0)}$ 和本征函数 $\psi_n^{(0)}$ 来求受微扰作用后体系的状态 ψ_n 和能级 E_n，即

$$\hat{H}^0 \psi_n^{(0)} = E_n^{(0)} \psi_n^{(0)}$$

$$\hat{H}\psi_n = (\hat{H}^0 + \hat{H}')\psi_n = E_n\psi_n \tag{5.2-2}$$

例如，一维非谐振子的哈密顿算符是 $\hat{H} = \frac{-\hbar^2}{2m}\frac{d^2}{dx^2} + \frac{1}{2}kx^2 + cx^3 + dx^4$，一维谐振子的哈密顿算符是 $\hat{H}^0 = \frac{-\hbar^2}{2m}\frac{d^2}{dx^2} + \frac{1}{2}kx^2$。我们知道一维谐振

子的 Schrödinger 方程是可以严格求解的，相当于一个未受微扰的体系。如果常数 c 和 d 都比较小，那么假设非谐振子的本征值和本征函数与谐振子的本征值和本征函数有密切的关系就是很自然的了，这时非谐振子体系就可以看成是一个微扰体系。相当于这两个体系的算符之差 $\hat{H}' = \hat{H} - \hat{H}^0$。就相当于是加到谐振子上的一个微扰，具体来说就是 $\hat{H}' = cx^3 + dx^4$。

在微扰理论中有两种不同的方法，一种是体系的哈密顿算符不是时间的显函数，讨论的是定态问题；另一种是体系的哈密顿算符是时间的显函数，讨论的是体系状态之间的跃迁问题，这就是与时间有关的微扰理论，常被用来讨论光的发射和吸收等问题，我们在这里只讨论与时间无关的定态微扰理论。

一、非简并的微扰理论

1. 各级微扰的 Schrödinger 方程

我们可以想象微扰是一点点加到体系上去的，从未微扰到微扰是连续变过去的。在数学上，这相当于在哈密顿算符中引入一个参量 λ，表示微扰的程度，即 $\hat{H} = \hat{H}^0 + \lambda\hat{H}'$。

当 $\lambda = 0$ 时，就是未微扰体系。随着 λ 增大，微扰越来越大。可见，我们引进参数 λ，是为了在关联微扰的与未微扰的本征函数时比较方便，最后令 $\lambda = 1$，从而把它消掉。微扰态的 Schrödinger 方程是

$$(\hat{H}^0 + \lambda\hat{H}')\psi_n = E_n\psi_n \tag{5.2 - 3}$$

由于微扰态的哈密顿算符依赖于参量 λ，所以本征函数 ψ_n 和本征值 E_n 都要与 λ 有关，即 $\psi_n = \psi_n(\lambda, q)$，$E_n = E_n(\lambda)$，其中 q 代表体系的空间坐标。现在按 λ 的幂把 ψ_n 和 E_n 展成 Taylor 级数，即

$$\psi_n = \psi_n\bigg|_{\lambda=0} + \frac{\partial\psi_n}{\partial\lambda}\bigg|_{\lambda=0} \cdot \lambda + \frac{\partial^2\psi_n}{\partial\lambda^2}\bigg|_{\lambda=0} \cdot \frac{\lambda^2}{2!} + \cdots \tag{5.2 - 4}$$

$$E_n = E_n\bigg|_{\lambda=0} + \frac{dE_n}{d\lambda}\bigg|_{\lambda=0} \cdot \lambda + \frac{d^2E_n}{d\lambda^2}\bigg|_{\lambda=0} \cdot \frac{\lambda^2}{2!} + \cdots \tag{5.2 - 5}$$

按照假设，当 λ 趋向于零时，ψ_n 和 E_n 趋向于 $\psi_n^{(0)}$ 和 $E_n^{(0)}$，即

$$\begin{cases}\psi_n\big|_{\lambda=0}=\psi_n^{(0)}\\ E_n\big|_{\lambda=0}=E_n^{(0)}\end{cases}\tag{5.2-6}$$

我们引入下列缩写符号

$$\psi_n^{(k)}=\frac{1}{k!}\frac{\partial^k\psi_n}{\partial\lambda^k}\bigg|_{\lambda=0}\qquad k=1,2,\cdots\tag{5.2-7}$$

$$E_n^{(k)}=\frac{1}{k!}\frac{\partial^k E_n}{\partial\lambda^k}\bigg|_{\lambda=0}\qquad k=1,2,\cdots\tag{5.2-8}$$

(5.2-4)和(5.2-5)可改写成

$$\psi_n=\psi_n^{(0)}+\lambda\psi_n^{(1)}+\lambda^2\psi_n^{(2)}+\cdots+\lambda^k\psi_n^{(k)}+\cdots\tag{5.2-9}$$

$$E_n=E_n^{(0)}+\lambda E_n^{(1)}+\lambda^2E_n^{(2)}+\cdots+\lambda^kE_n^{(k)}+\cdots\tag{5.2-10}$$

我们把 $\psi_n^{(k)}$ 和 $E_n^{(k)}$ 分别叫做波函数和能量的第 k 级的修正项。并假定级数(5.2-9)和(5.2-10)当 $\lambda=1$ 时是收敛的，而且希望对于小微扰的情况，只要取这个级数的前几项就能对真实能量和波函数提供很好的近似。

把(5.2-9)和(5.2-10)式代入(5.2-3)式得

$$(H^0+\lambda H')(\psi_n^{(0)}+\lambda\psi_n^{(1)}+\lambda^2\psi_n^{(2)}+\cdots)=$$
$$(E_n^{(0)}+\lambda E_n^{(1)}+\lambda^2E_n^{(2)}+\cdots)(\psi_n^{(0)}+\lambda\psi_n^{(1)}+\lambda^2\psi_n^{(2)}+\cdots)$$

把 λ 幂相同的项合并，得

$$H^{(0)}\psi_n^{(0)}+\lambda(\hat{H}'\psi_n^{(0)}+\hat{H}^{(0)}\psi_n^{(1)})+\lambda^2(\hat{H}^{(0)}\psi_n^{(2)}+\hat{H}'\psi_n^{(1)})+\cdots=$$
$$E_n^{(0)}\psi_n^{(0)}+\lambda(E_n^{(1)}\psi_n^{(0)}+E_n^{(0)}\psi_n^{(1)})+\lambda^2(E_n^{(2)}\psi_n^{(0)}+E_n^{(1)}\psi_n^{(1)}+E_n^{(0)}\psi_n^{(2)})+\cdots\tag{5.2-11}$$

这时，对 λ 的所有值，(5.2-11)式两边都相等，因此等式两边中 λ 幂相同项的系数必须相等，则可得一系列方程

$$\lambda^0:\hat{H}^0\psi_n^{(0)}=E_n^{(0)}\psi_n^{(0)}\tag{5.2-12}$$

$$\lambda^1:\hat{H}'\psi_n^{(0)}+\hat{H}^{(0)}\psi_n^{(1)}=E_n^{(1)}\psi_n^{(0)}+E_n^{(0)}\psi_n^{(1)}\tag{5.2-13}$$

$$\lambda^2:\hat{H}^0\psi_n^{(2)}+\hat{H}'\psi_n^{(1)}=E_n^{(2)}\psi_n^{(0)}+E_n^{(1)}\psi_n^{(1)}+E_n^{(0)}\psi_n^{(2)}\tag{5.2-14}$$

以上就是各级微扰态的 Schrödinger 方程。

2. 一级微扰

(1) 一级微扰能

由方程(5.2 - 12) 可见，零级微扰方程实际上就是未微扰态的Schrödinger 方程，是可被严格求解的。我们要讨论一级微扰理论，显然只要解方程(5.2 - 13) 就可以了，即

$$\hat{H}'\psi_n^{(0)} + \hat{H}^{(0)}\psi_n^{(1)} = E_n^{(1)}\psi_n^{(0)} + E_n^{(0)}\psi_n^{(1)}$$

$$(\hat{H}^{(0)} - E_n^{(0)})\psi_n^{(1)} = (E_n^{(1)} - \hat{H}')\psi_n^{(0)} \tag{5.2 - 15}$$

我们现在的目的是要解出 $E_n^{(1)}$，但 $\psi_n^{(1)}$ 是不知道的，因此要设法从(5.2 - 15) 式中去掉 $\psi_n^{(1)}$。由于 $\hat{H}^{(0)}$ 是厄米的，所以未微扰体系的本征函数系 $\psi_n^{(0)}$ 是一个完整的集合，那么 $\psi_n^{(1)}$ 就可以向 $\psi_n^{(0)}$ 作展开，即

$$\psi_n^{(1)} = \sum_j a_j\psi_j^{(0)} \tag{5.2 - 16}$$

将(5.2 - 16) 式代入(5.2 - 15) 式中，得

$$\sum_j a_j(\hat{H}^{(0)}\psi_j^{(0)} - E_n^{(0)}\psi_j^{(0)}) = (E_n^{(1)} - \hat{H}')\psi_n^{(0)}$$

$$\sum_j a_j(E_j^{(0)} - E_n^{(0)})\psi_j^{(0)} = (E_n^{(1)} - \hat{H}')\psi_n^{(0)} \tag{5.2 - 17}$$

其中用到了(5.2 - 2) 式。在方程(5.2 - 17) 中已不再含有 $\psi_n^{(1)}$。现在用 $\psi_m^{(0)*}$ 乘(5.2 - 17) 式后，对整个空间积分，得

$$\int\psi_m^{(0)*}\sum_j a_j(E_j^{(0)} - E_n^{(0)})\psi_j^{(0)}d\tau = \int\psi_m^{(0)*}(E_n^{(1)} - \hat{H}')\psi_n^{(0)}d\tau$$

$$\sum_j a_j(E_j^{(0)} - E_n^{(0)})\int\psi_m^{(0)*}\psi_j^{(0)}d\tau =$$

$$E_n^{(1)}\int\psi_m^{(0)*}\psi_n^{(0)}d\tau - \int\psi_m^{(0)*}\hat{H}'\psi_n^{(0)}d\tau$$

$$\sum_j a_j(E_j^{(0)} - E_n^{(0)})\delta_{mj} = E_n^{(1)}\delta_{mn} - \int\psi_m^{(0)*}\hat{H}'\psi_n^{(0)}d\tau \tag{5.2 - 18}$$

由于未微扰本征函数是正交归一化的，即

$$\langle\psi_m^{(0)} \mid \psi_n^{(0)}\rangle = \delta_{mn} \tag{5.2 - 19}$$

所以在实行加合时，只有 $j = m$ 这一项保留，其余均为零，故(5.2 - 19) 式变成

$$a_m(E_m^{(0)} - E_n^{(0)}) = E_n^{(1)}\delta_{mn} - \int\psi_m^{(0)*}\hat{H}'\psi_n^{(0)}d\tau) \tag{5.2 - 20}$$

这时，有两种情况须要考虑，即 $m = n$ 或 $m \neq n$。我们首先考虑 $m = n$ 的情

况，则(5.2 - 20)式变为

$$0 = E_n^{(1)} - \int \psi_n^{(0)*} \hat{H}' \psi_n^{(0)} d\tau，则$$

$$E_n^{(1)} = \int \psi_n^{(0)*} \hat{H}' \psi_n^{(0)} d\tau = \langle \psi_n^{(0)} \mid \hat{H}' \mid \psi_n^{(0)} \rangle = H'_{nn} \qquad (5.2-21)$$

由此可得结论：能量的一级修正项 $E_n^{(1)}$ 等于微扰算符 $\hat{H}'$ 对于一定的未微扰波函数取平均值。

在(5.2 - 10)式中令 $\lambda = 1$，并只取到一级修正，则得一级微扰能为

$$E_n \approx E_n^{(0)} + E_n^{(1)} = E_n^{(0)} + \int \psi_n^{(0)*} \hat{H}' \psi_n^{(0)} d\tau \qquad (5.2-22)$$

(2) 一级微扰波函数

由(5.2 - 16)可知，若能求出展开系数 a_j，就能得到波函数的一级修正项 $\psi_n^{(1)}$，将 $\psi_n^{(1)}$ 再代入(5.2 - 9)式中，即可得到一级微扰波函数。

为此，我们再回来讨论(5.2 - 20)式的第二种情况，即当 $m \neq n$ 时，则(5.2 - 20)式变成

$$a_m (E_m^{(0)} - E_n^{(0)}) = -\int \psi_m^{(0)*} \hat{H}' \psi_n^{(0)} d\tau$$

按照假定，我们现在讨论的是非简并态，故 $E_m^{(0)} \neq E_n^{(0)}$，则

$$a_m = \frac{-\int \psi_m^{(0)*} \hat{H}' \psi_n^{(0)} d\tau}{E_n^{(0)} - E_m^{(0)}} = \frac{H'_{mn}}{E_n^{(0)} - E_m^{(0)}} \quad (m \neq n) \qquad (5.2-23)$$

将(5.2 - 23)式代入(5.2 - 16)式，即得波函数的一级修正项为

$$\psi_n^{(1)} = \sum_m a_m \psi_m^{(0)} \qquad (m \neq n) \qquad (5.2-24)$$

应当注意，虽然展开系数 a_m 可以由(5.2 - 23)式给出，但由于 $m \neq n$，所以还有一个系数 a_n 我们不知道。为此，我们利用波函数 ψ_n 的归一化来求系数 a_n，即 $\int \psi_n^* \psi_n d\tau = 1$，将(5.2 - 9)式代入得

$$\int (\psi_n^{(0)} + \lambda \psi_n^{(1)} + \lambda^2 \psi_n^{(2)} + \cdots)^* (\psi_n^{(0)} + \lambda \psi_n^{(1)} + \lambda^2 \psi_n^{(2)} + \cdots) d\tau = 1$$

将此式展开，并比较 λ 同次幂的系数，可得各级 λ 对应的方程，即

$$\lambda^0 : \int \psi_n^{(0)*} \psi_n^{(0)} d\tau = 1 \qquad (5.2-25)$$

$$\lambda^1:\int(\psi_n^{(0)*}\psi_n^{(1)}+\psi_n^{(1)*}\psi_n^{(0)})d\tau=0 \tag{5.2 - 26}$$

$$\lambda^2:\int(\psi_n^{(0)*}\psi_n^{(2)}+\psi_n^{(1)*}\psi_n^{(1)}+\psi_n^{(2)*}\psi_n^{(0)})d\tau=0 \tag{5.2 - 27}$$

讨论一级近似时，只需考虑方程(5.2 - 26)。将(5.2 - 16) 式代入(5.2 - 26) 式后可得

$$\sum_m\int\psi_n^{(0)*}a_m\psi_m^{(0)}d\tau+\sum_m\int a_m^*\psi_m^{(0)*}\psi_n^{(0)}d\tau=0$$

$$\sum_m a_m\delta_{nm}+\sum_m a_m^*\delta_{mn}=0$$

当 $m=n$ 时，有 $a_n+a_n^*=0$，我们取 a_n 为实数，则得 $a_n=0$。至此，波函数一级修正项 $\psi_n^{(1)}$ 的系数已完全确定。由方程(5.2 - 23) 和(5.2 - 24) 给出波函数的一级修正项 $\psi_n^{(1)}$ 为

$$\psi_n^{(1)}=\sum_{m\neq n}\frac{\int\psi_m^{(0)*}\hat{H}'\psi_n^{(0)}}{E_n^{(0)}-E_m^{(0)}}\psi_m^{(0)} \tag{5.2 - 28}$$

在(5.2 - 9) 式中令 $\lambda=1$，并只考虑到一级修正，则得一级微扰波函数为

$$\psi_n\approx\psi_n^{(0)}+\sum_{m\neq n}\frac{H'_{mn}}{E_n^{(0)}-E_m^{(0)}}\psi_m^{(0)} \tag{5.2 - 29}$$

其中符号 $\sum\limits_{m\neq n}$ 是指除 n 态之外，对所有的未微扰态实行加合。可见，微扰对波函数 $\psi_n^{(0)}$ 的影响是把其他态 $\psi_m^{(0)}(m\neq n)$ 的贡献混合起来。

3. 二级微扰

讨论二级微扰理论，显然只要解方程(5.2 - 14) 式就可以了，即

$$\hat{H}^{(0)}\psi_n^{(2)}+\hat{H}'\psi_n^{(1)}=E_n^{(2)}\psi_n^{(0)}+E_n^{(1)}\psi_n^{(1)}+E_n^{(0)}\psi_n^{(2)}$$

$$(\hat{H}^{(0)}-E_n^{(0)})\psi_n^{(2)}=E_n^{(2)}\psi_n^{(0)}+E_n^{(1)}\psi_n^{(1)}-\hat{H}'\psi_n^{(1)} \tag{5.2 - 30}$$

(1) 二级微扰能

与讨论一级微扰能时类似，把波函数的二级修正项向 $\hat{H}^{(0)}$ 的本征函数系作展开，得

$$\psi_n^{(2)} = \sum_j b_j \psi_j^{(0)} \tag{5.2-31}$$

将此式代入(5.2-30)式中，有

$$\sum_j b_j (\hat{H}^{(0)} - E_n^{(0)}) \psi_j^{(0)} = E_n^{(2)} \psi_n^{(0)} + (E_n^{(1)} - \hat{H}') \psi_n^{(1)}$$

$$\sum_j b_j (E_j^0 - E_n^{(0)}) \psi_j^{(0)} = E_n^{(2)} \psi_n^{(0)} + (E_n^{(1)} - \hat{H}') \psi_n^{(1)}$$

上式乘以 $\psi_m^{(0)*}$ 并积分之，得

$$\sum_j b_j (E_j^{(0)} - E_n^{(0)}) \delta_{mj} = E_n^{(2)} \delta_{mn} + E_n^{(1)} \int \psi_m^{(0)*} \psi_n^{(1)} d\tau - \int \psi_m^{(0)*} \hat{H}' \psi_n^{(1)} d\tau$$

实行加合，可以求出

$$b_m (E_m^{(0)} - E_n^{(0)}) = E_n^{(2)} \delta_{mn} + E_n^{(1)} \int \psi_m^{(0)*} \psi_n^{(1)} d\tau - \int \psi_m^{(0)*} \hat{H}' \psi_n^{(1)} d\tau \tag{5.2-32}$$

当 $m = n$ 时，(5.2-32) 可写成

$$0 = E_n^{(2)} + E_n^{(1)} \int \psi_n^{(0)*} \psi_n^{(1)} d\tau - \int \psi_n^{(0)*} \hat{H}' \psi_n^{(1)} d\tau \tag{5.2-33}$$

由上式可见，为了确定二级能量修正项，必须知道一级波函数修正项。可以证明，知道了 $\psi_n^{(1)}$ 还足以确定 $E_n^{(3)}$。一般情况是：如果对波函数的修正项我们知道直到第 k 级，那么就能计算能量修正项直到 $2k+1$ 级。显然，为了求得二级能量修正值 $E_n^{(2)}$，必须把(5.2-33)式中的两个积分计算出来。

$$\because \psi_n^{(1)} = \sum_{k \neq n} \frac{H'_{kn}}{E_n^{(0)} - E_k^{(0)}} \psi_k^{(0)} \tag{5.2-34}$$

$\therefore$(5.2-33)式中的第一个积分可写成

$$\int \psi_n^{(0)*} \psi_n^{(1)} d\tau = \sum_{k \neq n} \int \psi_n^{(0)*} \frac{H'_{kn}}{E_n^{(0)} - E_k^{(0)}} \psi_k^{(0)} d\tau$$

$\because H'_{kn} \equiv \int \psi_k^{(0)*} \hat{H}' \psi_n^{(0)} d\tau$，这些定积分值是常数，所以可得

$$\int \psi_n^{(0)*} \psi_n^{(1)} d\tau = \sum_{k \neq n} \frac{H'_{kn}}{E_n^{(0)} - E_k^{(0)}} \int \psi_n^{(0)*} \psi_k^{(0)} d\tau$$

$$= \sum_{k \neq n} \frac{H'_{kn}}{E_n^{(0)} - E_k^{(0)}} \delta_{nk}$$

因为加合项中不包括 $k=n$，所以 δ_{kn} 使等式右侧所有项都变成零，故可得

$$\int \psi_n^{(0)*}\psi_n^{(1)}d\tau = 0 \qquad (5.2-35)$$

将(5.2 - 35)式代入(5.2 - 33)式，得

$$E_n^{(2)} = \int \psi_n^{(0)*}\hat{H}'\psi_n^{(1)}d\tau \qquad (5.2-36)$$

将(5.2 - 34)式代入(5.2 - 36)式，得

$$E_n^{(2)} = \sum_{k\neq n}\frac{H'_{kn}}{E_n^{(0)}-E_k^{(0)}}\int \psi_n^{(0)*}\hat{H}'\psi_k^{(0)}d\tau = \sum_{k\neq n}\frac{H'_{kn}H'_{nk}}{E_n^{(0)}-E_k^{(0)}}$$

因为 $\hat{H}'$ 是厄米的，所以有 $\hat{H}'_{nk}=(\hat{H}'_{nk})^*$，则

$$E_n^{(2)} = \sum_{k\neq n}\frac{|H'_{kn}|^2}{E_n^{(0)}-E_k^{(0)}} = \sum_{k\neq n}\frac{|\langle\psi_k^{(0)}|\hat{H}'|\psi_n^{(0)}\rangle|^2}{E_n^{(0)}-E_k^{(0)}} \qquad (5.2-37)$$

在(5.2 - 10)式中令 $\lambda=1$，并将(5.2 - 21)和(5.2 - 37)式代入(5.2 - 10)中，则可得近似的二级微扰能，即

$$E_n \approx E_n^{(0)} + H'_{nn} + \sum_{k\neq n}\frac{|H'_{kn}|^2}{E_n^{(0)}-E_k^{(0)}} \qquad (5.2-38)$$

(2) 二级微扰波函数

与讨论一级微扰波函数完全类似，只是更复杂些。可得波函数的二级修正项为

$$\psi_n^{(2)} = \sum_{m\neq n}\left[\sum_{k\neq n}\frac{H'_{kn}H'_{mk}}{(E_n^{(0)}-E_m^{(0)})(E_n^{(0)}-E_k^{(0)})} - \frac{H'_{mn}H'_{nn}}{(E_n^{(0)}-E_m^{(0)})^2}\right]\psi_k^{(0)} - \frac{1}{2}\sum_{m\neq n}\frac{|H_{mn}|^2}{(E_n^{(0)}-E_m^{(0)})^2} \qquad (5.2-39)$$

总结上述一级和二级微扰的结果，可以写出受微扰体系的能量和波函数。

$$E_n = E_n^{(0)} + H'_{nn} + \sum_{k\neq n}\frac{|H'_{kn}|^2}{E_n^{(0)}-E_k^{(0)}} + \cdots \qquad (5.2-40)$$

$$\psi_n = \psi_n^{(0)} + \sum_{m\neq n}\frac{H'_{mn}}{E_n^{(0)}-E_m^{(0)}}\psi_m^{(0)} +$$

$$\sum_{m\neq n}\left[\sum_{k\neq n}\frac{H'_{kn}H'_{mk}}{(E_n^{(0)}-E_m^{(0)})(E_n^{(0)}-E_k^{(0)})} - \frac{H'_{mn}H'_{nn}}{(E_n^{(0)}-E_m^{(0)})^2}\right]\psi_k^{(0)} -$$

$$\frac{1}{2}\sum_{m\neq n}\frac{|H'_{mn}|^2}{(E_n^{(0)}-E_m^{(0)})^2}\psi_n^{(0)}+\cdots \tag{5.2-41}$$

4. 讨　论

由(5.2 - 40)和(5.2 - 41)两式可以看出，微扰理论适用的条件为

$$\left|\frac{H'_{mn}}{E_n^{(0)}-E_m^{(0)}}\right| << 1, m\neq n \tag{5.2-42}$$

当(5.2 - 42)式被满足时，则(5.2 - 40)和(5.2 - 41)两式中的级数收敛得很快，只需计算前面几项就可以得到相当准确的结果，亦即微扰态的本征值 E_n 和本征函数 ψ_n 与未微扰态的本征值 $E_n^{(0)}$ 和本征函数 $\psi_n^{(0)}$ 是相近似的。如果(5.2 - 42)式不被满足，则级数收敛很慢甚至发散，这时微扰理论应用起来就很不方便，甚至不能应用。

从微扰理论的适用条件(5.2 - 42)式，可以直接看出，微扰理论的方法能否应用不仅决定于矩阵元 H'_{mn} 的大小，同时还决定于能级间的距离 $E_n^{(0)}-E_m^{(0)}$。例如，我们知道，在库仑场中体系的能级与量子数 n 的平方成反比，当 n 大时，能级间的距离很小，致使条件(5.2 - 42)式成为不适合，所以微扰理论只适用于计算低的量子能级(n 小)的修正，而不能用来计算高的量子能级(n 大)的修正。

在以上的讨论中，我们无形中假设了 $\hat{H}^{(0)}$ 只有分立的本征值，事实上前面所得到的结果很容易推广到 $\hat{H}^{(0)}$ 既具有分立本征值又具有连续本征值的情形。设 $E_n^{(0)}$ 表示 $\hat{H}^{(0)}$ 的连续本征值，$\psi_E^{(0)}$ 表示相应的本征函数，即代表本征值为 $E^{(0)}$ 的未微扰连续波函数，这时 $\psi_n^{(1)}$ 和 $E_n^{(2)}$ 的表达式变成

$$\psi_n^{(1)}=\sum_{k\neq n}\frac{H'_{kn}}{E_n^{(0)}-E_k^{(0)}}\psi_k^{(0)}+\int\frac{H'_{En}}{E_n^{(0)}-E^{(0)}}\psi_E^{(0)}dE^{(0)}$$

$$E_n^{(2)}=\sum_{k\neq n}\frac{|H'_{kn}|^2}{E_n^{(0)}-E_k^{(0)}}+\int\frac{|H'_{En}|^2}{E_n^{(0)}-E^{(0)}}dE^{(0)}$$

上式中的积分区域是指连续态的能量的区别。

5. 应用 —— 氦原子基态的微扰处理

氦原子有两个电子和电荷为 + 2e 的一个核。核与电子比较起来，由于核比电子重很多，我们可以把核的运动看成是静止的。并且把坐标系的

原点放在核上，电子 1 和 2 的坐标分别为$(x_1y_1z_1)$和$(x_2y_2z_2)$，具体见图 5.2 - 1。

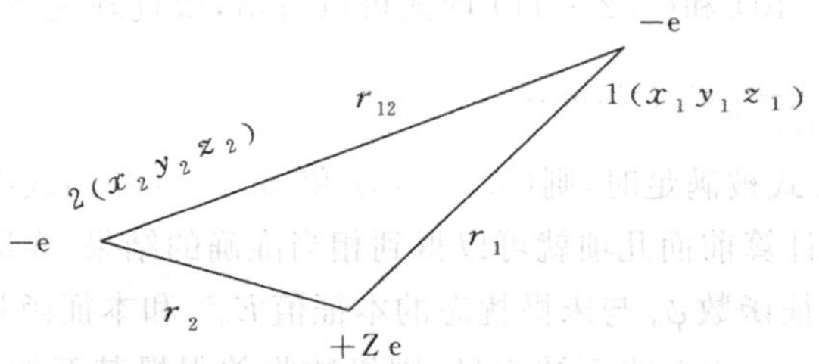

图 5.2 - 1　氦原子

如果我们取核电荷为 + Ze 而不是 + 2e，则是处理类氦离子，如 H^-，Li^+，Be^{2+} 等，其哈密顿算符是

$$\hat{H}=-\frac{\hbar^2}{2m}\nabla_1^2-\frac{\hbar^2}{2m}\nabla_2^2-\frac{Ze^2}{r_1}-\frac{Ze^2}{r_2}+\frac{e^2}{r_{12}} \tag{5.2 - 43}$$

其中 m 是电子质量，r_1 和 r_2 是电子 1 和 2 距核的距离，r_{12} 是电子 1 和 2 之间的距离。前两项是电子的动能算符，第三、四项是电子与核之间的吸引势能，最后一项是电子间的排斥势能。

因为 r_{12} 的存在，氦原子的 Schrödinger 方程在任何坐标系中都无法分离变量，从而必须用近似方法解。现在我们就用非简并的微扰理论来讨论。

(1) 分离出 $\hat{H}^{(0)}$ 和 $\hat{H}'$

我们用微扰理论来处理问题时，必须把哈密顿算符 $\hat{H}$ 分离为两部分，其中一部分 $\hat{H}^{(0)}$ 能够被严格的求解，是未微扰的哈密顿算符；另一部分 $\hat{H}'$，它和 $\hat{H}^{(0)}$ 比较应该是很小的。

如果我们选择

$$\hat{H}^{(0)}=-\frac{\hbar^2}{2m}\nabla_1^2-\frac{Ze^2}{r_1}-\frac{\hbar^2}{2m}\nabla_2^2-\frac{Ze^2}{r_2} \tag{5.2 - 44}$$

$$\hat{H}' = \frac{e^2}{r_{12}} \tag{5.2-45}$$

则未微扰哈密顿算符就是两个类氢离子的哈密顿算符之和，即

$$\hat{H}^{(0)} = \hat{H}_1^{(0)} + \hat{H}_2^{(0)} \tag{5.2-46}$$

$$\begin{cases} \hat{H}_1^{(0)} \equiv -\dfrac{\hbar^2}{2m}\nabla_1^2 - \dfrac{Ze^2}{r_1} \\ \hat{H}_2^{(0)} \equiv -\dfrac{\hbar^2}{2m}\nabla_2^2 - \dfrac{Ze^2}{r_2} \end{cases} \tag{5.2-47}$$

未微扰体系是氦原子，$\hat{H}^{(0)} = \hat{H}_1^{(0)} + \hat{H}_2^{(0)}$ 表示在氦原子中两个电子之间彼此没有相互作用，因为一个双粒子体系，只有当彼此无相互作用时，整个体系的哈密顿算符才可以写成两个单粒子的哈密顿算符之和。这种物理模型虽然缺乏真实性，但这并不妨碍我们使用微扰理论的数学方法得到这个体系的近似值。

(2) 求 $\psi^{(0)}$ 和 $E^{(0)}$

由于未微扰哈密顿算符是两个独立粒子的哈密顿算符之和，即(5.2-46)式，则未微扰波函数 $\psi^{(0)}$ 就可以写成两个独立粒子波函数的乘积，即

$$\psi^{(0)}(r_1,\theta_1,\phi_1;r_2,\theta_2,\phi_2) = F_1(r_1,\theta_1,\phi_1)F_2(r_2,\theta_2,\phi_2) \tag{5.2-48}$$

而且未微扰能 $E^{(0)}$ 是两个粒子的能量之和。

$$E^{(0)} = E_1 + E_2 \tag{5.2-49}$$

$$\hat{H}_1^{(0)}F_1 = E_1F_1 \qquad \hat{H}_2^{(0)}F_2 = E_2F_2 \tag{5.2-50}$$

由于 $\hat{H}_1^{(0)}$ 和 $\hat{H}_2^{(0)}$ 是类氢哈密顿算符，所以(5.2-50)式的解就是类氢原子的本征值和本征函数，则

$$E_1 = -\frac{Z^2e^2}{n_1^2 2\alpha_0}; E_2 = -\frac{Z^2e^2}{n_2^2 2\alpha_0}$$

$$E^{(0)} = -Z^2\left(\frac{1}{n_1^2} + \frac{1}{n_2^2}\right)\frac{e^2}{2\alpha_0} \tag{5.2-51}$$

$$n_1 = 1,2,3,\cdots \quad n_2 = 1,2,3,\cdots$$

这就是绕氦核运动的两个电子的零级近似能量。其中 α_0 是 Bohr 半径。

现在再看零级近似波函数 $\psi^{(0)}$，因为 F_1 和 F_2 实际上是类氢离子的基

态波函数，这是已知的，即 $F_1 = \frac{1}{\pi^{\frac{1}{2}}}\left(\frac{Z}{a_0}\right)^{\frac{3}{2}} e^{\frac{-Zr_1}{a_0}}$，$F_2 = \frac{1}{\pi^{\frac{1}{2}}}\left(\frac{Z}{a_0}\right)^{\frac{3}{2}} e^{\frac{-Zr_2}{a_0}}$，故

$$\psi_{1s}^{(0)} = \frac{1}{\pi^{\frac{1}{2}}}\left(\frac{Z}{a_0}\right)^{\frac{3}{2}} e^{\frac{-Zr_1}{a_0}} \frac{1}{\pi^{\frac{1}{2}}}\left(\frac{Z}{a_0}\right)^{\frac{3}{2}} e^{\frac{-Zr_2}{a_0}} \tag{5.2 - 52}$$

我们把上面得到的氦的零级近似能量与真实的基态能量加以比较。根据微扰理论的结果，氦未微扰基态的能量 $E_{1s}^{(0)}$ 应由(5.2 - 51)式给出，因为2个电子都是1s轨道上，所以 $n_1 = n_2 = 1$，故 $E_{1s}^{(0)} = -Z^2(2)\frac{e^2}{2a_0}$，由于 $-\frac{e^2}{2a_0}$ 是氢原子的基态能量，其值为－13.6 eV。对氦来说 $Z=2$，则 $E_{1s}^{(0)} = -2^2 \times 2\frac{e^2}{2a_0} = -108.8$ eV。而氦的第一电离势的实验值是24.6 eV。氦的第二电离势容易从理论上计算出来，因为它是类氢离子 He^+ 的电离势，所以为 $Z^2 \cdot \frac{e^2}{2a_0} = 2^2 \times 13.6 = 54.4$ eV。如果我们选择完全电离原子能为能量的零点能，则氦原子的基态能量就是 $-(24.6 + 54.4) = -79.0$ eV。可见，零级近似的误差为 $\frac{108.8 - 79.0}{79.0} = 38\%$。这个误差还是比较大的，原因是微扰项 $\frac{e^2}{r_{12}}$ 不是特别小的。

(3) 求 $E^{(1)}$

由于未微扰基态是非简并的。根据微扰理论我们有 $E^{(1)} = \int \psi^{(0)*} \hat{H}' \psi^{(0)} d\tau$，将(5.2 - 45)和(5.2 - 52)式代入得

$$E^{(1)} = \frac{Z^6 e^2}{\pi^2 a_0^6}\int_0^{2\pi}\int_0^{2\pi}\int_0^{\pi}\int_0^{\pi}\int_0^{\infty}\int_0^{\infty} e^{\frac{-2Zr_1}{a_0}} e^{\frac{-2Zr_2}{a_0}} \frac{1}{r_{12}} r_1^2 \sin\theta_1 r_2^2 \sin\theta_2 dr_1 dr_2 d\theta_1 d\theta_2 d\phi_1 d\phi_2 \tag{5.2 - 53}$$

其中用到了 $d\tau = d\tau_1 d\tau_2 = r_1^2 \sin\theta_1 dr_1 d\theta_1 d\phi_1 r_2^2 \sin\theta_2 dr_2 d\theta_2 d\phi_2$。

现在我们用球谐函数来展开 $\frac{1}{r_{12}}$。在这里我们不作具体的推导，只把结果直接写出来(推导过程可见 §5.4)

$$\frac{1}{r_{12}}=$$

$$\begin{cases}\dfrac{1}{r_1}\sum\limits_{l=0}^{\infty}\sum\limits_{m=-l}^{l}\dfrac{4\pi}{2l+1}\left(\dfrac{r_2}{r_1}\right)^l[Y_l^m(\theta_1\phi_1)]^*Y_l^m(\theta_2\phi_2),(r_1\gg r_2)\\ \dfrac{1}{r_2}\sum\limits_{l=0}^{\infty}\sum\limits_{m=-l}^{l}\dfrac{4\pi}{2l+1}\left(\dfrac{r_1}{r_2}\right)^l[Y_l^m(\theta_1\phi_1)]^*Y_l^m(\theta_2\phi_2),(r_2\gg r_1)\end{cases}$$

上式也可统一写成

$$\frac{1}{r_{12}}=\frac{1}{r_>}\sum_{l=0}^{\infty}\sum_{m=-l}^{l}\frac{4\pi}{2l+1}\left(\frac{r_<}{r_>}\right)^l[Y_l^m(\theta_1\phi_1)]^*Y_l^m(\theta_2\phi_2)$$

$$=\sum_{l=0}^{\infty}\sum_{m=-l}^{l}\frac{4\pi}{2l+1}\frac{r_<^l}{r_>^{l+1}}[Y_l^m(\theta_1\phi_1)]^*\cdot Y_l^m(\theta_2\phi_2)\qquad(5.2-54)$$

其中$r_<$是指r_1与r_2中较小的，$r_>$是指r_1与r_2中较大的。将(5.2－54)式代入(5.2－53)式，并利用$Y_0^0=\frac{1}{\sqrt{4\pi}}=Y_0^{0*}$，可得

$$E^{(1)}=\frac{16Z^6e^2}{a_0^6}\sum_{l=0}^{\infty}\sum_{m=-l}^{l}\frac{1}{2l+1}\int_0^{\infty}\int_0^{\infty}e^{\frac{-2Zr_1}{a_0}}\cdot e^{\frac{-2Zr_2}{a_0}}\frac{r_<^l}{r_>^{l+1}}r_1^2r_2^2dr_1dr_2\times$$

$$\int_0^{2\pi}\int_0^{\pi}[Y_l^m(\theta_1\phi_1)]^*Y_0^0(\theta_1\phi_1)\sin\theta_1d\theta_1d\phi_1\times$$

$$\int_0^{2\pi}\int_0^{\pi}[Y_0^0(\theta_2\phi_2)]^*Y_l^m(\theta_2\phi_2)\sin\theta_2d\theta_2d\phi_2\qquad(5.2-55)$$

上式中乘上了$[Y_0^0(\theta_1\phi_1)]\times[Y_0^0(\theta_2\phi_2)]^*=\frac{1}{\sqrt{4\pi}}\times\frac{1}{\sqrt{4\pi}}=\frac{1}{4\pi}$，故在上式的分子中要乘上$4\pi$。

另外，球谐函数$Y_l^m(\theta,\phi)$是$\hat{L}^2$和$\hat{L}_Z$的共同本征函数，所以它是正交归一的，即$\int_0^{2\pi}\int_0^{\pi}[Y_l^m(\theta,\phi)]^*Y_{l'}^{m'}(\theta,\phi)\sin\theta d\theta d\phi=\delta_{ll'}\delta_{mm'}$，于是(5.2－55)式可写成

$$E^{(1)}=\frac{16Z^6e^2}{a_0^6}\sum_{l=0}^{\infty}\sum_{m=-l}^{l}\frac{1}{2l+1}\int_0^{\infty}\int_0^{\infty}e^{\frac{-2Zr_1}{a_0}}e^{\frac{-2Zr_2}{a_0}}\times$$

$$\frac{1}{r_>}r_1^2 r_2^2 dr_1 dr_2 \delta_{l0}\delta_{m0}\delta_{0l}\delta_{0m}$$

除 $m = 0 = l$ 外，其余全是零，所以上式有

$$E^{(1)} = \frac{16Z^6 e^2}{a_0^6}\int_0^\infty\int_0^\infty e^{\frac{-2Zr_1}{a_0}} e^{\frac{-2Zr_2}{a_0}} \times \frac{1}{r_>}r_1^2 r_2^2 dr_1 dr_2$$

$\because l = 0, \therefore \frac{r_<^l}{r_>^{l+1}} = \frac{1}{r_>}$。

若我们先对 r_1 进行积分，于是在 $0 \leqslant r_1 \leqslant r_2$ 区间内，$r_> = r_2$；在 $r_2 \leqslant r_1 \leqslant \infty$ 区间内，$r_> = r_1$，所以有

$$E^{(1)} = \frac{16Z^6 e^2}{a_0^6}\int_0^\infty e^{\frac{-2Zr_2}{a_0}} r_2^2 \left[\int_0^{r_2} e^{\frac{-2Zr_1}{a_0}} \frac{1}{r_2}r_1^2 dr_1 + \int_{r_2}^\infty e^{\frac{-2Zr_1}{a_0}} \frac{1}{r_1}r_1^2 dr_1\right]dr_2$$

$$= \frac{16Z^6 e^2}{a_0^6}\int_0^\infty e^{\frac{-2Zr_2}{a_0}} r_2 \left(\int_0^{r_2} e^{\frac{-2Zr_1}{a_0}} r_1^2 dr_1\right)dr_2 +$$

$$\frac{16Z^6 e^2}{a_0^6}\int_0^\infty e^{\frac{-2Zr_2}{a_0}} r_2^2 \left(\int_{r_2}^\infty e^{\frac{-2Zr_1}{a_0}} r_1 dr_1\right)dr_2$$

利用积分公式

$$\begin{cases} \int xe^{bx}dx = \frac{e^{bx}}{b^2}(bx-1) \\ \int x^2 e^{bx}dx = e^{bx}\left(\frac{x^2}{b} - \frac{2x}{b^2} + \frac{2}{b^3}\right) \end{cases}$$

可以算出 r_1 的积分。再利用积分公式

$$\int_0^\infty x^n e^{-qx}dx = \frac{n!}{q^{n+1}} \quad n > -1, q > 0$$

可以算出 r_2 的积分，结果得到 $E^{(1)} = \frac{5Z}{8}\left(\frac{e^2}{a_0}\right)$，已知 $\frac{1}{2}\left(\frac{e^2}{a_0}\right) = 13.6\ \text{eV}$，对氦原子 $Z = 2$，所以可求出氦基态能量的一级微扰修正量为 $E^{(1)} = \frac{5 \times 2}{4} \times 13.6 = 34.0\ \text{eV}$。这时得能量近似值为 $E^{(0)} + E^{(1)} = -108.8\ \text{eV} + 34.0\ \text{eV} = -74.8\ \text{eV}$。与实验值($-79.0$ eV) 比较，这个值的误差为 5.3%。

后来，Hylleraas(希勒瑞斯) 把变分法和微扰法结合起来建立了变分

微扰法。有人(Scherr and Knight)利用这种方法对氦作了更精确的计算，得到了直到六级都很精确的波函数修正项，因此，能量修正项直到 13 级。其中的 $E^{(2)}$ 为 -4.3 eV，$E^{(3)}$ 为 0.1 eV，这时我们得到氦的基态能量为

$$E \approx -108.8\ \text{eV} + 34.0\ \text{eV} - 4.3\ \text{eV} + 0.1\ \text{eV} = -79.00\ \text{eV}$$

与实验值 -79.00 eV 完全一致。

二、简并能级的微扰理论

1. 选择零级近似波函数

前面讨论了 $\hat{H}^{(0)}$ 的本征值是非简并的，即对应于一个能量本征值只有一个本征函数的微扰理论。现在，我们考虑一个 n 重简并能级的微扰处理。属于这个简并能级有 n 个线形独立的未微扰波函数，我们用 $1,2,\cdots,n$ 来标记这 n 个态，则未微扰的 Schrödinger 方程是

$$\hat{H}^{(0)}\psi_j^{(0)} = E_j^{(0)}\psi_j^{(0)} \quad j = 1,2,\cdots,n \tag{5.2 - 56}$$

而且 $E_1^{(0)} = E_2^{(0)} = \cdots = E_n^{(0)}$ (5.2 - 57)

对微扰态，则有 Schrödinger 方程

$$\hat{H}\psi_j = E_j\psi_j \tag{5.2 - 58}$$

其中 $\hat{H} = \hat{H}^{(0)} + \lambda\hat{H}'$ (5.2 - 59)

当 λ 趋于零时，微扰态的本征值 E_j 趋于未微扰态的本征值 $E_j^{(0)}$，即 $\lim\limits_{\lambda\to 0}E_j = E_j^{(0)}$。但是当 λ 趋于零时，微扰态的本征函数 ψ_j 趋向于 n 个未微扰本征函数 $\psi_j^{(0)}$ 中的哪一个呢？即 n 个未微扰本征函数中究竟应该取哪一个作为微扰波函数的零级近似？所以在简并情况下，我们首先要解决选择零级近似波函数的问题，然后再求各级能量修正值和波函数修正值。

那么，怎样选择零级近似波函数呢？对于 n 重简并的能级 $E_j^{(0)}$，有 n 个线性独立的波函数 $\psi_1^{(0)},\psi_2^{(0)},\cdots,\psi_n^{(0)}$，那么这 n 个波函数的任意线性组合，即 $c_1\psi_1^{(0)} + c_2\psi_2^{(0)} + \cdots + c_n\psi_n^{(0)}$ 也将是 $\hat{H}^{(0)}$ 属于同一个本征值 $E_j^{(0)}$ 的本征函数。因此我们总可以将零级近似波函数写成带有未定系数 c_j 的 n 个未微扰本征函数的线性组合，即 $\lim\limits_{\lambda\to 0}\psi_j = \sum\limits_{i=1}^{n} c_i\psi_1^{(0)}$ $(1 \leqslant j \leqslant n)$。我们把这些

正确的零级近似波函数记为$\phi_j^{(0)}$，则上式变为

$$\phi_j^{(0)} = \sum_{i=1}^{n} c_i \psi_1^{(0)} \quad (1 \leqslant i \leqslant n) \tag{5.2 - 60}$$

2. 各级微扰态的 Schrödinger 方程

处理n重简并能级的过程与处理非简并能级的过程完全类似，只是要注意用零级近似波函数$\phi_j^{(0)}$代替未微扰的波函数$\psi_j^{(0)}$。

仿照与非简并态微扰的类似处理，可以得到

$$\psi_j = \phi_j^{(0)} + \lambda\psi_j^{(1)} + \lambda^2\psi_j^{(2)} + \cdots \qquad j = 1,2,3,\cdots,n \tag{5.2 - 61}$$

$$E_j = E_n^{(0)} + \lambda\psi_j^{(1)} + \lambda^2 E_j^{(2)} + \cdots \qquad j = 1,2,3,\cdots,n \tag{5.2 - 62}$$

将(5.2 - 61)和(5.2 - 62)式代入(5.2 - 58)式得

$$(\hat{H}^0 + \lambda\hat{H}')(\phi_j^{(0)} + \lambda\psi_j^{(1)} + \lambda^2\psi_j^{(2)} + \cdots) = (E_n^{(0)} + \lambda E_j^{(1)} + \lambda^2 E_j^{(2)} + \cdots)(\phi_j^{(0)} + \lambda\psi_j^{(1)} + \lambda^2\psi_j^{(2)} + \cdots)$$

将上式乘开，并把λ幂相同的项合并之，则λ的同次幂的系数应相等，则可得到下列各级微扰态的波方程。

$$\lambda^0: \hat{H}^0\phi_j^{(0)} = E_n^{(0)}\phi_j^{(0)} \tag{5.2 - 63}$$

$$\lambda^1: \hat{H}'\phi_j^{(0)} + \hat{H}^0\psi_j^{(1)} = E_n^{(0)}\psi_j^{(0)} + E_j^{(1)}\phi_j^{(0)} \tag{5.2 - 64}$$

3. 一级微扰能

将(5.2 - 60)式代入(5.2 - 63)式中，得

$$\hat{H}^0 \sum_{i=1}^{n} c_i\psi_i^{(0)} = E_n^{(0)} \sum_{i=1}^{n} c_i\psi_i^{(0)}$$

显然，这是未受微扰的(零级近似)Schrödinger 方程。

我们要求一级微扰能，则要解一级微扰波方程(5.2 - 64)式

$$\hat{H}'\phi_j^{(0)} + \hat{H}^{(0)}\psi_j^{(1)} = E_n^{(0)}\psi_j^{(1)} + E_j^{(1)}\phi_j^{(0)}$$

$$(E_n^{(0)} - \hat{H}^{(0)})\psi_j^{(1)} = (\hat{H}' - E_j^{(1)})\phi_j^{(0)}$$

将(5.2 - 60)式代入上式得

$$(E_n^{(0)} - \hat{H}^{(0)})\psi_j^{(1)} = \sum_{i=1}^{n} c_i(\hat{H}' - E_j^{(1)})\psi_j^{(0)} \tag{5.2 - 65}$$

将$\psi_j^{(1)}$按下式展开，得

$$\psi_j^{(1)} = \sum_{k=1}^{\infty} a_k \psi_k^{(0)} \tag{5.2-66}$$

再将(5.2-66)式代入(5.2-65)式中，得

$$\sum_{k=1}^{\infty} a_k (E_n^{(0)} - \hat{H}^{(0)}) \psi_k^{(0)} = \sum_{i=1}^{n} c_i (\hat{H}' - E_j^{(0)}) \psi_1^{(0)} \tag{5.2-67}$$

利用 $\hat{H}^{(0)} \psi_k^{(0)} = E_k^{(0)} \psi_k^{(0)}$，(5.2-67)式可写成

$$\sum_{k=1}^{\infty} a_k (E_n^{(0)} - E_k^{(0)}) \psi_k^{(0)} = \sum_{i=1}^{n} c_i (\hat{H}' - E_j^{(1)}) \psi_i^{(0)}$$

用 $\psi_m^{(0)*}$ 乘上式，并积分，得

$$\sum_{k=1}^{\infty} a_k (E_n^{(0)} - E_k^{(0)}) \int \psi_m^{(0)*} \psi_k^{(0)} d\tau =$$

$$\sum_{i=1}^{n} c_i \left(\int \psi_m^{(0)*} \hat{H}' \psi_i^{(0)} d\tau - E_j^{(1)} \int \psi_m^{(0)*} \psi_i^{(0)} d\tau \right) \tag{5.2-68}$$

我们考虑的 m 是所考察的 n 重简并能级的一个态，所以 $1 \leqslant m \leqslant n$，这时(5.2-68)式中左边的加合可以分解成下边两项之和，即 $\sum_{k=1}^{\infty} a_k (E_n^{(0)} - E_k^{(0)}) \int \psi_m^{(0)*} \psi_k^{(0)} d\tau + \sum_{k=n+1}^{n} a_k (E_n^{(0)} - E_k^{(0)}) \int \psi_m^{(0)*} \psi_k^{(0)} d\tau$。当 $1 \leqslant k \leqslant n$ 时，因为是 n 重简并的，所以有 $E_k^{(0)} = E_n^{(0)}$，则上式中的第一项全为零。在上式的第二项中，由于 $k > n$，所以 $\psi_k^{(0)}$ 对应的本征值就不是 $E_n^{(0)}$，而是 $E_k^{(0)}$，即 $E_n^{(0)} \neq E_k^{(0)}$。而 $1 \leqslant m \leqslant n$，所以 $\psi_m^{(0)}$ 所属的本征值是 $E_n^{(0)}$，故 $\psi_m^{(0)}$ 和 $\psi_k^{(0)}$ 是厄米算符 $\hat{H}^{(0)}$ 的属于不同本征值的本征函数，则 $\int \psi_m^{(0)*} \psi_k^{(0)} d\tau = 0$，即 $\psi_m^{(0)}$ 与 $\psi_k^{(0)}$ 相互正交，故第二个加合项也为零。于是(5.2-68)式变为

$$\sum_{i=1}^{n} \left(\int \psi_m^{(0)*} \hat{H}' \psi_i^{(0)} d\tau - E_j^{(1)} \int \psi_m^{(0)*} \psi_i^{(0)} d\tau \right) c_i = 0$$

$$m = 1, 2, \cdots, n$$

$$\sum_{i=1}^{n} (H'_{mi} - E_j^{(1)} \delta_{mi}) c_i = 0$$

$$m = 1, 2, \cdots, n \tag{5.2-69}$$

其中 $H'_{mi} \equiv \int \psi_m^{(0)*} \hat{H}' \psi_i^{(0)} d\tau$。(5.2-69)式是含有 n 个未知数 $c_1, c_2, \cdots$,

c_n 的一个线性齐次方程组，它有不全为零的解的条件是系数行列式必须等于零，即

$$\begin{vmatrix} H'_{11}-E_j^{(1)} & H'_{12} & H'_{13} & \cdots & H'_{1n} \\ H'_{21} & H'_{22}-E_j^{(1)} & H'_{23} & \cdots & H'_{3n} \\ H'_{31} & H'_{32} & H'_{33}-E_j^{(1)} & \cdots & H'_{3n} \\ \cdots & \cdots & \cdots & \cdots & \cdots \\ H'_{n1} & H'_{n2} & H'_{n3} & \cdots & H'_{nn}-E_j^{(1)} \end{vmatrix} = 0 \tag{5.2-70}$$

(5.2 - 70) 式叫做久期方程(所谓久期方程，是因为天文学中讨论行星的久期运动时出现类似的方程)，它是关于 $E_j^{(1)}$ 的 n 次代数方程，可解出 n 个根：$E_1^{(1)}, E_2^{(1)}, \cdots, E_n^{(1)}$，这 n 个根就是 n 重简并未微扰能级的一级能量修正项。如果所有的 n 个根都不相同，那么就说明一级微扰修正项已把 n 重简并的未微扰能级分裂成 n 个不同的能级了，即为 $E_n^{(0)}+E_n^{(1)}, E_n^{(0)}+E_2^{(1)}, \cdots, E_0^{(0)}+E_n^{(1)}$，这时一级微扰的结果是把 n 重简并完全消除；若 $E_j^{(1)}$ 有几个重根，说明简并只是部分被消除；若 $E_j^{(1)}$ 的 n 个根完全相同时，则简并完全没有消除，必须再进一步考虑二级能量修正，才可能使简并的能级分裂开来。

4. 零级波函数

确定了 n 个一级能量修正项 $E_1^{(1)}, E_2^{(1)}, \cdots, E_n^{(1)}$ 之后，再把每个 $E_j^{(1)}\ (j=1,2,\cdots,n)$ 值代入(5.2 - 69) 式，则有

$$\left.\begin{aligned} &(H'_{11}-E_j^{(1)})c_1+H'_{12}c_2+\cdots+H'_{1n}c_n=0 \\ &H'_{21}c_1+(H'_{22}-E_j^{(1)})c_2+\cdots+H'_{2n}c_n=0 \\ &\cdots\cdots \\ &H'_{n1}c_1+H'_{n2}c_2+\cdots+(H'_{nn}-E_j^{(1)})c_n=0 \end{aligned}\right\} \tag{5.2-71}$$

解之可得到 $c_1, c_2, \cdots, c_n$ 一组系数。共有 n 个 $E_j^{(1)}\ (j=1,2,\cdots,n)$ 值，所以共可得到 n 组系数。将这 n 组系数分别代入(5.2 - 60) 式，即可得到 n 个不同的正确零级波函数，即 $\phi_j^{(0)} = \sum_{j=1}^{n} c_j \psi_j^{(0)}$。

可见，在简并能级的微扰理论中，一级微扰能 $E_j^{(1)}$ 是和零级波函数

$\phi_j^{(0)}$ 相对应的，这是与非简并态的微扰情况不同的，因为在非简并情况下，一级微扰能是与一级微扰波函数相对应的。

将一级微扰能和零级波函数的结果概括起来，可以用下图说明。

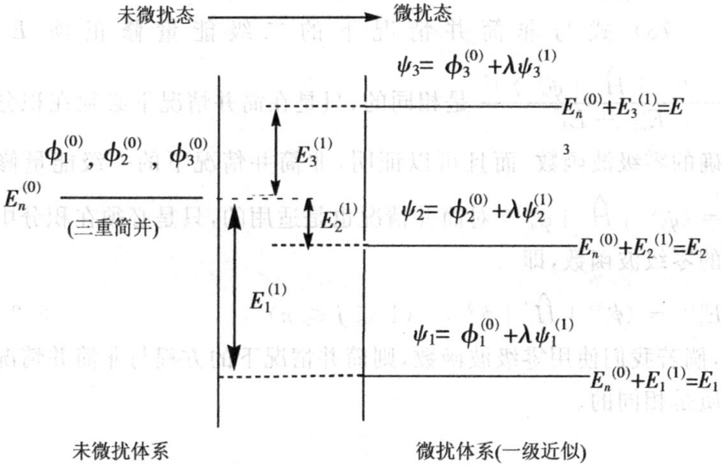

图 5.2 - 2

采用类似于非简并情况的处理，我们能求出对正确零级波函数的一级修正和能量的二级修正。在此不给出计算过程，只给出最后结果。决定一级波函数修正项，即(5.2 - 66)式 $\psi_j^{(1)}=\sum\limits_{k=1}^{\infty}a_k\phi_k^{(0)}$ 中的系数为

$$a_k=\frac{\langle\psi_k^{(0)}\mid\hat{H}'\mid\phi_j^{(0)}\rangle}{E_n^{(0)}-E_k^{(0)}}\quad(k>n,1\leqslant j\leqslant n)\qquad(5.2-72)$$

上式与适用于非简并情况的相应方程：$a_m=\dfrac{\langle\psi_m^{(0)}\mid\hat{H}'\mid\psi_n^{(0)}\rangle}{E_n^{(0)}-E_m^{(0)}}\quad(m\neq n)$

是相同的，区别只在于：对简并的情况，积分中必须使用正确零级波函数。方程(5.2 - 72)所给出的修正

$$\psi_j^{(1)}=\sum_k\frac{\langle\psi_k^{(0)}\mid\hat{H}'\mid\phi_j^{(0)}\rangle}{E_n^{(0)}-E_k^{(0)}}\psi_k^{(0)}\quad(k>n,1\leqslant j\leqslant n)$$

仅仅是由于不属于简并的未微扰能级的那些态的波函数混合进来而引起的。我们把 $k\leqslant n$ 的 a_k 公式省略了。

二级能量修正项是

$$E_j^{(2)}=\sum_{k>n}\frac{|\langle\psi_k^{(0)}\mid\hat{H}'\mid\phi_j^{(0)}\rangle|^2}{E_n^{(0)}-E_k^{(0)}}\quad(1\leqslant j\leqslant n)\tag{5.2-73}$$

(5.2－73)式与非简并情况下的二级能量修正项 $E_n^{(2)}=\sum_{k\neq n}\frac{|\langle\psi_k^{(0)}\mid\hat{H}'\mid\psi_n^{(0)}\rangle|^2}{E_n^{(0)}-E_k^{(0)}}$ 是相同的，只是在简并情况下必须在积分中使用正确的零级波函数。而且可以证明，非简并情况下的一级能量修正项 $E_n^{(1)}=\langle\psi_n^{(0)}\mid\hat{H}'\mid\psi_n^{(0)}\rangle$ 对简并情况也是适用的，只是必须在积分中使用正确的零级波函数，即

$$E_j^{(1)}=\langle\phi_j^{(0)}\mid\hat{H}'\mid\phi_j^{(0)}\rangle\quad(1\leqslant j\leqslant n)\tag{5.2-74}$$

可见，倘若我们使用零级波函数，则简并情况下的方程与非简并情况的方程实质是相同的。

§5.3 变 分 法

只有少数几个最简单的体系，如势阱中的粒子、氢原子、类氢离子和简谐振子等，其 Schrödinger 方程才是可精确求解的。对于复杂一些的体系，例如含有两个及两个以上电子的原子和分子的 Schrödinger 方程，就必须用近似方法求解。变分法是最常用的近似方法之一，它是不需要解体系的 Schrödinger 方程，就能得到基态能量近似值的一种方法。

一、变分原理

设体系的 Hamilton 算符为 $\hat{H}$，它的本征函数为 ψ_n，即

$$\hat{H}\psi_n=E_n\psi_n\tag{5.3-1}$$

$\{\psi_n\}\equiv\psi_0,\psi_1,\psi_2,\cdots,\psi_n$ 组成一个完整的正交归一的函数系，其本征值 E_n 由大到小的次序为

$$E_0\leqslant E_1\leqslant E_2\leqslant\cdots\leqslant E_n\tag{5.3-2}$$

又设 ϕ 是满足这一体系边界条件的一个任意的归一化的波函数，则必有

$$W = \int \phi^* \hat{H} \phi \tau \geqslant E_0 \tag{5.3 - 3}$$

该式就是变分原理，它说明用满足这一体系边界条件的任一归一化了的波函数 ϕ 得出来的能量平均值 W，一定大于或等于真正的基态本征函数 ψ_0 的本征值 E_0。下面给出证明。

证明：定义一个积分为

$$I = \int \phi^* (\hat{H} - E_0) \phi d\tau \tag{5.3 - 4}$$

$$I = \int \phi^* \hat{H} \phi d\tau - E_0 \int \phi^* \phi d\tau$$

$$= \int \phi^* \hat{H} \phi d\tau - E_0 \tag{5.3 - 5}$$

由于本征函数 ψ_n 是正交归一化的完全集合，而且 ϕ 和 ψ_n 有相同的边界条件，故可将 ϕ 用 ψ_n 展开，即

$$\phi = \sum_n c_n \psi_n \tag{5.3 - 6}$$

将这个展开式代入(5.3 - 4)式，得

$$I = \int \sum_m c_m^* \psi_m^* (\hat{H} - E_0) \sum_n c_n \psi_n d\tau$$

$$= \sum_m \sum_n c_m^* c_n (E_n - E_0) \int \psi_m^* \psi_n d\tau$$

$$= \sum_m \sum_n c_m^* c_n (E_n - E_0) \delta_{mn}$$

$$= \sum_m c_m^* c_m (E_m - E_0)$$

$$= \sum_m | c_m |^2 (E_m - E_0) \tag{5.3 - 7}$$

由于 E_0 是最低的本征值，所以 $E_m - E_0 \geqslant 0$，而且 $| c_m |^2 \geqslant 0$，故(5.3 - 7)式右边加合中的所有项都是非负的，则得 $I \geqslant 0$。将此结果代入(5.3 - 5)式，得 $\int \phi^* \hat{H} \phi d\tau - E_0 \geqslant 0$，即 $\int \phi^* \hat{H} \phi d\tau \geqslant E_0$，证毕。

如果 ϕ 不是归一化的，为了使用这个变分原理，可以把 ϕ 乘以归一化

常数N，从而$N\phi$是归一化的。在(5.3－3)式中用$N\phi$代替ϕ，得

$$|N|^2\int\phi^*\hat{H}\phi d\tau\geqslant E_0 \tag{5.3-8}$$

常数N由下述的归一化条件确定

$$\int(N\phi)^*(N\phi)d\tau=|N|^2\int\phi^*\phi d\tau=1$$

$$|N|^2=\frac{1}{\int\phi^*\phi d\tau} \tag{5.3-9}$$

将(5.3－9)式代入(5.3－8)，得

$$W=\frac{\int\phi^*\hat{H}\phi d\tau}{\int\phi^*\phi d\tau}\geqslant E_0 \tag{5.3-10}$$

这时，ϕ就不一定是归一化的了。(5.3－3)和(5.3－10)式中的等号只有当波函数ϕ是体系的基态波函数ψ_0时才成立。函数ϕ叫试探变分函数或试探波函数，(5.3－3)式中的积分叫变分积分。可见，用一个任意波函数(满足波函数标准条件的)算出的变分积分值总是大于体系的基态能量E_0的。如果我们选取很多不同的ϕ，并算出其变分积分值，则其中最小的一个最接近E_0。而算出最小变分积分值的波函数也就是接近体系的基态波函数ψ_0，这就是运用变分法求体系基态能量近似值的理论基础。

二、具体步骤

用变分法求体系近似的基态能量和波函数的具体步骤是：① 选取一个含有参量λ(可以是一个，也可以是很多个)的试探变分函数$\phi(\lambda)$；② 将试探变分函数$\phi(\lambda)$代入(5.3－3)或(5.3－10)式，算出$W(\lambda)$；③ 将函数$W(\lambda)$对λ求极小值，即$\frac{\partial W}{\partial\lambda}=0$，由此定出$\lambda$，从而求得体系近似的基态能量和波函数。

现在用一维谐振子作为例子来说明运用变分法的的具体过程。

首先，选择试探函数为

$$\phi=(1+c\,\alpha x^2)e^{-\alpha x^2} \tag{5.3-11}$$

其中 c 是参数，α 是常数。

其次，利用试探波函数算出 $W(c)$。由于试探函数中变量 x 都是以平方的形式出现的，所以 ϕ 显然是偶函数，利用偶函数的性质，有

$\int_{-a}^{a} f(x)dx = 2\int_{0}^{a} f(x)dx$，$f(x)$ 为偶时，则有

$$\int \phi^* \phi dx = 2\int_0^{\infty} (1 + 2c\alpha x^2 + c^2\alpha^2 x^4) e^{-2\alpha x^2} dx \tag{5.3 - 12}$$

谐振子的 Hamilton 算符是

$\hat{H} = -\dfrac{\hbar^2}{2m}\left(\dfrac{d^2}{dx^2} - \alpha^2 x^2\right)$，$\alpha = \dfrac{2\pi\nu m}{\hbar}$。所以

$$\int \phi^* \hat{H} \phi d\tau = \frac{\hbar^2}{2m}\int_{-\infty}^{\infty} (1 + c\,\alpha x^2) e^{-\alpha x^2} \times \left(-\frac{d^2}{dx^2} + \alpha^2 x^2\right) \times (e^{-\alpha x^2} + x^2 c\alpha e^{-\alpha x^2}) dx \tag{5.3 - 13}$$

利用积分公式

$$\int_0^{\infty} x^{2n} e^{-bx^2} dx = \frac{1 \cdot 3 \cdots (2n+1)}{2^{n+1}}\left(\frac{\pi}{b^{2n+1}}\right)^{\frac{1}{2}}, n = 1, 2, \cdots$$

和 $\int_0^{\infty} e^{-bx^2} dx = \dfrac{1}{2}\left(\dfrac{\pi}{b}\right)^{\frac{1}{2}}$

可以求出(5.3 - 12) 和(5.3 - 13) 式的积分值为

$$\int \phi^* \phi dx = \left(\frac{\pi}{2\alpha}\right)^{\frac{1}{2}}\left(1 + \frac{c}{2} + \frac{3}{16}c^2\right)$$

和 $\int \phi^* \hat{H} \phi dx = \dfrac{\hbar^2}{m}\left(\dfrac{\pi\alpha}{\alpha}\right)^{\frac{1}{2}}\left(\dfrac{43}{128}c^2 - \dfrac{1}{16}c + \dfrac{5}{8}\right)$

则 $$W = \frac{\int \phi^* \hat{H} \phi dx}{\int \phi^* \phi dx} = h\nu\,\frac{43c^2 - 8c + 80}{(24c^2 + 64c + 128)} \tag{5.3 - 14}$$

最后，利用 $\dfrac{\partial W}{\partial c} = 0$，定出参数 c，则有

$$\frac{\partial W(c)}{\partial c}=\frac{\partial}{\partial c}\left[\frac{\int \phi^{*}\hat{H}\phi dx}{\int \phi^{*}\phi dx}\right]=$$

$$\frac{(24c^{2}+64c+128)(86c-8)-(43c^{2}-8c+80)(48c+64)}{(24c^{2}+64c+128)^{2}}=0$$

$$23c^{2}+56c-48=0$$

解得 $c=-3.107$ 或 0.6718，将这两个根代入(5.2 - 10) 式，发现 $c=0.6718$ 这个根能给出较小的 W，并求得 $0.517h\nu \geqslant E_0$。

一维谐振子真实的基态能量是 $E_0=\frac{1}{2}h\nu$，变分法计算得到它的近似基态能量是 $0.517h\nu$，所以用变分法计算结果的误差是3.4%。如若试探函数选择的好，其结果会更好。

三、激发态的变分原理

由前面的讨论似乎用变分法只能求出体系近似的基态能量和基态波函数，其实不然，如果使选取的试探函数 ψ' 和体系真实的基态波函数 ψ_0 正交，则可求出体系第一激发态的近似能量和波函数。

定义积分 I_1 为

$$\begin{aligned}I_1&=\int \psi'^{*}(\hat{H}-E_1)\psi' d\tau\\&=\int \psi'^{*}\hat{H}\psi' d\tau-\int \psi'^{*}E_1\psi' d\tau\\&=\int \psi'^{*}\hat{H}\psi' d\tau-E_1\end{aligned} \tag{5.3 - 15}$$

其中 ψ' 是满足该问题边界条件的归一化了的函数，$\hat{H}$ 是体系的 Hamilton 算符，E_1 是体系第一激发态的真实能量。将 ψ' 向 ψ_n 展开，即

$$\psi'=\sum_{n}c_n\psi_n \tag{5.3 - 16}$$

其中 ψ_n 是体系的真实波函数，而且是正交归一化的完全集合，ψ' 和 ψ_n 有相同的边界条件。

将(5.3 - 16) 式代入(5.3 - 15) 式，得

$$
\begin{aligned}
I_1 &= \int \sum_m c_m^* \psi_m^* (\hat{H} - E_1) \sum_n c_n \psi_n d\tau \\
&= \sum_m \sum_n c_m^* c_n (E_n - E_1) \int \psi_m^* \psi_n d\tau \\
&= \sum_m \sum_n c_m^* c_n (E_n - E_1) \delta_{mn} \\
&= \sum_m | c_m |^2 (E_m - E_1) \\
&= | c_0 |^2 (E_0 - E_1) + | c_2 |^2 (E_2 - E_1) + \\
&\quad | c_3 |^2 (E_3 - E_1) + \cdots
\end{aligned} \tag{5.3 - 17}
$$

显然,(5.3 - 17) 式中除第一项外,所有项都是非负的,那么,第一项的值是什么?由于对试探波函数 ψ' 加上了一条限制条件,即 ψ' 与体系的真实基态波函数 ψ_0 是正交的,即

$$\int \psi_0^* \psi' d\tau = 0 \tag{5.3 - 18}$$

可见,(5.3 - 17) 式中的第一项为 0。将(5.3 - 18) 式代入(5.3 - 17) 式,得 $I_1 \geqslant 0$,则由(5.3 - 15) 式可得

$$\int \psi'^* \hat{H} d\tau \geqslant E_1 \quad (若 \int \psi^* \psi' d\tau = 0) \tag{5.3 - 19}$$

$$或 \frac{\int \psi'^* \hat{H} \psi' d\tau}{\int \psi^* \psi' d\tau} \geqslant E_1 \quad (若 \psi' 不是归一化的) \tag{5.3 - 20}$$

于是可以求出第一激发态的近似能量 E_1 和波函数 ψ_1。

这个方法可以继续推广,若选择一个试探波函数 ψ^2(其中的 2 不是平方的意思,而是一种标记) 与 ψ_0 ,ψ_1 都正交,则可用来求得近似的 E_2 和 ψ_2。依此类推,可以求得 E_n 和 ψ_n。

这个方法在原则上是可行的,但限制条件(5.3 - 18) 式对此法的应用造成了困难。因为我们一般并不知道体系真实的本征函数 ψ_0,ψ_1,…等,从而无法选择试探波函数 ψ^1,ψ^2,… 使与之正交。实际上我们只能先求出 ψ_0 的最佳近似,然后选择 ψ^1 与之正交。再求出 ψ_1 的最佳近似,然后选择 ψ^2 与之正交,依此类推。由于这样产生的误差是积累的,所以 $\hat{H}$ 的较高本征值和本征函数的近似,其可信程度将逐步下降。

在某些特例中，即使不知道真实本征函数 $\psi_0, \psi_1, \cdots$ 的具体形式，也能找到满足限制条件 $\int \psi_k^* \phi d\tau = 0$ 的试探波函数 ϕ。例如，在中心势场中运动的电子，它的 $\psi_k = R_{n,l}(r) Y_{lm}(\theta, \phi)$，其中径向因子 $R_{n,l}(r)$ 可能不知道，但角度因子是球谐函数 $Y_{l,m}$，所以在试探波函数中只要包含 $Y_{l',m}$，并使 $l' \neq l$，那么 ϕ 与 ψ_k 正交。此外，在线性变分法中，不但能找到基态的近似能量和波函数，而且能找到各激发态的近似能量和波函数。

将求第一激发态的原理推广到较高的激发态，即得

若 $\int \psi_0^* \phi d\tau = \int \psi_1^* \phi d\tau = \cdots = \int \psi_{n-1}^* \phi d\tau = 0$

则
$$\frac{\int \phi^* \hat{H} \phi d\tau}{\int \phi^* \phi d\tau} \geqslant E_n \tag{5.3-21}$$

四、线性变分法

在用变分法解决问题时，所选择的试探波函数的好坏是非常重要的。在解决量子化学问题时，最常用的是线性变分法。

若试探波函数 ϕ 是 n 个线性独立函数 f_j 的线形组合，即

$$\phi = \sum_{j=1}^{n} c_j f_j \tag{5.3-22}$$

其中 c_j 是待定参数，f 必须满足该问题的边界条件，这样的变分法叫线性变分法。用这种办法所选取的变分函数 ϕ 叫线性变分函数。

下面的讨论对 ϕ 限于是实函，从而 c_j 和 f_j 也当然都是实的。由(5.3-10)式得

$$W = \frac{\int \phi^* \hat{H} \phi d\tau}{\int \phi^* \phi d\tau} = \frac{\int \sum_{j=1}^{n} c_j f_j \hat{H} \sum_{k=1}^{n} c_k f_k d\tau}{\int \sum_{j=1}^{n} c_j f_j \sum_{k=1}^{n} c_k f_k d\tau}$$

$$= \frac{\sum_{j=1}^{n} \sum_{k=1}^{n} c_j c_k \int f_j \hat{H} f_k d\tau}{\sum_{j=1}^{n} \sum_{k=1}^{n} c_j c_k \int f_j f_k d\tau}$$

$$=\frac{\sum_{j=1}^{n}\sum_{k=1}^{n}c_jc_kH_{jk}}{\sum_{j=1}^{n}\sum_{k=1}^{n}c_jc_kS_{jk}} \tag{5.3-23}$$

其中 $S_{jk}\equiv\int f_j^*f_kd\tau\equiv\langle j\mid k\rangle=S_{kj}$　(5.3-24)

$$H_{jk}\equiv\int f_j^*\hat{H}f_kd\tau\equiv\langle j\mid\hat{H}\mid k\rangle=H_{kj} \tag{5.3-25}$$

上面的最后等式是由于 $\hat{H}$ 是 Hermite 算符。由(5.3-23)式得

$$W\sum_{j=1}^{n}\sum_{k=1}^{n}c_jc_kS_{jk}=\sum_{j=1}^{n}\sum_{k=1}^{n}c_jc_kH_{jk} \tag{5.3-26}$$

要让 W 变到极小，以致使它尽量靠近 E_0。由于变分积分 W 是参数 c_1，c_2，…，c_n 的函数，即 $W=W(c_1,c_2,\cdots,c_n)$。所以，使 W 极小的必要条件是对每个变数的偏导数均为零，即

$$\frac{\partial W}{\partial c_i}=0\quad(i=1,2,\cdots,n) \tag{5.3-27}$$

现在求(5.3-26)式对 c_i 的偏导数，可得 n 个方程，即

$$\frac{\partial W}{\partial c_i}\sum_{j=1}^{n}\sum_{k=1}^{n}c_jc_kS_{jk}+W\frac{\partial}{\partial c_i}\sum_{j=1}^{n}\sum_{k=1}^{n}c_jc_kS_{jk}=\frac{\partial}{\partial c_i}\sum_{j=1}^{n}\sum_{k=1}^{n}c_jc_kH_{jk}\quad(i=1,2,\cdots,n) \tag{5.3-28}$$

因为

$$\frac{\partial}{\partial c_i}\sum_{j=1}^{n}\sum_{k=1}^{n}c_jc_kS_{jk}=\sum_{j=1}^{n}\sum_{k=1}^{n}\left[\frac{\partial}{\partial c_i}(c_jc_k)\right]S_{jk}=\sum_{j=1}^{n}\sum_{k=1}^{n}\left(c_k\frac{\partial c_j}{\partial c_i}+c_j\frac{\partial c_k}{\partial c_i}\right)S_{jk} \tag{5.3-29}$$

由于 $c_j(j=1,2,\cdots,n)$ 是独立变数，所以当 $i\neq j$ 时，有 $\frac{\partial c_j}{\partial c_i}=0$；当 $i=j$ 时，有 $\frac{\partial c_j}{\partial c_i}=1$，故

$$\frac{\partial c_j}{\partial c_i} = \delta_{ij} \tag{5.3-30}$$

同理可得 $\frac{\partial c_k}{\partial c_i} = \delta_{ik}$ (5.3 - 31)

将(5.3 - 30) 和(5.3 - 31) 式代入(5.3 - 29) 式,得

$$\begin{aligned}
&\frac{\partial}{\partial c_i}\sum_{j=1}^{n}\sum_{k=1}^{n}c_j c_k S_{jk} \\
&= \sum_{j=1}^{n}\sum_{k=1}^{n}c_k\delta_{ij}S_{jk} + \sum_{j=1}^{n}\sum_{k=1}^{n}c_j\delta_{ik}S_{jk} \\
&= \sum_{k=1}^{n}c_k S_{ik} + \sum_{j=1}^{n}c_j S_{ji} \\
&= \sum_{k=1}^{n}c_k S_{ik} + \sum_{j=1}^{n}c_j S_{ij} \\
&= \sum_{k=1}^{n}c_k S_{ik} + \sum_{k=1}^{n}c_k S_{ik} \\
&= 2\sum_{k=1}^{n}c_k S_{ik}
\end{aligned} \tag{5.3-32}$$

经过完全类似的运算,即可得到

$$\frac{\partial}{\partial c_i}\sum_{j=1}^{n}\sum_{k=1}^{n}c_j c_k S_{jk} = 2\sum_{k=1}^{n}c_k H_{ik} \tag{5.3-33}$$

将(5.3 - 27),(5.3 - 32) 和(5.3 - 33) 式代入(5.3 - 28) 式,得

$$2W\sum_{k=1}^{n}c_k S_{ik} = 2\sum_{k=1}^{n}c_k H_{ik} \quad i = 1,2,\cdots,n$$

$$\sum_{k=1}^{n}[(H_{ik} - S_{ik}W)c_k] = 0 \quad i = 1,2,\cdots,n \tag{5.3-34}$$

这是含有 n 个未知数 $c_1,c_2\cdots,c_n$,有 n 个线性齐次方程的联立方程组。例如,对于 $n = 2$ 有

$$\begin{cases}(H_{11} - S_{11}W)c_1 + (H_{12} - S_{12}W)c_2 = 0\\(H_{21} - S_{21}W)c_1 + (H_{22} - S_{22}W)c_2 = 0\end{cases}$$

要使线性齐次联立方程组(5.3 - 34) 式有非零解,其系数行列式(也叫本征行列式) 必须为零,即

$$|H_{ik}-S_{ik}W|=\begin{vmatrix} H_{11}-S_{11}W & H_{12}-S_{12}W & \cdots & H_{1n}-S_{1n}W \\ H_{21}-S_{21}W & H_{22}-S_{22}W & \cdots & H_{2n}-S_{2n}W \\ \vdots & \vdots & & \vdots \\ H_{n1}-S_{n1}W & H_{n2}-S_{n2}W & \cdots & H_{nn}-S_{nn}W \end{vmatrix}=0 \tag{5.3 - 35}$$

方程(5.3 - 35) 称为本征方程,也有称为久期方程的。

解久期方程(5.3 - 35) 式,可以得到 n 个根,把这些根按递增的顺序排列后,表示成 $W_0 \leqslant W_1 \leqslant W_2 \leqslant \cdots \leqslant W_{n-1}$。其中最小者 W_0 就是体系近似的基态能量 E_0。将 W_0 代入方程(5.3 - 34),随后解出 $c_1, c_2, \cdots, c_n$,这时得到的只是系数的比例,将 $c_2, c_3, \cdots, c_n$ 用 c_1 表示出来,再用归一化条件确定 c_1,最后将这些系数代入(5.3 - 22) 式,则可得到对应于 W_0 的近似基态波函数 ϕ_0。

方程(5.3 - 35) 的其他根 $W_1, W_2, \cdots, W_{n-1}$ 分别为真实激发态的本征能级 $E_1, E_2, \cdots, E_{n-1}$ 的上限,即

$$W_1 \geqslant E_1, W_2 \geqslant E_2, \cdots, W_{n-1} \geqslant E_{n-1}$$

相应于 $W_1, W_2, \cdots, W_{n-1}$ 的变分函数 $\phi_{01}, \phi_{02}, \cdots, \phi_{0\,n-1}$,都是相互正交并和 ϕ_0 正交,它们可以作为各级激发态的近似波函数。

§5.4　氦原子基态的变分处理

作为变分法解决多体问题的实例,现在讨论氦原子的基态。

氦原子是由带正电荷为 2e 的原子核和核外两个电子组成的体系。由于核的质量比电子大得多,因此可以认为核是固定不动的,这样氦原子就是一个最简单的多体问题。

氦原子的 Hamilton 算符为

$$\hat{H}=-\frac{\hbar^2}{2m}\nabla_1^2-\frac{\hbar^2}{2m}\nabla_2^2-\frac{2e^2}{r_1}-\frac{2e^2}{r_2}+\frac{e^2}{r_{12}} \tag{5.4 - 1}$$

其中 r_1 和 r_2 分别为第一个电子和第二个电子到核的距离,r_{12} 是两个电子间的距离,m 是电子的质量。

当两个电子不发生相互作用时，即$\frac{e}{r_{12}}$可以忽略，则有

$$\hat{H}_0 = -\frac{\hbar^2}{2m}\nabla_1^2 - \frac{\hbar^2}{2m}\nabla_2^2 - \frac{2e^2}{r_1} - \frac{2e^2}{r_2} \tag{5.4-2}$$

$\hat{H}_0$的本征方程可以分离变量，因而可以精确求解。

一、选择试探变分函数

$\hat{H}_0$的本征函数是两个类氢离子($Z=2$)基态本征函数的乘积，即$\psi(\vec{r_1}\,\vec{r_2}) = \psi_{100}(\vec{r_1})\psi_{100}(\vec{r_2})$，因为$\psi_{100}(\vec{r_1}) = \frac{1}{\sqrt{\pi}}\left(\frac{Z}{a_0}\right)^{\frac{3}{2}} e^{-\frac{Zr}{a_0}}$，故$\psi(\vec{r_1}\,\vec{r_2}) = \frac{Z^3}{\pi a_0^3} e^{-\frac{Z}{a_0}(r_1+r_2)}$。现在把试探波函数选择为

$$\phi(\vec{r_1}\,\vec{r_2}) = \frac{Z'^3}{\pi a_0^3} e^{-\frac{Z'}{a_0}(r_1+r_2)} \tag{5.4-3}$$

其中Z'不再是原子序数，而把它看做是一个变分参数。

二、求变分积分 W

由变分原理知道，变分积分$W = \int \phi^* \hat{H} \phi d\tau$，$\phi$是归一化的，将(5.4-3)式代入其中，得

$$W = \iint \phi^*(\vec{r_1}\,\vec{r_2}) \hat{H} \phi(\vec{r_1}\,\vec{r_2}) d\tau_1 d\tau_2 \tag{5.4-4}$$

因为

$$\begin{aligned}\hat{H}\phi &= \left[-\frac{\hbar^2}{2m}\nabla_1^2 - \frac{\hbar^2}{2m}\nabla_2^2 - \frac{Ze^2}{r_1} - \frac{Ze^2}{r_2} + \frac{e^2}{r_{12}}\right]\phi \\ &= \left[-\frac{\hbar^2}{2m}(\nabla_1^2 + \nabla_2^2) - \frac{Z'e^2}{r_1} - \frac{Z'e^2}{r_2}\right]\phi - \\ &\quad (Z-Z')\left(\frac{e^2}{r_1} + \frac{e^2}{r_2}\right)\phi + \frac{e^2}{r_{12}}\phi\end{aligned} \tag{5.4-5}$$

而且知道

$$\begin{cases}\hat{H}_0\psi = E_0\psi \\ \hat{H}_0 = \frac{\hbar^2}{2m}(\nabla_1^2+\nabla_2^2)-\frac{Ze^2}{r_1}-\frac{Ze^2}{r_2} \\ E_0 = 2Z^2E_{1s}(H) \\ \psi = \psi_{100}(\vec{r_1})\psi_{100}(\vec{r_2})\end{cases}$$

现在把其中的 Z 都换成 Z'，则有

$$\left[-\frac{\hbar^2}{2m}(\nabla_1^2+\nabla_2^2)-\frac{Z'e^2}{r_1}-\frac{Z'e^2}{r_2}\right]\phi = E'_0\phi$$

$$E'_0 = 2Z'^2E_{1s}(H)$$

这时(5.4 - 5) 式可写成

$$\hat{H}\phi = E'_0\phi-(Z-Z')\left(\frac{e^2}{r_1}+\frac{e^2}{r_2}\right)\phi+\frac{e^2}{r_{12}}\phi \tag{5.4 - 6}$$

将(5.4 - 6) 式代入(5.4 - 4) 式，得

$$W = \iint\phi^* E'_0\phi d\tau_1 d\tau_2 - (Z-Z')e^2\iint\phi^*\left(\frac{1}{r_1}+\frac{1}{r_2}\right)\phi d\tau_1 d\tau_2 + \iint\phi^*\ \frac{e^2}{r_{12}}\phi d\tau_1 d\tau_2$$

$$= 2Z'^2E_{1s}(H)-(Z-Z')e^2\iint\phi^*\left(\frac{1}{r_1}+\frac{1}{r_2}\right)\phi d\tau_1 d\tau_2 + \iint\phi^*\ \frac{e^2}{r_{12}}\phi\, d\tau_1\phi\, d\tau_2 \tag{5.4 - 7}$$

(5.4 - 7) 式右边第二项中的积分为

$$\iint\phi^*\left(\frac{1}{r_1}+\frac{1}{r_2}\right)\phi d\tau_1 d\tau_2 = \iint\phi^2\left(\frac{1}{r_1}+\frac{1}{r_2}\right)d\tau_1 d\tau_2$$

$$= \iint\frac{\phi^2}{r_1}d\tau_1 d\tau_2+\iint\frac{\phi^2}{r_2}d\tau_1 d\tau_2$$

其中

$$\iint\frac{\phi^2}{r_1}d\tau_1 d\tau_2 = \iint\frac{Z'^6}{\pi^2 a_0^6}e^{-\frac{2Z'}{a_0}(r_1+r_2)}\ \frac{1}{r_1}d\tau_1 d\tau_2$$

$$= \frac{Z'^6}{\pi^2 a_0^6}\iiint e^{-\frac{2Z}{a_0}r_1}\ \frac{1}{r}r_1^2\sin\theta_1 dr_1 d\theta_1 d\varphi_1 \cdot \iiint e^{-\frac{2Z}{a_0}r_2}r_2^2\sin\theta_2 dr_2 d\theta_2 d\varphi_2$$

$$= \frac{Z'^6}{\pi^2 a_0^6}\int_0^\infty e^{-\frac{2Z'}{a_0}r_1} r_1 dr_1 \int_0^\pi \sin\theta_1 d\theta_1 \int_0^{2\pi} d\varphi_1 \int_0^\infty e^{-\frac{2Z'}{a_0}r_2} r_2^2 dr_2 \int_0^\pi \sin\theta_2 d\theta_2 \int_0^{2\pi} d\varphi_2$$

$$= \frac{Z'^6}{\pi^2 a_0^6}(4\pi)\int_0^\infty e^{-\frac{2Z'}{a_0}r_1} r_1 dr_1 \cdot (4\pi)\int_0^\infty e^{-\frac{2Z'}{a_0}r_2} r_2^2 dr_2$$

$$= \frac{Z'^6}{\pi^2 a_0^6}(4\pi)^2\int_0^\infty e^{-\frac{2Z'}{a_0}r_1} r_1 dr_1 \int_0^\infty e^{-\frac{2Z'}{a_0}r_2} r_2^2 dr_2 \tag{5.4 - 8}$$

用分部积分法容易求得$\int_0^\infty re^{-\alpha r}dr = \frac{1}{a^2}$，$\int_0^\infty r^2 e^{-\alpha r}dr = \frac{2}{a^3}$。将它们代入(5.4 - 8)式中，得

$$\iint \frac{\phi^2}{r_1}d\tau_1 d\tau_2 = \frac{Z'^6}{\pi^2 a_0^6}(4\pi)^2\left(\frac{a_0}{2Z'}\right)^2 \cdot 2\left(\frac{a_0}{2Z'}\right)^3 = \frac{Z'}{a_0} \tag{5.4 - 9}$$

显然，$\iint \frac{\phi^2}{r_2}d\tau_1 d\tau_2 = \frac{Z'}{a_0}$ (5.4 - 10)

这是因为积分值与积分变量无关。于是(5.4 - 7)式中右边的第二项为

$$-(Z-Z')e^2\iint \phi^*\left(\frac{1}{r_1}+\frac{1}{r_2}\right)\phi d\tau_1 d\tau_2 = -(Z-Z')e^2 \cdot \frac{2Z'}{a_0} = 4Z'(Z-Z')E_{1s}(H)$$

$$E_{1s}(H) = \frac{-e^2}{2a_0} = -13.6\ \text{eV} \tag{5.4 - 11}$$

(5.4 - 7)右边的第三项中含有$\frac{1}{r_{12}}$的积分，这已在§5.2中计算过了，其结果为

$$\iint \phi^* \frac{e^2}{r_{12}}\phi d\tau_1 d\tau_2 = \frac{5}{8}Z'\frac{e^2}{a_0} = -\frac{5}{4}Z'E_{1s}(H) \tag{5.4 - 12}$$

把(5.4 - 11)和(5.4 - 12)式代入(5.4 - 7)式，得

$$W = \left[2Z'^2 + 4Z'(Z-Z') - \frac{5}{4}Z'\right]E_{1s}(H)$$

$$= (-2Z'^2 + 4ZZ' - \frac{5}{4}Z')E_{1s}(H) \tag{5.4 - 13}$$

三、确定参数、求出近似的基态能量和波函数

现在变分积分是参数的函数，即$W = W(Z')$，要求W为极小值，则有

$$\frac{\partial W}{\partial Z'} = \frac{\partial}{\partial Z'}(-2Z'^2 + 4ZZ' - \frac{5}{4}Z')E_{1s}(H) = 0$$

$$-4Z' + 4Z - \frac{5}{4} = 0 \qquad (5.4-14)$$

得到 $Z' = Z - \frac{5}{16} = 2 - \frac{5}{16} = \frac{27}{16}$

将 Z' 的值代入(5.4 - 13)式，得到氦原子基态的近似能量 E_0 为

$$E_0 \approx \left[-2Z'^2 + 4Z'\left(Z' + \frac{5}{16}\right) - \frac{5}{4}Z'\right]E_{1s}(H)$$

$$= 2Z'^2 E_{1s}(H) = 2\left(\frac{27}{16}\right)^2(-13.6) = -77.45 \text{ eV}$$

氦原子基态能量的实验值为 -78.98 eV，差 1.53 eV，相对误差为 2%。氦原子的第一电离能 I_1 为

$$I_1 = E(\mathrm{He}^+) - E(\mathrm{He}) = Z^2 E_{1s}(\mathrm{H}) - 2\left(Z - \frac{5}{16}\right)^2 E_{1s}(\mathrm{H})$$

$$= \left\{Z^2 - 2\left[Z^2 - \frac{5}{8}Z + \left(\frac{5}{16}\right)^2\right]\right\}E_{1s}(\mathrm{H})$$

$$= \left[Z^2 - \frac{5}{4}Z + 2\left(\frac{5}{16}\right)^2\right] \times 13.60$$

$$= \left[4 - \frac{5}{2} + 2\left(\frac{5}{16}\right)^2\right] \times 13.60 = 23.05 \text{ eV}$$

而实验值为 24.58 eV，差 1.53 eV，相对误差约为 6%。

将 $Z' = \frac{27}{16}$ 代入(5.4 - 3)式，则得氦原子基态的近似波函数为 $\phi(\vec{r_1}, \vec{r_2}) = \frac{27^3}{16^3 \pi a_0^3} e^{-\frac{27}{16a_0}(r_1 + r_2)}$。上述讨论对类氦离子，如 Li^+ 等都是完全适用的，只是 Z 不同而已。

四、含有 $\frac{1}{r_{12}}$ 的积分问题

在量子化学的计算中，经常会遇到含有 $\frac{1}{r_{12}}$ 的积分问题，所以在此作比较详细地讨论。

1. 求$\frac{1}{r_{12}}$的展开式

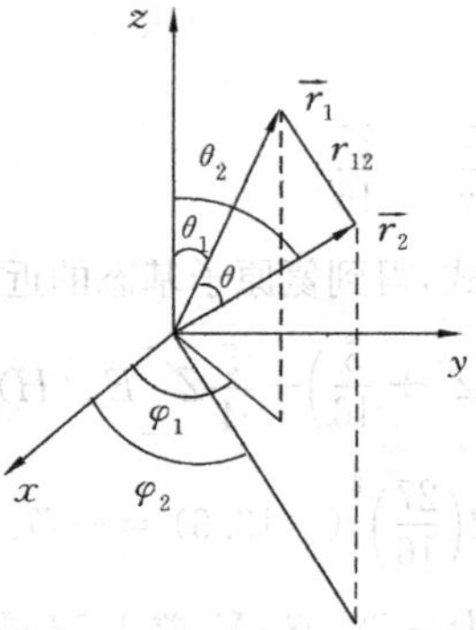

图 5.4 - 1

如图 5.4 - 1 所示，θ_1 和 ϕ_1，θ_2 和 ϕ_2 分别是$\vec{r_1}$和$\vec{r_2}$的极角与方位角，θ 为$\vec{r_1}$和$\vec{r_2}$之间的夹角，则 $r_{12}=\sqrt{r_1^2+r_2^2-2r_1r_2\cos\theta}$。

r_1 和 r_2 中比较大的那个用 $r_>$ 表示，比较小的那个用 $r_<$ 表示，并令

$$x=\frac{r_<}{r_>} \tag{5.4 - 15}$$

则 $r_{12}=r_>\sqrt{1+x^2-2x\cos\theta}$

$$\frac{1}{r_{12}}=\frac{1}{r_>}\frac{1}{\sqrt{1+x^2-2x\cos\theta}} \tag{5.4 - 16}$$

根据 Legendre 多项式母函数的公式

$$[1-2(\cos\theta)x+x^2]^{\frac{1}{2}}=\sum_{l=0}^{\infty}P_l(\cos\theta)x^l$$

(5.4 - 16) 可以写成

$$\frac{1}{r_{12}}=\frac{1}{r_>}\sum_{l=0}^{\infty}x^lP_l(\cos\theta) \tag{5.4 - 17}$$

现在的问题归结为求 $P_l(\cos\theta)$。

第一个电子角动量平方算符 $\hat{L}^2$ 的本征方程为

$$-\hbar^2\left[\frac{1}{\sin\theta_1}\frac{\partial}{\partial\theta}\left(\sin\theta_1\frac{\partial Y_{lm}(\theta_1\phi_1)}{\partial\theta_1}\right)+\frac{1}{\sin^2\theta_1}\frac{\partial^2Y_{lm}(\theta_1\phi_1)}{\partial\phi_1^2}\right]=$$

$\hbar^2 l(l+1)Y_{lm}(\theta_1\phi_1)$

转动坐标轴,或说在保持$\vec{r_1}$和$\vec{r_2}$之间的夹角θ不变的前提下,转动$\vec{r_1}$和$\vec{r_2}$,使$\vec{r_2}$和Z轴重合。这时,原来的变量θ_1和ϕ_1变成为现在的θ和ϕ,即$(\theta_1,\phi_1)\to(\theta,\phi)$。而且,在这个转动过程中,虽然变量发生了改变,而角动量平方L^2的数值是不变的,故l不变。但由于$\vec{r_1}$的空间取向变了,故磁量子数要发生改变,由原来的m变到k,则$Y_{lm}(\theta_1,\phi_1)\to Y_{lk}(\theta,\phi)$,$k=l,l-1,\cdots,0,\cdots,-l$,共$2l+1$个。

但在这个转动过程中,到底对应着哪一个k是不知道的,故写成全部可能的线性组合,即

$$Y_{lm}(\theta_1,\phi_1)=\sum_{k=-l}^{l}A_{lk}Y_{lk}(\theta,\phi) \tag{5.4-18}$$

$$Y_{lk}(\theta,\phi)=\sum_{m=-l}^{l}B_{lm}Y_{lm}(\theta_1,\phi_1) \tag{5.4-19}$$

$$Y_{lk}(\theta,\phi)=\sqrt{\frac{(2l+1)(l-|k|)!}{4\pi(l+|k|)!}}P_l^{|k|}(\cos\theta)e^{ik\phi}$$

$$Y_{l0}(\theta,\phi)=\sqrt{\frac{2l+1}{4\pi}}P_l(\cos\theta)$$

故 $$P_l(\cos\theta)=\sqrt{\frac{4\pi}{2l+1}}Y_{l0}(\theta,\phi) \tag{5.4-20}$$

现在的问题归结为求$Y_{l0}(\theta,\phi)$。按照(5.4-19)式,$Y_{l0}(\theta,\phi)$可写成

$$Y_{l0}(\theta,\phi)=\sum_{m=-l}^{l}B_{lm}Y_{lm}(\theta_1,\phi_1) \tag{5.4-21}$$

该式两边同乘$Y^*_{lm'}(\theta_1,\phi_1)$,并积分之,得

$$\int_0^{2\pi}\int_0^{\pi}Y^*_{lm'}(\theta_1\phi_1)Y_{l0}(\theta\phi)\sin\theta_1 d\theta_1 d\phi_1$$

$$=\sum_{m=-l}^{l}B_{lm}\int_0^{2\pi}\int_0^{\pi}Y^*_{lm'}(\theta_1\phi_1)Y_{lm}(\theta_1\phi_1)\sin\theta_1 d\theta_1 d\phi_1$$

$$=\sum_{m=-l}^{l}B_{lm}\delta_{mm'}=B_{lm'} \tag{5.4-22}$$

将(5.4 - 22)式代入(5.4 - 21)式，得

$$Y_{l0}(\theta\phi)=\sum_{m=-l}^{l}\left[\int_0^{2\pi}\int_0^{\pi}Y_{lm'}^{*}(\theta_1\phi_1)Y_{l0}(\theta\phi)\sin\theta_1 d\theta_1 d\phi_1\right]\cdot Y_{lm}(\theta_1\phi_1)$$

(5.4 - 23)

按(5.4 - 18)式，有 $Y_{lm}^{*}(\theta_1\phi_1)=\sum\limits_{k=-l}^{l}A_{lk}^{*}Y_{lk}^{*}(\theta\phi)$，则(5.4 - 23)式方括号中的积分可写成

$$\left[\int_0^{2\pi}\int_0^{\pi}Y_{lm'}^{*}(\theta_1\phi_1)Y_{l0}(\theta\phi)\sin\theta_1 d\theta_1 d\phi_1\right]$$

$$=\sum_{k=-l}^{l}A_{lk}^{*}\int_0^{2\pi}\int_0^{\pi}Y_{lk}^{*}(\theta\phi)Y_{l0}(\theta\phi)\sin\theta\, d\theta d\phi$$

$$=\sum_{k=-l}^{l}A_{lk}^{*}\delta_{k0}=A_{l0}^{*} \qquad (5.4 - 24)$$

(前一个等号中应用了定积分和积分变量无关)

将(5.4 - 24)式代入(5.4 - 23)式，得

$$Y_{l0}(\theta\phi)=\sum_{m=-l}^{l}A_{l0}^{*}Y_{lm}{}^{*}(\theta_1\phi_1) \qquad (5.4 - 25)$$

现在的问题归结为确定 A_{l0}^{*}。在上述的转动过程中，对第二个电子来说，则有 $(\theta_2\phi_2)\rightarrow(0\phi)$ 和 $Y_{lm}(\theta_2\phi_2)\rightarrow Y_{lm}(0\phi)$。与讨论第一个电子的情况完全类似，仿照(5.4 - 18)式，有

$$Y_{lm}^{*}(\theta_2\phi_2)=\sum_{k=-1}^{l}A_{lk}^{*}Y_{lk}^{*}(0\phi) \qquad (5.4 - 26)$$

因为这时 $\vec{r_2}$ 和 Z 轴重合，所以极角 $\theta_2=0$，方位角可任意，就选为 ϕ。由于

$$Y_{lk}(0\phi)=\sqrt{\frac{(2l+1)(l-|k|)!}{4\pi(l+|k|)!}}P_l^{|k|}(\cos\theta)e^{ik\phi},$$

$P_l^{|k|}(x)=(1-x^2)^{\frac{|k|}{2}}\dfrac{d^{|k|}}{dx^{|x|}}P_l(x)$，则有 $\cos 0=1$。

当 $k\neq 0$ 时，$\because P_l(1)=1$，$\therefore P_l^{|k|}(1)=0$，$Y_{lk}(0\phi)=0$；

当 $k=0$ 时，$P_l^{|k|}(x)=P_l(x)=P_l(1)=1, Y_{lk}(0\phi)=\sqrt{\frac{2l+1}{4\pi}}$,

即 $$Y_{lk}(0\phi)=\begin{cases}0,(k\neq 0)\\ \sqrt{\frac{2l+1}{4\pi}},(k=0)\end{cases} \quad (5.4-27)$$

显然，$$Y_{lk}^*(0\phi)=Y_{lk}(0\phi) \quad (5.4-28)$$

将(5.4－27)式代入(5.4－26)式，并考虑到(5.4－28)式，得

$$Y_{lm}^*(\theta_2\phi_2)=A_{l0}^*\sqrt{\frac{2l+1}{4\pi}} \quad (5.4-29)$$

故 $Y_{l0}^*=\sqrt{\frac{4\pi}{2l+1}}Y_{lm}^*(\theta_2\phi_2)$，该式代入(5.4－25)式，得

$$Y_{l0}^*(\theta\phi)=\sum_{m=-l}^{l}\sqrt{\frac{4\pi}{2l+1}}Y_{lm}(\theta_1\phi_1)Y_{lm}^*(\theta_2\phi_2) \quad (5.4-30)$$

该式代入(5.4－20)式，得

$$P_l(\cos\theta)=\sum_{m=-l}^{l}\frac{4\pi}{2l+1}Y_{lm}(\theta_1\phi_1)Y_{lm}^*(\theta_2\phi_2) \quad (5.4-31)$$

该式代入(5.4－17)式，得

$$\begin{aligned}\frac{1}{r_{12}}&=\frac{1}{r_>}\sum_{l=0}^{\infty}\sum_{m=-l}^{l}\frac{4\pi}{2l+1}x^lY_{lm}(\theta_1\phi_1)Y_{lm}^*(\theta_2\phi_2)\\&=\sum_{l=0}^{\infty}\sum_{m=-l}^{l}\frac{4\pi}{2l+1}\frac{r_<^l}{r_>^{l+1}}Y_{lm}(\theta_1\phi_1)Y_{lm}^*(\theta_2\phi_2)\end{aligned} \quad (5.4-32)$$

这就是 $\frac{1}{r_{12}}$ 的展开式。

2. 计算 $\iint\phi^*\ \frac{e^2}{r_{12}}\phi d\tau_1 d\tau_2$

这个积分的具体计算过程，已在 §5.2 节中讨论过。

第六章　群论基础

我们已经知道，只有几个最简单的量子力学体系，它们的Schrödinger方程是可以被精确求解的，而大多数问题必须求助于一些近似方法，并且其求解过程也是相当困难的，最后也只能得到近似的本征函数和本征值。但是，如若利用量子力学体系的对称性，借助于群论的知识，就可以不必实际求解Schrödinger方程，而得到关于复杂体系的本征函数和本征值的许多知识。可见，群论在量子化学中的应用是很重要的。

§6.1　群的基本概念

一、群的定义和举例

1. 群的定义

群是按照某种规律相互联系着的一些元素的集合。用G来表示这个集合，G中含有若干个元素是A，B，C，D，E等，对元素之间定义一种运算(常常称这种运算为“乘法”)，如果满足下列四个条件，我们称集合G为群。

(1) 封闭性

G中任何两个元素相乘(当然也包括任意一个元素的平方)，其结果仍然是G中的元素。可用数学符号表示为

如 $A\in G$ 和 $B\in G$，则 $AB\in G$ (6.1 - 1)

其中 $A\in G$ 的意义是 A 属于集合 G。这里的"乘"这个术语，不一定具有初等代数或算术中所表示的那种意义，它有着更广泛的含义，为了避免不必要的或者甚至是不正确的理解，也许用"组合"或者是"运算"来代表"乘"更恰当些。

另外要注意，BA 也是集合中的元素，即 $BA\in G$，但 AB 可能不等于 BA，即乘法不一定满足交换律。

(2) 缔合性

三个元素相乘其结果同乘的顺序无关，即

$$(AB)C=A(BC) \tag{6.1 - 2}$$

换句话说，就是乘法满足结合律。

(3) 单位元素

G 中有一个元素 E，它同 G 中的任何元素 A 相乘都是可交换的，而且都等于该元素本身，即

$$EA=AE=A \tag{6.1 - 3}$$

则称 E 为单位元素或恒等元素。

(4) 逆元素

G 中的每个元素 A，都有它的逆元素 A^{-1}，它也是 G 中的元素，而且两者相乘等于单位元素 E，即

$$A\in G, A^{-1}\in G, \text{且 } AA^{-1}=A^{-1}A=E \tag{6.1 - 4}$$

显然，在 G 中若 R 是 S 的逆元素，则 S 也是 R 的逆元素。另外，单位元素 E 是它自己的逆元素。

现在证明一个以后将要用到的有关逆元素的定理：两个或多个元素乘积的逆元素等于各逆元素按相反次序的乘积，即

$$(ABC\cdots XY)^{-1}=Y^{-1}X^{-1}\cdots C^{-1}B^{-1}A^{-1} \tag{6.1 - 5}$$

证明：若 A，B 和 C 是群元素，则由群的定义可知，它们的乘积 D 必定也是一个群元素，即

$$ABC=D \tag{6.1 - 6}$$

现用 $C^{-1}B^{-1}A^{-1}$ 右乘上式的两边，得

$$ABCC^{-1}B^{-1}A^{-1}=DC^{-1}B^{-1}A^{-1}$$

$ABEB^{-1}A^{-1} = DC^{-1}B^{-1}A^{-1}$

$\vdots$

$E = DC^{-1}B^{-1}A^{-1}$

由此可见，由于 D 乘 $C^{-1}B^{-1}A^{-1}$ 等于单位元素 E，说明 $C^{-1}B^{-1}A^{-1}$ 是 D 的逆元素，即

$$D^{-1} = C^{-1}B^{-1}A^{-1} \tag{6.1 - 7}$$

而由(6.1 - 6) 式又可得 $D^{-1} = (ABC)^{-1}$，故 $D^{-1} = (ABC)^{-1} = C^{-1}B^{-1}A^{-1}$，证毕。

2. 群的举例

群中所包含的元素的数目可以是有限的，也可以是无限的，相应的群称为有限群和无限群。我们所要研究的对称群绝大部分都是有限的。群中所包含的元素数目称为群的阶，并用 h 表示。

(1)$G = \{0, \pm 1, \pm 2, \pm 3, \cdots\}$

我们取所有整数的集合，包括正的、负的和零，对于加法而言，组成一个群。因为任一整数可由其他两个整数相加而得，如 $3 + 5 = 8$，所以封闭性是满足的，结合律也是成立的。例如 $[(+5) + (-8)] + (+305) = (+5) + [(-8) + (+305)]$，单位元素是 0，因为 $0 + n = n$，n 为群中的任一元素。任一元素 n 的逆元素是 $-n$，因为 $n + (-n) = 0$。

(2)$G = \{$所有大于 0 的实数$\}$，对普通的乘法而言组成一个群。满足封闭性和结合律是显然的，1 是单位元素，任一实数 m 的逆元素为 $1/m$。

(3)$G = \{E, I\}$

这个群(称为 C_i) 中的两个元素是“对称操作”，其中 E 是恒等操作，即“不动” 动作，而 I 是反演操作，即为对原点的“倒反” 动作。这种组成元素是对称操作的群为点群，这是因为所有的对称元素(对称操作所依赖的几何要素) 都通过一个公共点。

把 E 和 I 作用到函数 $\Phi(x,y,z)$ 上，其结果为

$$E\Phi(x,y,z) = \Phi(x,y,z),\quad I\Phi(x,y,z) = \Phi(-x, -y, -z)$$

如果对函数 $\Phi(x,y,z)$ 先用 E 作用，再用 I 作用，即

$$IE\Phi(x,y,z) = I\Phi(x,y,z) = \Phi(-x, -y, -z)$$

这就可以说 $IE = I$。在这里“乘” 的意思是指两个动作的连续作用。同理

可得：$EI = I, II = E, EE = E$。将上述结果归纳成一个表格，则可得群元素的乘积表，即

	E	I
E	E	I
I	I	E

可见，封闭性满足。

又因为

$$IEI = (IE)I = II = E$$

$$IEI = I(EI) = II = E$$

所以，缔合性也满足。

单位元素是 E。E 的逆元素是 E，I 的逆元素是 I。

(4) 水分子中对称操作的完全集合构成一个群。

H_2O 分子的空间构型如图 6.1 - 1。

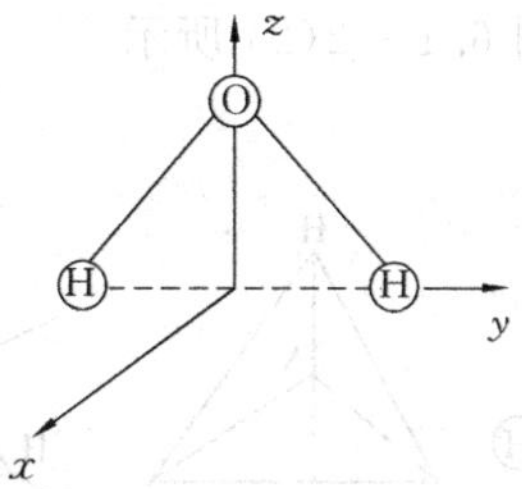

图 6.1 -1

选 z 轴通过氧原子并平分氢原子之间的连线，于是整个 H_2O 分子在 yz 水平面上。

有一个对称操作 σ_v，为对 xz 平面的镜像反映。

另一个对称操作 σ_v'，为对 yz 平面的镜像反映。

有一个旋转操作 C_2，就是 z 轴，即分子绕 Z 轴转动 $180°$ 复原。

还有一个对称操作是 E，即单位动作，相当于绕 Z 轴转动 $0°$，即不动。

可见，水分子中一共有四个对称操作，构成一个 C_{2v} 群。$G = \{E, C_2, \sigma_v, \sigma_v'\}$。因为由 $C_2C_2 = E, C_2\sigma_v = \sigma_v'$，等等，可得其乘积表为

C_{2v}	E	C_2	σ_v	σ_v'
E	E	C_2	σ_v	σ_v'
C_2	C_2	E	σ_v'	σ_v
σ_v	σ_v	σ_v'	E	C_2
σ_v'	σ_v'	σ_v	C_2	E

由乘积表可见，显然是满足封闭性的。而且，由于

$$C_2\sigma_v\sigma_v' = (C_2\sigma_v)\sigma_v' = \sigma_v'\sigma_v' = E$$

$$C_2\sigma_v\sigma_v' = C_2(\sigma_v\sigma_v') = C_2C_2 = E$$

所以，缔合性也是满足的。

每一个元素的逆元素也可以从乘积表得到，如 $C_2^{-1} = C_2$，$\sigma_v^{-1} = \sigma_v$，$\sigma_v'^{-1} = \sigma_v'$，单位元素是 E。故 $G = \{E, C_2, \sigma_v, \sigma_v'\}$ 构成一个群。

(5)NH_3 分子中对称操作的完全集合构成一个群，NH_3 分子的空间构型如图 6.1-2(1) 所示。三个 H 原子构成一个正三角形，若从 N 原子往下看，即作俯视图，则如图 6.1-2(2) 所示。

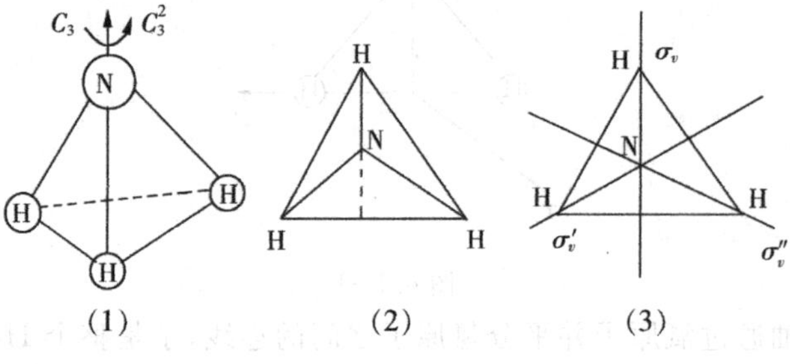

图 6.1-2

NH_3 分子中的对称元素有：通过等边三角形的三个顶角的平分线，垂直于三角形有三个面(包含了 N 原子)是对称面，称它们为 σ_v，σ_v'，σ_v''，如图 6.1-2(3) 所示。由 N 原子向三角形作垂线，是一个三重轴，用 C_3 表示，相当于转动 $\frac{2\pi}{3} = 120°$。另外，转动 $240° = 120° \times 2$ 也能使图形复原，故还有对称操作 C_3^2。再加上一个不动的动作 E，共有六个对称操作：E，C_3，C_3^2，σ_v，σ_v'，σ_v''。它们可以构成一个群：$G = \{E, C_3, C_3^2, \sigma_v, \sigma_v', \sigma_v''\}$。这个点群

称为 C_{3v}，其乘积表为

C_{3v}	E	C_3	C_3^2	σ_v	σ_v'	σ_v''
E	E	C_3	C_3^2	σ_v	σ_v'	σ_v''
C_3	C_3	C_3^2	E	σ_v''	σ_v	σ_v'
C_3^2	C_3^2	E	C_3	σ_v'	σ_v''	σ_v
σ_v	σ_v	σ_v'	σ_v''	E	C_3	C_3^2
σ_v'	σ_v'	σ_v''	σ_v	C_3^2	E	C_3
σ_v''	σ_v''	σ_v	σ_v'	C_3	C_3^2	E

由乘积表可见，群的封闭性显然是满足的。

而且 $\begin{cases}\sigma_v C_3 \sigma_v' = (\sigma_v C_3)\sigma_v' = \sigma_v'\sigma_v' = E \\ \sigma_v C_3 \sigma_v' = \sigma_v(C_3\sigma_v') = \sigma_v\sigma_v = E\end{cases}$，所以满足缔合性。

由乘积表可知，其逆元素为：$C_3^{-1} = C_3^2$，$C_3^{2-1} = C_3$，$\sigma_v^{-1} = \sigma_v$，$\sigma_v'^{-1} = \sigma_v'$，$\sigma''_v{}^{-1} = \sigma''_v$，单位元素是 E。群的四个条件都得到了满足，故 $G = \{E, C_3, C_3^2, \sigma_v, \sigma_v', \sigma_v''\}$ 构成一个群。在这个群中，由于

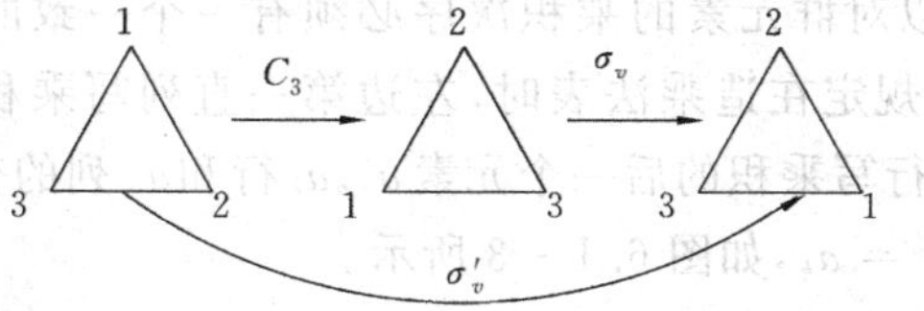

即 $\sigma_v C_3 = \sigma_v'$。但是，

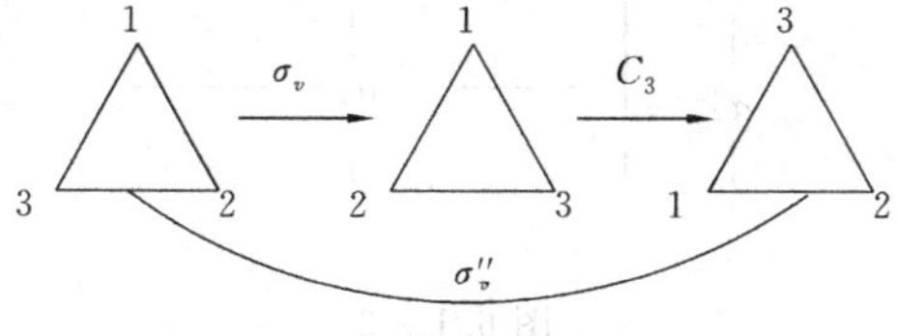

即 $C_3\sigma_v = \sigma_v''$。

所以 $C_3\sigma_v \neq \sigma_v C_3$，说明这个群的乘法是不满足交换律的，即非对易的，这种群也叫非对易群。

另外要注意，旋转轴的旋转方向规定为逆时针旋转。

通过对上面这些具体群的讨论，我们可以看到：① 构成群的对象是很广泛的，群的"元素"可以是各种各样的数学对象或物理动作，如整数、

实数、矩阵、置换、对称操作等;②"乘法"规定群中各元素之间的关系,可以是普通数或矩阵之间的乘法,也可以是数的加法,可以指相继的两次交换,也可以指相继的两个物理动作,总之,是明确规定的一种元素结合规则。元素的乘法不一定服从交换律,所以乘法一定要强调按一定次序进行。我们把元素的乘法服从交换律的群叫做交换群,或称 Abel(阿贝尔)群。

二、群的乘法表和重排定理

1. 乘法表

把群的元素之间的组合关系排成一个表,叫做群的乘法表。它对于进行群的运算是很方便的。n 阶群的乘法表是 n 行和 n 列的正方形表,各行和各列都分别用群的一个元素标记。

怎样来造乘法表呢?由于群元素的乘积一般是不可交换的,即 $a_ia_j \neq a_ja_i$,所以对群元素的乘积次序必须有一个一致的并且是始终如一的规定。我们规定在造乘法表时,左边第一直列写乘积的前一个元素 a_i,上面第一横行写乘积的后一个元素 a_j。a_i 行和 a_j 列的交叉点上写乘积元素 a_k,即 $a_ia_j = a_k$,如图 6.1 - 3 所示。

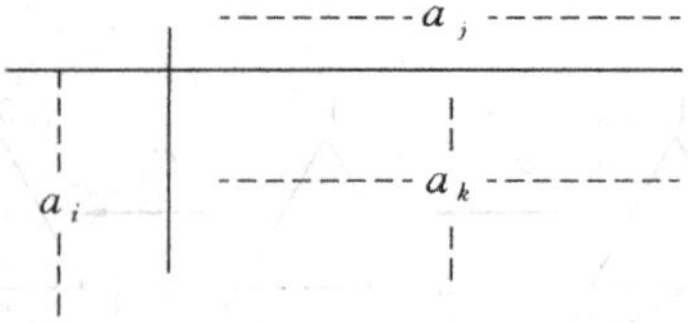

图 6.1 - 3

按照上面的规定,完成乘法表中所有的乘积,这就造出了乘法表。我们在前面列出的 C_{2v} 群和 C_{3v} 群的乘法表就是这样造出来的。

2. 重排定理

群的重排定理:在群的乘法表中,每个群元素在每一行和每一列中都出现一次而且只出现一次,所以每一行和每一列都是群元素的重新排列。

证明:设群 G 由 h 个元素组成,即 $G = \{E, g_2, g_3, \cdots, g_h\}$,则在该群的

乘法表中第 i 行的元素为：g_iE，g_ig_2，g_ig_3，…，g_ig_h。

由群的封闭性可知，群中任意两个元素的乘积，一定还是群中的一个唯一确定的元素。又因为没有两个群元素 g_m 和 g_n 是相同的，所以不会有两个乘积 g_ig_m 和 g_ig_n 是相同的，故记入第 i 行的 h 个元素都是不同的，因为只有 h 个元素，所以每个元素必须出现一次而且只出现一次，只不过是改变了元素的排列顺序而已。

这种论证对于列显然也是适用的。

三、子　群

我们已经知道 C_{3v} 群为 $C_{3v}=\{E,C_3,C_3^2,\sigma_v,\sigma_v',\sigma_v''\}$。

但认真研究一下就会发现，在这个群里还可以找到一些更小的群，如有一个三阶群 C_3，$C_3=\{E,C_3,C_3^2\}$；还有二阶群，$\{E,\sigma_v\}$，$\{E,\sigma_v'\}$ 和 $\{E,\sigma_v''\}$；最后还有一阶群 $\{E\}$。

如果群 $G\{E,g_2,g_3,\cdots\}$ 中的一部分元素的子集合对于群 G 的乘法也构成群 G'，则称群 G' 为群 G 的子群。

为了确定 G 中的子集合是否构成子群，只须检查子集合是否满足条件：(1) 任意两个元素的乘积也在这一子集合内；(2) 任意元素的逆元素也在这一个子集合内。因为结合律在 G 中是满足的，所以在子集合中当然也是满足的。应当注意的是群 G' 的乘法要与群 G 的乘法相同，G' 才算是 G 的子群。按照这些条件来检查上述这些小群，显然可知，它们都是 C_{3v} 的子群。

C_{3v} 群和它的子群的阶分别是 6 和 1，2，3，两者之间的关系是：子群的阶都是主群阶的因子。这是一个普遍的规律，而不是某一具体群所特有的性质，因此，通过证明定理"h 阶群的任意子群的阶 g 必为 h 的除数"，换句话说，$h/g=k$，k 是正整数，亦可说明。

证明：假设有限群 G 的阶是 h，G 中的一组 g 个元素 $A_1,A_2,A_3,\cdots,A_g$ 组成一个子群 $A=\{A_1,A_2,A_3,\cdots,A_g\}$，其阶为 g。现在取群 G 中的另一个不是子群 A 中成员的元素 B，即 $B\in G$，但 $B\notin A$，并把 B 与子群 A 中的所有元素相乘，则可得到 g 个乘积：$BA_1,BA_2,BA_3,\cdots,BA_g$。这些乘积中没有一个可以在子群中，即 $BA_i\notin A$，其中 A_i 为子群 A 中的任一元

素。如果 $BA_i \in A$，则必然得到 $BA_i = A_j$，A_j 为子群A 中的某一元素。当我们取 A_i 的逆元素 A_i^{-1} 右乘上式时得 $BA_iA_i^{-1} = A_jA_i^{-1}$，进而得 $BE = A_jA_i^{-1}$，$B = A_jA_i^{-1}$。

由于 $A_j \in A$，$A_i \in A$，所以 $A_i^{-1} \in A$，而且 $A_jA_i^{-1} \in A$，亦即$B \in A$。这个结果与假设B不是子群A 中成员的前提相矛盾。因此，如果所有乘积 $BA = \{BA_1, BA_2, BA_3, \cdots, BA_g\}$ 加上子群A本身是在大群中，则G中至少有 $2g$ 个成员。若 $h > 2g$，我们还可以选另外的不属于 A 和 BA 的元素，如 C，并用 C 去乘 A，这将得到另外的 g 个元素，它们都是主群的成员，而不是 A 和 BA 这些集合的成员。因而知道 h 必定至少等于 $3g$。若 $h > 3g$，则可作与上述同样的处理，但我们终归能达到那种状况，这时再没有其他可以用来乘A的元素，而且这些元素不在已经得到的A,BA,CA等各集合中。假设在找到了 k 个那种元素之后，就达到了再也没有其他元素的情况，那么

$$G = A + BA + CA + \cdots + KA \tag{6.1 - 8}$$

$$h = kg \quad 故 \quad h/g = k$$

其中 k 当然是正整数。证毕。

四、同构和同态

构成群的对象虽然千差万别，但确具有共同的特点 —— 服从相同的代数运算规则。群论就是研究这一共同特征的，因此由不同的对象构成的群，从群论的角度去看却可能是完全等价的，或是有密切的关系。群的同构与同态就是说明由不同的对象构成的群之间的这种关系。

1. 同　构

如果在两个群 G 和 G' 之间能建立起一一对应的关系，使得若 $g_i \leftrightarrow g_i'$，$g_i \leftrightarrow g_j'$，$g_k \leftrightarrow g_k'$，在G中有 $g_ig_j = g_k$，则在G' 中必有 $g_i'g_j' = g_k'$，反之亦然，就说群 G 和G' 同构，记 $G \approx G'$。

可见，两个群同构，只要求它们的元素一一对应和有相同的乘法表。而且，显然两个同构群一定具有相同的阶。

例如，在军事训练中的以下四个动作：立正(↑)，向后转(↓)，向左转(→)，向右转(←) 可以组成一个群，乘法的定义是两个动作连续作用，其

乘法表如下：

	↑	↓	→	←
↑	↑	↓	→	←
↓	↓	↑	←	→
→	→	←	↓	↑
←	←	→	↑	↓

而由四个数$\{1,-1,i,-i\}$以数的乘法作为组合规律，也构成一个群，其乘法表为

	1	-1	i	$-i$
1	1	-1	i	$-i$
-1	-1	1	$-i$	i
i	i	$-i$	-1	1
$-i$	$-i$	i	1	-1

在上述两个群中，若以$\uparrow\leftrightarrow 1$，$\downarrow\leftrightarrow -1$，$\rightarrow\leftrightarrow i$，$\leftarrow\leftrightarrow -i$，则两个群有相同的乘法表，所以这两个群同构。

2. 同　态

设有两个群G和G'，而且G的阶大于G'的阶。若G'中的任一元素都和G中的一组元素相对应，即

$$\left.\begin{matrix} g_{i1} \\ g_{i2} \\ \cdots \\ \cdots \end{matrix}\right\}\leftrightarrow g'_i \qquad \left.\begin{matrix} g_{j1} \\ g_{j2} \\ \cdots \\ \cdots \end{matrix}\right\}\leftrightarrow g'_j$$

则有$g_{im}g_{jn}\leftrightarrow g'_i g'_j$（其中$g_{im}$是$g_{i1},g_{i2},\cdots$中的任一个，$g_{jn}$是$g_{j1},g_{j2},\cdots$中的任一个），就称$G$和$G'$是同态的。

例如，G为C_{3v}，$G'=\{E,I\}$，只要把G'中的每一个元素都和C_{3v}中的一组元素相对应，如$E,C_3,C_3^2\leftrightarrow E$，$\sigma_v,\sigma'_v,\sigma''_v\leftrightarrow I$，则乘积之间的对应关系就满足了，故$C_{3v}$群和$G'=\{E,I\}$群是同态的。

所谓满足是指：

① $EE=E\leftrightarrow E,C_3,C_3^2$中任意两个元素的相乘，还是$E,C_3,C_3^2$中的一个。

② $II = E \leftrightarrow \sigma_v, \sigma_v', \sigma_v''$ 中任意两个元素的相乘，得到 E, C_3, C_3^2 中的一个。

③ $EI = IE = I \leftrightarrow E, C_3, C_3^2$ 中的任何一个元素和 $\sigma_v, \sigma_v', \sigma_v''$ 中的任何一个元素相乘，得到的是 $\sigma_v, \sigma'_v, \sigma''_v$ 中的一个。

具体的乘积结果可见以前列出过的 C_{3v} 群和 $G' = \{E, I\}$ 群的乘法表。显然，同阶的同态群就是同构群，所以同构可看做同态的一种特例。

以后学群表示理论时，将会看到一个点群 G 可以和一个矩阵 M 同构，则称 M 为 G 的一个表示。若一个矩阵群 M' 和一个点群 G 同态，则 M' 也可以作为点群 G 的一个表示，介绍同构和同态的意义也就在于此。

五、共轭元素和群元素分类

假设 $A, B, X \in G$，而且关系式 $X^{-1}AX = B$ (6.1 - 9)

成立，则说 A 和 B 共轭，或者说 B 和 A 借助于 X 所得的相似变换。

共轭元素具有一些重要性质：

① 每个元素与其自身共轭。这意味着，若我们选取任意一个元素 A，至少必定可以找到一个元素 X，使得关系式 $A = X^{-1}AX$ 成立。显然当选取 $X = E$ 时，则上式成立，所以每一元素与自身共轭。

② 若 A 与 B 共轭，则 B 与 A 也共轭，即 A 与 B 互为共轭元素。

若 $A = X^{-1}BX$ (6.1 - 10)

则在群中必定有某个元素 Y，使得

$B = Y^{-1}AY$ (6.1 - 11)

证明：用 X 左乘和用 X^{-1} 右乘(6.1 - 10)，得

$XAX^{-1} = XX^{-1}BXX^{-1} = B$

因此，若 X 的逆元素是 Y，即 $Y = X^{-1}$（当然 $X = Y^{-1}$），

则有 $B = Y^{-1}AY$，证毕。

③ 若 B 与 A 共轭，C 与 B 共轭，则 C 与 A 也共轭。

证明：因为 $B = XAX^{-1}$，$C = YBY^{-1}$，X 和 Y 是群中任意元素，则 $C = YBY^{-1} = YXAX^{-1}Y^{-1} = (YX)A(YX)^{-1}$。

因乘积 (YX) 也是群中的一个元素，故 C 与 A 共轭得证。

有了共轭元素的概念以后，就可以讨论类了。群中相互共轭的元素的

一个完整集合成为群的类。一个类中包含的元素数目称为类的阶。

怎样将一个具体群中的元素进行分类呢?根据类的定义可知,这要靠对群中的元素做出所有元素(包括它自己在内)对它的相似变换来实现,这种相似变换要直到把群中的所有元素都列入一个类或另一类中为止。

现以 C_{3v} 群为例来说明具体做法。我们用的办法是做运算:$X^{-1}AX$,其中 X 是群中的每一个元素,A 是群中的某一个元素。运算的结果可得到一个元素 Y,即 $Y = X^{-1}AX$,则说 Y 和 A 是属于同一类。

先取 C_{3v} 中的 σ_v,则有

$$E^{-1}\sigma_v E = E^{-1}\sigma_v = E\sigma_v = \sigma_v$$

$$\sigma_v^{-1}\sigma_v\sigma_v = \sigma_v^{-1}E = \sigma_v E = \sigma_v$$

$$\sigma_v'^{-1}\sigma_v\sigma_v' = \sigma_v'^{-1}C_3 = \sigma_v' C_3 = \sigma_v''$$

$$\sigma_v''^{-1}\sigma_v\sigma_v'' = \sigma_v''^{-1}C_3^2 = \sigma_v'' C_3^2 = \sigma_v'$$

$$C_3^{-1}\sigma_v C_3 = C_3^{-1}\sigma_v' = C_3^2\sigma_v' = \sigma_v''$$

$$C_3^{2-1}\sigma_v C_3^2 = C_3^{2-1}\sigma_v'' = C_3\sigma_v'' = \sigma_v'$$

可见,σ_v,σ_v' 和 σ_v'' 属于同一类。若取 σ_v' 和 σ_v'' 来做,则有

$E^{-1}\sigma_v' E = \sigma_v'$	$E^{-1}\sigma_v'' E = \sigma_v''$
$\sigma_v^{-1}\sigma_v'\sigma_v = \sigma_v''$	$\sigma_v^{-1}\sigma_v''\sigma_v = \sigma_v'$
$\sigma_v'^{-1}\sigma_v'\sigma_v' = \sigma_v$	$\sigma_v'^{-1}\sigma_v''\sigma_v' = \sigma_v$
$\sigma_v''^{-1}\sigma_v'\sigma_v'' = \sigma_v$	$\sigma_v''^{-1}\sigma_v''\sigma_v'' = \sigma_v''$
$C_3^{-1}\sigma_v' C_3 = \sigma_v$	$C_3^{-1}\sigma_v'' C_3 = \sigma_v'$
$C_3^{2-1}\sigma_v' C_3^2 = \sigma_v''$	$C_3^{2-1}\sigma_v'' C_3^2 = \sigma_v$

结果得到了同样的结论:σ_v,σ_v' 和σ_v'' 属于同一类,故 σ_v,σ_v' 和σ_v'' 组成一个三阶的类。继续进行下去,则有

$E^{-1}C_3 E = C_3$	$C_3^{-1}C_3C_3 = C_3$
$C^{2-1}C_3C_3^2 = C_3$	$\sigma_v^{-1}C_3\sigma_v = C_3^2$
$\sigma_v'^{-1}C_3\sigma_v' = C_3^2$	$\sigma_v''^{-1}C_3\sigma_v'' = C_3^2$

可见,C_3 和 C_3^2 属于同一类。还可以求出,所有元素对 C_3^2 的变换结果也是 C_3 和 C_3^2,故 C_3 和 C_3^2 组成一个二阶的类。

最后对 E 进行变换,得到

$E^{-1}EE = E$	$C_3^{-1}EC_3 = E$

$$C_3^{2-1}EC_3^2 = E \qquad \sigma_v^{-1}E\sigma_v = E$$

$$\sigma'^{-1}_v E\sigma'_v = E \qquad \sigma''^{-1}_v E\sigma''_v = E$$

可见,E 本身组成一个一阶的类。

综上所述,C_{3v} 中的六个元素可以分为三类,其中一个是一阶的,一个是二阶的,一个是三阶的,即 E;C_3,C_3^2;σ_v,σ'_v,σ''_v。

下面进一步说明有关类的几个问题:

① 任何一个群,其单位元素 E 能够单独构成一个类。这是因为 $x^{-1}Ex = Ex^{-1}x = E$,x 是群 G 中的每一个元素,所以任何群的单位元素都是自身共轭的,故都能够单独构成一个类。

② 对易群的每个元素单独构成一个类,这时类的数目等于元素的数目。这是因为 $x^{-1}A_ix = A_ix^{-1}x$(对易性)$= A_iE = A_i$。其中 x 是G 中的每一个元素,A_i 是 G 中的某一个元素。可见,在对易群中每个元素都是自身共轭的,故各自构成一个类。例如,$G = \{E, I\}$ 有两类:E 和 I,即各自构成一阶的类。

③ 同一类中的所有元素都具有相同的周期(亦称阶)。元素周期(或阶)的定义是:任意元素 A_i,若 $A_i^n = E$,则称 n 为元素 A_i 的周期。例如,$C_3^3 = E$,故 C_3 的周期为 3。

证明:设 B 与 A 都属于同一类,而且 A 的周期为 n,即 $B = xAx^{-1}$。则 $B^n = (xAx^{-1})^n$

$$= \overbrace{(xAx^{-1})(xAx^{-1})\cdots(xAx^{-1})}^{\text{共}n\text{个}}$$

$$= xA(x^{-1}x)A(x^{-1}x)\cdots(x^{-1}x)Ax^{-1}$$

$$= xA^nx^{-1} = xEx^{-1} = E \qquad \because A^n = E$$

说明 B 的周期也是 n,故同一类中的所有元素都是同阶的。证毕。

这条定理对于我们判断分类是否正确是有用的。例如,在群 C_{3v} 中的六个元素可分成三类:

E:	元素的阶为 1
C_3,C_3^2:	元素的阶为 3
σ_v,σ'_v,σ''_v:	元素的阶为 2

同一类中的所有元素都具有相同的阶,说明分类是正确的。

④ 和子群的情况类似，同样可以证明：群中所有类的阶一定是群的阶的整数因子。

六、群的直接乘积

假设 $H_1, H_2, \cdots, H_n$ 是群 G 的子群，如果满足下列条件：

① 不同子群 H_K 和 H_L 中取出的任意两个元素都是相互对易的，即 $h_k h_l = h_k h_l$。

② 若 h_1 是 H_1 中的一个元素，h_2 是 H_2 中的一个元素，…，即 $h_1 \in H_1, h_2 \in H_2, \cdots, h_n \in H_n$，则 G 中的每个元素 g_i 都可以用唯一的方式表示成 $g_i = h_1 h_2 \cdots h_n$，则称 G 为 $H_1, H_2, \cdots, H_n$ 的直接乘积，表示为

$$G = H_1 \times H_2 \times \cdots \times H_n \tag{6.1 - 12}$$

子群 $H_1, H_2, \cdots, H_n$ 叫做 G 的直接因子。例如，六阶循环群 C_6（h 阶的循环群定义为一个元素 x 及其全部 h 个幂，一直到 $x^h = E$），其乘法表为

C_6	E	a	a^2	a^3	a^4	a^5
E	E	a	a^2	a^3	a^4	a^5
a	a	a^2	a^3	a^4	a^5	E
a^2	a^2	a^3	a^4	a^5	E	a
a^3	a^3	a^4	a^5	E	a	a^2
a^4	a^4	a^5	E	a	a^2	a^3
a^5	a^5	E	a	a^2	a^3	a^4

可分解为子群：$G_1 = \{E, a^3\} = C_2$ 和 $G_2 = \{E, a^2, a^4\} = C_3$。

由于 G_1 和 G_2 中的元素可对易，而且 G_1 和 G_2 的元素分别乘起来，就以唯一的方式得到了 C_6，即 G 中的六个元素 $\{E, a, a^2, a^3, a^4, a^5\}$，即

$$\begin{aligned} G &= G_1 \times G_2 \\ &= \{E, a^3\} \times \{E, a^2, a^4\} \\ &= \{E, a, a^2, a^3, a^4, a^5\} \end{aligned}$$

故由群的直接乘积的定义可知，六阶循环群 C_6 可分解为子群 C_2 和 C_3 的直接乘积。G_1 是二阶的，G_2 是三阶的，G 是六阶的。一般 $h = h_1 \times h_2$。

§6.2 点　群

一、对称元素和对称操作

1. 定　义

对称操作是一种动作，完成这种动作之后能使物体完全复原，这种动作叫做对该物体的对称操作。换句话说，假如我们记下物体在完成一个动作前后的位置和取向，如果这两个位置和取向是不可区分的，这种动作就是对称操作。这意味着，若我们看一下物体把脸背过去后，让一个人完成一个对称操作，然后我们再去看它，那么，我们将完全不能辨别这个操作是否被完成，因为在这两种情况下，位置和取向都是无法和原始情况相区别的。

一个对称元素是一个几何实体，如一条直线，一个平面或一个点，与它们相关联，可以完成一个或一个以上的对称操作。所以，对称操作所赖以进行的几何要素(点、线、面等)称为对称元素。

对称元素和对称操作是紧密相连的，因为操作只有与元素相关联才能被定义；同时，一个对称元素的存在，只有通过证明相应的对称操作的存在才能表现出来。因为一个对称元素的存在取决于一个(或数个)对称操作的存在，反之亦然。因此，我们将同时讨论有关类型的元素和操作。

在讨论分子对称性时，只有四种类型的对称元素和对称操作必须考虑，现列于下表中。

表 6.2-1　确定分子对称性所要求的对称元素和对称操作的四种类型

对称元素	对称操作(一种或多种)
1. 平面	平面中的反映
2. 对称中心或反演中心	所有原子通过中心的反演
3. 真轴	绕轴的一次或多次转动
4. 非真轴	按下列次序的一次或多次重复：跟随转动之后在垂直与转动轴的平面中反映

2. 对称面和反映

如果有一个通过物体的平面，物体对这一平面的镜像与其自身重合，则说这个平面是物体的一个对称面或镜面。对称面的标准符号是σ，对这一平面的反映也计作σ。例如，在直角坐标系中，若xy是一个对称面，则原来的(x_i, y_i, z_i)的点，通过这个对称面的反映操作，该点的坐标将变为$(x_i, y_i, -z_i)$。

显而易见：

① 位于平面中的原子构成特殊情况，因为通过平面的反映操作完全不使它们移动。由此可见，任意平面型分子至少必须有一个对称面，即它的分子平面。

② 在具有对称面的分子中，各种原子的数目是有限制的。不位于平面上的给定种类的全部原子必须按偶数出现，因为每个原子在平面的两侧必须是成对的。在平面上的原子则可以任意数目出现。

③ 若分子中给定种类的原子只有一个，则它必须在分子可能具有的每一个对称面上。这意味着，它必须在两个或两个以上的平面的交线上，或在三个或三个以上平面的交点上，因为这个原子必须同时在所有的对称面上。

④ 两次应用同一种反映的效果是把所有的原子放回它们原始的位置。现在用σ^n的写法来表示连续应用n次操作σ，则有$\sigma^2=E$，当n为偶数时，$\sigma^n=E$，当n为奇数时，$\sigma^n=\sigma$。

作为练习，找出NH_3分子中的三个对称面和正八面体中的九个对称面。

3. 反演中心

当坐标原点位于分子中的某一点时，若把每个原子的坐标(x, y, z)变换成$(-x, -y, -z)$可使分子进入等价构型，则原点所在的点被称为对称中心或反演中心。反演中心和反演操作的符号为斜体字i。

显然，若有一个原子在中心上，则在分子中这个原子是单独的，因为当完成反演时，在分子中它是唯一不动的原子。而在分子中的所有其他原子都必须成对出现，因为在完成反演时，每个原子必须有一个与它成对的原子交换。由此可见，在包含奇数个原子的类型多于1的分子中，不必费心去寻找对称中心，如平面五边形分子 $C_5H_5^-$。

完成 n 次反演操作的效果，可以写成 i^n，显然，当 n 是偶数时，$i^n = E$，而当 n 是奇数时，$i^n = i$。

八面体型 AB_6，平面型 AB_4 等都是具有反演中心的分子。四面体型 AB_4 分子等是不具有反演中心的。

4. 对称轴和转动

在分子坐标系中选一直线，使分子绕此直线转动某一角度后，分子能进入等价构型时，则称该直线为对称轴，也叫真轴。例如，一条垂直于等边三角形并通过中心的垂线，就是这个三角形的对称轴。因为将三角形绕这个轴转动 120°($2\pi/3$) 时，三角形进入等价构形中。当然，转动 240°($2\times 2\pi/3$) 时也产生一个等价构型。

对称轴的一般符号是 C_n，这里下标 n 表示轴的阶。阶的意义是指在转过 $2\pi/n$ 后，得出一个等价构型时 n 的最大值。例如，在上面的例子中，这个轴的阶是 3，所以是 C_3 轴。

C_3 轴又称为三重轴。并用符号 C_3 表示 C_3 轴转动 $2\pi/3$ 的操作。对于转动 $2\times 2\pi/3$，用符号 C_3^2，同理对于转动 $3\times 2\pi/3$，则用符号 C_3^3。显然可用符号写出 $C_3^4 = C_3$，因而只有 C_3，C_3^2 和 C_3^3 是独立而不同的操作，而 C_3^3 导致了一个恒等构型，故可写成 $C_3^3 = E$。

容易理解：

① n 重轴表示为 C_n，转动 $2\pi/n$ 也用 C_n 表示。连续完成 m 次转动 $2\pi/n$，用符号 C_n^m 表示。而且在任何情况下都有 $C_n^n = E$，$C_n^{n+1} = C_n$，$C_n^{n+2} = C_n^2$，等等。

② 在讨论对称面和反演中心时已经知道，对称面只生成一个操作，即反映，反演中心也只生成一个操作，即反演或倒反。但一个 n 阶对称轴则能生成 n 个操作，即 C_n，C_n^2，C_n^3，…，C_n^{n-1}，$C_n^n = E$。

③ 在具有对称轴的分子中，每种类型的原子具有确定的数目。因为绕这个轴作任意转动时，对称轴上的任何原子都不动，所以位于轴上的每种类型的原子可以有任意数目，即偶数或奇数(除非其他对称元素给予一些限制)。但是，若有一个某种类型的原子位于 C_n 轴之外，则必须还有 $n-1$ 个，总共有 n 个这种原子，因为连续 n 次使用 C_n 轴时，第一个原子总共移

动了 n 个不同的点。

下面举几个例子：

线型分子具有与分子轴共线的 ∞ 重对称轴。因为在线型分子中，全部原子都在这根轴上，因而对所有 ∞ 个角度的转动都保留与原始情况无区别的构型。

H_2O 具有一个二重对称轴，C_2H_4 具有三个二重轴，正四面体型分子也具有三个二重轴。

三角锥和平面型 AB_3 分子都具有通过原子A并垂直于三个B原子平面的三重轴。四面体型分子 AB_4 具有四个三重轴，每个都通过原子 A 和一个B原子。八面体型分子 AB_6 也具有四个三重轴，每个都通过两个相对的三角形表面的中心和 A 原子。

平面型的 AB_3 分子具有三个垂直于三重轴的二重轴，如图 6.2－1所示。C_3 轴和一个垂直于 C_3 轴的 C_2 轴存在，意味着必须存在其他两个与第一个成 $2\pi/3$ 和 $4\pi/3$ 角的 C_2 轴。因为完成转动 C_3，可从第一个 C_2 轴生成第二个 C_2 轴，而完成转动 C_3^2，又可以从第一个 C_2 轴生成第三个 C_2 轴。对于 C_n 中的 n 为偶数时，情况就复杂些，可当做一个练习来考虑。

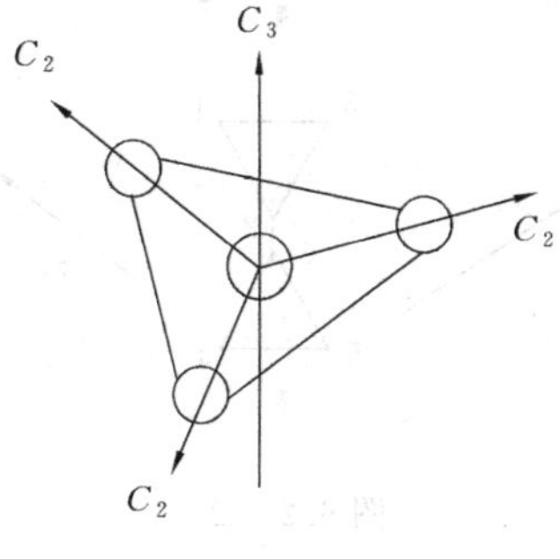

图 6.2－1

平面型的 $PtCl_4^{2-}$ 离子，它有一个与离子平面相垂直的 C_4 轴和四个在离子平面中的 C_2 轴。环戊二烯阴离子 $C_5H_5^-$ 具有一个垂直于分子平面的 C_5 轴和五个在分子平面中的 C_2 轴。苯具有一个 C_6 轴和两组三个 C_2 轴。

5. 非真轴和非真转动

非真轴可以想象为两个步骤的组合：首先是真转动，然后通过垂直于转动轴的平面反映。实现这一过程所对应的轴称为非真轴或象转轴，并用符号 S_n 表示，这里下标 n 也是表示阶。非真转动 $2\pi/n$ 的操作也用符号 S_n 表示。

这里要着重说明两点：

① 若独立的存在一个 C_n 轴和一个垂直于它的平面，则存在 S_n。然而更重要的是，当分别地既不存在 C_n，也不存在垂直的 σ 时，S_n 也可以存在。例如，现在考虑上下交错构型中的乙烷，如图6.2－2 中Ⅰ，C—C 线定义了一个 C_3 轴，但显然不是 C_6 轴。此外，没有垂直于 C_3 轴的对称面 σ，然而确实有一个 S_6，如图 6.2－2 所示。显然 Ⅱ 和 Ⅲ 彼此等价但都不等价于 Ⅰ，说明 σ 和 C_6 本身不是对称操作。但两者任意次序的组合，即 S_6 确是一个对称操作，因为它产生了与 Ⅰ 等价的构型 Ⅳ。组合成 S_6 的 C_6 和 σ 是可对易的。

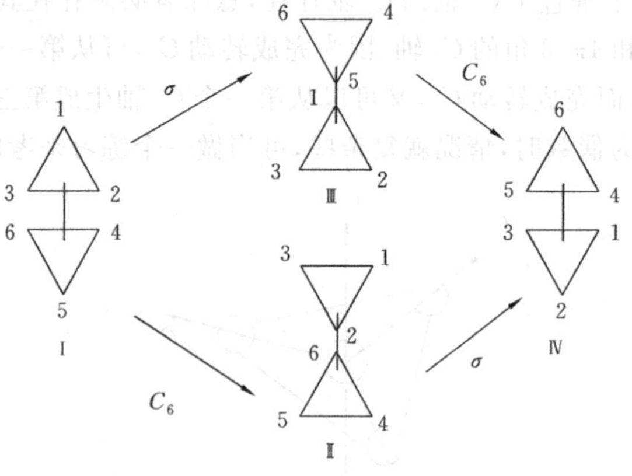

图 6.2－2

② S_n 一般生成一组操作 $S_n, S_n^2, S_n^3\cdots$。但当 n 为偶数和 n 为奇数时所生成的操作集合是不同的，因而要分别加以讨论。在讨论时，假设 S_n 轴与坐标系的 z 轴重合，并且 S_n 反映部分对应的平面是 xy 面。

当 n 为偶数时，由于 $S_n^n = C_n\sigma \cdot C_n\sigma\cdots$，共有 n 个 $C_n\sigma$ 相乘，而 $\sigma^n = E$（当 n 为偶数时），所以 $S_n^n = C_n^n = E$，而且 $S_n^{n+1} = S_n, S_n^{n+2} = S_n^2, \cdots$ 开始循环，故偶数阶的非真轴 S_n 生成一组共 n 个操作：$S_n, S_n^2, S_n^3, \cdots, S_n^n$。

另外，由于 $\sigma^n = E$（n 为偶数时），所以当 m 为偶数时，S_n^m 应当等于 C_n^m，故在由偶数阶 S_n 所生成的一组操作中，某些 S_n^m 可用其他方式写出。例如，考虑一组操作，S_6，S_6^2，S_6^3，S_6^4，S_6^5，S_6^6。其中 S_6 不能用其他方式写出，$S_6^2 = C_6^2 = C_3$，$S_6^3 = S_2 = i$，$S_6^4 = C_3^2$，S_6^5 不能用其他方式写出，$S_6^6 = E$。因而由元素 S_6 所生成的操作的完整集合通常可以写为：S_6，C_3，i，C_3^2，S_6^5，E。这个集合中包括了 C_3，C_3^2，和 E，他们正是由 C_3 轴所生成的操作，因而 S_6 轴的存在自动的要求 C_3 存在，而且这是具有规律性的，即一般偶数阶 S_n 轴的存在，永远要求存在一个 $C_{\frac{n}{2}}$ 轴。

当 n 为奇数时，奇数阶的 S_n 要求 C_n 和垂直于它的 σ 必须独立地存在，这是奇数阶 S_n 的最重要性质。这可以证明如下：元素 S_n 生成操作 S_n，S_n^2，S_n^3，…。现考虑 n 为奇数时的操作 S_n^n，它必须与应用 C_n^n 之后，随之应用 $\sigma^n = \sigma$ 有相同的效果。由于 $C_n^n = E$，所以 $S_n^n = \sigma$。换言之，元素 S_n^n 生成一个对称操作 σ。但假若存在对称操作 σ，与它所对应的平面本身必定是一个对称元素。现在操作 S_n 要求在平面 σ 中反映，由此把构型 Ⅰ 变为另一个构型 Ⅱ，然后转动 $2\pi/n$，从而把 Ⅱ 变为 Ⅲ。因为 S_n 是一个对称操作，Ⅰ 和 Ⅲ 必须是等价构型。但当 n 是奇数时，σ 本身是一个对称操作，所以 Ⅱ 也和 Ⅰ 等价，因而 Ⅱ 又等价于 Ⅲ，所以我们看到，转动 $2\pi/n$ 把 Ⅱ 变到等价构型 Ⅲ 中。故操作 C_n 也是一个对称操作。

另外，奇数阶的 S_n 生成 $2n$ 个操作。现以 S_5 为例，其生成操作为 S_5，S_5^2，S_5^3，S_5^4，… 我们也可按另一种方式将这些操作写成

$S_5 = C_5$ 之后 σ　（或 σ 之后 C_5）

$S_5^2 = C_5^2$

$S_5^3 = C_5^3$ 之后 σ

$S_5^4 = C_5^4$

$S_5^5 = \sigma$

$S_5^6 = C_5$

$S_5^7 = C_5^2$ 之后 σ

$S_5^8 = C_5^3$

$S_5^9 = C_5^4$ 之后 σ

$S_5^{10} = E$

$S_5^{11} = C_5$ 之后 σ

由上可见，从 S_5 到 S_5^{10}（一般从 S^n 到 S_n^{2n}），这些操作是各不相同的，但从 S_n^{2n+1} 起开始重复这一序列。因而，一般奇数阶的 S^n 生成 $2n$ 个操作。有四个加上 E（即 S_5，S_5^3，S_5^7，S_5^9 和 S_5^{10}）只能用符号 S_5^n 表示为单一的操作，其余五个则可写为 C_5^n 或 σ。因此有些操作即使借助连续使用 C_5^n 和 σ 可以完成它们，但除了用 S_5^n 之外，不能以任何方式表示为单个操作。

6. 对称操作的乘积

一个对称操作产生了一个、两个或多个其他操作连续运用的相同结果，通常就称这一操作是其他操作的乘积。

例如，先完成 x 操作，然后完成 y 操作，给出了和完成单个操作 z 相同的结果，则可用符号表示为 $yx = z$。这里要注意：应用操作的次序是从右到左，即 yx 表示 x 先作用，y 后作用；一般来说，不同的次序是有差别的，当 xy 和 yx 的结果相同时，这两个操作 x 和 y 称为可交换的。

现举几个具体的例子：

例 1 $(x_1, y_1, z_1) \xrightarrow{C_2(x)} (x_1, \overline{y_1}, \overline{z_1}) \xrightarrow{C_2(y)} (\overline{x_1}, \overline{y_1}, z_1)$

而 $(x_1, y_1, z_1) \xrightarrow{C_2(z)} (\overline{x_1}, \overline{y_1}, z_1)$

两者得到了相同的效果，故可写成 $C_2(y)C_2(x) = C_2(z)$。

这个例子告诉我们，若有两个互成直角的二重轴，则必须有与两者成直角的第三个轴，即每当存在 $C_2(x)$ 和 $C_2(y)$ 时，必定也存在 $C_2(z)$，因为它是它们的乘积。

例 2 $C_4(z)\sigma(xz)(x_1, y_1, z_1) \rightarrow C_4(z)(x_1, \overline{y_1}, z_1) \rightarrow (\overline{x_1}, \overline{y_1}, z_1)$

现在考虑通过平面 σ_d 反映这个点的效果。σ_d 是包含 z 轴并平分 $+y$ 和 $-x$ 轴之间以及 $+x$ 和 $-y$ 轴之间夹角的平面，则有 $\sigma_d(x_1, y_1, z_1) \rightarrow (\overline{x_1}, \overline{y_1}, z_1)$。两者得到了相同的效果，故可写成 $C_4(z)\sigma(x\,z) = \sigma_d$。

这意味着，$C_4(z)$ 和 $\sigma(xz)$ 的存在，自动地要求 σ_d 的存在。通过 C_4 轴从 σ_d 又可生成另一个通过第一和第三象限的 σ'_d 平面。另外，我们还知道，具有 C_4 轴和包含这个轴的一个平面 σ'_v，则由 C_4 将生成与 σ_v 成直角的第二个平面 σ'_v。故总的结果是，若有一个包含 C_4 轴的平面，则自动的有四个为一组的平面。

例 3　$C_2(z)(x,y,z)\rightarrow(\overline{x},\overline{y},z)$

$\sigma(xy)(x,y,z)\rightarrow(x,y,\overline{z})$

$C_2(z)\sigma(xy)(x,y,z)\rightarrow C_2(z)(x,y,\overline{z})\rightarrow(\overline{x},\overline{y},\overline{z})$

而 $\sigma(xy)\sigma(z)(x,y,z)\rightarrow\sigma(xy)(\overline{x},\overline{y},z)\rightarrow(\overline{x},\overline{y},\overline{z})$

这说明 $\sigma(xy)$ 和 $C_2(z)$ 是可交换的。

又由于 $i(x,y,z)\rightarrow(\overline{x},\overline{y},\overline{z})$，故可写成

$C_2(z)\sigma(xy)=\sigma(xy)C_2(z)=i$。

二、点　群

在讨论分子结构时，点群是很重要的，这是因为分子中对称操作的完全集合将组成群，所以，下面将系统地介绍各种类型的点群。这里所采用的点群符号是熊夫里符号。

在讨论各种类型点群之前，先介绍一下无轴群。无轴群有三种：

① 除 E 之外没有任何对称元素的分子属于 C_1 群，它的唯一对称动作就是不动，显然是个一阶群。

② 分子的唯一对称元素是一个平面，这种元素只生成两个操作有 σ 和 $\sigma^2=E$，所以是二阶群，符号为 C_s。

③ 分子的唯一对称元素是一个反演中心 i，它生成的操作有 i 和 $i^2=E$，这也是二阶群，符号为 C_i。

1. C_n 群

唯一的对称元素是有一个 n 重对称轴，绕轴有 n 个不同的转动，生成一组操作：$C_n,C_n^2,C_n^3,\cdots,C_n^n=E$，组成一个对易群，称为 C_n。C_n 群包含的元素为 $C_n=\{E,C_n,C_n^2,C_n^3,\cdots,C_n^{n-1}\}$。显然，$C_n$ 群的阶数等于 n。

由于每个元素都互相对易，即 $C_n^pC_n^q=C_n^qC_n^p=C_n^{p+q}$。因此每个元素自成一类，共有 n 类。

C_n 群是一个循环群（h 阶循环群定义为一个元素 x 及其全部 h 个幂，一直到 $x^h=E$）。分子中常见的 C_n 点群有 C_1，C_2 和 C_3。若甲烷中的三个 H 分别被 F，Cl 和 Br 所代替而得到 CHFClBr 就是属于 C_1。C_2 的例子是非平面平衡构型的 H_2O_2，如图6.2-1所示。C_3 的例子是沿 C—C 轴部分扭转的 H_3C-CCl_3 分子。

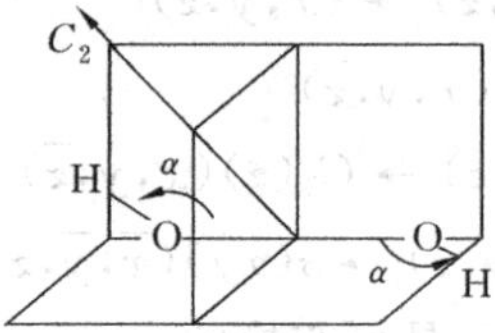

图 6.2-3 非平面平衡构型的 H_2O_2 分子

2. C_{nv} 点群

除有一个 n 重对称轴外，通过对称轴还有一个对称平面 σ_v。在以前的讨论中曾告诉我们，由于 C_n 轴的存在，有一个通过 C_n 轴的对称面，必将带来其他($n-1$) 个对称平面，可用 $\sigma_v^{(1)},\sigma_v^{(2)},\cdots\sigma_v^{(n)}$ 来表示。因此，C_{nv} 群包含有 $2n$ 个元素，它们是

$$C_{nv}=\{E,C_n,C_n^2,\cdots,C_n^{n-1},\sigma_v^{(1)},\sigma_v^{(2)},\cdots,\sigma_v^{(n)}\}$$

除了 C_{2v} 是对易群外，其他都是非对易的。当 n 为奇数时，对称面 $\sigma_v^{(1)}$，$\sigma_v^{(2)},\cdots,\sigma_v^{(n)}$ 经过旋转都是互相能达到的，如 C_{3v} 中的 $\sigma_v^{(1)},\sigma_v^{(2)}$ 和 $\sigma_v^{(3)}$，因此 n 个对称面组成一类。由于(通过 C_n 轴有对称面)C_n 轴是双向轴(顺、逆旋转等价)，故 n 旋转可分为$(n+1)/2$ 类，它们是 $E,(C_n,C_n^{n-1}),(C_n^2,C_n^{n-2}),\cdots,(C_n^{(n-1)/2},C_n^{(n+1)/2})$，再加上对称面组成的一类，故 C_{nv} 群共有$(n+1)/2+1=(n+3)/2$ 类。例如，C_{3v} 群有三类：E；C_3，C_3^2；$\sigma_v^{(1)},\sigma_v^{(2)},\sigma_v^{(3)}$。

当 n 为偶数时，对称面 $\sigma_v^{(1)},\sigma_v^{(3)},\cdots,\sigma_v^{(n-1)}$ 通过旋转是互相能达到的；$\sigma_v^{(2)},\sigma_v^{(4)},\cdots,\sigma_v^{(n)}$ 通过旋转也是互相能达到的。而这两组对称面彼此间却不能互相达到，因此它们分属于两类。而 C_n 轴是双向轴，所以转动又可分为$\frac{n}{2}+1$类，它们是：$E,C_n^{\frac{n}{2}}=C_2,(C_n,C_n^{n-1}),(C_n^2,C_n^{n-2}),\cdots,(C_n^{\frac{n}{2}-1},C_n^{\frac{n}{2}+1})$。故 C_{nv} 群共有$\frac{n}{2}+1+2=\frac{n}{2}+3$类。例如，$C_{2v}=\{E,C_2,\sigma_v^{(1)},\sigma_v^{(2)}\}$ 有四类。$C_{4v}=\{E,C_4,C_4^2,C_4^3,\sigma_v^{(1)},\sigma_v^{(2)},\sigma_v^{(3)},\sigma_v^{(4)}\}$ 有 $4/2+3=5$ 类。

属于 C_{nv} 点群的分子很多，如 H_2O，HCHO，CH_2X_2(X 为卤元素)，顺式平面构型的 H_2O_2(见图 6.2-4) 等属于 C_{2v}。NH_3，$CHCl_3$，CH_3Cl 等属于 C_{3v}。BrF_5 等属于 C_{4v}，见图 6.2-5。没有对称中心的直线型分子，如 HX(X为卤素)，NO，CO，HCN 等属于 $C_{\infty v}$，因为沿直线型分子的轴旋转

任意小的角度 α，分子都能复原。由 $\alpha = 360°/n$，得到 $n = \lim\limits_{\alpha \to 0} \dfrac{360°}{\alpha} = \infty$，同样可以认为包含分子轴的无穷多个平面都是对称平面 σ_v。

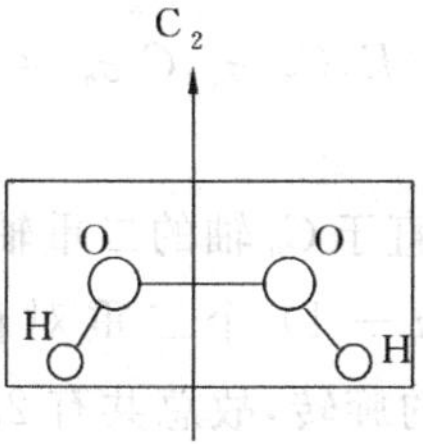

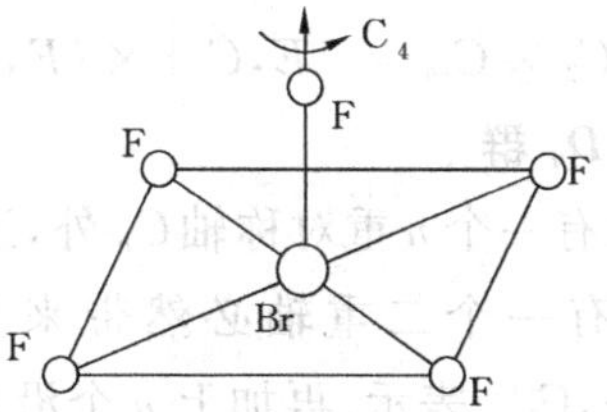

图 6.2-4　顺式平面构型的 H_2O_2 分子　　图 6.2-5　BrF_5 分子

3. C_{nh} 群

除有一个 C_n 轴外，垂直于 C_n 轴还有一个水平对称面 σ_h。这就把最初含有 n 个操作 $C_n, C_n^2, C_n^3, \cdots, C_n^n = E$ 的群扩展为包含所有乘积 $\sigma_h C_n$，$\sigma_h C_n^2, \sigma_h C_h^3, \cdots, \sigma_h C_n^n = \sigma_h E = \sigma_h$。$C_{nh}$ 群实际上是 C_n 群和 C_{1h} 群的直接乘积

$$
\begin{aligned}
C_{nh} &= C_n \times C_{1h} \\
&= \{E, C_n, C_n^2, \cdots, C_n^{n-1}\} \times \{E, \sigma_h\} \\
&= \{E, C_n, C_n^2, \cdots, C_n^{n-1}, \sigma_h, \sigma_h C_n, \sigma_h C_n^2, \cdots, \sigma_h C_n^{n-1}\}
\end{aligned}
$$

故 C_{nh} 群共有 $2n$ 个群元素。又因为群元素是可对易的，故 C_{nh} 群共有 $2n$ 个类。

当 n 为偶数时，$\sigma_h C_n^{\frac{n}{2}} = \sigma_h C_2 = S_2 = I$，即存在对称中心。

分子中常见的 C_{nh} 点群有 C_{1h} 和 C_{2h}。C_{1h}（亦称 C_s）只有一个对称面，没有其他对称元素（除 E 外）。所以，凡是没有其他对称元素的平面型分子都属于 C_{1h}，如叠氮酸 HN_3 和 ONCl 等，其分子结构见图 6.2-6 和 6.2-7。

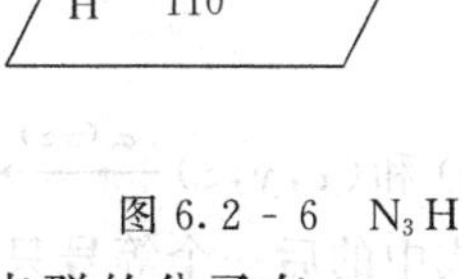

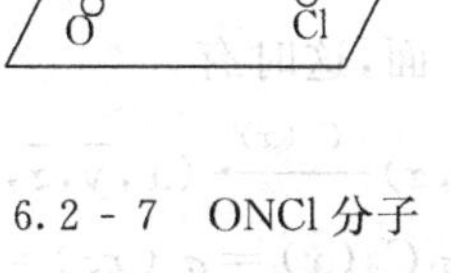

图 6.2-6　N_3H 分子　　图 6.2-7　ONCl 分子

属于 C_{2h} 点群的分子有

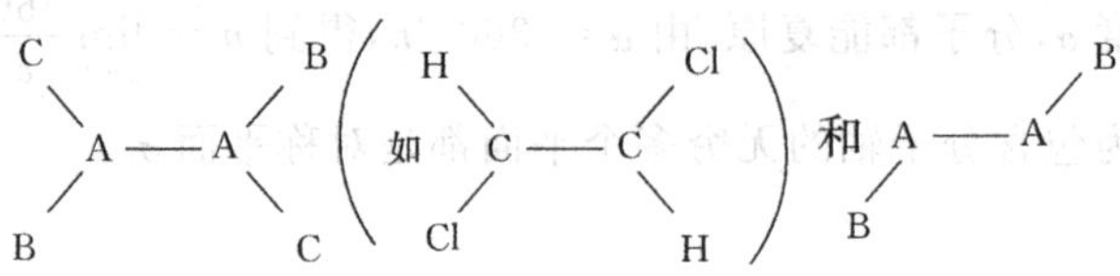
等。

$$C_{2h} = C_2 \times C_{1h} = \{E, C_2\} \times \{E, \sigma_h\} = \{E, C_2, \sigma_h, C_2\sigma_h = S_2 = i\}$$

4. D_n 群

除有一个 n 重对称轴 C_n 外，还有垂直于 C_n 轴的二重轴。由于 C_n 轴的存在，有一个二重轴必然带来另外 $(n-1)$ 个二重对称轴，用 $C_2^{(1)}$，$C_2^{(2)}$，…，$C_2^{(n)}$ 表示。再加上 n 个沿 C_n 轴的旋转，故总共有 $2n$ 个元素，组成 D_n 群：$D_n = \{E, C_n, C_n^2, C_n^{n-1}, C_2^{(1)}, C_2^{(2)}, \cdots, C_2^{(n)}\}$。分子中常见的 D_n 点群有 D_3，如 H_3C-CH_3 即是。

5. D_{nh} 群

在 D_n 的基础上，垂直于 n 重对称轴再加一个对称面 σ_h，这就得到了 D_{nh} 群。显然，D_{nh} 是 D_n 和 C_{1h} 的直接乘积，包含 $4n$ 个元素，它们是

$$\begin{aligned} D_{nh} &= D_n \times C_{1h} \\ &= \{E, C_n, C_n^2, \cdots, C_n^{n-1}, C_2^{(1)}, C_2^{(2)}, \cdots, C_2^{(n)}\} \times \{E, \sigma_h\} \\ &= \{E, C_n, C_n^2, \cdots, C_n^{n-1}, C_2^{(1)}, C_2^{(2)}, \cdots, C_2^{(n)}, \sigma_h, \sigma_h C_n \\ &= S_n, \sigma_h C_n^2, \cdots, \sigma_h C_n^{n-1}, \sigma_v^{(1)}, \sigma_v^{(2)}, \cdots, \sigma_v^{(n)}\} \end{aligned}$$

其中 S_n 的得来是由于 $\sigma_h C_n = S_n$，而且 $\sigma_h C_n^2, \cdots, \sigma_h C_n^{n-1}$ 也都是象转动作。并且对于 n 为偶数时，得到的新操作是：S_n，$S_{n/2}$，…，$i(C_n^{n/2}\sigma_h)$，…，$S_{n/2}^{(n-2)/2}$，S_n^{n-1}。例如，在 D_{6h} 中，我们有 S_6, S_3, i, S_3^2 和 S_6^5。对于 n 为奇数时，除了 $S_n^n(\sigma_h)$ 外，我们得到的新操作是：$S_n, S_n^3, S_n^5, \cdots, S_n^{2n-3}, S_n^{2n-1}$。而且当 m 为偶数时，所有的 S_n^m 或是 E 或是一个对称轴，这在前面已经讨论过了。

其中 $\sigma_v^{(i)}$ 的得来是由于 $\sigma_h C_2^{(i)} = \sigma_v^{(i)}$ 或 $\sigma_h \sigma_v^{(i)} = C_2^{(i)}$。这是因为当选择一个坐标系，使 C_n 轴与 z 轴重合，C_2 轴之一 $C_2(x)$ 和 x 轴重合，则 σ_h 对称面就是 xy 面，这时有

$$(x,y,z) \xrightarrow{C_2(x)} (x,\bar{y},\bar{z}) \xrightarrow{\sigma_h} (x,\bar{y},z) \text{ 和 } (x,y,z) \xrightarrow{\sigma_v(xz)} (x,\bar{y},z)$$

由此可得 $\sigma_h C_2(x) = \sigma_v(xz) = C_2(x)\sigma_h$。上式中的后一个等号只表示转动和 σ_h 是交换的。若用 σ_h 左乘上式，即得 $\sigma_h\sigma_h C_2(x) = \sigma_h\sigma_v = C_2$，可见，所有

σ_h 和 σ_v 的乘积是 C_2。因此，也可以把同时存在 C_n，σ_h 和一些 σ_v 看做是 D_{nh} 群存在的标准。

有很多分子属于 D_{nh} 群，常见有 D_{2h}，D_{3h}，D_{4h}，D_{5h}，D_{6h} 和 $D_{\infty h}$。平面型的 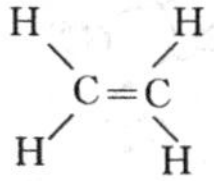 属于 D_{2h}[图 6.2 - 8(a)]；平面三角形的 BCl_3[图 6.2 - 8(b)] 和 CO_3^{-2}，三角锥形的 PCl_5[图 6.2 - 8(c)] 等属于 D_{3h}；平面正方形的[$Ni(CN)_4$]$^{2-}$，[$PtCl_4$]$^{2-}$，$Co(NH_3)_4$ 等属于 D_{4h}[图 6.2 - 8(d)]；平面正五角形的环戊二烯离子 $C_5H_5^-$ 属于 D_{5h}[图 6.2 - 8(e)]；苯分子属于 D_{6h}[图 6.2 - 8(f)]。

具有对称中心的直线型分子（自然包括所有的同核双原子分子），如 H_2，Cl_2，CO_2，$CH\equiv CH$ 等属于 $D_{\infty h}$[图 6.2 - 8(g)]。因为若将各原子（核）的连线作为对称轴，则绕轴转动任意角度分子都不变。他们和属于 $C_{\infty v}$ 群的分子，如 HCN 等的区别是 $D_{\infty h}$ 群有对称中心，这就相当于有一个垂直于 C_∞ 的对称面 σ_h，在这个面上可以看做有无数个通过这个对称中心的二重轴。

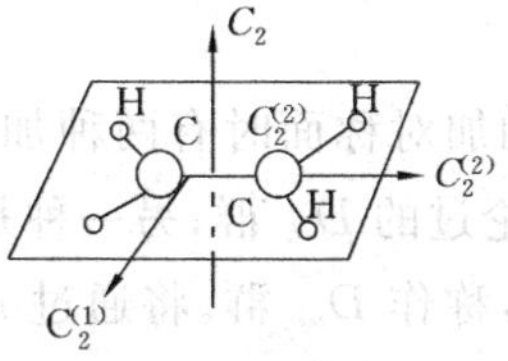

(a) $H_2C=CH_2$, D_{2h}

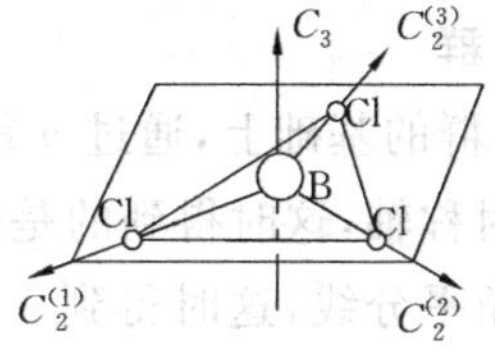

(b) BCl_3 D_{3h}

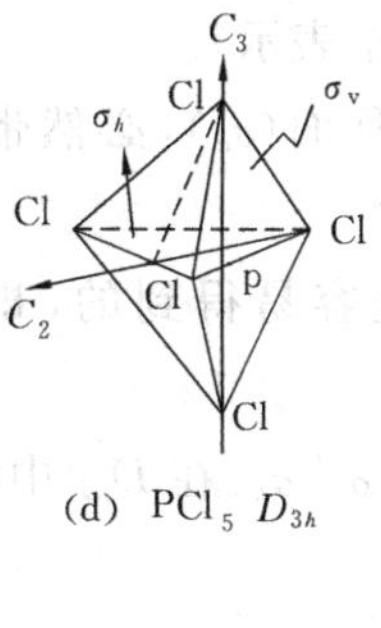

(d) PCl_5 D_{3h}

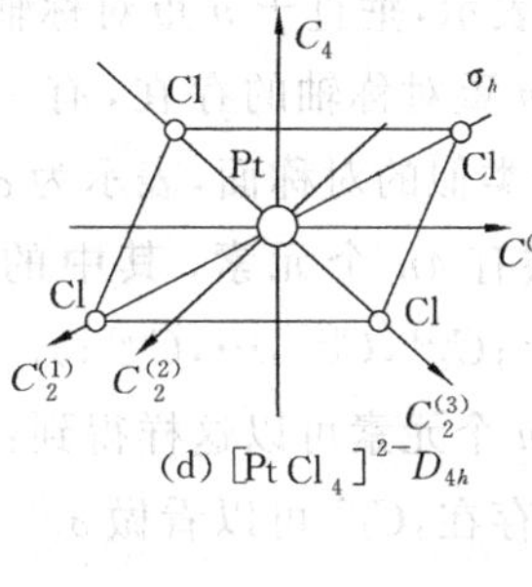

(d) $[PtCl_4]^{2-}$ D_{4h}

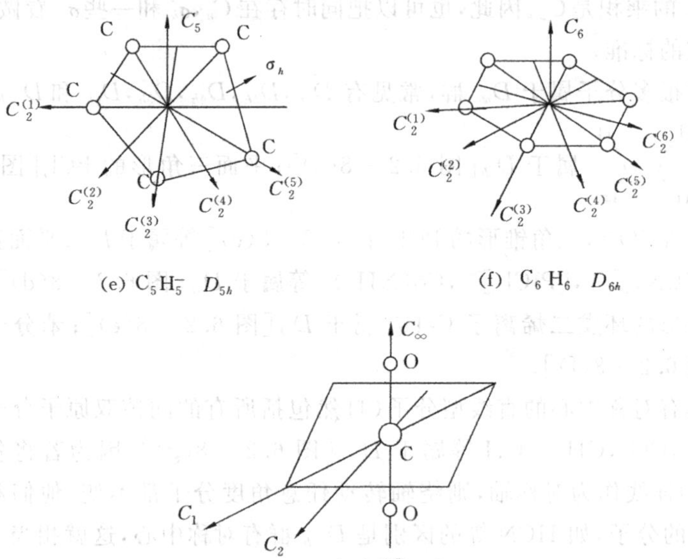

(e) $C_5H_5^-$ D_{5h} (f) C_6H_6 D_{6h}

(g) CO_2 $D_{\infty h}$

图 6.2-8 D_{nh} 点群例子

6. D_{nd} 群

在 D_n 群的基础上，通过 n 重对称轴加对称面时有两种加法：一种是通过二重对称轴，这时得到的是前面讨论过的 D_{nh} 群；另一种是通过相邻二重轴的角平分线，这时得到一种新群，称作 D_{nd} 群。将通过 n 重对称轴同时又通过角平分线的对称面用 σ_d 表示（以前讲过通过 n 重对称轴的对称面用 σ_v 表示，垂直于 n 重对称轴的对称面用 σ_h 表示）。

由于 n 重对称轴的存在，有一个这样的对称面（σ_d），必然带来另外（$n-1$）个类似的对称面，表示为 $\sigma_d^{(1)},\sigma_d^{(2)},\cdots,\sigma_d^{(n)}$。

D_{nd} 共有 $4n$ 个元素，其中的 $3n$ 个元素是容易得到的，即 $E,C_n,C_n^2,\cdots,C_n^{n-1};C_2^{(1)},C_2^{(2)},\cdots,C_2^{(n)};\sigma_d^{(1)},\sigma_d^{(2)},\cdots,\sigma_d^{(n)}$。

另外 n 个元素可以这样得到：$\sigma_d^{(1)}C_2^{(1)}=\sigma_d^{(1)}\sigma_v^{(1)}\sigma_h$。在 D_{nd} 中没有 $\sigma_d^{(1)}$ 和 σ_h 单独存在，$C_2^{(i)}$ 可以看做 $\sigma_v^{(i)}$ 和 σ_h 的乘积。

由于 $C_2^{(i)}$ 和 $C_2^{(i+1)}$ 之间的夹角为 $\dfrac{2\pi}{2n}$，而 $\sigma_d^{(i)}$ 是通过该夹角的平分线的，

$\sigma_v^{(i)}$ 又是通过 $C_2^{(i)}$ 的，因此 $\sigma_v^{(i)}$ 和 $\sigma_d^{(i)}$ 之间的夹角应为 $\frac{1}{2}\cdot\frac{2\pi}{2n}=\frac{2\pi}{4n}$。故 $\sigma_d^{(i)}\sigma_v^{(i)}$ 等于绕 n 重轴旋转 $2\times\frac{2\pi}{4n}=\frac{2\pi}{2n}$，即 $\sigma_d^{(i)}\sigma_v^{(i)}=C_{2n}$。因此 $\sigma_d^{(1)}C_2^{(1)}=\sigma_d^{(1)}\sigma_v^{(1)}\sigma_h=C_{2n}\sigma_h=S_{2n}$。同理可得

$$\sigma_d^{(2)}C_2^{(1)}=\sigma_d^{(2)}\sigma_v^{(1)}\sigma_h=C_{2n}^3\sigma_h=S_{2n}^3$$

$$\sigma_d^{(3)}C_2^{(1)}=\sigma_d^{(3)}\sigma_v^{(1)}\sigma_h=C_{2n}^5\sigma_h=S_{2n}^5$$

$$\cdots$$

$$\sigma_d^{(n)}C_2^{(1)}=\sigma_d^{(n)}\sigma_v^{(1)}\sigma_h=C_{2n}^{2n-1}\sigma_h=S_{2n}^{2n-1}$$

显然，共有 n 个元素，它们就是要寻找的 $S_{2n}^1,S_{2n}^3,S_{2n}^5,\cdots,S_{2n}^{2n-1}$。这 n 个元素和 n 个旋转：$C_n=S_{2n}^2,C_n^2=S_{2n}^4,\cdots,C_n^n=S_{2n}^{2n}=E$。合在一起，说明由于 $\sigma_d^{(i)}$ 的引入，使 n 重旋转轴变成为 $2n$ 重象转轴了。

当 n 为奇数时，$S_{2n}^n=C_{2n}^n\sigma_h=C_2\sigma_h=i$，说明有对称中心。因此当 n 为奇数时，D_{nd} 就是 D_n 和 $C_i=\{E,i\}$ 的直接乘积，即 $D_{nd}=D_n\times C_i$（n 为奇数）。当 n 为偶数时，没有对称中心。

分子中常见的 D_{nd} 点群有 D_{2d}，D_{3d}，D_{4d} 和 D_{5d}，如丙二烯 $H_2C=C=CH_2$ 属于 D_{2d}［图 6.2 - 9(a)］，交错式乙烷 H_3C-CH_3 属于 D_{3d}，S_8 分子属于 D_{4d}，交错式二茂铁属于 D_{5d}［图 6.9 - 7(b)］。

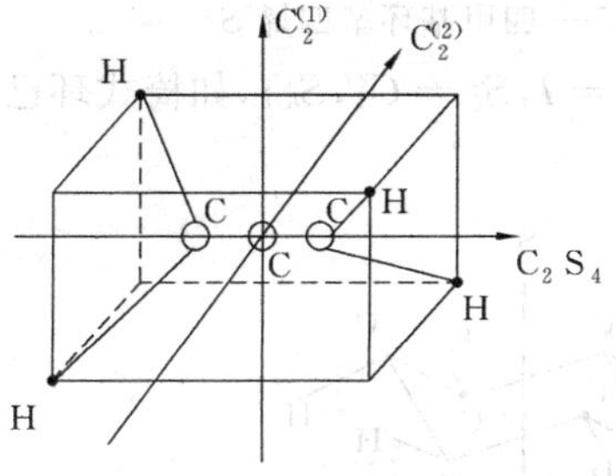

(a) 丙二烯 D_{2d}

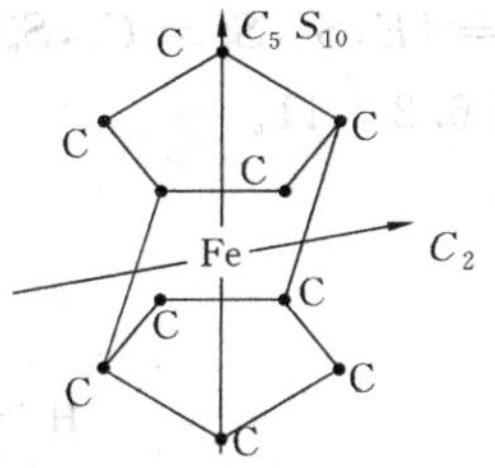

(b) 交错式二茂铁 D_{5d}

图 6.2 - 9 D_{nd} 点群例子

7. S_n 群

有一个 n 重象转轴，这时必须考虑它是偶数还是奇数的。当 S_n 轴属于偶数阶时，它所生成的操作组成的群称为 S_n 群，群中包含有 n 个元素，

它们是：$S_n = \{E, S_n, S_n^2, \cdots, S_n^{n-1}\}$。

当 S_n 轴属于奇数阶时，它恒等于 C_{nh}。因为象转动作 S_{2n+1} 进行$(2n+1)$次后，就等于一次 σ_h，即 $S_{2n+1}^{2n+1} = C_{2n+1}^{2n+1}\sigma_h^{2n+1} = E\sigma_h = \sigma_h$。所以含有 S_{2n+1} 的分子就一定含有 σ_h，而 S_{2n+1} 轴也就成为 C_{2n+1} 轴，故整个 S_{2n+1} 点群也就恒等于 $C_{(2n+1)h}$ 了。例如：

$$S_1 = \{E, S_1 = \sigma_h\} = C_{1h}$$

$$S_3 = \{E, S_3, S_3^2 = C_3^2, S_3^3 = \sigma_h, S_3^4 = C_3, S_3^5 = C_3^2\sigma_h\}$$

$$= C_3 \times C_{1h} = C_{3h}$$

$$S_n = C_n \times C_{1h} = C_{nh} \qquad (n \text{ 为奇数})$$

$S_2 = \{E, S_2 = i\} = C_i$，如反式的 CHClBr－CHClBr

$$S_4 = \{E, S_4, S_4^2 = C_2, S_4^3\}$$

1,3,5,7— 四甲基环辛四烯属于 S_4，如图 6.2 - 10 所示。

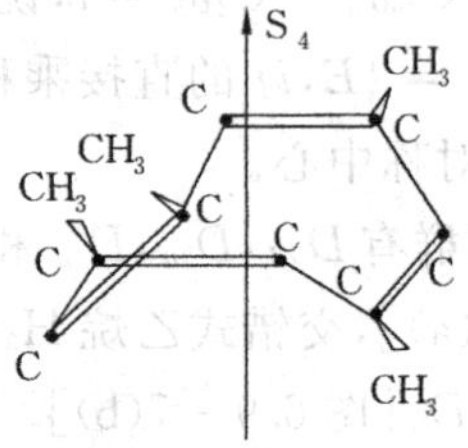

图 6.2 - 10　1,3,5,7— 四甲基环辛四烯 S_4

$S_6 = \{E, S_6, S_6^2 = C_3, S_6^3 = S_2 = I, S_6^4 = C_3^2, S_6^5\}$，如椅式环己烷属于 S_6，如图 6.2 - 11。

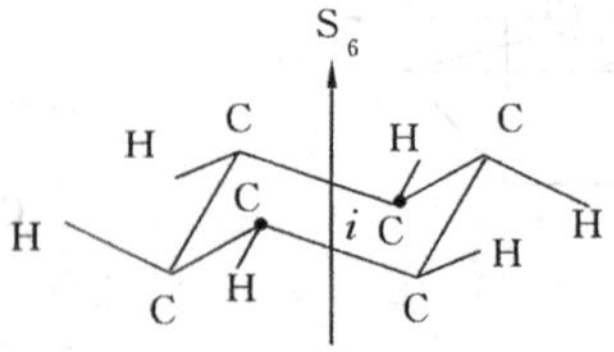

图 6.2 - 11　椅式环己烷 S_6

8. *T*, *T*$_h$ 和 *T*$_d$ 群

(1) T 群

T 是正四面体群。它有三个互相正交(在 x, y, z 轴方向，并通过不相邻的两条棱中点）的二重轴，另外有四个通过它的一个顶点和该点相对着的平面中心的三重轴，总共有 12 个元素：$T = \{E, C_2^{(1)}, C_2^{(2)}, C_2^{(3)}, C_3^{(1)}, C_3^{2(1)}, C_3^{(2)}, C_3^{2(2)}, C_3^{(3)}, C_3^{2(3)}, C_3^{(4)}, C_3^{2(4)}\}$。其中的三个二重对称轴通过转动可以互相达到，四个三重对称轴也能互相达到，二重轴是双向轴，三重轴是单向轴，故 T 中元素可分为四类。它们是

E，

$C_2^{(1)}, C_2^{(2)}, C_2^{(3)}$

$C_3^{(1)}, C_3^{(2)}, C_3^{(3)}, C_3^{(4)}$

$C_3^{2(1)}, C_3^{2(2)}, C_3^{2(3)} C_3^{2(4)}$

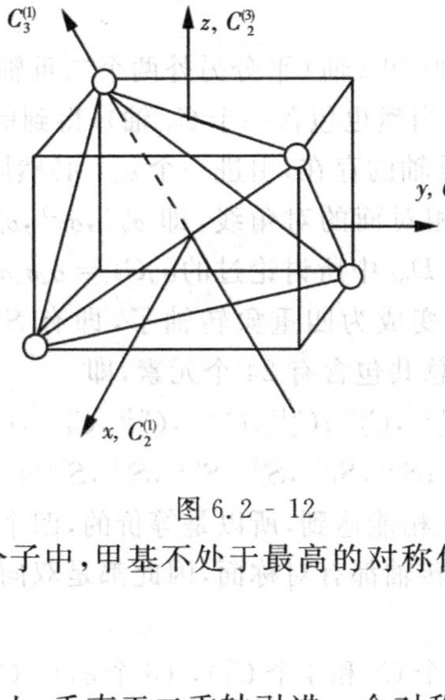

图 6.2 - 12

新戊烷 $C(CH_3)_4$ 分子中，甲基不处于最高的对称位置（旋转角 φ）时，即属于 T 群。

(2) T_h 群

在 T 群的基础上，垂直于二重轴引进一个对称面是 σ_h 时，得到的群是 T_h 群，它是 T 和 $C_{1h} = \{E, \sigma_h\}$ 的直接乘积，即 $T_h = T \times C_{1h}$。由于垂直于二重轴有对称面 σ_h，这就相当于引进了对称中心，因为 $C_2\sigma_h = S_2 = i$，因此 T_h 也可看做是 T 和 $C_i = S_2 = \{E, i \equiv S_2\}$ 的直接乘积：$T_h = T \times C_i$。这种写法对于寻找群中元素更方便些。

由于 $iC_3 = S_6^5$，$S_6^5 = S_6^{-1}$，相当于反方向转 60° 再垂直反映一次。于是四个三重轴变成了四个六重象转轴，共有以下 8 个对称元素：4 个 $iC_3 = 4S_6^5$：$S_6^{5(1)}$，$S_6^{5(2)}$，$S_6^{5(3)}$，$S_6^{5(4)}$ 和 4 个 $iC_3^2 = 4S_6$：$S_6^{(1)}$，$S_6^{(2)}$，$S_6^{(3)}$，$S_6^{(4)}$。又由

于 $C_2^{(i)} i=\sigma_h^{(i)}$ $(i=1, 2, 3)$，而二重轴有三个，所以也一定有三个 σ_h，这就是在一开始所说的垂直于二重轴的对称面。若把三个二重轴选为 x, y, z 的话，那么这三个 σ_h 就是 yz，zx 和 xy 平面，用 $\sigma_h^{(1)}$，$\sigma_h^{(2)}$，$\sigma_h^{(3)}$ 表示，故 T_h 中共有 24 个元素，它们是：

$$T_h = \{E;C_2^{(1)},C_2^{(2)},C_2^{(3)};C_3^{(1)},C_3^{(2)},C_3^{(3)},C_3^{(4)};C_3^{2(1)},C_3^{2(2)},C_3^{2(3)},C_3^{2(4)};S_2\equiv I;\sigma_h^{(1)},\sigma_h^{(2)},\sigma_h^{(3)};S_6^{(1)},S_6^{(2)},S_6^{(3)},S_6^{(4)};S_6^{5(1)}S_6^{5(2)},S_6^{5(3)},S_6^{5(4)}\}$$

从直接乘积知道，T_h 的类等于 2 倍 T 的类，也就是包含八类，即上面群元素中的用分号分开的八类。

$[Co(NO_2)_6]^{3-}$ 离子(在 $K_3[Co(NO_2)_6]$ 晶体中) 是属于 T_h 群的。

(3) T_d 群

若通过一个二重轴(如 z 轴) 平分另外两个二重轴(如 x 和 y 轴) 的夹角还有对称面 σ_d(σ_d 群当然也包含一个 C_3 轴)，得到的群是 T_d 群。

由于二重轴和三重轴的存在，引进一个 σ_d，必然同时出现六个 σ_d，它们分别通过立方体的相对面的对角线，即 $\sigma_d^{(1)}$，$\sigma_d^{(2)}$，$\sigma_d^{(3)}$，$\sigma_d^{(4)}$，$\sigma_d^{(5)}$，$\sigma_d^{(6)}$。又由于 σ_d 的引入，正如在 D_{nd} 中所讨论过的 $\sigma_d C_2=\sigma_d\sigma_v\sigma_h=C_{2n}\sigma_h=S_{2n}$，所以将 σ_d 通过的二重轴变成为四重象转轴了，即有 $S_4^{(1)}$，$S_4^{3(1)}$，$S_4^{(2)}$，$S_4^{3(2)}$，$S_4^{(3)}$，$S_4^{3(3)}$。因此，T_d 中总共包含有 24 个元素，即

$$T_d = \{E;C_2^{(1)},C_2^{(2)},C_2^{(3)};C_3^{(1)},C_3^{2(1)},C_3^{(2)},C_3^{2(2)},C_3^{(3)},C_3^{3(3)},C_3^{(4)},C_3^{2(4)};\sigma_d^{(1)},\sigma_d^{(2)},\sigma_d^{(3)},\sigma_d^{(4)},\sigma_d^{(5)},\sigma_d^{(6)};S_4^{(1)},S_4^{3(1)},S_4^{(2)},S_4^{3(2)},S_4^{(3)},S_4^{3(3)}\}$$

其中三个四重象转轴互相能达到，所以是等价的，四个三重对称轴也是等价的，同时通过每个旋转轴都有对称面，因此都是双向轴。故 T_d 群中的元素可分成五类：

E，(3 个 C_2)，(4 个 C_3 和 4 个 C_3^2)，(6 个 σ_d)，(3 个 S_4 和 3 个 S_4^3)。

具有正四面体对称性的一定属于 T_d，所以属于 T_d 的分子很多，如 CH_4，CCl_4，NH_4^+，MnO_4^-，$TiCl_4$，$SnBr_4$，P_4O_6，P_4O_{10}，SiH_4，$Zn(NH_3)_4^{2+}$ 等都属于 T_d 群。

可见，T 中包含的元素是 T_d 中的前 12 个元素，所以 T 可看做是 T_d 的子群，T 是一个纯转动群。

9. O 群和 O_h 群

(1) O 群

O 是正八面体群。

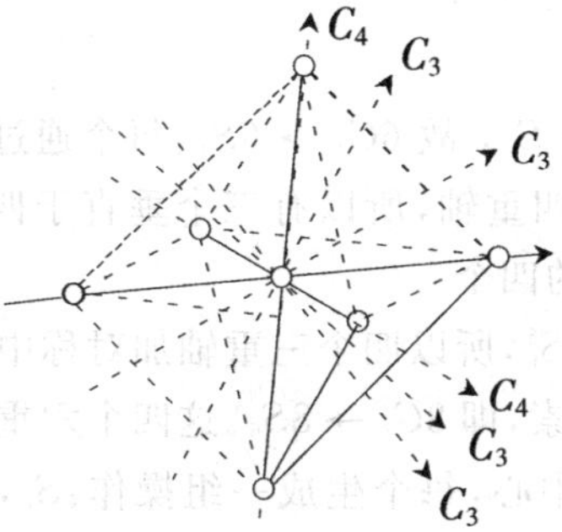

图6.2-13

它有三个互相垂直的四重轴(分别通过相对的两个顶点),同时也是二重轴,从而有下列九个对称元素:$C_4^{(1)}$,$C_4^{3(1)}$,$C_4^{(2)}$,$C_4^{3(2)}$,$C_4^{(3)}$,$C_4^{3(3)}$,$C_4^{2(1)}=C_2^{(1)}$,$C_4^{2(2)}=C_2^{(2)}$,$C_4^{2(3)}=C_2^{(3)}$。还有六个二重轴(分别通过相对的两边的中点),用C_2'表示,从而有以下六个对称元素:$C_2'^{(1)}$,$C_2'^{(2)}$,$C_2'^{(3)}$,$C_2'^{(4)}$,$C_2'^{(5)}$,$C_2'^{(6)}$。

还有四个三重轴,它们分别通过相对的两个面的中心,从而有以下八个对称元素:$C_3^{(1)}$,$C_3^{2(1)}$,$C_3^{(2)}$,$C_3^{2(2)}$,$C_3^{(3)}$,$C_3^{2(3)}$,$C_3^{(4)}$,$C_3^{2(4)}$。再加一个E,故O中一共包含24个对称元素

$$\mathrm{O}=\{E;C_2^{(1)},C_2^{(2)},C_2^{(3)},C_4^{(1)},C_4^{3(1)},C_4^{(2)},C_4^{3(2)},C_4^{(3)},C_4^{3(3)};C_3^{(1)},C_3^{2(1)},C_3^{(2)},C_3^{2(2)},C_3^{(3)},C_3^{2(3)},C_3^{(4)},C_3^{2(4)};C_2'^{(1)},C_2'^{(2)},C_2'^{(3)},C_2'^{(4)},C_2'^{(5)},C_2'^{(6)}\}$$

如果把O和T_d相比较,就会看到它们很类似,只需把O中的C_4换作S_4,$C_2^{(i)}$换作$\sigma_d^{(i)}$,就可得到T_d群了。实际上,O与T_d同构。因此和T_d群一样,O群中的元素也可分为五类,即

$$E,\quad (3\text{个}C_2),\quad \begin{pmatrix}4\text{个}C_3\\4\text{个}C_3^2\end{pmatrix},\quad (6\text{个}C_2'),\begin{pmatrix}3\text{个}C_4\\3\text{个}C_4^3\end{pmatrix}$$

(2)O_h群

在O群中加对称面,只可能有一种方式,就是垂直于一个四重轴(同时也就通过另外的两个四重轴),这样的对称面有三个。由于引进σ_h,也就等于引进了对称中心,得到的群就是O_h。因此,O_h是O和C_i的直接乘积:$\mathrm{O}_h=\mathrm{O}\times C_i$。显然,$\mathrm{O}_h$包含48个对称元素。除了上面讨论过的O群中的

24 个对称元素外，还有：

① i

② $6S_4$：因为 $\sigma_h C_4 = S_4$，故 $6C_4 \rightarrow 6S_4$。每个通过一个相对的顶点。

③ $3\sigma_h$：因为有三个四重轴，所以有三个垂直于四重轴的对称面 σ_h，每个都通过六个顶点中的四个。

④ $8S_6$：因为 $iC_3 = S_6^5$，所以四个三重轴加对称中心就变成为四个六重象转轴，共 8 个对称元素，即 $8C_3 \rightarrow 8S_6$。这四个六重象转轴每个都通过一对相对的三角形表面中心，每个生成一组操作：S_6，C_3，i，C_3^2，S_6^5。但其中的新操作只有 S_6 和 S_6^5，故共有 $8S_6$。

⑤ $6\sigma_d$：它们通过两个顶点并平分相对的棱边，每个也都通过了 $C_2{}'$ 和 C_4 轴，所以每个 C_2' 有一个相应的 σ_d，故 $6C_2' \rightarrow 6\sigma_d$。这样，就得到了 O_h 中所包含的 48 个元素：E，$8C_3$，$6C_4$，$6C_2$，$3C_2(C_4^2)$，i，$6S_4$，$8S_6$，$3\sigma_h$，$6\sigma_d$。O_h 的类是 O 的两倍，故 O_h 群中的 48 个对称元素可分为 10 类。

O_h 群完全反映了一个正八面体的对称性。属于这个点群的分子有：SF_6，UF_6，WF_6，$Mo(CN)_6^{4-}$，$Fe(CN)_6^{4-}$，$Fe(CN)_6^{3-}$，$Co(NH_3)_6^{3+}$，AlF_6^{3-}，$PtCl_6^{2-}$ 等。

正立方体与正八面体具有相同的对称元素，因此属于同一点群 O_h。所以 O_h 既可以称为八面体群，也可叫做立方体群。实际上立方体的六个平面的中心，正好是一个八面体的六个顶点，而正八面体的八个平面的中心，正好是一个立方体的八个顶点。

O 是 O_h 的转动子群，单独 O 群在分子结构中很少见。

10. *I* 和 *I*$_h$

I 和 I_h 是正二十面（每个面都是正五边形）体群。正二十面体和正十二面体具有完全相同的对称操作（正二十面体的二十个平面的中心对应于正十二面体的二十个顶点，正十二面体的十二个平面的中心对应于正二十面体的十二个顶点。所以，它们彼此间的关系与立方体和八面体之间的关系一样）。I_h 群总共有 120 个对称操作，I 是 I_h 的转动子群，包含 60 个对称操作。

在分子结构中，这两种群也不多见，所以不详细介绍了。

现将前面讨论过的一些最重要的点群类型列在表 6.2 - 1 中。

表 6.2-1　重要的点群类型

点群	重要的对称元素
	恒等元素 E 加上：
C_s	一个对称平面
C_n	一个 n 重对称轴
S_n	一个 n 重象转轴（仅当 n 为偶数时存在，对于 n 为奇数时恒等于 C_{nh}
C_{nv}	主轴 C_n 加上 n 个垂直对称面 σ_v
C_{nh}	主轴 C_n 加上一个水平对称面 σ_h
D_n	主轴 C_n 加上垂直于 C_n 的 nC_2
D_{nd}	D_n 再加上 n 个二面体平面 σ_d
D_{nh}	D_n 再加上 σ_h 和 $n\sigma_v$
T	三个互相垂直的 C_2，$4C_3$
T_d	T 加上 $6\sigma_d$ 和 $6S_4$，并且有等价的 $8C_3$
O	$8C_3$，$6C_2$，$3C_2'$，$6C_4$
O_h	O 加上对称中心 i

三、分子对称性的系统分类法

在实际应用群论知识解决分子结构问题时，首先要确定所研究的分子是属于什么点群，现在就介绍确定任意分子属于哪一种点群的系统方法。可分为以下五个步骤：

① 首先确定分子是否属于“特殊群”，即是否是线型分子，如果是，则要看它有没有对称中心，有对称中心的（如 CO_2）属于 $D_{\infty h}$，没有对称中心的（如 HCN）属于 $C_{\infty v}$。另外就是要看是否属于具有多重高阶轴的那些群。所有的立方体群 T，T_h，T_d，O 和 O_h 都要求有四个 C_3 轴，这是寻找的关键。若是正四面体，则是 T_d，若是正八面体或立方体，则是 O_h。其他的类型 T，T_h，O，I 和 I_h 一般不常见。

② 若分子不属于特殊群中的任何一个，就开始寻找对称轴 C_n 和象转轴 S_n，若 C_n 和 S_n 都找不到，则一定属于无轴群。再寻找对称面或对称中心。若只能找到对称面，则是 C_s 群；若只能找到对称中心（这是极少见的），则是 C_i 群；若什么对称元素也不存在，则是只包含一个恒等操作的 C_1 群。

③ 若找到一个偶阶象转轴（实际上只有 S_4，S_6，S_8 是常见的），而且除了 S_n 之外再找不到别的对称元素了，则属于 S_n 群。一个 S_4 轴要求一个 C_2 轴；一个 S_6 轴要求一个 C_3 轴；一个 S_8 轴要求 C_4 和 C_2 轴。这里的关键在于

S_n(n 为偶数) 群是唯一的由 S_n 轴所生成的操作组成,而没有别的对称操作。

④ 若分子不属于上述各种群,则要寻找最高阶的对称轴 C_n。若找到了最高阶的 C_n 轴,则关键的问题是看有没有一组 n 个垂直于 C_n 轴的 C_2 轴。若没有,则分子属于 C_n,C_{nv} 和 C_{nh} 三个群之一。若除 C_n 轴外没有别的对称元素,则群是 C_n;若有 n 个垂直的对称面 σ_v,则群是 C_{nv};若有一个水平的对称面 σ_h,则是 C_{nh}。

⑤ 若在主轴 C_n 基础上有 n 个 C_2 轴,它们位于垂直于 C_n 轴的平面,则分子属于 D_n,D_{nh} 和 D_{nd} 群之一。若除了 C_n 和 n 个 C_2 轴之外,没有别的对称元素了,则是 D_n 群;若还有一个与 C_6 轴垂直的对称面 σ_h,则群是 D_{nh};若有一组 n 个平分 C_2 轴的对称面 σ_d,则群是 D_{nd}。

现将上述五步归纳图示如下:

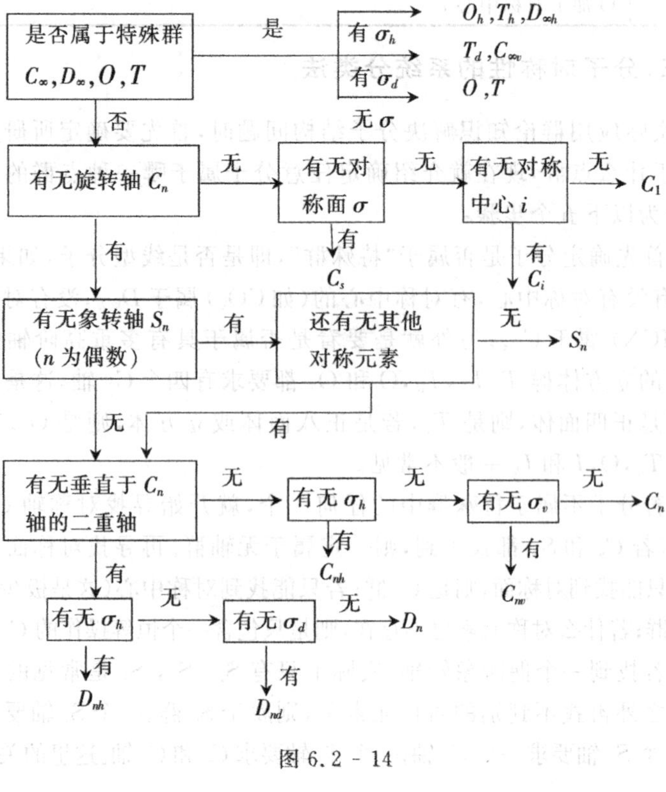

图 6.2 - 14

现在讨论几个具体实例，以帮助对上述程序过程的理解。

例 1　丙二烯 $CH_2=C=CH_2$

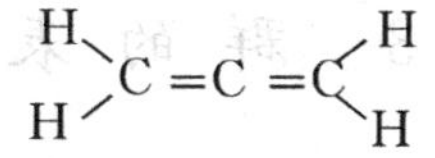

1. 不属于特殊群。

2. 沿分子主轴（$C=C=C$）有一个 C_2 轴。

3. 两个 CH_2 平面互相垂直，因此有 S_4。但除了是 S_4 必然结果的 C_2 轴之外，还有其他对称元素，如垂直于 S_4 轴还有两个 C_2 轴，故不能定为 S_4 群。

4. 有两个通过 S_4 轴且互相垂直的对称面 σ_d，分别通过两个 CH_2 平面，并平分两个 C_2 轴的夹角。

故丙二烯属于 D_{2d} 群。

例 2　顺式丁二烯

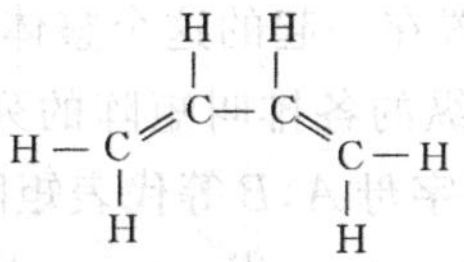

1. 它不属于特殊群。

2. 只有一个 C_2 轴，没有 S_4 轴。

3. 有两对称面通过 C_2 轴（分别通过与垂直 $C=C—C=C$ 平面），所以该分子属于 C_{2v} 群。

例 3　苯

1. 它不属于特殊群。

2. 有一个垂直于环平面的 C_6 轴。

3. 由于所有原子都在一个平面上，所以 C_6 轴可以形成一个 S_6 轴。

4. 但除了 S_6 轴的所有对称元素之外，还有一个垂直于 C_6 和位于环平面内的 C_2 轴。

5. 因为有一个 σ_h，故苯分子属于 D_{6h} 群。

§6.3 群的表示

一、矩阵的定义

1. 矩阵的定义

若把 $m\times n$ 个数 $a_{ij}(i=1,2,3,\cdots,m;j=1,2,3,\cdots n)$ 排列成如下形式，即

$$\begin{bmatrix} a_{11} & a_{12} & \cdots & a_{1n} \\ a_{21} & a_{22} & \cdots & a_{2n} \\ \vdots & \vdots & \vdots & \vdots \\ a_{m1} & a_{m2} & \cdots & a_{mn} \end{bmatrix}$$

则这 mn 个数连其相对位置在一起的这个整体就叫做一个 m 行 n 列的矩阵。横的各排叫矩阵的行，纵的各排叫矩阵的列，a_{ij} 则叫此矩阵的第 i 行第 j 列的元素。通常以大写字母 A,B 等代表矩阵。上面这个矩阵就可以简记为 A 或 $A_{m\times n}$ 或 (a_{ij}) 或 $(a_{ij})_{m\times n}$，若 $m=n$，则矩阵 A 简称为方阵。在方阵中具有 $i=j$ 的一组元素 a_{ij}，即 a_{11},a_{22},a_{33} 等称为对角元素。因为它们完全位于从左上角到右下角的对角线上。所有对角元素都等于 1，而其余的所有元素都为 0 的方阵称为单位矩阵，一般用 I 表示。当 $m=1$ 时，$(a_{11},a_{12},\cdots,a_{1n},)$ 可简称为一个 n 元行矩阵，当 $n=1$ 时，$\begin{pmatrix} a_{11} \\ a_{21} \\ \vdots \\ a_{m1} \end{pmatrix}$ 可简称为一个 m 元列矩阵。

2. 矩阵的运算规则

矩阵相等。两个矩阵只有在其行数、列数都相等，而且所有的对应位置的元素都相等时，才说这两个矩阵是相等的。即若 $A=B$，则对于所有的 i 和 j 都有 $a_{ij}=b_{ij}$.

矩阵的加法(或减法)。设 A,B 都是 m 行 n 列的矩阵，将他们对应位置

的元素相加(或相减)而得到的矩阵叫 A,B 的和(或差),记为 $A+B$ 或 $(A-B)$,也可用 C 表示,即 $C_{ij}=A_{ij}\pm B_{ij}$。例如:

$$\begin{pmatrix}3 & -1 & 2\\ 1 & 0 & 4\end{pmatrix}+\begin{pmatrix}2 & 3 & 0\\ -3 & 2 & -2\end{pmatrix}=\begin{pmatrix}5 & 2 & 2\\ -2 & 2 & 2\end{pmatrix}$$

数乘矩阵。用数 α 乘矩阵 A 的每一个元素而得到的矩阵叫做 α 与 A 之积,记为 αA 或 $A\alpha$ 均可。

矩阵的乘法。矩阵相乘必须首先满足可乘的条件:前一个矩阵的列数等于后一个矩阵的行数才能相乘,不符合这个要求就不能相乘。若这个要求得到满足,这两个矩阵相乘是:左边矩阵的第 i 行元素分别乘以右边矩阵的第 k 列的相应元素,把这些乘积加在一起,就得到了乘积矩阵中的第 ik 个元素。所以,若矩阵 A,B 为 $A=(a_{ij})_{m\times n}$,$B=(b_{ij})_{n\times p}$,则所得乘积矩阵为 $C=(c_{ij})_{m\times p}$。即 C 是一个 m 行 p 列的矩阵,其中第 i 行第 j 列的元素 c_{ij} 必然是:$c_{ij}=\sum\limits_{k=1}^{n}a_{ik}b_{kj}$。该求和可具体写成为:$c_{ij}=a_{i1}b_{1j}+a_{i2}b_{2j}+\cdots+a_{in}b_{nj}$。对 $i=1,2,\cdots,m$;$j=1,2,\cdots,p$ 均成立。

例如:

$$\begin{pmatrix}1 & 0 & 3\\ 2 & -1 & 0\end{pmatrix}\begin{bmatrix}3 & -1\\ -2 & 4\\ 0 & 1\end{bmatrix}=\begin{pmatrix}3 & 2\\ 8 & -6\end{pmatrix}$$

矩阵的乘法一般是不可变换的或不对易的。例如:

$$\begin{pmatrix}1 & 3\\ 2 & 2\end{pmatrix}\begin{pmatrix}2 & 0\\ 1 & 1\end{pmatrix}=\begin{pmatrix}5 & 3\\ 6 & 2\end{pmatrix},\begin{pmatrix}2 & 0\\ 1 & 1\end{pmatrix}\begin{pmatrix}1 & 3\\ 2 & 2\end{pmatrix}=\begin{pmatrix}2 & 6\\ 3 & 5\end{pmatrix}$$

然而,矩阵的乘法永远满足结合律,例如:

$$\begin{pmatrix}1 & 3\\ 2 & 2\end{pmatrix}\begin{pmatrix}2 & 0\\ 1 & 1\end{pmatrix}\begin{pmatrix}3 & 2\\ 0 & 2\end{pmatrix}=\begin{pmatrix}5 & 3\\ 6 & 2\end{pmatrix}\begin{pmatrix}3 & 2\\ 0 & 2\end{pmatrix}=\begin{pmatrix}15 & 16\\ 18 & 16\end{pmatrix}$$

$$\begin{pmatrix}1 & 3\\ 2 & 2\end{pmatrix}\begin{pmatrix}2 & 0\\ 1 & 1\end{pmatrix}\begin{pmatrix}3 & 2\\ 0 & 2\end{pmatrix}=\begin{pmatrix}1 & 3\\ 2 & 2\end{pmatrix}\begin{pmatrix}6 & 4\\ 3 & 4\end{pmatrix}=\begin{pmatrix}15 & 16\\ 18 & 16\end{pmatrix}$$

3. 对称操作的矩阵表示

以前讨论过五种类型的对称操作:E,σ,i,C_n 和 S_n。每一种操作都可以用一个矩阵来描述。

恒等操作 E。当坐标为 x,y,z 的点被恒等操作时，它的新坐标和原始坐标相同，即仍然是 x,y,z。这可以表示在下列的矩阵方程中，即

$$\begin{bmatrix}1&0&0\\0&1&0\\0&0&1\end{bmatrix}\begin{bmatrix}x\\y\\z\end{bmatrix}=\begin{bmatrix}x\\y\\z\end{bmatrix} \tag{6.3 - 1}$$

因此，恒等操作 E 可以用一个单位矩阵来描述。

反映 σ。若有一个反映平面被选择为与笛卡尔坐标系中的 xy 或 xz 或 yz 平面重合，则一个普通的点经该平面的反映具有如下效应：垂直于平面的坐标改变符号，由平面所定义的两个坐标不变。因此，对于在三个主平面中的反映，可以写出如下的矩阵方程。

$$\sigma(xy):\begin{bmatrix}1&0&0\\0&1&0\\0&0&-1\end{bmatrix}\begin{bmatrix}x\\y\\z\end{bmatrix}=\begin{bmatrix}x\\y\\\bar{z}\end{bmatrix} \tag{6.3 - 2}$$

$$\sigma(xz):\begin{bmatrix}1&0&0\\0&-1&0\\0&0&1\end{bmatrix}\begin{bmatrix}x\\y\\z\end{bmatrix}=\begin{bmatrix}x\\\bar{y}\\z\end{bmatrix} \tag{6.3 - 3}$$

$$\sigma(yz):\begin{bmatrix}-1&0&0\\0&1&0\\0&0&1\end{bmatrix}\begin{bmatrix}x\\y\\z\end{bmatrix}=\begin{bmatrix}\bar{x}\\y\\z\end{bmatrix} \tag{6.3 - 4}$$

反演 i。由于反演操作只是简单改变所有坐标的符号，而不交换任何一个坐标，显然，可以得到一个负的单位矩阵，即

$$\begin{bmatrix}-1&0&0\\0&-1&0\\0&0&-1\end{bmatrix}\begin{bmatrix}x\\y\\z\end{bmatrix}=\begin{bmatrix}\bar{x}\\\bar{y}\\\bar{z}\end{bmatrix} \tag{6.3 - 5}$$

旋转操作 C_n。若定义 z 轴为转动轴，则绕 z 轴的任何转动都不改变 z 的坐标，因此要寻找的矩阵中，其一部分必须是 $\begin{bmatrix}&&0\\&&0\\0&0&1\end{bmatrix}$。既然 z 不变，所以寻找这个矩阵中四个短缺元素的问题就可以看做是在 xy 平面中的

二维问题来解决。

如图 6.3 - 1 所示，在 xy 平面中 OP 沿逆时针方向转到 OP'，OP 的坐标为 (x_1, y_1)，OP' 的坐标为 (x_2, y_2)，OP 的长为 r，则有

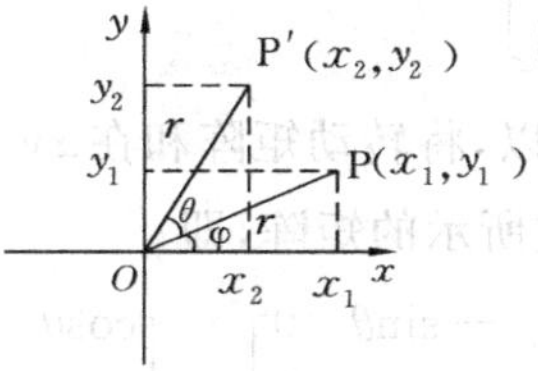

图 6.3 - 1

$$
\begin{aligned}
x_2 &= r\cos(\varphi+\theta) \\
&= r(\cos\varphi\cos\theta - \sin\varphi\sin\theta) \\
&= r(x_1/r)/\cos\theta - r(y_1/r)\sin\theta \\
&= x_1\cos\theta - y_1\sin\theta
\end{aligned}
$$

$$
\begin{aligned}
y_2 &= r\sin(\varphi+\theta) = r(\sin\varphi\cos\theta + \cos\varphi\sin\varphi) \\
&= r(y_1/r)\cos\theta + r(x_1/r)\sin\theta \\
&= x_1\sin\theta + y_1\cos\theta
\end{aligned}
$$

$$
即\begin{cases} x_2 = x_1\cos\theta - y_1\sin\theta \\ y_2 = x_1\sin\theta + y_1\cos\theta \end{cases}
$$

该式所表示的变换，可写成矩阵形式：

$$
\begin{pmatrix} \cos\theta & -\sin\theta \\ \sin\theta & \cos\theta \end{pmatrix}\begin{pmatrix} x_1 \\ y_1 \end{pmatrix} = \begin{pmatrix} x_2 \\ y_2 \end{pmatrix}
$$

若把 z 轴考虑进去，则有 $z_2 = z_1$。故对于绕 z 轴逆时针转动 θ 角的总矩阵方程是

$$
\begin{bmatrix} \cos\theta & -\sin\theta & 0 \\ \sin\theta & \cos\theta & 0 \\ 0 & 0 & 1 \end{bmatrix}\begin{bmatrix} x_1 \\ y_1 \\ z_1 \end{bmatrix} = \begin{bmatrix} x_2 \\ y_2 \\ z_2 \end{bmatrix} \tag{6.3 - 6}
$$

象转操作 S_n。由于绕 z 轴逆时针转动 θ 角时，所产生的 x 和 y 坐标的变化情况与旋转操作完全一样，但与 z 轴垂直的 xy 平面的反映使 z 坐标改变符号。因此，从前面推导逆时针转动矩阵方程的过程中，可以直接推

得象转操作的矩阵表示为

$$\begin{bmatrix} \cos\theta & -\sin\theta & 0 \\ \sin\theta & \cos\theta & 0 \\ 0 & 0 & -1 \end{bmatrix} \tag{6.3 - 7}$$

由于 $S_n = \sigma_{xy} C_n$，所以，将转动矩阵和在 xy 平面中的反映矩阵直接相乘也可得到(6.3 - 7) 式所示的矩阵，即

$$\begin{bmatrix} 1 & 0 & 0 \\ 0 & 1 & 0 \\ 0 & 0 & -1 \end{bmatrix} \begin{bmatrix} \cos\theta & -\sin\theta & 0 \\ \sin\theta & \cos\theta & 0 \\ 0 & 0 & 1 \end{bmatrix} = \begin{bmatrix} \cos\theta & -\sin\theta & 0 \\ \sin\theta & \cos\theta & 0 \\ 0 & 0 & -1 \end{bmatrix}$$

由此可见，一般来说，描述对称操作的矩阵可以相乘，使得乘积是某一操作(通常是另外的操作) 的矩阵。例如，我们以前说过的两个垂直的对称面的交线必定是一个二重对称轴。使用矩阵可以很容易证明这件事，即对 $\sigma_{xz}\,\sigma_{yz}$ 和 $C_2(z)$ 可得

$$\underset{\sigma_{xz}}{\begin{bmatrix} 1 & 0 & 0 \\ 0 & -1 & 0 \\ 0 & 0 & 1 \end{bmatrix}} \underset{\sigma_{yz}}{\begin{bmatrix} -1 & 0 & 0 \\ 0 & 1 & 0 \\ 0 & 0 & 1 \end{bmatrix}} = \underset{\sigma_{yz}}{\begin{bmatrix} -1 & 0 & 0 \\ 0 & 1 & 0 \\ 0 & 0 & 1 \end{bmatrix}} \underset{\sigma_{xz}}{\begin{bmatrix} 1 & 0 & 0 \\ 1 & -1 & 0 \\ 0 & 0 & 1 \end{bmatrix}}$$

$$= \underset{C_2(z)}{\begin{bmatrix} -1 & 0 & 0 \\ 0 & -1 & 0 \\ 0 & 0 & 1 \end{bmatrix}}$$

4. 矩阵的特征标

矩阵 A 中对角元素之和 $\sum_i a_{ij}$ 称作 A 的特征标或迹，通常用符号 χ 表示，即

$$\chi_A = \sum_i a_{ij} \tag{6.3 - 8}$$

特征标是方阵的一个重要性质，在群的表示中也很重要，所以应证明两个与特征标行为有关的重要定理。

定理 1 若 $C = AB$，$D = BA$ 则 C 和 D 的特征标相等。

证明：

$$若\ A=\begin{bmatrix} A_{11} & A_{12} & \cdots & A_{1n} \\ A_{21} & A_{22} & \cdots & A_{2n} \\ \vdots & \vdots & \vdots & \vdots \\ A_{n1} & A_{n2} & \cdots & A_{nn} \end{bmatrix}$$

$$B=\begin{bmatrix} B_{11} & B_{12} & \cdots & B_{1n} \\ B_{21} & B_{22} & \cdots & B_{2n} \\ \vdots & \vdots & \vdots & \vdots \\ B_{n1} & B_{n2} & \cdots & B_{nn} \end{bmatrix}$$

$$则\ C=AB=\begin{bmatrix} \sum_{k=1}^{n} A_{1k}B_{k1} & \cdots & \cdots \\ \vdots & \sum_{k=1}^{n} A_{2k}B_{k2} & \vdots \\ & & \ddots \\ \cdots & \cdots & \sum_{k=1}^{n} A_{nk}B_{kn} \end{bmatrix}$$

$\because$ 根据矩阵的乘法有 $C_{ij}=\sum_{k=1}^{n} A_{nk}B_{kn}$，故

$$\chi_C=\sum_{i=1}^{n} C_{ij}=\sum_{i=1}^{n}\sum_{k=1}^{n} A_{ik}B_{ki}$$

$$D=AB=\begin{bmatrix} \sum_{i=1}^{n} B_{1i}A_{i1} & \cdots & \cdots \\ \vdots & \sum_{i=1}^{n} B_{2i}A_{i2} & \vdots \\ & & \ddots \\ \cdots & \cdots & \sum_{i=1}^{n} B_{ni}A_{in} \end{bmatrix}$$

故 $\chi_D=\sum_{k=1}^{n} D_{kk}=\sum_{k=1}^{n}\sum_{i=1}^{n} B_{ki}A_{ik}=\sum_{i=1}^{n}\sum_{k=1}^{n} B_{ik}A_{ki}=\sum_{i=1}^{n}\sum_{k=1}^{n} A_{ik}B_{ki}=\chi_C$，证毕。说明两个相乘矩阵的特征标和乘的次序无关。

定理 2　共轭矩阵的特征标相等(或者说同类元素对应于相同的

迹)。

证明:若 A 和 B 属同一类,则在群 G 中必有元素 X,使$X^{-1}AX = B$ 成立。若 A,B 和 X 都用矩阵表示,则有 $B = X^{-1}AX$ 成立。

所以 B 的 $\chi = X^{-1}AX$ 的 $\chi = (X^{-1}A)X$(利用了矩阵的乘法满足结合律)的 $\chi = X(X^{-1}A)$ 的 χ(利用了定理 1)等于$(XX^{-1})A$ 的 χ,证毕。

可见,该定理也可更一般的表述为:经过相似变换,阵迹不变。

5. 几个有关的概念

一个矩阵 A,若将他的行变为列,列变为行,得到另一个矩阵 A^+,则 A^+ 称为 A 的转置矩阵。例如:

$$A = \begin{bmatrix} a_{11} & a_{12} & a_{13} \\ a_{21} & a_{22} & a_{23} \\ a_{31} & a_{32} & a_{33} \end{bmatrix} \qquad A^+ = \begin{bmatrix} a_{11} & a_{21} & a_{31} \\ a_{12} & a_{22} & a_{32} \\ a_{13} & a_{23} & a_{33} \end{bmatrix}$$

一个矩阵 A,它的转置矩阵为 A^+,如果 $AA^+ = A^+A = I$,I 为单位矩阵,则 A 称为正交矩阵。如果$A = A^+$,则 A 称为对称矩阵。例如,绕 z 轴逆时针转动 θ 角,其转动矩阵为 $\begin{bmatrix} \cos\theta & -\sin\theta & 0 \\ \sin\theta & \cos\theta & 0 \\ 0 & 0 & 1 \end{bmatrix}$,其转置矩阵为 $\begin{bmatrix} \cos\theta & \sin\theta & 0 \\ -\sin\theta & \cos\theta & 0 \\ 0 & 0 & 1 \end{bmatrix}$,两者的乘积为 $\begin{bmatrix} \cos\theta & -\sin\theta & 0 \\ \sin\theta & \cos\theta & 0 \\ 0 & 0 & 1 \end{bmatrix}$

$$\begin{bmatrix} \cos\theta & \sin\theta & 0 \\ -\sin\theta & \cos\theta & 0 \\ 0 & 0 & 1 \end{bmatrix} = \begin{bmatrix} 1 & 0 & 0 \\ 0 & 1 & 0 \\ 0 & 0 & 1 \end{bmatrix}。$$

可见,转置矩阵是正交矩阵,但不是对称矩阵。一个矩阵 A 的逆矩阵 A^{-1} 由方程 $AA^{-1} = A^{-1}A = I$ 所定义,这里 I 是单位矩阵。

由正交矩阵和逆矩阵的定义显然可知,正交矩阵的转置矩阵就是它的逆矩阵,即 $A^+ = A^{-1}$。例如,矩阵 $\begin{bmatrix} 0 & 1 & 0 \\ 0 & 0 & 1 \\ -1 & 0 & 0 \end{bmatrix}$ 的转置矩阵是

$\begin{bmatrix}0&0&-1\\1&0&0\\0&1&0\end{bmatrix}$，而 $\begin{bmatrix}0&1&0\\0&0&1\\-1&0&0\end{bmatrix}\begin{bmatrix}0&0&-1\\1&0&0\\0&1&0\end{bmatrix}=\begin{bmatrix}0&0&-1\\1&0&0\\0&1&0\end{bmatrix}\begin{bmatrix}0&1&0\\0&0&1\\-1&0&0\end{bmatrix}=$

$\begin{bmatrix}1&0&0\\0&1&0\\0&0&1\end{bmatrix}$。所以转置矩阵也就是它的逆矩阵。

二、C_{3v} 群的表示

前面已经讨论了一个矩阵可以表示一个转动动作，即

$$\begin{pmatrix}x'\\y'\end{pmatrix}=\begin{pmatrix}\cos\phi' & -\sin\phi'\\ \sin\phi' & \cos\phi'\end{pmatrix}\begin{pmatrix}x\\y\end{pmatrix}$$

故　$C_z(\phi')\rightarrow\begin{pmatrix}\cos\phi' & -\sin\phi\\ \sin\phi' & \cos\phi'\end{pmatrix}$

这里转动的对象是 (x,y)，因此称 (x,y) 为基。同一个转动 $C_z(\phi')$，若基不同，则其矩阵表示也是不同的。如以 r 为基，由于绕 z 轴转动角度 ϕ' 之后 r 变，即 $r'=Ir$。故以 r 作为基时，$C_z(\phi')$ 可以表示成一个单位矩阵 I。

现在讨论 C_{3v} 以 (x,y) 作为基的表示。已经知道 C_{3v} 有六个元素：E，C_3，C_3^2，$\sigma_v^{(1)}$，$\sigma_v^{(2)}$，$\sigma_v^{(3)}$ 它们所对应的矩阵为

$E\rightarrow\begin{pmatrix}1&0\\0&1\end{pmatrix}$ 或由 $\begin{pmatrix}\cos0^\circ & -\sin0^\circ\\ \sin0^\circ & \cos0^\circ\end{pmatrix}=\begin{pmatrix}1&0\\0&1\end{pmatrix}$

$$C_3\rightarrow\begin{pmatrix}\cos120^\circ & -\sin120^\circ\\ \sin120^\circ & \cos120^\circ\end{pmatrix}=\begin{bmatrix}-\frac{1}{2} & -\frac{\sqrt{3}}{2}\\ \frac{\sqrt{3}}{2} & -\frac{1}{2}\end{bmatrix}$$

$$C_3^2\rightarrow\begin{pmatrix}\cos240^\circ & -\sin240^\circ\\ \sin240^\circ & \cos240^\circ\end{pmatrix}=\begin{bmatrix}-\frac{1}{2} & \frac{\sqrt{3}}{2}\\ -\frac{\sqrt{3}}{2} & -\frac{1}{2}\end{bmatrix}$$

由图 6.3 - 2 可见，在 $\sigma_v^{(1)}$ 作用下 $(x,y)\rightarrow(x'y')$。

而且 $\begin{pmatrix}x'\\y'\end{pmatrix}=\begin{pmatrix}-1&0\\0&1\end{pmatrix}\begin{pmatrix}x\\y\end{pmatrix}$，故 $\sigma_v^{(1)}\rightarrow\begin{pmatrix}-1&0\\0&1\end{pmatrix}$。由图 6.3 - 3 中可直接

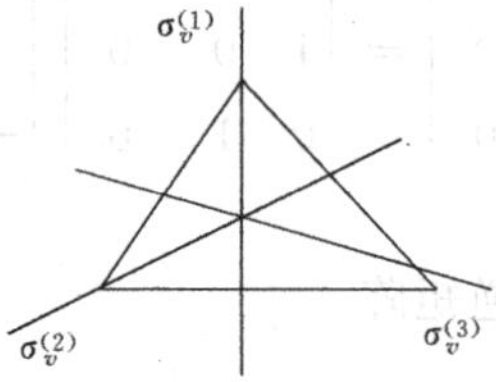

图 6.3 - 2

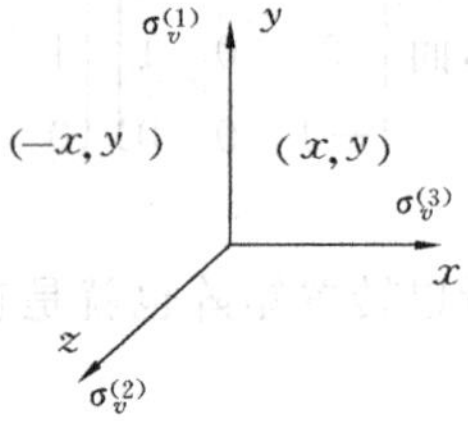

图 6.3 - 3

看出 $\sigma_v^{(2)} = \sigma_v^{(1)} C_3$，或由 C_{3v} 的乘法表也可查得此结果，所以

$$\sigma_v^{(2)} \rightarrow \begin{pmatrix} -1 & 0 \\ 0 & 1 \end{pmatrix} \begin{bmatrix} -\frac{1}{2} & -\frac{\sqrt{3}}{2} \\ \frac{\sqrt{3}}{2} & -\frac{1}{2} \end{bmatrix} = \begin{bmatrix} \frac{1}{2} & \frac{\sqrt{3}}{2} \\ \frac{\sqrt{3}}{2} & -\frac{1}{2} \end{bmatrix}$$

同理可得

$$\sigma_v^{(3)} = C_3 \sigma_v^{(1)} \rightarrow \begin{bmatrix} -\frac{1}{2} & -\frac{\sqrt{3}}{2} \\ \frac{\sqrt{3}}{2} & -\frac{1}{2} \end{bmatrix} \begin{pmatrix} -1 & 0 \\ 0 & 1 \end{pmatrix} = \begin{bmatrix} \frac{1}{2} & -\frac{\sqrt{3}}{2} \\ -\frac{\sqrt{3}}{2} & -\frac{1}{2} \end{bmatrix}$$

实际上，C_3^2 和 E 也可以由 C_3 出发，利用 C_{3v} 的乘法表得到，即 $C_3^2 = C_3 C_3$，$E = C_3 C_3^2$。把上面得到的结果总结一下可得

C_{3v}	E	C_3	C_3^2
E	$\begin{pmatrix} 1 & 0 \\ 0 & 1 \end{pmatrix}$	$\begin{bmatrix} -\frac{1}{2} & -\frac{\sqrt{3}}{2} \\ \frac{\sqrt{3}}{2} & -\frac{1}{2} \end{bmatrix}$	$\begin{bmatrix} -\frac{1}{2} & \frac{\sqrt{3}}{2} \\ -\frac{\sqrt{3}}{2} & -\frac{1}{2} \end{bmatrix}$
$\sigma_v^{(1)}$	$\sigma_v^{(2)}$	$\sigma_v^{(3)}$	基
$\begin{pmatrix} -1 & 0 \\ 0 & -1 \end{pmatrix}$	$\begin{bmatrix} \frac{1}{2} & \frac{\sqrt{3}}{2} \\ \frac{\sqrt{3}}{2} & -\frac{1}{2} \end{bmatrix}$	$\begin{bmatrix} \frac{1}{2} & -\frac{\sqrt{3}}{2} \\ -\frac{\sqrt{3}}{2} & -\frac{1}{2} \end{bmatrix}$	(x, y)

这样，我们利用 C_{3v} 群中各元素所对应的矩阵，组成了一个矩阵群，即

$$\left\{\begin{pmatrix}1 & 0\\0 & 1\end{pmatrix},\begin{bmatrix}-\frac{1}{2} & -\frac{\sqrt{3}}{2}\\\frac{\sqrt{3}}{2} & -\frac{1}{2}\end{bmatrix},\begin{bmatrix}-\frac{1}{2} & \frac{\sqrt{3}}{2}\\-\frac{\sqrt{3}}{2} & -\frac{1}{2}\end{bmatrix},\begin{pmatrix}-1 & 0\\0 & 1\end{pmatrix},\begin{bmatrix}\frac{1}{2} & \frac{\sqrt{3}}{2}\\\frac{\sqrt{3}}{2} & -\frac{1}{2}\end{bmatrix},\begin{bmatrix}\frac{1}{2} & -\frac{\sqrt{3}}{2}\\-\frac{\sqrt{3}}{2} & -\frac{1}{2}\end{bmatrix}\right\}。$$

它满足群的条件，这可由该矩阵群的乘法表证明。

C_{3v}	E	C_3	C_3^2	$\sigma_v^{(1)}$	$\sigma_v^{(2)}$	$\sigma_v^{(3)}$
E	$\begin{pmatrix}1 & 0\\0 & 1\end{pmatrix}$	$\begin{bmatrix}-\frac{1}{2} & -\frac{\sqrt{3}}{2}\\\frac{\sqrt{3}}{2} & -\frac{1}{2}\end{bmatrix}$	$\begin{bmatrix}-\frac{1}{2} & \frac{\sqrt{3}}{2}\\-\frac{\sqrt{3}}{2} & -\frac{1}{2}\end{bmatrix}$	$\begin{pmatrix}-1 & 0\\0 & 1\end{pmatrix}$	$\begin{bmatrix}\frac{1}{2} & \frac{\sqrt{3}}{2}\\\frac{\sqrt{3}}{2} & -\frac{1}{2}\end{bmatrix}$	$\begin{bmatrix}\frac{1}{2} & -\frac{\sqrt{3}}{2}\\-\frac{\sqrt{3}}{2} & -\frac{1}{2}\end{bmatrix}$
C_3	C_3	C_3^2	E	$\sigma_v^{(3)}$	$\sigma_v^{(1)}$	$\sigma_v^{(2)}$
C_3^2	C_3^2	E	C_3	$\sigma_v^{(2)}$	$\sigma_v^{(3)}$	$\sigma_v^{(1)}$
$\sigma_v^{(1)}$	$\sigma_v^{(1)}$	$\sigma_v^{(2)}$	$\sigma_v^{(3)}$	E	C_3	C_3^2
$\sigma_v^{(2)}$	$\sigma_v^{(2)}$	$\sigma_v^{(3)}$	$\sigma_v^{(1)}$	C_3^2	E	C_3
$\sigma_v^{(3)}$	$\sigma_v^{(3)}$	$\sigma_v^{(1)}$	$\sigma_v^{(2)}$	C_3	C_3^2	E

该矩阵群的乘法表和 C_{3v} 群的乘法表完全相同，因此两者是同构的，称这个矩阵群 E 为点群 C_{3v} 的一个矩阵表示或简称为表示。

一般的可表述为：若群 G 可以用和它同构或同态的矩阵群 M（运算为矩阵乘法）来描述，则称 M 为群 G 的表示。若矩阵群 M 可分解为 M_1 和 M_2 的直和：$M = M_1 + M_2$（关于直和的意义在后面再讨论），而 M_1 和 M_2 仍然和群 G 同构或同态，则称 M 为可约表示；若 M 不能再分解为直和时，则称 M 为不可约表示。上面得到的 E 表示是 C_{3v} 的一个不可约表示。

我们知道，基是点群中群元素的对称操作作用的对象，通过作用求得

该点群的一个表示。所以，若基不同，同一操作的表示可以不同。上面讲的是以(x,y)作为基，若以z作为基，则在C_{3v}所有对称操作作用下，z都不变，故立刻可得C_{3v}的另一个不可约表示A。

C_{3v}	E	C_3	C_3^2	$\sigma_v^{(1)}$	$\sigma_v^{(2)}$	$\sigma_v^{(3)}$	基
A_1	1	1	1	1	1	1	z

即每个元素都和数值1(一行一列的矩阵)相对应，这是一个恒等表示。表示$A_1=\{111111\}$确实满足群的四个条件，并且和C_{3v}同态，这可由它们的乘积得到证明。另一个基是R_z，它代表绕z轴向某一方向(我们规定逆时针方向)转动。由于经过镜面反映，转动的方向改变，故$(\sigma_v^{(1)},\sigma_v^{(2)},\sigma_v^{(3)})\to-1$。前面已经讨论过，当以$R_z$作为基时，$C_z(\phi')$可表示为1，故$(E,C_3,C_3^2)\to1$。这样，得到了$C_{3v}$的另一个不可约表示为

C_{3v}	E	C_3	C_3^2	$\sigma_v^{(1)}$	$\sigma_v^{(2)}$	$\sigma_v^{(3)}$	基
A_2	1	1	1	-1	-1	-1	R_z

A_2也是满足群的四个条件的，且和C_{3v}同态，这以它们的乘积就能证明。

综上可见，得到了C_{3v}的三个不可约表示为

C_{3v}	E	C_3	C_3^2	$\sigma_v^{(1)}$	$\sigma_v^{(2)}$	$\sigma_v^{(3)}$	基
A_1	1	1	1	1	1	1	z
A_2	1	1	1	-1	-1	-1	R_z
E	$\begin{pmatrix}1 & 0\\ 0 & 1\end{pmatrix}$	$\begin{bmatrix}-\frac{1}{2} & -\frac{\sqrt{3}}{2}\\ \frac{\sqrt{3}}{2} & -\frac{1}{2}\end{bmatrix}$	$\begin{bmatrix}-\frac{1}{2} & \frac{\sqrt{3}}{2}\\ -\frac{\sqrt{3}}{2} & -\frac{1}{2}\end{bmatrix}$	$\begin{pmatrix}-1 & 0\\ 0 & 1\end{pmatrix}$	$\begin{bmatrix}\frac{1}{2} & \frac{\sqrt{3}}{2}\\ \frac{\sqrt{3}}{2} & -\frac{1}{2}\end{bmatrix}$	$\begin{bmatrix}\frac{1}{2} & -\frac{\sqrt{3}}{2}\\ -\frac{\sqrt{3}}{2} & -\frac{1}{2}\end{bmatrix}$	(x,y)

以前的定理告诉我们，同类元素具有相同的迹。这从上面的三个不可约表示中是显而易见的，即

$A_1:E\to1;(C_3,C_3^2)\to1;(\sigma_v^{(1)},\sigma_v^{(2)},\sigma_v^{(3)})\to1$

$A_2:E\to1;(C_2,C_3^2)\to1;(\sigma_v^{(1)},\sigma_v^{(2)},\sigma_v^{(3)})\to-1$

$E:E\to2;(C_3,C_3^2)\to-1;(\sigma_v^{(1)},\sigma_v^{(2)},\sigma_v^{(3)})\to0$

用不可约表示的迹列表，称作品格表或特征标表。这种表更具有概括性，更抓住了本质，以后将广泛应用。C_{3v} 的特征标表为

C_{3v}	E	$2C_3$	$3\sigma_v$	
A_1	1	1	1	z
A_2	1	1	-1	R_z
E	2	-1	0	(x,y)

在附录中列出了化学上重要的特征标表。表中的符号是由 Mulliken(密立根)提出来的，通常称为 Mulliken 符号。其意是：

① 用 A 或 B 代表一维表示(一行一列的矩阵，即一个数)；用 E 代表二维表示；用 T 代表三维表示(点群中的不可约表示最高为三维)。

② 对于绕主轴 C_n 转动 $2\pi/n$ 时，对称的一维表示(对称意味着 $\chi(C_n)=1$) 用 A 标记，反对称的($\chi(C_n)=-1$) 用 B 表记。

③ A 和 B 的下标 1 和 2 分别表示它们对于垂直于主轴 C_n 的 C_2 是对称的或是反对称的。若没有这种 C_2 轴时，则是表示对于垂直对称面 σ_v 是对称的或反对称的。

④ 一撇“′”和两撇“″”附加在所有字母上，分别表示它们对 σ_h 是对称和反对称的。

⑤ 在有反演中心的群中，下标 g(来自德文 gerade，意思是偶数) 加到对于反演是对称的表示符号上；下标 u(来自德文 ungerade，意思是非偶数) 用于对反演是反对称的那些符号上。

⑥ A_1 总是指恒等表示或者叫全对称表示，这个表示中所有元素的特征标都等于 1。

三、群表示理论

以前用群论的观点讨论了分子的几何对称性。但是，怎样通过群论将分子的几何对称性与分子的性质联系起来，这是更为重要的问题。实现这一目的，群表示理论是关键，所以群表示理论对于群论在化学中的应用是个核心问题。

1. 广义正交定理及其推论

广义正交定理可以表述如下

$$\sum_R [\Gamma_i(R)_{mn}][\Gamma_j(R)_{m'n'}]^* = \frac{h}{\sqrt{l_i l_j}}\delta_{ij}\delta_{mm'}\delta_{nn'} \qquad (6.3-9)$$

其中符号的意义是：

Γ_i：第 i 个不可约表示。

$(R)_{mn}$：与操作 R 对应的矩阵第 m 行和第 n 列的元素。

l_i：第 i 个不可约表示的维数。

h：群的阶（群中元素的数目）。

$\sum_R$：对群中的所有元素求和。

该定理意味着：在一组不可约表示矩阵中，任意一组来自每个矩阵中的对应矩阵元，它的行为和 h 维空间中的向量分量相同（每个矩阵元就是向量的分量），所有这些向量都互相正交，并且都归一化为它们长度的平方，即等于 h/l_i。

若把(6.3 - 9)式分成三个更简单的式子，当然每个都包含在(6.3 - 9)式中，这时(6.3 - 9)式的意义会更明显。为了简便起见，略去了复共轭记号“*”，但包含复数时“*”必须保留。这三个更简单的式子是

(1) $$\sum_R \Gamma_i(R)_{mn}\Gamma_j(R)_{mn} = 0（若\ i \neq j） \qquad (6.3-10)$$

这表示选自不同表示矩阵相应的矩阵元所组成的向量互相正交。例如，在 C_{3v} 中：

Γ_{A_1} 表示$(R)_{11}$：$(1,1,1,1,1,1)$

Γ_E 表示$(R)_{11}$：$(1,-\frac{1}{2},-\frac{1}{2},-1,\frac{1}{2},\frac{1}{2})$

则 $\sum_R \Gamma_i(R)_{mn}\Gamma_j(R)_{mn} = 1\times1+1\times(-\frac{1}{2})+1\times(-\frac{1}{2})+1\times(-1)+1\times\frac{1}{2}+1\times\frac{1}{2}=0$。

(2) $$\sum_R \Gamma_i(R)_{mn}\Gamma_i(R)_{m'n'} = 0 \qquad (6.3-11)$$

若 $m\neq m'$ 或 $n\neq n'$ 或同时 $m\neq m'$，$n\neq n'$，这表示选自同一个表示中不同位置的矩阵元所组成的向量，也是互相正交的。例如，在 C_{3v} 中：

Γ_E 表示$(R)_{11}$：$(1,-\frac{1}{2},-\frac{1}{2},-1,\frac{1}{2},\frac{1}{2})$

Γ_E 表示$(R)_{12}$：$\left(0,-\frac{\sqrt{3}}{2},\frac{\sqrt{3}}{2},0,\frac{\sqrt{3}}{2},-\frac{\sqrt{3}}{2}\right)$

则 $\sum_R \Gamma_E(R)_{11}\Gamma_E(R)_{12} = 1\times 0+(-\frac{1}{2})(-\frac{\sqrt{3}}{2})+(-\frac{1}{2})\times\frac{\sqrt{3}}{2}+(-1)\times 0+\frac{1}{2}\times\frac{\sqrt{3}}{2}+\frac{1}{2}\times(-\frac{\sqrt{3}}{2})=0$

Γ_E 表示$(R)_{21}$：$(0,\frac{\sqrt{3}}{2},-\frac{\sqrt{3}}{2},0,\frac{\sqrt{3}}{2},-\frac{\sqrt{3}}{2})$

则 $\sum_R \Gamma_E(R)_{11}\Gamma_E(R)_{21} = 1\times 0+(-\frac{1}{2})\times\frac{\sqrt{3}}{2}+(-\frac{1}{2})(-\frac{\sqrt{3}}{2})+(-1)\times 0+\frac{1}{2}\times\frac{\sqrt{3}}{2}+\frac{1}{2}\times(-\frac{\sqrt{3}}{2})=0$

Γ_E 表示$(R)_{22}$：$(1,-\frac{1}{2},-\frac{1}{2},1,-\frac{1}{2},-\frac{1}{2})$

则 $\sum_R \Gamma_E(R)_{11}\Gamma_E(R)_{22} = 1\times 1+(-\frac{1}{2})\times(-\frac{1}{2})+(-\frac{1}{2})\times(-\frac{1}{2})+(-1)\times 1+\frac{1}{2}\times(-\frac{1}{2})+\frac{1}{2}\times(-\frac{1}{2})=0$

(3) $$\sum_R \Gamma_i(R)_{mn}\Gamma_i(R)_{mn} = \frac{h}{l_i} \qquad (6.3-12)$$

这表示选自同一表示同一个位置的矩阵元所组成的向量其长度的平方等于 h/l_i。例如，在 C_{3v} 中

$\Gamma_E(R)_{11}$：$(1,-\frac{1}{2},-\frac{1}{2},-1,\frac{1}{2},\frac{1}{2})$

则 $\sum_R \Gamma_E(R)_{11}\Gamma_E(R)_{11} = 1\times 1+(-\frac{1}{2})\times(-\frac{1}{2})+(-\frac{1}{2})\times(-\frac{1}{2})+(-1)\times(-1)+\frac{1}{2}\times\frac{1}{2}+\frac{1}{2}\times\frac{1}{2}=3$

而在 C_{3v} 群中，$h=6$，$l_E=2$，故 $h/l_E=3$。

2. 群表示理论的几条重要定理

定理 1　群的不等价的不可约表示数，等于群中类的数目。

不等价表示:若有两个表示矩阵群,每两个对应矩阵之间只差一个相似交换(即通过相似变换可以联系起来的表示),则称这两个表示是等价的,否则就是不等价的。

对于同一个对称动作,当选取不同的基时,有不同的表示。而基的选法可有无穷多个,故一个点群的表示也可以有无穷多个。其中有许多是可约的,也有些是等价的,不等价的不可约表示数则是有限的。例如,C_{3v} 群的不等价的不可约表示数只有三个,即 A_1,A_2 和 E。C_{3v} 群的其他任何一个表示,都可以用 A_1,A_2 和 E 表示出来,因此可以认为 A_1,A_2 和 E 这三个是相互独立的最基本的表示,类似于三个线性独立的基向量。

定理 2 群的不等价不可约表示的维数的平方和等于群的阶(群中元素的数目),即

$$\sum_i l_i^2 = l_1^2 + l_2^2 + l_3^2 + \cdots = h \tag{6.3 - 13}$$

例如,C_{3v} 群有三个不等价的不可约表示,其中有两个是一维的,即 A_1 和 A_2;一个是二维的,即 E,故 C_{3v} 群不等价不可约表示维数的平方和为

$$\sum_{i=1}^{3} l_i^2 = l_1^2 + l_2^2 + l_3^2 = 1^2 + 1^2 + 2^2 = 6$$

而 C_{3v} 群的阶数也为 6,即 $h = 6$。

定理 3 不可约表示的特征标的平方和等于群的阶,即

$$\sum_R [\chi_i(R)]^2 = h \tag{6.3 - 14}$$

证明:在广义正交定理(6.3 - 9)式中,对于对角矩阵元有

$$\sum_R [\Gamma_i(R)_{mm}][\Gamma_j(R)_{m'm'}] = \frac{h}{\sqrt{l_i l_j}} \delta_{ij} \delta_{mm'} \delta_{nn'} \tag{6.3 - 15}$$

等式两边对 m 和 m' 求和,得

$$\text{左边} = \sum_R \sum_m \sum_{m'} [\Gamma_i(R)_{mm}][\Gamma_j(R)_{m'm'}] = \sum_R \chi_i(R) \chi_j(R)$$

$$\text{右边} = \sum_m \sum_{m'} \frac{h}{\sqrt{l_i l_j}} \delta_{ij} \delta_{mm'} \tag{6.3 - 16}$$

当 $i=j$ 时，则有 $\sum\limits_R \chi_i^2(R) = \sum\limits_m \sum\limits_{m'} \frac{h}{l_i}\delta_{mm'} = \frac{h}{l_i}l_i = h$，证毕。

因为 m 的个数就等于维数 l_i。可见，该定理实际上是广义正交定理的一个推论，因为是从广义正交定理直接得到的。

定理4　设群 G 包含 g 个元素，分为 l 类，每类的元素数为 $n_1, n_2, \cdots, n_l(n_1+n_2+\cdots+n_l=h)$。

群 G 显然有 l 个不等价不可约表示，它们对于第 k 类元素，特征标为 $\chi_k^{(1)}, \chi_k^{(2)}, \chi_k^{(l)}[k=1,2,\cdots,l;(1),(2),\cdots,(l)$ 为不同的不可约表示$]$，则这些不等价不可约表示的特征标之间满足下列正交归一化关系式

$$\frac{1}{h}\sum_{k=1}^{l} n_k \chi_k^{(i)} \chi_k^{(j)} = \delta_{ij} \tag{6.3 - 17}$$

这表示同一个不等价不可约表示中，同一类元素的数目(n_k)乘以特征标的平方($\chi_k^{(i)2}$)之和，除以群的阶(h)等于1；而不同的不等价的不可约表示中，同一类元素的数目(n_k)乘以在不同的表示中的特征标($\chi_k^{(i)}$ 和 $\chi_k^{(j)}$)之和等于零。

例如，在 C_{3v} 群中，其正交性为

A_1 和 A_2：$1\times1\times1+2\times1\times1+3\times1\times(-1)=0$

A_1 和 E：$1\times1\times2+2\times1\times(-1)+3\times1\times0=0$

A_2 和 E：$1\times1\times2+2\times1\times(-1)+3\times(-1)\times0=0$

其归一化性质为

A_1：$\frac{1}{6}[1\times1^2+2\times1^2+3\times1^2]=1$

A_2：$\frac{1}{6}[1\times1^2+2\times1^2+3\times(-1)^2]=1$

E：$\frac{1}{6}[1\times2^2+2\times(-1)^2+3\times0^2]=1$

定理5　由两个不同的不可约表示的特征标作为分向量的向量正交，即

$$\sum_R \chi_i(R)\chi_j(R) = 0 \quad (i \neq j) \tag{6.3 - 18}$$

证明：由广义正交定理推得的(6.3 - 15′)和(6.3 - 16)式可得

$$\sum_R \chi_i(R)\chi_j(R) = \sum_m \sum_{m'} \frac{h}{\sqrt{l_i l_j}}\delta_{ij}\delta_{mm'}$$

当 $i \neq j$ 时，则有 $\sum_R \chi_i(R)\chi_j(R) = 0$，证毕。

可见，这个定理也是广义正交定理的一个推论。

将(6.3 - 14)和(6.3 - 18)式合并，可写成

$$\sum_R \chi_i(R)\chi_j(R) = h\delta_{ij} \text{ 或}$$

$$\frac{1}{h}\sum_R \chi_i(R)\chi_j(R) = \delta_{ij} \qquad (6.3 - 19)$$

该式和定理 4 的(6.3 - 17)式是完全等价的，例如以 C_{3v} 群为例，其归一化性质为

$$A_1: \frac{1}{6}[1^2 + 1^2 + 1^2 + 1^2 + 1^2 + 1^2] = 1$$

$$A_2: \frac{1}{6}[1^2 + 1^2 + 1^2 + (-1)^2 + (-1)^2 + (-1)^2] = 1$$

$$E: \frac{1}{6}[2^2 + (-1)^2 + (-1)^2 + 0^2 + 0^2 + 0^2] = 1$$

其正交性为

$A_1A_2: 1 \times 1 + 1 \times 1 + 1 \times 1 + 1 \times (-1) + 1 \times (-1) + 1 \times (-1) = 0$

$A_1E: 1 \times 2 + 1 \times (-1) + 1 \times (-1) + 1 \times 0 + 1 \times 0 + 1 \times 0 = 0$

$A_2E: 1 \times 2 + 1 \times (-1) + 1 \times (-1) + (-1) \times 0 + (-1) \times 0 + (-1) \times 0 = 0$

所以，定理 4 也可以看做是广义正交定理的推论。定理 4 是群表示理论的核心，将一个表示 Γ 分解为不等价不可约表示的直和时，要利用这条定理。

3. 可约表示的约化

先解释一下"直和"的意义。假如 C_{3v} 还有一个四维表示 Γ_4：

$$\begin{bmatrix} 1 & 0 & 0 & 0 \\ 0 & 1 & 0 & 0 \\ 0 & 0 & 1 & 0 \\ 0 & 0 & 0 & 1 \end{bmatrix} \begin{bmatrix} 1 & 0 & 0 & 0 \\ 0 & 1 & 0 & 0 \\ 0 & 0 & -\frac{1}{2} & -\frac{\sqrt{3}}{2} \\ 0 & 0 & \frac{\sqrt{3}}{2} & -\frac{1}{2} \end{bmatrix} \begin{bmatrix} 1 & 0 & 0 & 0 \\ 0 & 1 & 0 & 0 \\ 0 & 0 & -\frac{1}{2} & \frac{\sqrt{3}}{2} \\ 0 & 0 & -\frac{\sqrt{3}}{2} & -\frac{1}{2} \end{bmatrix}$$

$$\begin{bmatrix} 1 & 0 & 0 & 0 \\ 0 & -1 & 0 & 0 \\ 0 & 0 & -1 & 0 \\ 0 & 0 & 0 & -1 \end{bmatrix} \begin{bmatrix} 1 & 0 & 0 & 0 \\ 0 & -1 & 0 & 0 \\ 0 & 0 & \frac{1}{2} & \frac{\sqrt{3}}{2} \\ 0 & 0 & \frac{\sqrt{3}}{2} & -\frac{1}{2} \end{bmatrix} \begin{bmatrix} 1 & 0 & 0 & 0 \\ 0 & -1 & 0 & 0 \\ 0 & 0 & -\frac{1}{2} & \frac{\sqrt{3}}{2} \\ 0 & 0 & -\frac{\sqrt{3}}{2} & -\frac{1}{2} \end{bmatrix}$$

显而易见，表示 Γ_4 是由 C_{3v} 的三个已知的不可约表示构成的，即

$$\begin{bmatrix} A_1 & 0 & 0 & 0 \\ 0 & A_2 & 0 & 0 \\ 0 & 0 & & \\ 0 & 0 & & E \end{bmatrix}$$

。因为我们称矩阵 $M = \begin{bmatrix} 1 & 0 & 0 & 0 \\ 0 & 1 & 0 & 0 \\ 0 & 0 & -\frac{1}{2} & -\frac{\sqrt{3}}{2} \\ 0 & 0 & \frac{\sqrt{3}}{2} & -\frac{1}{2} \end{bmatrix}$ 为矩阵

$M_1 = (1), M_2 = (1), M_3 = \begin{bmatrix} -\frac{1}{2} & -\frac{\sqrt{3}}{2} \\ \frac{\sqrt{3}}{2} & -\frac{1}{2} \end{bmatrix}$ 的直和，并记为 $M = M_1 + M_2 + M_3$。因此，Γ_4 是 C_{3v} 的一个可约表示，它可以分解为 C_{3v} 的三个不可约表示的直和，即 $\Gamma_4 = A_1 + A_2 + E$。

可见，要将一个可约表示分解成不可约表示的直和，总要先对该可约表示矩阵进行一系列的相似变换，把每个矩阵都约化成沿对角线的一些方块所组成的矩阵，每一个方块都属于该群的不可约表示。这时，将可约表示约化成不可约表示直和的形式就可以写出来了。但是，对于较大的矩

阵来说，这一系列的相似变换过程相当冗长，所以这种办法并不是很方便的。然而，如若我们的目的仅在于将一个可约表示分解为不可约表示的直和，即将可约表示进行约化，那么也可以不采用相似变换的过程，而用定理 4 和经过相似变换矩阵的特征标不变这条性质就可以了。

由于经过任何相似变换，矩阵的特征标是不变的，所以有

$$\chi(R) = \sum_j a_j \chi_j(R) \tag{6.3 - 20}$$

其中 $\chi(R)$ 是与操作 R 相对应的可约表示的矩阵特征标，a_j 代表当可约表示完全被必要的相似变换约化时，组成第 j 个不可约表示的方块沿对角线出现的次数。

用 $\chi_i(R)$（第 i 个不可约表示的特征标）乘(6.3 - 20) 式的两边，并对所有操作求和，则有

$$\sum_R \chi(R)\chi_i(R) = \sum_R \sum_j a_j \chi_j(R)\chi_i(R) = \sum_j a_j \sum_R \chi_j(R)\chi_i(R)$$

$$= \sum_j a_j h \delta_{ij} = a_i h$$

故 $$a_i = \frac{1}{h} \sum_R \chi(R)\chi_i(R) \tag{6.3 - 21}$$

因此，只要知道每个表示的特征标，就能求得第 i 个不可约表示在可约表示中出现的次数 a_i。

例如，对于 C_{3v} 群，下面给出它的三个不可约表示 Γ_1，Γ_2 和 Γ_3 的特征标，以及它的两个可约表示 Γ_4 和 Γ_5 的特征标为

C_{3v}	E	$2C_3$	$3\sigma_v$
Γ_1	1	1	1
Γ_2	1	1	-1
Γ_3	2	-1	0
Γ_4	5	2	-1
Γ_5	7	1	-3

现在用可约表示的约化公式(6.3 - 21) 式将 Γ_4 和 Γ_5 约化。对于 Γ_4：

$$a_1 = \frac{1}{6}[1 \times 1 \times 5 + 2 \times 1 \times 2 + 3 \times 1 \times (-1)] = 1$$

$$a_2 = \frac{1}{6}[1\times1\times5+2\times1\times2+3\times(-1)\times(-1)]=2$$

$$a_3 = \frac{1}{6}[1\times2\times5+2\times(-1)\times2+3\times0\times(-1)]=1$$

故 $\Gamma_4 = A_1 + 2A_2 + E$，对于 Γ_5

$$a_1 = \frac{1}{6}[1\times1\times7+2\times1\times1+3\times1\times(-3)]=0$$

$$a_2 = \frac{1}{6}[1\times1\times7+2\times1\times1+3\times(-1)\times(-3)]=3$$

$$a_3 = \frac{1}{6}[1\times2\times7+2\times(-1)\times1+3\times0\times(-3)]=2$$

故 $\Gamma_5 = 3A_2 + 2E$。

这些结果显然也是满足(6.3 - 20)式的，如对 Γ_4 有

	E	$2C_3$	$3\sigma_v$
Γ_1	1	1	1
Γ_2	1	1	-1
Γ_2	1	1	-1
Γ_3	2	-1	0
Γ_5	5	2	-1

对 Γ_5 有

	E	$2C_3$	$3\sigma_v$
Γ_2	1	1	-1
Γ_2	1	1	-1
Γ_2	1	1	-1
Γ_3	2	-1	0
Γ_3	2	-1	0
Γ_5	7	1	-3

实际上，在简单的情况下，利用(6.3 - 21)式可以将一个可约表示很快约化，如对 C_{3v} 群还有一个可约表示 Γ_6，其特征标为

C_{3v}	E	$2C_3$	$3\sigma_v$
Γ_6	3	0	1

这时由 C_{3v} 群三个不可约表示的特征标即可直接看出

$\Gamma_6 = \Gamma_1 + \Gamma_3 = A_1 + E$

对于较复杂的情况，还是要利用(6.3 - 21)式来进行约化，而(6.3 - 20)式可对其结果提供检验。

四、循环群的表示

前面已讨论过，C_n 群是个循环群，它有 n 个群元素，即 $E, C_n, C_n^2, \cdots, C_n^{n-1}$，而且互相是可对易的，每个元素自成一类。根据群表示理论可知，必须有 n 个一维的不等价不可约表示。由于不等价不可约表示都是一维的，所以实际上每个群元素都对应于一个类。

为了得到这些表示，设 C_n 对应于 $e^{i\phi}$，ϕ 代表转动某一角度，当 $\phi = 2\pi$ 时，$e^{i2\pi} = 1$ 即复原，而且有 $e^{ip2\pi} = 1, p = 0,1,2,\cdots,n-1$ ($e^{i\phi} = e^{i2\pi} = \cos 2\pi + i\sin 2\pi = 1, e^{ip2\pi} = \cos 2p\pi + i\sin 2p\pi = 1$)，同时，由于 $C_n^n = E = 1$，所以 $e^{in\phi} = 1$，则有 $e^{ip2\pi} = e^{in\phi}, in\phi = i2p\pi$。

故 $\phi = 2p\pi/n, p = 0, 1, 2, \cdots, n-1$，这就得到了 C_n 群的 n 个一维的不等价不可约表示：

C_n	E	C_n	C_n^2	$\cdots$	C_n^{n-1}
	1	$e^{i\frac{2p\pi}{n}}$	$(e^{i\frac{2p\pi}{n}})^2$	$\cdots$	$[e^{i\frac{2p\pi}{n}}]^{n-1}$

$(p = 0,1,2,\cdots,n-1)$

现以 C_3 群为例，则有 C_3 的不等价不可约表示（也就是 C_3 群的特征标表）为

C_3	E	C_3	C_3^2
$p = 0$	1	1	1
$p = 1$	1	$e^{i2\pi/3}$	$(e^{i2\pi/3})^2$
$p = 2$	1	$e^{i4\pi/3}$	$(e^{i4\pi/3})^2$

若令 $\varepsilon = e^{i2\pi/3}$，则有 $e^{i4\pi/3} = \varepsilon^2, (e^{i4\pi/3})^2 = e^{i2\pi} \cdot e^{i2\pi/3} = e^{i2\pi/3} = \varepsilon$，$\varepsilon^* = e^{-i2\pi/3} = e^{i2\pi} \cdot e^{-i2\pi/3} = e^{i4\pi/3} = \varepsilon^2$。这时，$C_3$ 群的三个一维的不等价不

可约表示(也就是 C_3 群的特征标表) 的具体形式可写成:

C_3	E C_3 C_3^2		$\varepsilon = e^{i2\pi/3}$
A	1　1　1	Z	
E	$\left\{\begin{matrix}1 & \varepsilon & \varepsilon^* \\ 1 & \varepsilon^* & \varepsilon\end{matrix}\right\}$	(x,y)	$x+iy$ $x-iy$

为了更好地了解特征标表的形式,也便于以后的应用,现再以 C_3 群的特征标表为例作进一步地说明。

当以 Z 作为基时,则 C_3 群的所有对称动作作用到 Z 上都是不变的,即所有元素的表示为 1,这就得到了全对称表示 A。

当以(x, y) 作为基时,则有

$$C_3\begin{pmatrix}x\\y\end{pmatrix}=\begin{pmatrix}\cos\frac{2\pi}{3} & -\sin\frac{2\pi}{3}\\ \sin\frac{2\pi}{3} & \cos\frac{2\pi}{3}\end{pmatrix}\begin{pmatrix}x\\y\end{pmatrix}=\begin{pmatrix}-\frac{1}{2} & -\frac{\sqrt{3}}{2}\\ \frac{\sqrt{3}}{2} & -\frac{1}{2}\end{pmatrix}\begin{pmatrix}x\\y\end{pmatrix}$$

其特征标为:$-\frac{1}{2}+(-\frac{1}{2})=-1$。

同理可得,C_3^2 的特征标也是 -1,E 的特征标是 2。

在通常给出的特征标表中,都是把两个一维表示用大括号“{}”括起来,称为 E 表示,这是因为将这两个一维表示加起来,看做是一个二维表示,可得

对 E:$1+1=2$

$$\text{对 } C_3: \varepsilon+\varepsilon^* = e^{\frac{2\pi i}{3}}+e^{-\frac{2\pi i}{3}}$$

$$=(\cos\frac{2\pi}{3}+i\sin\frac{2\pi}{3})+(\cos\frac{2\pi}{3}-i\sin\frac{2\pi}{3})$$

$$=2\cos\frac{2\pi}{3}=2\times(-\frac{1}{2})=-1$$

对 C_3^2:$\varepsilon^*+\varepsilon=-1$。正好是以$(x,y)$ 作为基时的表示,这就是在特征标表中把这两个一维表示括起来并称为 E 表示的原因。

只有当以$(x+iy)$ 作为基时,才有

$$
\begin{aligned}
C_3(x+\mathrm{i}y) &= C_3x+\mathrm{i}C_3y \\
&= \cos\frac{2\pi}{3}x-\sin\frac{2\pi}{3}y+\mathrm{i}(\sin\frac{2\pi}{3}x+\cos\frac{2\pi}{3}y) \\
&= (\cos\frac{2\pi}{3}+\mathrm{i}\sin\frac{2\pi}{3})x+\mathrm{i}(\cos\frac{2\pi}{3}+\mathrm{i}\sin\frac{2\pi}{3})y \\
&= e^{\frac{2\pi}{3}\mathrm{i}}(x+\mathrm{i}y)=\varepsilon(x+\mathrm{i}y)
\end{aligned}
$$

即 C_3 的表示是 ε。同理可得 C_3^2 的表示是 ε^*，E 的表示是 1。

当以 $(x-iy)$ 作为基时，可得 C_3 群的另一个不可约表示为：E 的表示为 1，C_3 的表示为 ε^*，C_3^2 的表示为 ε。

上述关于 C_3 群的讨论，对 C_n 群是完全适合的。若是 C_n 群，则它的 n 个元素自成一类，所以一定有 n 个一维的不等价不可约表示（$\sum_i l_i^2=h$）。在它的特征标表中，总是把全对称的表示放在最上面，即第一行，用 A 表示。当 n 为奇数时，其余 $(n-1)$ 个表示都包括复数，将其两两组合成对，使每对中的一行元素为另一行的复共轭。这些对中的每个成员必须被认为是一个单独的表示，以满足群论对不可约表示的个数和维数的要求，而且当采用复基时，它也确实是一个一维的不可约表示。但在使用时总是采用实基，所以应当把它们加起来，得到一组二维表示的特征表。由于总是将一个复数加到它的复共轭上，其和一定是一些纯实数。这种相加而得到的特征标的性质和二维表示的性质一样，所以将这一对表示合起来用一个 Mulliken 符号 E 表示。当 n 为偶数时，除 A 表示外，还有一个一维的实表示 B，其余都是成对的，上述讨论同样适用。可参见下面 C_5 和 C_6 群的特征标表。

表 6.3-1 C_5 群的特征标表

C_5	E	C_5	C_5^2	C_5^3	C_5^4		$\varepsilon=exp(\frac{2\pi}{5})$
A	1	1	1	1	1	Z R_z	x^2+y^2, z^2
E_1	1	ε	ε^2	ε^{2*}	ε^*	$(x\quad y)$	(yz, xz)
	1	ε^*	ε^{2*}	ε^2	ε		
E_2	1	ε^2	ε^*	ε	ε^{2*}	$(R_x\ P_y)$	x^2-y^2, xy
	1	ε^{2*}	ε	ε^*	ε^2		

表 6.3 - 2　C_6 群的特征标表

C_6	E	C_6	C_6^2	C_6^3	C_6^4	C_6^4		$\varepsilon = exp(\frac{2\pi}{6})$
A	1	1	1	1	1	1	$Z \quad R_z$	$x^2+y^2,\ z^2$
B	1	-1	1	-1	1	-1		
E_1	1	ε	$-\varepsilon^*$	-1	$-\varepsilon$	ε^*	$(x \quad y)$	(yz, xz)
	1	ε^*	$-\varepsilon$	-1	$-\varepsilon^*$	ε		
E_2	1	$-\varepsilon^*$	1	1	$-\varepsilon^*$	$-\varepsilon$	$(R_x\ P_y)$	$x^2-y^2,\ xy$
	1	$-\varepsilon$	ε^*	1	$-\varepsilon$	$-\varepsilon^*$		

§6.4　群论和量子力学

一、波函数作为不可约表示的基

已经知道，任意分子体系的定态 Schrödinger 方程为

$$\hat{H}\psi = E\psi \tag{6.4 - 1}$$

该方程的两边用分子所属点群包含的任意一个对称操作 R 作用，得

$$R\hat{H}\psi = RE\psi \tag{6.4 - 2}$$

由于一个对称操作 R 的作用是把体系从某一种构型变到另一种等价构型，这两种构型在物理上是没有区别的。所以，在完成对称操作前后，体系的能量显然必须相同。于是，我们说任意对称操作和 Hamilton 算符是可对易的，即

$$R\hat{H} = \hat{H}R \tag{6.4 - 3}$$

常数 E 总可以和 R 对易，即

$$RE = ER \tag{6.4 - 4}$$

利用(6.4 - 3) 和(6.4 - 4) 式，(6.4 - 2) 可写成

$$\hat{H}(R\psi) = E(R\psi) \tag{6.4-5}$$

这说明若 ψ 是 $\hat{H}$ 属于本征值为 E 的本征函数，则 $R\psi$ 也是 $\hat{H}$ 的一个本征函数，而且属于同一本征值 E，即一个对称操作 R 将 $\hat{H}$ 的一个本征函数变换成具有相同本征值的另一个本征函数。

1. 非简并态

若波函数 ψ_i 所对应的本征值 E_i 是非简并的，即

$$\hat{H}\psi_i = E_i\psi_i \tag{6.4-6}$$

则 ψ_i 和 $R\psi_i$ 都是 $\hat{H}$ 属于本征值为 E_i 的本征函数。两者之间只能相差一个任意常数，即 $R\psi_i = a\psi_i$。由于 ψ_i 和 $R\psi_i$ 都要归一化，则有 $\int |R\psi_i|^2 d\tau = 1$，所以 $\int |a\psi_i|^2 d\tau = 1$，$a^2\int |\psi_i|^2 d\tau = 1$，$a^2 = 1$，$a = \pm 1$，故 $R\psi_i = \pm 1\psi_i$。又由于对称操作 R 是和一个表示矩阵 (R) 相对应的，所以有

$$R\psi_i = (R)\psi_i \tag{6.4-7}$$

其中 (R) 就是对称操作 R 的一个表示 $\Gamma_i(R)$。

由(6.4-6)和(6.4-7)式可得

$$\Gamma_i(R) = \pm 1 \tag{6.4-8}$$

因为表示是唯一的，当然是不可约的。

综上所述，可得结论为：非简并态本征函数是一维不可约表示的基。

2. 简并态

若 E_i 是 k 重简并的，则有

$$\left.\begin{aligned} \hat{H}\psi_{i1} &= E\psi_{i1} \\ \hat{H}\psi_{i2} &= E_i\psi_{i2} \\ &\cdots \\ \hat{H}\psi_{ik} &= E_i\psi_{ik} \end{aligned}\right\} \tag{6.4-9}$$

量子力学告诉我们，简并态 ψ_{ij} $(j = 1, 2, \cdots, k)$ 的任意线性组合还是 $\hat{H}$ 对应于同一本征值 E_i 的本征函数，即有

$$\hat{H}\sum_{j=1}^{k}a_{ij}\psi_{ij} = E_i\sum_{j=1}^{k}a_{ij}\psi_{ij}$$

另外，当用分子所属点群包含的一个对称操作 R 作用到 ψ_{il} 上时，所得的 $R\psi_{il}$ 也是 $\hat{H}$ 对应于同一本征值 E_i 的本征函数，即

$$\hat{H}(R\psi_{il}) = E_i(R\psi_{il}) \tag{6.4 - 10}$$

但这里 $R\psi_{il}$ 一般也是 ψ_{ij} 的线性组合，即

$$R\psi_{il} = \sum_{j=1}^{k} r_{jl}\psi_{ij} \tag{6.4 - 11}$$

对于群中的另一操作 S，类似地有

$$S\psi_{ij} = \sum_{m=1}^{k} s_{mj}\psi_{im} \tag{6.4 - 12}$$

因为 R 和 S 是群中的元素，根据群的封闭性必定有一个元素 $T = SR$。T 作用在 ψ_{il} 上，类似地有

$$T\psi_{il} = \sum_{m=1}^{k} t_{ml}\psi_{im} \tag{6.4 - 13}$$

而 $SR\psi_{il} = s\sum_{j=1}^{k} r_{il}\psi_{ij} = \sum_{j=1}^{k}\sum_{m=1}^{k} s_{mj}r_{jl}\psi_{im}$　(6.4 - 14)

比较(6.4 — 13) 和(6.4 - 14) 式，可得

$$t_{ml} = \sum_{j=1}^{k} s_{mj}r_{jl} \tag{6.4 - 15}$$

这恰好给出矩阵 T 作为矩阵乘积 SR 的矩阵元素表达式。

由上可见，对称操作 R 和 S 以及它们的乘积 RS 与矩阵 r_{il} 和 s_{mj} 以及矩阵 $s_{mj}r_{il}$ 之间有对应关系，而且这种对应关系对任意对称操作都成立，即若 r_{il} 是操作 R 的表示矩阵，s_{mj} 是操作 S 的表示矩阵，则 $s_{mj}r_{jl}$ 是两个操作之积 SR 的表示矩阵。而且各操作 $R, S, \cdots$ 与 $r_{il}, s_{mj}, \cdots$ 有相同的乘法表，因此这些 k 维的矩阵群和分子所属的点群是同构的，故由系数组成的矩阵群是该点群的一个 k 维表示。例如：

$$R\psi_{il} = \sum_{j=1}^{k}[\Gamma(R)]_{jl}\psi_{ij} \tag{6.4 - 16}$$

则简并态的集合$\{\psi_{ij}\}$($j = 1,2,\cdots,k$) 构成了一个 k 维表示的基。而且这个表示是不可约的，因为若是可约的，则表示矩阵还可以分块，每块就可以对应于不同的本征值，即有不同的能量，这与最初的假设不符。

综上所述可得结论：一个分子的本征函数是该分子所属点群不可约

表示的基，k 重简并的本征态构成一个 k 维不可约表示的一个基。这个结论比较抽象，为了清楚地说明这一点，我们举一个例子。考虑属于 C_{3v} 群的氨中氮原子的 $2p_x$ 和 $2p_y$ 轨道，它们的波函数为：$p_x = R\sin\theta\cos\phi$，$p_y = R\sin\theta\sin\phi$。其中 R 是常数，θ 和 φ 是极坐标系中的角。

现在用对称操作作用在 p_x 和 p_y 上，得

E：$Ep_x = p_x$，$Ep_y = p_y$

矩阵形式为

$$E\begin{pmatrix} p_x \\ p_y \end{pmatrix} = \begin{pmatrix} 1 & 0 \\ 0 & 1 \end{pmatrix}\begin{pmatrix} p_x \\ p_y \end{pmatrix}, \chi(E) = 2$$

$$\begin{aligned} C_3: C_3 p_x &= C_3(R\sin\theta\cos\phi) = R\sin\theta\cos(\phi + \frac{2\pi}{3}) \\ &= R\sin\theta(\cos\phi\cos\frac{2\pi}{3} - \sin\phi\sin\frac{2\pi}{3}) \\ &= R\sin\theta(-\frac{1}{2}\cos\phi - \frac{\sqrt{3}}{2}\sin\phi) \\ &= R\sin\theta(-\frac{1}{2})(\cos\phi + \sqrt{3}\sin\phi) \\ &= -\frac{1}{2}R\sin\theta\cos\phi - \frac{\sqrt{3}}{2}R\sin\theta\sin\phi \\ &= -\frac{1}{2}p_x - \frac{\sqrt{3}}{2}p_y \end{aligned}$$

$$\begin{aligned} C_3 p_y &= C_3(R\sin\theta\sin\phi) = R\sin\theta sin(\phi + \frac{2}{3}\pi) \\ &= R\sin\theta(\sin\phi\cos\frac{2\pi}{3} + \cos\phi\sin\frac{2\pi}{3}) \\ &= R\sin\theta(-\frac{1}{2}\sin\phi + \frac{\sqrt{3}}{2}\cos\phi) \\ &= R\sin\theta(-\frac{1}{2}\sin\phi + \sqrt{3}\cos\phi) \\ &= \frac{\sqrt{3}}{2}R\sin\theta\cos\phi - \frac{1}{2}R\sin\theta\sin\phi \end{aligned}$$

$$= \frac{\sqrt{3}}{2}p_x - \frac{1}{2}p_y$$

矩阵形式为：$C_3\begin{pmatrix}p_x\\p_y\end{pmatrix} = \begin{bmatrix}-\frac{1}{2} & -\frac{\sqrt{3}}{2}\\ \frac{\sqrt{3}}{2} & -\frac{1}{2}\end{bmatrix}\begin{pmatrix}p_x\\p_y\end{pmatrix}, \chi(C_3) = -1$

σ_v：若在 xz 平面中反映，ϕ 要改变符号。

$$\sigma_v p_x = \sigma_v R\sin\theta\cos\phi = R\sin\theta\cos(-\phi)$$
$$= R\sin\theta\cos\phi = p_x$$
$$\sigma_v p_y = \sigma_v R\sin\theta\cos\phi = R\sin\theta\sin(-\phi)$$
$$= -R\sin\theta\sin\phi = -p_y$$

矩阵形式为

$$\sigma_v\begin{pmatrix}p_x\\p_y\end{pmatrix} = \begin{pmatrix}1 & 0\\0 & -1\end{pmatrix}\begin{pmatrix}p_x\\p_y\end{pmatrix}, \chi(\sigma_v) = 0$$

根据这些特征标，可以看出是属于 C_{3v} 的 E 表示。可见，氨分子中氮原子的 p_x 和 p_y 轨道的本征函数是分子所属点群 C_{3v} 的不可约表示 E 的基。

应当指出，在 C_{3v} 群的特征标表中，坐标 x 和 y 被指明按照 E 表示变换。而函数 $\sin\theta\cos\phi$ 和 $\sin\theta\sin\phi$ 也按照与 x 和 y 同样的方式变换，故将具有本征函数为 $\sin\theta\cos\phi$ 的 p 轨道称作 p_x，具有本征函数为 $\sin\theta\sin\phi$ 的 p 轨道称作 p_y。

二、投影算符法（Projection operator Method ）

如何把可约表示的基重新组合为各个不可约表示的基，或者任给一组函数，如何把它们组合为指定的不可约表示的基，这在量子化学中是非常重要的。因为，只有这种函数，它们自身或它们的组合才能构成波动方程的合适解；同时，只有当波函数的对称性按不可约表示的基的意义明确定义后，就能很快判断某些积分或矩阵元恒为零，而不必进行数值计算。

这种函数称为对称性匹配的线性组合（SALC）或对称性匹配函数（symmetry-adapted function ），获得这种函数的最一般方法就是投影算符法。

1. 投影算符的定义

设有 l_i 个正交函数 $\phi_1^{(i)}, \phi_2^{(i)}, \cdots, \phi_{l_i}^{(i)}$ 的集合，它组成阶为 h 的群第 i 个不可约表示（维数为 l_i）的基，则任意群元素（对称操作）R 作用到某一个基函数（如 $\phi_t^{(i)}$）上 $R\phi_t^{(i)}$，有

$$R\phi_t^{(i)} = \sum_s \phi_s^{(i)} \Gamma^{(i)}(R)_{st} \qquad s = 1,2,\cdots, l_i \tag{6.4 - 17}$$

将该式乘以 $[\Gamma^{(j)}(R)_{s't'}]^*$，并把两边对群中所有操作求和，得

$$\sum_R [\Gamma^{(j)}(R)_{s't'}]^* R\phi_t^{(i)} = \sum_R \sum_s \phi_s^{(i)} \Gamma^{(i)}(R)_{st}][\Gamma^{(j)}(R)_{s't'}]^* \tag{6.4 - 18}$$

由于 $\phi_s^{(i)}$ 是与 R 无关的函数，因此（6.4 - 18）式的右边可写成 $\sum_s \phi_s^{(i)} \sum_R \Gamma^{(i)}(R)_{st}[\Gamma^j(R)_{s't'}]^*$。由广义正交定理知道：$\sum_R \Gamma^{(i)}(R)_{st}[\Gamma^j(R)_{s't'}]^* = \frac{h}{\sqrt{l_i l_j}} \delta_{ij}\delta_{ss'}\delta_{tt'}$。故（6.4 - 18）式可写成

$$\sum_R [\Gamma^j(R)_{s't'}]^* R\phi_t^{(i)} = \sum_s \phi_s^{(i)} \cdot \frac{h}{\sqrt{l_i l_j}} \delta_{ij}\delta_{ss'}\delta_{tt'} \tag{6.4 - 19}$$

显然，上式右边除 $\phi_{s'}^{(j)}$ 之外，所有 $\phi_s^{(i)}$ 的系数全为零，而且只有当 $i = j$ 和 $t = t'$ 时，$\phi_{s'}^{(j)}$ 中的项才能存在，所以（6.4 - 19）式可简化成

$$\sum_R [\Gamma^j(R)_{s't'}]^* R\phi_t^{(i)} = \frac{h}{l_j} \phi_{s'}^{(j)} \delta_{ij}\delta_{tt'} \tag{6.4 - 20}$$

引入符号，得

$$\hat{P}_{s't'}^{(j)} = \frac{l_j}{h} \sum_R [\Gamma^j(R)_{s't'}]^* R \tag{6.4 - 21}$$

则称 $\hat{P}_{s't'}^{(j)}$ 为投影算符。

2. 投影算符的性质

定理 1 设群 G 包含 h 个元素：$G = \{E, A_2, \cdots, A_h\}$。

$\Gamma^{(j)}(R)$ 是第 j 个不可约表示，其基函数为 $\phi_1^{(i)}, \phi_2^{(i)}, \cdots, \phi_{l_j}^{(i)}$，即

$$R\phi_\mu^{(j)} = \sum_{\lambda=1}^{l_j} \phi_\lambda^{(j)} \Gamma^{(j)}(R)_{\lambda\mu} \tag{6.4 - 22}$$

$\mu = 1,2,\cdots,l_j; \lambda = 1,2,\cdots,l_j$

则　$\hat{P}_{\lambda\mu}^{(j)}\phi_{\mu}^{(j)}=\phi_{\lambda}^{(j)}$　(6.4 - 23)

(6.4 - 23) 式说明：通过投影算符的作用，可以把第 j 个不可约表示的一个基变成另一个基。所以，如若知道了第 j 个表示中的一个基，就可用投影算符 $\hat{P}_{\lambda\mu}^{(j)}$ 把其余(l_j-1)个基找出来。

证明：用 $\Gamma^{(j')}(R)_{\lambda'\mu'}^{*}$ 乘(6.4—22) 式，并对 R 求和，得

$$\begin{aligned}\sum_R[\Gamma^{(j')}(R)_{\lambda'\mu'}^{*}]R\phi_{\mu}^{(j)}&=\sum_R\sum_\lambda\Gamma^{(j)}(R)_{\lambda'\mu'}^{*}\Gamma^{(j)}(R)_{\lambda\mu}\phi_{\lambda}^{(j)}\\&=\sum_\lambda\phi_{\lambda}^{(j)}\frac{h}{l_j}\delta_{j'j}\delta_{\mu'\mu}\delta_{\lambda'\lambda}\\&=\frac{h}{l_j}\phi_{\lambda'}^{(j)}\delta_{j'j}\delta_{\mu'\mu}\text{（应用广义正交定理）}\end{aligned}$$

当 $j'=j,u'=u$ 时，得 $\sum_R\Gamma^{(j)}R_{\lambda'\mu}^{*}R\phi_{\mu}^{(j)}=\frac{h}{l_j}\phi_{\lambda'}^{(j)}$。

把 λ' 变成 λ，有

$$\sum_R\Gamma^{(j)}(R)_{\lambda\mu}^{*}R\phi_{\mu}^{(j)}=\frac{h}{l_j}\phi_{\lambda}^{(j)}$$

即 $\frac{l_j}{h}\sum_R\Gamma^{(j)}(R)_{\lambda\mu}^{*}R\phi_{\mu}^{(j)}=\phi_{\lambda}^{(j)}$

故　$\hat{P}_{\lambda\mu}^{(j)}\phi_{\mu}^{(j)}=\phi_{\lambda}^{(j)}$　　证毕。

定理 2　若 $\phi_{\lambda}^{(j)}=P_{\lambda\mu}^{j}\phi_{\mu}^{(h)}$，

则　$R\phi_{\mu}^{(j)}=\sum_{\lambda=1}^{l_j}\Gamma^{(j)}(R)_{\lambda\mu}\phi_{\lambda}^{(j)}\quad\mu=1,2,\cdots,l$　(6.4-24)

这个定理是定理 1 的逆定理，所以在此不作证明了。

定理 3　若 $\hat{P}_{\mu\kappa}^{(j)}\phi=\phi_{\mu}^{(j)}\neq0\quad\mu=1,2,\cdots,l$

则　$R\phi_{\mu}^{(j)}=\sum_{\lambda=1}^{l_j}\Gamma^{(j)}(R)_{\lambda\mu}\phi_{\lambda}^{(j)}$　(6.4-25)

其中 ϕ 为任意函数。定理 3 的意义是：第 j 个不可约表示的投影算符作用到任意函数 ϕ 上去，只要不等于零，就得到了第 j 个不可约表示的基函数。说明 $\hat{P}_{\mu k}^{(j)}$ 作用到 ϕ 上，就把 ϕ 中 $\phi_{\mu}^{(j)}$ 抽取出来，而把其他成分清除掉。$\hat{P}_{\mu k}^{(j)}$ 作用到 ϕ 上得到 $\phi_{\mu}^{(j)}$，就像几何学中把一个矢量投影到某一个坐标轴上一

样,所以把 $\hat{P}_{\mu k}^{(j)}$ 叫投影算符。

证明:由定理 1 有:$\phi_{\lambda}^{(j)} = \hat{P}_{\lambda k}^{(j)}\phi_{k}^{(j)}$,$\phi_{\mu}^{(j)} = \hat{P}_{\mu k}^{(j)}\phi_{k}^{(j)}$。

将以上关系代入(6.4 - 24)式,得

$$R\hat{P}_{\mu k}^{(j)}\phi_{k}^{(j)} = \sum_{\lambda=1}^{l_j}\Gamma^{(j)}(R)_{\lambda\mu}\hat{P}_{\lambda\kappa}^{(j)}\phi_{k}^{(j)}$$

即 $$R\hat{P}_{\mu\kappa}^{(j)} = \sum_{\lambda}^{l_j}\Gamma^{(j)}(R)_{\lambda\mu}\hat{P}_{\lambda\kappa}^{(j)}$$

将上式作用到任意函数 ϕ 上,有

$$R\hat{P}_{\mu k}^{(j)}\phi = \sum_{\lambda}^{l_j}\Gamma^{(j)}(R)_{\lambda\mu}\hat{P}_{\lambda k}^{(j)}\phi$$

因为由已知条件知道

$\hat{P}_{\mu\kappa}^{(j)}\phi = \phi_{\mu}^{(j)}$ 和 $\hat{P}_{\lambda\kappa}^{(j)}\phi = \phi_{\lambda}^{(j)}$

故 $$R\phi_{\mu}^{(j)} = \sum_{\lambda=1}^{l_j}(R)_{\lambda\mu}\phi_{\lambda}^{(j)}$$ 证毕。

在实际应用中,常要用到特征标定义的投影算符。为此,我们先定义对角矩阵元的投影算符 $\hat{P}_{\lambda\lambda}^{(j)}$,由投影算符的定义,可知

$$\hat{P}_{\lambda\lambda}^{(j)} = \frac{l_j}{h}\sum_{R}\Gamma^{(j)}(R)_{\lambda\lambda}^{*}R \tag{6.4-26}$$

再定义第 j 个不可约表示的特征标的投影算符 $\hat{P}^{(j)}$ 为

$$\hat{P}^{(j)} = \sum_{\lambda}\hat{P}_{\lambda\lambda}^{(j)} \tag{6.4-27}$$

则 $$\hat{P}^{(j)} = \sum_{\lambda}\sum_{R}\frac{l_j}{h}\Gamma^{(j)}(R)_{\lambda\lambda}^{*}R = \frac{l_j}{h}\sum_{R}[\sum_{\lambda}\Gamma^{(j)}(R)_{\lambda\lambda}^{*}]R$$

故 $$\hat{P}^{(j)} = \frac{l_j}{h}\sum_{R}\chi^{(j)}(R)^{*}R \tag{6.4 - 28}$$

$\hat{P}^{(j)}$ 作用在任意函数 ϕ 上,也可以得到第 j 个不可约表示的基,即 $\hat{P}^{(j)}\phi = \phi^{(j)}$。由于不可约表示的表示矩阵往往是不知道的,而特征标则是可方便地查表得到,这就是 $\hat{P}^{(j)}$ 更为常用的理由。

下面举例说明如何用投影算符法找不可约表示的基函数。例如,考虑

C_{3v} 群中的一般函数 $xz+yz+z^2$，我们将用特征标投影算符从这个任意函数求出 E 表示的基。在表 6.4-1 和表 6.4-2 中给出了 C_{3v} 群的 E 表示矩阵和任意函数 $xz+yz+z^2$ 在 C_{3v} 群中六个对称操作作用下的变换情况。

表 6.4-1　C_{3v} 群的 E 表示矩阵

操　作	矩　阵	操　作	矩　阵
E	$\begin{pmatrix}1 & 0\\0 & 1\end{pmatrix}$	$\sigma_v(xz)$	$\begin{pmatrix}1 & 0\\0 & -1\end{pmatrix}$
C_3	$\begin{bmatrix}-\frac{1}{2} & \frac{\sqrt{3}}{2}\\-\frac{\sqrt{3}}{2} & -\frac{1}{2}\end{bmatrix}$	σ_v'	$\begin{bmatrix}-\frac{1}{2} & \frac{\sqrt{3}}{2}\\\frac{\sqrt{3}}{2} & \frac{1}{2}\end{bmatrix}$
C_3^2	$\begin{bmatrix}-\frac{1}{2} & -\frac{\sqrt{3}}{2}\\\frac{\sqrt{3}}{2} & -\frac{1}{2}\end{bmatrix}$	σ_v''	$\begin{bmatrix}-\frac{1}{2} & -\frac{\sqrt{3}}{2}\\-\frac{\sqrt{3}}{2} & \frac{1}{2}\end{bmatrix}$

表 6.4-2　x,y,z 一些简单函数的变换

算符	x	y	z	$xz+yz+z^2$
E	x	y	z	$xz+yz+z^2$
C_3	$\frac{1}{2}(-x+\sqrt{3}y)$	$\frac{1}{2}(-y-\sqrt{3}x)$	z	$\frac{1}{2}[-(1+\sqrt{3})xz+(\sqrt{3}-1)yz]+z^2$
C_3^2	$\frac{1}{2}(-x-\sqrt{3}y)$	$\frac{1}{2}(-y+\sqrt{3}x)$	z	$\frac{1}{2}[(\sqrt{3}-1)xz-(1+\sqrt{3})yz]+z^2$
$\sigma_y^{(x)}$	x	$-y$	z	$xz-yz+z^2$
σ_v'	$\frac{1}{2}(-x-\sqrt{3}y)$	$\frac{1}{2}(y-\sqrt{3}x)$	z	$\frac{1}{2}[-(1+\sqrt{3})xz+(1-\sqrt{3})yz]+z^2$
σ_v''	$\frac{1}{2}(-x+\sqrt{3}y)$	$\frac{1}{2}(y+\sqrt{3}x)$	z	$\frac{1}{2}[(\sqrt{3}-1)xz+(1+\sqrt{3})yz]+z^2$

先用投影算符 $\hat{P}_{11}^{E}$，按(6.4 - 26) 式有

$$\hat{P}_{11}^{E}(xz+yz+z^2)=\frac{2}{6}\{(1)(xz+yx+z^2)+(-\frac{1}{2})[-\frac{1}{2}(1+\sqrt{3})xz]+\frac{1}{2}[(\sqrt{3}-1)yz+z^2]+(-\frac{1}{2})[\frac{1}{2}(\sqrt{3}-1)xz-\frac{1}{2}(1+\sqrt{3})yz+z^2]+(1)(xz-yz+z^2)+(-\frac{1}{2})[-\frac{1}{2}(1+\sqrt{3})xz+\frac{1}{2}(1-\sqrt{3})yz+z^2]+(-\frac{1}{2})[\frac{1}{2}(\sqrt{3}-1)xz+\frac{1}{2}(1+\sqrt{3})yz+z^2]\}$$

把各项集中起来，xz，yz 和 z^2 各项的系数为

$$xz:\frac{2}{6}[1+\frac{1}{4}(1+\sqrt{3})-\frac{1}{4}(\sqrt{3}-1)+1+\frac{1}{4}(1+\sqrt{3})-\frac{1}{4}(\sqrt{3}-1)]=\frac{2}{6}[1+\frac{1}{4}+\frac{1}{4}+1+\frac{1}{4}+\frac{1}{4}+\sqrt{3}(\frac{1}{4}-\frac{1}{4}+\frac{1}{4}-\frac{1}{4}]=\frac{2}{6}(3+0)=1$$

$$yz:\frac{2}{6}[1-\frac{1}{4}(\sqrt{3}-1)+\frac{1}{4}(1+\sqrt{3})-1-\frac{1}{4}(1-\sqrt{3})-\frac{1}{4}(1+\sqrt{3})]$$

$$=\frac{2}{6}[1+\frac{1}{4}+\frac{1}{4}-1-\frac{1}{4}-\frac{1}{4}+\sqrt{3}(-\frac{1}{4}+\frac{1}{4}+\frac{1}{4}-\frac{1}{4})]$$

$$=\frac{2}{6}(0)=0$$

$$z^2:\frac{2}{6}(1-\frac{1}{2}-\frac{1}{2}+1-\frac{1}{2}-\frac{1}{2})=\frac{2}{6}(0)=0$$

其次用投影算符 $\hat{P}_{22}^{(E)}$，按(6.4 - 22) 式有

$$\hat{P}_{22}^{(E)}=(xz+yz+z^2)=\frac{2}{6}\{(1)(xz+yz+z^2)+(-\frac{1}{2})[-\frac{1}{2}(1+\sqrt{3})xz+\frac{1}{2}(\sqrt{3}-1)yz+z^2]+(-\frac{1}{2})[\frac{1}{2}(\sqrt{3}-1)xz-\frac{1}{2}(1+\sqrt{3})yz+z^2]+(-1)(xz+yz+z^2)+$$

$(\frac{1}{2})[-\frac{1}{2}(1+\sqrt{3})xz+\frac{1}{2}(1-\sqrt{3})yz+z^2]+(\frac{1}{2})[\frac{1}{2}(\sqrt{3}-1)xz+\frac{1}{2}(1+\sqrt{3})yz+z^2]\}$

集中各项和计算系数值得

$$xz: \frac{2}{6}[1+\frac{1}{4}(1+\sqrt{3})-\frac{1}{4}(\sqrt{3}-1)-1-\frac{1}{4}(1+\sqrt{3})+\frac{1}{4}(\sqrt{3}-1)]=\frac{2}{6}[1+\frac{1}{4}+\frac{1}{4}-1-\frac{1}{4}-\frac{1}{4}+\sqrt{3}(\frac{1}{4}-\frac{1}{4}-\frac{1}{4}+\frac{1}{4})]=\frac{2}{6}(0)=0$$

$$yz: \frac{2}{6}[1-\frac{1}{4}(\sqrt{3}-1)+\frac{1}{4}(1+\sqrt{3})+1+\frac{1}{4}(1-\sqrt{3})+1+\frac{1}{4}(1-\sqrt{3})+\frac{1}{4}(1+\sqrt{3})]=\frac{2}{6}[1+\frac{1}{4}+\frac{1}{4}+1+\frac{1}{4}+\frac{1}{4}+\sqrt{3}(-\frac{1}{4}+\frac{1}{4}-\frac{1}{4}+\frac{1}{4})]=\frac{2}{6}(3)=1$$

$$z^2: \frac{2}{6}(1-\frac{1}{2}-\frac{1}{2}-1+\frac{1}{2}+\frac{1}{2})=\frac{2}{6}(0)=0$$

可见，投影算符从任意函数 $xz+yz+z^2$ 中投影出两个函数 xz 和 yz，它们组成 E 表示的一个基。组分 z^2 已被消除，它对于 E 表示的基集合不论整体或局部均无贡献。

下面再用特征标的投影算符来讨论这个问题。当用 $\hat{P}^{(E)}$ 作用于 $xz+yz+z^2$ 时按(6.4—28)式有

$$\hat{P}^{(E)}(xz+yz+z^2)=\frac{2}{6}\{(2)(xz+yz+z^2)+(-1)[-\frac{1}{2}(1+\sqrt{3})xz+\frac{1}{2}(\sqrt{3}-1)yz+z^2]+(-1)[\frac{1}{2}(\sqrt{3}-1)xz-\frac{1}{2}(1+\sqrt{3})yz+z^2]+0+0+0\}=\frac{2}{6}\{[2+\frac{1}{2}(1+\sqrt{3})-\frac{1}{2}(\sqrt{3}-1)]xz+[2-\frac{1}{2}(\sqrt{3}-1)+\frac{1}{2}(1+\sqrt{3})]yz+$$

$$(2-1-1)z^2\} = \frac{2}{6}(3xz + 3yz + 0z^2) = xz + yz$$

可见，这个算符已经废除了函数的无关部分，并投影出两个单独的函数 xz 和 yz 的线性组合，这一线性组合当然也可以通过应用对角矩阵元的投影算符 $\hat{P}_{11}^{E}$ 和 $\hat{P}_{22}^{E}$ 求得，这是因为 $\hat{P}^{(E)} = \hat{P}_{11}^{(E)} + \hat{P}_{22}^{(E)}$，所以两者所得的结果是一致的。另外，由于 $\hat{P}^{(j)}$ 是由一些单独的算符（即对角矩阵元的投影算符）相加而推导出来的，所以 $\hat{P}^{(j)}$ 型的投影算符虽然不可能像 $\hat{P}_{\lambda\lambda}^{(j)}$ 型的投影算符那样明确，但通常足以解决实际问题。

下面再以 NH_3 分子中氢原子的1s轨道为例，来说明如何用投影算符来选对称性匹配函数（Symmetry—adaptedfunction）。NH_3 分子属于 C_{3v} 群，其结构如图 6.4 - 1。

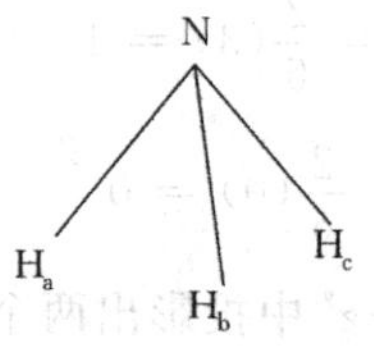

图 6.4 - 1

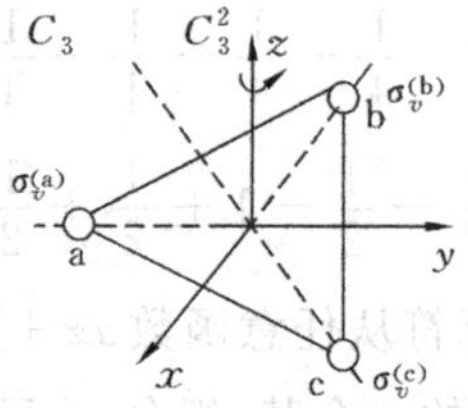

图 6.4 - 2

组成 NH_3 分子时，除 N 的 1s 轨道仍保留原子轨道外，参与分子轨道组合的有七个原子轨道，它们是 N 原子 $2s, 2p_x, 2p_y, 2p_z$ 轨道和 H_a, H_b, H_c 的三个 1 s 轨道。

为了得到正确的分子轨道，首先要分析这些原子轨道属于 C_{3v} 的那些不可约表示。以前的讨论已经知道 N 的 $2s$ 和 $2p_z$ 轨道属于 A_1 表示，$2p_x$ 和 $2p_y$ 轨道属于 E 表示。现在讨论三个氢原子的 $1s$ 轨道（$\phi_a(1s)$，$\phi_b(1s)$，$\phi_c(1s)$）。

已知 C_{3v} 的不可约表示为

	E	C_3	C_3^2	$\sigma_v^{(a)}$	$\sigma_v^{(b)}$	$\sigma_v^{(c)}$
A_1	1	1	1	1	1	1
A_2	1	1	1	-1	-1	-1
E	$\begin{pmatrix}1 & 0\\ 0 & 1\end{pmatrix}$	$\begin{bmatrix}-\frac{1}{2} & -\frac{\sqrt{3}}{2}\\ \frac{\sqrt{3}}{2} & -\frac{1}{2}\end{bmatrix}$	$\begin{bmatrix}-\frac{1}{2} & \frac{\sqrt{3}}{2}\\ -\frac{\sqrt{3}}{2} & -\frac{1}{2}\end{bmatrix}$	$\begin{pmatrix}-1 & 0\\ 0 & 1\end{pmatrix}$	$\begin{bmatrix}\frac{1}{2} & \frac{\sqrt{3}}{2}\\ \frac{\sqrt{3}}{2} & -\frac{1}{2}\end{bmatrix}$	$\begin{bmatrix}\frac{1}{2} & -\frac{\sqrt{3}}{2}\\ -\frac{\sqrt{3}}{2} & -\frac{1}{2}\end{bmatrix}$
Ra	a	b	c	a	c	b
$\Gamma(R)^{(E)}{}_{11}$	1	$-\frac{1}{2}$	$-\frac{1}{2}$	-1	$\frac{1}{2}$	$\frac{1}{2}$
$\Gamma(R)_{12}^{(E)}$	0	$-\frac{\sqrt{3}}{2}$	$\frac{\sqrt{3}}{2}$	0	$\frac{\sqrt{3}}{2}$	$-\frac{\sqrt{3}}{2}$
$\Gamma(R)_{21}^{(E)}$	0	$\frac{\sqrt{3}}{2}$	$-\frac{\sqrt{3}}{2}$	0	$\frac{\sqrt{3}}{2}$	$-\frac{\sqrt{3}}{2}$
$\Gamma(R)_{22}^{(E)}$	1	$-\frac{1}{2}$	$-\frac{1}{2}$	1	$-\frac{1}{2}$	$-\frac{1}{2}$

为了得到对称性匹配的函数，我们在三个氢原子的 $1s$ 轨道中，任选一个 $\phi_a(1s)\equiv a$ 作为任意函数 ϕ，然后将群中的每个操作都作用到函数 a 上，即得 R_a，如上表所示。

先投影到 A_1 表示上。由于矩阵元都是实的，所以"$*$"可以去掉。另外，$\frac{l_j}{h}$ 也可以考虑到归一化因子中(因为所得函数要归一化)，所以也可不写。A_1 是一维表示，只有一个矩阵元，故有

$$\sum_R \Gamma^{(A_1)}(R)R\phi = 1\times a+1\times b+1\times c+1\times a+1\times c+1\times b$$
$$= 2(a+b+c)$$

归一化后可得：$\psi(A_1)=\frac{1}{\sqrt{3}}(a+b+c)=\sigma$。

投影到 A_2 表示上，得

$$\sum_R \Gamma^{(A_2)}(R)R\phi = 1\times a+1\times b+1\times c+(-1)\times a+(-1)\times c+(-1)\times b=0$$

投影到 E 表示上，先用 $\hat{P}_{11}^{E}$，得

$$\sum_R \Gamma^{(E)}(R)_{11} R\phi = 1\times a+(-\frac{1}{2})\times b+(-\frac{1}{2})\times c+(-1)\times a+\frac{1}{2}\times c+\frac{1}{2}\times b=0$$

再用 $\hat{P}_{12}^{E}$ 得

$$\sum_R \Gamma^{(E)}(R)_{12} R\phi = 0\times a+(-\frac{\sqrt{3}}{2})\times b+\frac{\sqrt{3}}{2}\times c+0\times a+\frac{\sqrt{3}}{2}\times c+(-\frac{\sqrt{3}}{2})\times b=-\sqrt{3}b+\sqrt{3}c=-\sqrt{3}(b-c)$$

归一化后可得：$\psi_2(E)=\frac{1}{\sqrt{2}}(b-c)=\pi_2$

用 $\hat{P}_{21}^{E}$ 得

$$\sum_R \Gamma^{(E)}(R)_{21} R\phi = 0\times a+\frac{\sqrt{3}}{2}\times b+(-\frac{\sqrt{3}}{2})\times c+0\times a+\frac{\sqrt{3}}{2}\times c+(-\frac{\sqrt{3}}{2})\times b=0$$

用 $\hat{P}_{22}^{(E)}$ 得

$$\sum_R \Gamma^{(E)}(R)_{22} R\phi = 1\times a+(-\frac{1}{2})\times b+(-\frac{1}{2})\times c+1\times a+(-\frac{1}{2})\times c+(-\frac{1}{2})\times b=2a-b-c$$

归一化后可得 $\psi_1(E)=\sqrt{\frac{3}{2}}(a-\frac{b}{2}-\frac{c}{2})=\pi_1$。

若选 $\phi=b$ 或 $\phi=c$ 或 $\phi=c_1a+c_2b+c_3c$ 来做，都可得同样结果。

三个氢原子的 1s 轨道(a, b, c)用投影算符法得到了对称性匹配的函数，σ 属于 A_1 不可约表示，π_1 和 π_2 属于 E 不可约表示。分子轨道是原子轨道的线性组合，组合时只要将属于同一个不可约表示的轨道进行组合即可。在 NH_3 分子中，就是只要将属于 A_1 的轨道与 N 原子属于 A_1 的 2s 和 2p_x 轨道组合；属于 E 的 π_1 和 π_2 轨道与 N 原子属于 E 的 2p_x 和 2p_y

轨道组合。

如果用特征标投影算符来做，也可得到完全一致的结果。

对 A_1 和 A_2 表示，由于都是一维的，所以与前面讨论过的投影算符显然是一回事。

对 E 表示，其特征标为

	E	C_3	C_3^2	$\sigma_v^{(a)}$	$\sigma_v^{(b)}$	$\sigma_v^{(c)}$
$\chi^{(E)}$	2	-1	-1	0	0	0
R_b	b	c	a	c	b	a

选任意函数 $\phi = a$，则

$$\sum_R x^{(E)}(R)R\phi = 2\times a + (-1)\times b + (-1)\times c + 0\times a + 0\times c + 0\times b = 2a - b - c$$

归一化后可得

$$\psi_1(E) = \sqrt{\frac{1}{6}}(2a - b - c) = \pi_1$$

由于 E 表示是 2 维的，应有两个基，故再选 $\phi = b$，则 R_b 的结果如上表所示，故有

$$\sum_R x^{(E)}(R)R\phi = 2\times b + (-1)\times c + (-1)\times a + 0$$

$$= 2b - c - a$$

归一化后可得：$\psi_2'(E) = \sqrt{\frac{1}{6}}(2b - c - a)$。

由于 $\psi_1(E)$ 和 $\psi_2'(E)$ 不正交，量子力学中要求获得正交基，若用 Schmidt 方法使其正交后可得

$$\psi_1(E) = \sqrt{\frac{1}{6}}(2a - b - c) = \pi_1$$

$$\psi_2(E) = \sqrt{\frac{1}{2}}(b - c) = \pi_2$$

三、直积表示(Direct Product Representation)

到现在为止所讨论的对称性问题只适用于单电子在轨道上的运动。

但大部分的实际问题都是多电子问题。例如，最简单的 d^2 是两个 d 电子各占一个 d 轨道，其波函数可以采用单电子近似中的行列式波函数 $\phi_1(1)\phi_2(2)$。如同时考虑轨道和自旋时，则要求有 $\phi(r\theta\phi)\mu(m_s)$ 类型的波函数，它们都是两部分波函数的乘积。既然多电子波函数要表示为单电子波函数的乘积，即 $\psi_1(1)\psi_2(2)\cdots$ 这些单电子波函数又都是不可约表示的基，因此要求与基函数的乘积有相对应的表示。

1. 直积的定义

若函数集合 $\{\psi_i\}, i = 1,2,\cdots,m$ 构成第 p 个不可约表示的基函数。函数集合 $\{\phi_j\}, j = 1,2,\cdots,n$ 构成第 q 个不可约表示的基函数，即

$$R\psi_k = \sum_{i=1}^{m} \Gamma^p(R)_{ik}\psi_i \tag{6.4 - 29}$$

$$R\phi_l = \sum_{j=1}^{n} \Gamma^q(R)_{jl}\phi_j \tag{6.4 - 30}$$

下式成立。

$$\begin{aligned} R(\psi_k\phi_l) &= R\psi_k R\phi_l = \sum_{i=1}^{m} \Gamma^{(p)}(R)_{ik}\psi_i \sum_{j=1}^{n} \Gamma^{(q)}(R)_{jl}\phi_j \\ &= \sum_{i=1}^{m}\sum_{j=1}^{n} \Gamma^{(p)}(R)_{ik}\Gamma^{(q)}(R)_{jl}(\psi_i\phi_j) \\ &= \sum_{i=1}^{m}\sum_{j=1}^{n} \Gamma^{(p\otimes q)}R_{ijkl}(\psi_i\phi_j) \end{aligned} \tag{6.4 - 31}$$

则称函数集合 $\{\psi_i\phi_j\}$ 为集合 $\{\psi_i\}$ 和集合 $\{\phi_j\}$ 的直积，它们也组成群表示的基（一般是组成一个可约表示的基函数），其表示矩阵（的矩阵元）为

$$\Gamma^{(p\otimes q)}R_{ijkl} = \Gamma^{(p)}(R)_{ik}\Gamma^{(q)}(R)_{jl}$$

称为矩阵的直积（亦称 Kroneeker 乘积）。其定义是

设 $A = \begin{bmatrix} a_{11} & \cdots & a_{1m} \\ \vdots & & \vdots \\ a_{m1} & \cdots & a_{mm} \end{bmatrix}, B = \begin{bmatrix} b_{11} & \cdots & b_{1n} \\ \vdots & & \vdots \\ b_{n1} & \cdots & b_{nn} \end{bmatrix}$，则 A 和 B 的直积为

$$A \otimes B = C = \begin{bmatrix} a_{11}B & \cdots & a_{1m}B \\ \vdots & & \vdots \\ a_{m1}B & \cdots & a_{mm}B \end{bmatrix}。$$

在上例中，若 ψ 的变换矩阵为 $P=\begin{pmatrix}p_{11} & p_{12}\\ p_{21} & p_{22}\end{pmatrix}$，$\phi$ 的变换矩阵为 $Q=$

$$\begin{bmatrix}q_{11} & q_{12} & q_{13}\\ q_{21} & q_{22} & q_{23}\\ q_{31} & q_{32} & q_{33}\end{bmatrix}$$，则 $(\psi\phi)$ 的变换矩阵为 $P\otimes Q=\left|\begin{array}{c|c}p_{11}q & p_{12}q\\ \hline p_{21}q & p_{22}q\end{array}\right|$。

显然，这个直积矩阵可以分为四块，每块都是 $p_{ij}q$ 的形式。

应当注意，矩阵的直积和矩阵的乘法是不同的，如上述矩阵 p 和 q 的乘法是没有意义的。

2. 几条定理

一般并不需要把整个直积矩阵写出来，只要知道它的特征标就可以了。关于直积表示的特征标有下面定理存在。

定理 1　两个不可约表示的直积的特征标等于这两个不可约表示的特征标的乘积

$$\chi^{\Gamma(P\otimes Q)}(R)=\chi^{\Gamma(P)}(R)\cdot\chi^{\Gamma(Q)}(R) \tag{6.4 - 32}$$

证明：

$$\begin{aligned}\chi^{\Gamma(P\otimes Q)}(R) &= \sum_{i=1}^{m}\sum_{j=1}^{n}\Gamma^{(P\otimes Q)}(R)_{ij,ij}\\ &= \sum_{i=1}^{m}\Gamma^{(P)}(R)_{ii}\sum_{j=1}^{n}\Gamma^{(Q)}(R)_{jj}\\ &= \chi^{\Gamma(P)}(R)\cdot\chi^{\Gamma(Q)}(R)\qquad \text{证毕。}\end{aligned}$$

所以，基函数、表示和特征标三者之间有如下关系存在。

基	表　　示	特 征 标
ϕ_A	Γ_A	χ_A
ϕ_B	Γ_B	χ_B
$\phi_A\phi_B$	$\Gamma_A\otimes\Gamma_B$	$\chi_A\ \chi_B$

例如，下面是 C_{4v} 群的一些不可约表示的直积。

C_{4v}	E	C_2	$2C_4$	$2\sigma_v$	$2\sigma_d$
A_1	1	1	1	1	1
A_2	1	1	1	−1	−1
B_1	1	1	−1	1	−1
B_2	1	1	−1	−1	1
E	2	−2	0	0	0
A_1A_2	1	1	1	−1	−1
B_1E	2	−2	0	0	0
A_1EB_2	2	−2	0	0	0
E^2	4	4	0	0	0
A_2^2	1	1	1	1	1

显然，关于两个表示的直积的内容，可以推广到任意表示的直积。

一般说来，两个或多个不可约表示的直积应是可约表示（但也不是绝对的）。如上例中群表示的直积可按下列方式约化。

$A_1A_2 = A_2$

$B_1E = E$

$A_1EB_2 = E$

$E^2 = A_1 + A_2 + B_1 + B_2$

$A_2^2 = A_1$

从中可以看到，$A_2^2 = A_1$，E^2 包含 A_1，这是个普遍的规律，可表述为

定理 2 只有当不可约表示 Γ_A 等于不可约表示 Γ_B 时，直积表示 Γ_{AB} 中才包含全对称表示 A_1。

证明：由(6.3 - 21)式可知，第 i 个不可约表示 Γ_i 出现在可约表示 Γ_{AB} 中的次数 a_i 为：$a_i = \frac{1}{h}\sum_R \chi_{AB}(R)\chi_i(R)$。

若 a_1 和 χ_1 对应于全对称表示 A_1 由于所有的 $\chi_1(R)$ 都等于 1，可得

$$a_1 = \frac{1}{h}\sum_R \chi_{AB}(R) \qquad (6.4 - 33)$$

但由(6.4—32)式知 $\chi_{AB}(R) = \chi_A(R)\chi_B(R)$，故

$$a_1 = \frac{1}{h}\sum_R \chi_A(R)\chi_B(R) \qquad (6.4-34)$$

由(6.3-9)式知$\frac{1}{h}\sum_R \chi_A(R)\chi_B(R) = \delta_{AB}$，则$a_1 = \delta_{AB}$。

显然，当$A \neq B$时，$a_1 = 0$，证毕。

还可以看到，当A_1出现时，它总共只出现一次。因为当$A = B$时，$a_1 = 1$。

定理3　两个不等价不可约表示的基正交，即若f_A为不可约表示Γ_A的基，f_B为不可约表示Γ_B的基，则$\int f_A f_B d\tau = 0$。

对这条定理可作如下说明：

设$F = f_A f_B$，若$\int F d\tau \neq 0$，则F一定是全对称表示A_1的基，或是一个包含A_1的基，或是一个包含A_1的可约表示的基。

设$\int F d\tau = c$，若F是反对称表示A_2的基，则

$S\int F d\tau = Sc = c$（S为点群中某一对称操作）。

而另一方面，又有

$$S\int F d\tau = \int (SF) d\tau = \int (-F) d\tau = -\int F d\tau = -c$$

则有$c = -c$，故$c = 0$，即$\int F d\tau = 0$。只有F是全对称表示A_1的基时，才有$S\int F d\tau = \int (SF) d\tau = \int F d\tau = c$和$S\int F d\tau = Sc = c$，则有$c \equiv c$，故$c$可以不为0。

而由定理2可知，欲使F是A_1的基，或是一个包含A_1的可约表示的基，则Γ_A必须等于Γ_B。故有：若$\Gamma_A \neq \Gamma_B$，则$\int f_A f_B d = 0$。

这条定理在量子化学中有重要应用，主要是用来检验非零矩阵元。在量子化学中经常出现这种类型的矩阵元：$\int \psi_i \hat{H} \psi_i d\tau$。其中$\hat{H}$是Harmilton算符，它代表分子的能量。由于在对称操作的作用下，分子的

能量既不能改变符号，又不能改变数值，因此 $\hat{H}$ 属于全对称表示。这时，整个积分因子 $\psi_i \hat{H} \psi_j$ 的对称性就完全决定于 ψ_i 和 ψ_j 的表示直积中所包含的表示。由上述定理可知，只有当 ψ_i 和 ψ_j 属于同一个不可约表示时，在这个直积表示中才能出现全对称表示。故得结论：只有当 ψ_i 和 ψ_j 属于分子点群的同一不可约表示时，能量积分 $\int \psi_i \hat{H} \psi_j d\tau$ 才可能不为零。显然，在实际计算过程中，若能及早知道某些矩阵元一定为零，将有助于我们在计算上不浪费精力。

关于群论在量子化学中的应用是很广泛的，本章主要是介绍了群论的基本原理及某些简单的应用。在以后的各章中，还要结合具体问题再来介绍群论的应用。

化学上重要对称群的特征标表见附录。

第七章 配位场理论

§7.1 晶体场理论

一、晶体场中 d 轨道能级的分裂

过渡金属离子具有未充满的 d 壳层，在无外场存在时五个 d 轨道在能量上是简并的。晶体场理论认为，以过渡金属离子为中心的单核络合物（离子）的性质决定于在由配位体点电荷形成的场（具某点群对称性）中 d 轨道的行为。已知除二十面体（对称性）点群有五维不可约表示外，常见的对称性较低的场（如正八面体，正四面体等）的点群不可约表示的最高维数为三，故在常见络合物中金属离子的 d 轨道能级必将在配位体点电荷形成的静电场中发生分裂，这将是络合物具有独特物理、化学性质的内因。下面以正八面体场（O_h 对称性）为例讨论 d 轨道能级的分裂。

1. 在 O_h 场中的 d 轨道能级分裂

如图 7.1 - 1 所示。

由群论知：$O_h = O\times i$，有 48 个元素；$O\{E, 8C_3, 3C_2', 6C_2, 6C_4\}$ 有 24 个元素。因五个 d 轨道（实函数形式）关于中心反演 i 是偶的（下角标为 g）。所以只需看 d 轨道在点群 O 下的变换行为即可。为此先导出旋转群特征标公式。因绕某对称轴转动 α 角只影响波函数中的 $\Phi_m(\phi) = e^{im\alpha}$ 组分，即 $\hat{R}(\alpha)\Phi_m(\phi) = \Phi_m(\phi+\alpha)$。

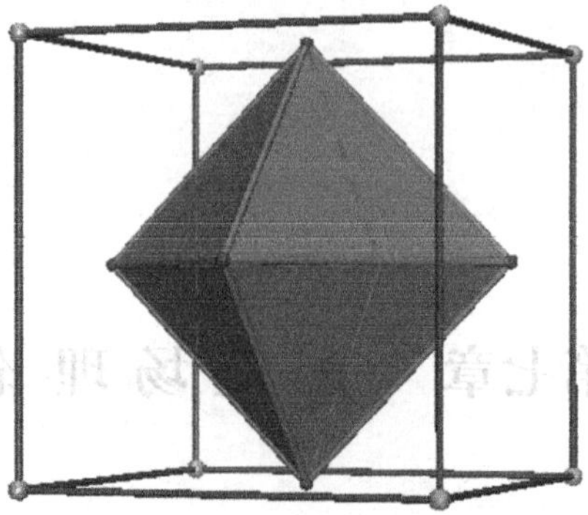

图 7.1 - 1 O_h 对称性

对于 d 轨道只须考虑

$$\begin{matrix} d_{+2} \sim \\ d_{+1} \sim \\ d_0 \sim \\ d_{-1} \sim \\ d_{-2} \sim \end{matrix} \begin{pmatrix} e^{i2\phi} \\ e^{i\phi} \\ e^0 \\ e^{-i\phi} \\ e^{-i2\phi} \end{pmatrix} \xrightarrow{\hat{R}(\alpha)} \begin{pmatrix} e^{i2(\phi+\alpha)} \\ e^{i(\phi+\alpha)} \\ e^0 \\ e^{-i(\phi+\alpha)} \\ e^{-i2(\phi+\alpha)} \end{pmatrix}$$

在 $\hat{R}(\alpha)$ 下的变换即可，求得所需的公式。要完成上述变换，可写成

$$\hat{R}(\alpha)\begin{pmatrix} e^{i2\phi} \\ e^{i\phi} \\ e^0 \\ e^{-i\phi} \\ e^{-i2\phi} \end{pmatrix} = \begin{pmatrix} e^{i2\alpha} & 0 & 0 & 0 & 0 \\ 0 & e^{i\alpha} & 0 & 0 & 0 \\ 0 & 0 & e^0 & 0 & 0 \\ 0 & 0 & 0 & e^{-i\alpha} & 0 \\ 0 & 0 & 0 & 0 & e^{-i2\alpha} \end{pmatrix}\begin{pmatrix} e^{i2\phi} \\ e^{i\phi} \\ e^0 \\ e^{-i\phi} \\ e^{-i2\phi} \end{pmatrix}$$

所以特征标 $\chi(R)$ 为

$$\begin{aligned} \chi(R) &= e^{i2\alpha} + e^{i\alpha} + 1 + e^{-i\alpha} + e^{-i2\alpha} \\ &= 1 + 2\cos\alpha + 2\cos 2\alpha \\ &= \frac{\sin(2+\frac{1}{2})\alpha}{\sin\frac{\alpha}{2}} \Rightarrow \frac{\sin(l+\frac{1}{2})\alpha}{\sin\frac{\alpha}{2}} \end{aligned} \tag{7.1 - 1}$$

对于 d 轨道 $l = 2$，可以证明上式适合任一 l 值的情形。

对于 d 轨道，由(7.1 - 1)式可知

$$\chi(E)=5,(\alpha=0)$$

$$\chi(C_2)=1,(\alpha=\pi)$$

$$\chi(C_3)=-1,(\alpha=\frac{2\pi}{3})$$

$$\chi(C_4)=-1,(\alpha=\frac{\pi}{2})$$

由表 7.1 - 1 可知，$\Gamma=E+T_2$ 或 $e+t_2$。

表 7.1 - 1　O 群特征标表

O	E	$8C_3$	$3C_2'$	$6C_2$	$6C_4$	
A_1	1	1	1	1	1	
A_2	1	1	1	−1	−1	
E	2	−1	2	0	0	$(2z^2-x^2-y^2,x^2-y^2)$
T_1	3	0	−1	−1	1	
T_2	3	0	−1	1	−1	(xy,xz,yz)
Γ	5	−1	1	1	−1	

由于 $O_h=O\times i$，则在 O_h 场中 $\Gamma=E_g+T_{2g}$ 或 e_g+t_{2g}，即在 O_h 场中 d 轨道的简并已部分消除了，被分裂成两组，d_{z^2} 和 $d_{x^2-y^2}$ 属于 e_g，d_{xy}，d_{xz}，d_{yz} 则属于 t_{2g} 不可约表示。

2. 在 T_d 场中的 d 轨道能级分裂

如图 7.1 - 2 所示：

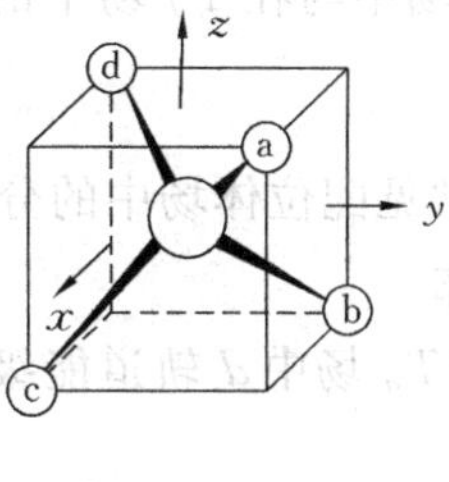

图 7.1 - 2　T_d 对称性

表 7.1 - 2　T_d 群特征标表

T_d	E	$8C_3$	$3C_2$	$6S_4$	$6\sigma_d$	
A_1	1	1	1	1	1	
A_2	1	1	1	-1	-1	
E	2	-1	2	0	0	$(2z^2-x^2-y^2, x^2-y^2)$
T_1	3	0	-1	1	-1	
T_2	3	0	-1	-1	1	(xy, xz, yz)

在 T_d 中 d 轨道也分为两组，只是能量高低恰与在 O_h 中的相反。详细计算（见后）表明 d 轨道能级在 O_h 与 T_d 场中的情形如图 7.1 - 3。

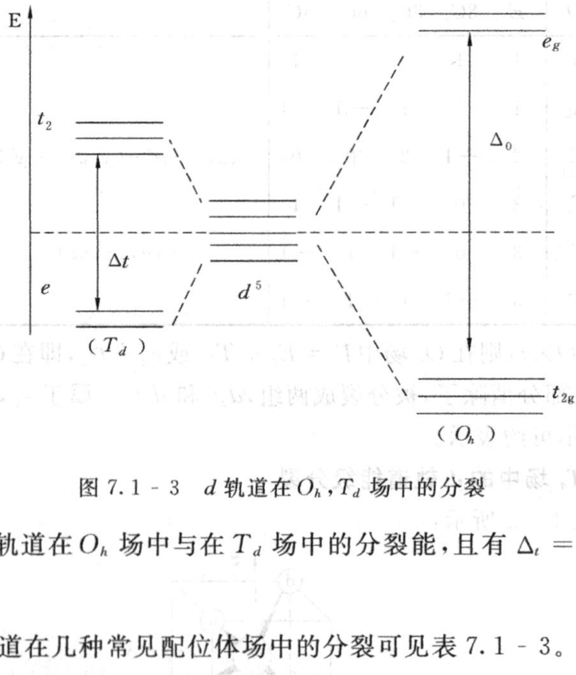

图 7.1 - 3　d 轨道在 O_h，T_d 场中的分裂

Δ_0，Δ_t 是 d 轨道在 O_h 场中与在 T_d 场中的分裂能，且有 $\Delta_t=\frac{4}{9}\Delta_0$ 关系成立。

若干轨道在几种常见配位体场中的分裂可见表 7.1 - 3。

3. 电子的排布

现在看在 O_h 场和 T_d 场中 d 轨道能级按 t_{2g}，e_g 和 e，t_2 分配的相对大小如何？

定性地，自由金属离子在晶体场中所受的作用可分成球对称部分和场对称部分，前者对所有的 d 轨道有相同的作用，产生能级为 E_s，后者则

表 7.1－3　常见配位体场中轨道分裂情况

	O_h	T_d	D_{4h}	D_3	D_{2d}
s	A_{1g}	A_1	A_{1g}	A_1	A_1
p	T_{1u}	T_2	A_{2u}, E_u	A_2, E	B_2, E
d	E_g, T_{2g}	E, T_2	$A_{1g}, B_{1g}, B_{2g}, E_g$	$A_1, 2E$	A_1, B_1, B_2, E
f	A_{2u}, T_{1u}, T_{2u}	A_2, T_1, T_2	$A_{2u}, B_{1u}, B_{2u}, 2E_u$	$A_1, 2A_2, 2E$	$A_1, A_2, B_2, 2E$
g	$A_{1g}, E_g, T_{1g}, T_{2g}$	A_1, E, T_1, T_2	$2A_{1g}, A_{2g}, B_{1g}, B_{2g}, 2E_g$	$2A_1, A_2, 3E$	$2A_1, A_2, B_1, B_2, 2E$

使 d 轨道分裂为：对于 O_h 为 P，Q；T_d 为 R，S。考虑 d^5 电子在 O_h 场中有如下能量关系成立。

$5E_s = 2(E_s + P) + 3(E_s - Q)$，且 $P + Q = \Delta_0$，可得出 $\begin{cases} P = E_s + \frac{3}{5}\Delta_0 \\ Q = E_s - \frac{2}{5}\Delta_0 \end{cases}$。于是 d 轨道在 O_h 场中的分裂又可图示如下：

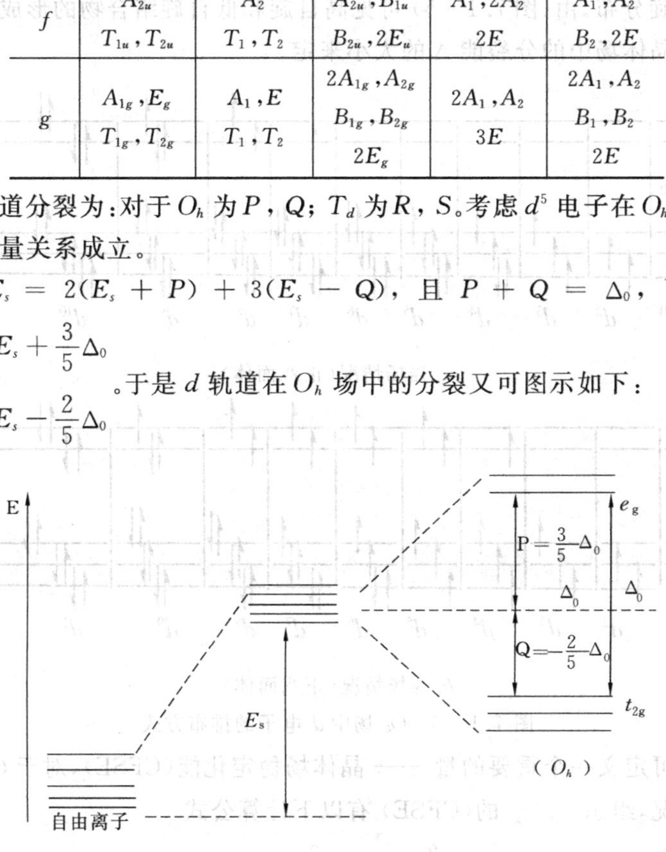

图 7.1－4　自由离子 d 轨道在 O_h 场中分裂

同法可求得其他晶体场(T_d,D_{4h} 等)中 d 轨道能级分裂的相对值。

下面以 O_h 场为例说明 d^n 电子向 t_{2g} 和 e_g 中的分布方式。这里 t_{2g} 是三重简并,e_g 是二重简并的能级。根据 Hund(洪特)规则电子自旋平行分占各简并轨道在能量上是有利的,按 Pauli 原理当一双电子占入同一轨道必定是自旋相反的,此时须花费一定的电子配对能 E_p。由上可知当 d^n 电子向三个 t_{2g} 和两个 e_g 中分布时,据 Δ_0 与 E_p 的相对大小可有两种情况出现。当 $\Delta_0 < E_p$(弱场情形)呈高自旋分布,反之若 $\Delta_0 > E_p$(强场情形)则呈低自旋分布。由(图 7.1 - 5)可见高自旋和低自旋络合物的形成关键要看在某晶体场中的分裂能 Δ 的大小来定。

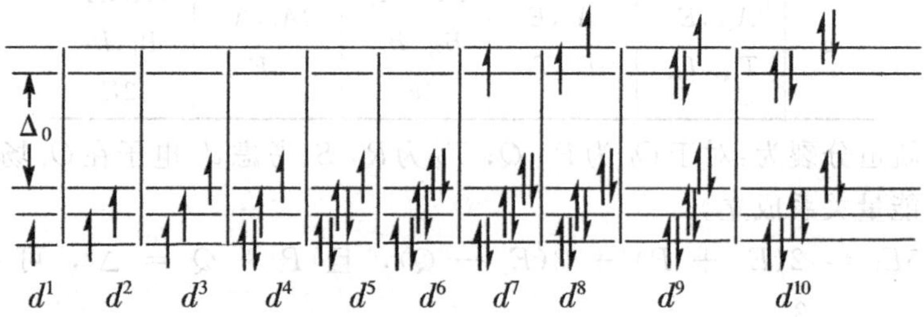

a. 强场情况(正八面体)

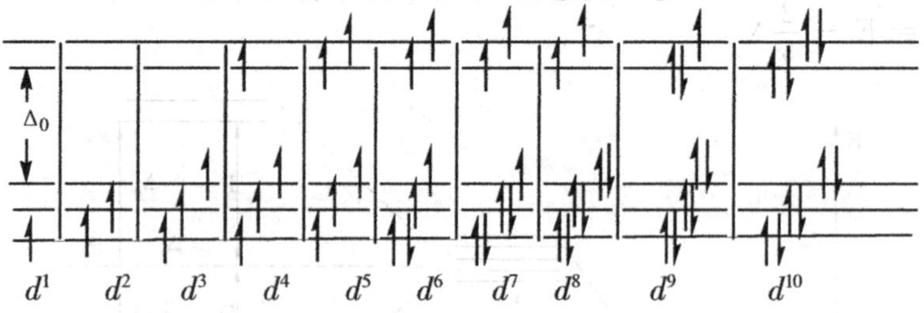

b. 弱场情况(正八面体)

图 7.1 - 5 O_h 场中 d 电子的排布方式

还可定义一个重要的量 —— 晶体场稳定化能(CFSE),对于 O_h 场的强场情况,组态 $t_{2g}^{n-m}e_g^m$ 的(CFSE) 有以下计算公式。

$$(\text{CFSE}) = -(n-m)\frac{2}{5}\Delta_0 + m\frac{3}{5}\Delta_0 \tag{7.1 - 2}$$

式中 n 为 d^n 中电子总数,m 为占据 e_g 的电子数,由(7.1 - 2) 式求得的 O_h

场中(CFSE) 列于下表。

表 7.1 - 4　O_h 场(CFSE)(强场情形)

a^n	$t_{2g}^{n-m}e_g^m$	(CFSE)
d^1	t_{2g}^1	$-\frac{2}{5}\Delta_0$
d^2	t_{2g}^2	$-\frac{4}{5}\Delta_0$
d^3	t_{2g}^3	$-\frac{6}{5}\Delta_0$
d^4	t_{2g}^4	$-\frac{8}{5}\Delta_0$
d^5	t_{2g}^5	$-2\Delta_0$
d^6	t_{2g}^6	$-\frac{12}{5}\Delta_0$
d^7	$t_{2g}^6e_g^1$	$-\frac{9}{5}\Delta_0$
d^8	$t_{2g}^6e_g^2$	$-\frac{6}{5}\Delta_0$
d^9	$t_{2g}^6e_g^3$	$-\frac{3}{5}\Delta_0$
d^{10}	$t_{2g}^6e_g^4$	0

Δ_0 和(CFSE) 与络合物许多性质有关,它们的数值可以由实验测知和从理论上进行推算得到。

4. Δ_0 值的实验来源

Δ 值的主要实验来源是络合物的可见与紫外吸收光谱数据。例如,$[T_i(H_2O)_6]^{3+}$ 的吸收光谱在可见光区域有一宽的弱吸收峰在 20,300cm^{-1} 处(图 7.1 - 6),它对应于 d—d 跃迁(禁阻的) 的结果,即 $t_{2g} \longrightarrow e_g$,与此相当的能量值为 57.4kcal · mol^{-1},此即 O_h 场之 Δ_0 值。

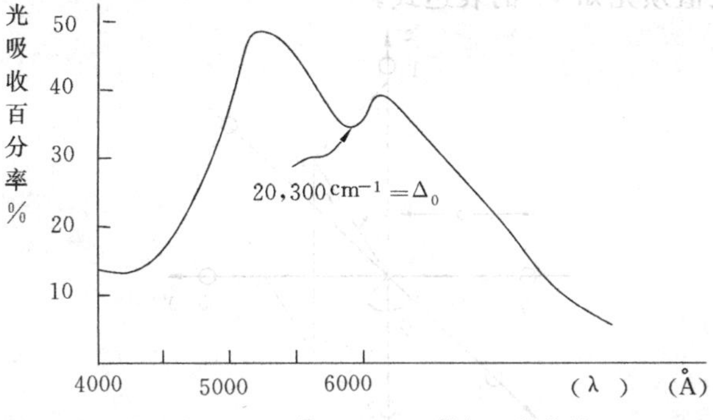

图 7.1 - 6　$[T_i(H_2O)_6]^{3+}$ 吸收曲线

通过光谱测量求得 Δ_0 值,可发现对同一中心金属离子改换不同的配

位体时 Δ_0 值的变化有以下规律：$Cl^- < H_2O < NH_3 < CN^-$。例如：对于 Cr^{3+} 见表 7.1 - 5。

表 7.1 - 5　$[CrX_6]^{3+}$ 的 Δ_0 值

X	Δ_0	
	$kcal \cdot mol^{-1}$	cm^{-1}
Cl^-	39.0	13,650
H_2O	50.0	17,500
NH_3	62.0	21,700
CN^-	75.5	26,425

更广泛的实验测量得到如下光谱化学序列。

$I^- < Br^- < Cl^- < F^- < H_2O < NH_3 <$ en $<$ dipy $<$ phen $< NO_2 <$ $CN^- = C_2H_4 = CO$

这种顺序与中心过渡金属离子无关而成立。

当然，同样配位体改换中心金属时 Δ 值也变化，只不过无如上的规律存在。

5. Δ_0 值的理论计算

现在以 d^1 组态在 O_h 场中的轨道能级分裂为例说明 Δ_0 的求算方法。

按晶体场理论观点，认为 Δ_0 来源于配位体点电荷场势能 V_0 对中心金属形成的微扰所致，即 Δ_0 应等于微扰能积分 $\langle d | V_0 | d \rangle$ 之值。为求算此种积分之值须先知 V_0 的表达式。

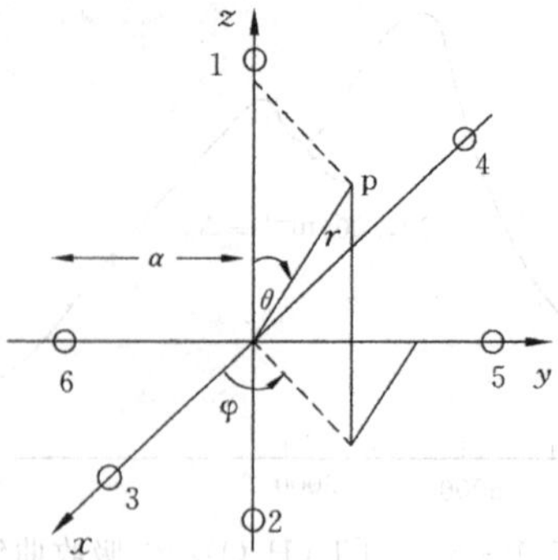

图 7.1 - 7　正八面体场(O_h)

O_h 场的势能 V_0 可由下模型得出。由上图易知配位体 i 在中心金属离子周围点 P 处所发生的势 V_i（若配位体 i 点电荷电量为 Q）为

$$V_1 = \frac{Q}{\alpha} = \frac{Q}{\alpha\sqrt{1+(\frac{r}{\alpha})^2-2(\frac{r}{\alpha})\cos\theta}}$$

令 $x=(\frac{r}{\alpha})^2-2(\frac{r}{\alpha})\cos\theta << 1$，则 $\frac{1}{\sqrt{1+x}}$ 可按幂级数展开，

即 $\frac{1}{\sqrt{1+x}} = 1-\frac{1}{2}x+\frac{1\cdot3}{2\cdot4}x^2-\frac{1\cdot3\cdot5}{2\cdot4\cdot6}x^3+\cdots$

$$\begin{aligned} \text{有 } V_1 &= \frac{Q}{\alpha}(1-\frac{1}{2}x+\frac{3}{8}x^2-\frac{15}{48}x^3+\cdots) \\ &= \frac{Q}{\alpha}[1+\frac{r}{\alpha}\cos\theta+(\frac{r}{\alpha})^2(-\frac{1}{2}+\frac{2}{3}\cos^2\theta)+\cdots] \\ &= \frac{Q}{\alpha}\sum_{l=0}^{\infty}(\frac{r}{\alpha})^l P_l(\cos\theta) \end{aligned} \tag{7.1 - 3}$$

式中 $P_l(\cos\theta)$ 为 Legendre 多项式，其($l=0,1,2,\cdots$) 前几项的值。

$l=0, P_0(\cos\theta)=1$

$l=1, P_1(\cos\theta)=\cos\theta$

$l=2, P_2(\cos\theta)=\frac{1}{2}(3\cos^2\theta-1)$

$l=3, P_3(\cos\theta)=\frac{1}{2}(5\cos^3\theta-3\cos\theta)$

$l=4, P_4(\cos\theta)=\frac{1}{8}(35\cos^4\theta-30\cos^2\theta+3)$

⋮

求和至 $l=4$，略去以后各项，得

$$V_1 = \frac{Q}{\alpha}[1+(\frac{r}{\alpha})P_1(\cos\theta)+(\frac{r}{\alpha})^2P_2(\cos\theta)+(\frac{r}{\alpha})^3P_3(\cos\theta)+(\frac{r}{\alpha})^4P_4(\cos\theta)] \tag{7.1 - 4}$$

当注意到 $\cos^n(\theta+\pi)=-\cos^n(\theta)$（$n$ 为奇数）时，同法可得

$$V_2 = \frac{Q}{\alpha}[1-(\frac{r}{\alpha})P_1(\cos\theta)+(\frac{r}{\alpha})^2P_2(\cos\theta)-(\frac{r}{\alpha})^3P_3(\cos\theta)+$$

$$(\frac{r}{\alpha})^4 P_4(\cos\theta)] \tag{7.1-5}$$

于是 z 轴上配位体 1,2 对 P 点的作用势函数为

$$\begin{aligned} V_1 + V_2 &= \frac{Q}{\alpha}[2 + 2(\frac{r}{\alpha})^2 P_2(\cos\theta) + (\frac{r}{\alpha})^4 P_4(\cos\theta)] \\ &= \frac{Q}{\alpha}[2 + (\frac{r}{\alpha})^2(3\cos^2\theta - 1) + \\ &\quad \frac{1}{4}(\frac{r}{\alpha})^4(35\cos^4\theta - 30\cos^2\theta + 3)] \end{aligned}$$

以 $\cos\theta = \frac{z}{r}$ 代入，得

$$V_1 + V_2 = \frac{Q}{\alpha}[2 + (\frac{r}{\alpha})^2(\frac{3z^2}{r^2} - 1) + \frac{1}{4}(\frac{r}{\alpha})^4(\frac{35z^4}{r^4} - \frac{30z^2}{r^2} + 3)] \tag{7.1-6}$$

同理，可得 x, y 轴上配位体的作用势各为

$$V_3 + V_4 = \frac{Q}{\alpha}[2 + (\frac{r}{\alpha})^2(\frac{3x^2}{r^2} - 1) + \frac{1}{4}(\frac{r}{\alpha})^4(\frac{35x^4}{r^4} - \frac{30x^2}{r^2} + 3)] \tag{7.1-7}$$

和 $V_5 + V_6 = \frac{Q}{\alpha}[2 + (\frac{r}{\alpha})^2(\frac{3y^2}{r^2} - 1) +$

$$\frac{1}{4}(\frac{r}{\alpha})^4(\frac{35y^4}{r^4} - \frac{30y^2}{r^2} + 3)] \tag{7.1-8}$$

则配位体场总势能为

$$\begin{aligned} V_0 &= \sum_{i=1}^{6} V_i = 6\frac{Q}{\alpha} + \frac{35Q}{4\alpha^5}(x^4 + y^4 + z^4 - \frac{3}{5}r^4) \\ &= 6\frac{Q}{\alpha} + D(x^4 + y^4 + z^4 - \frac{3}{5}r^2) \end{aligned} \tag{7.1-9}$$

式中 $D = \frac{35Q}{4\alpha^2}$ (7.1-10)

一般地，$V(x, y, z)$ 的形式可表示如下

$$V(x, y, z) = C_0(\frac{Q}{R}) + C_4[(x^4 + y^4 + z^4) - \frac{3}{5}r^4] \tag{7.1-11}$$

R 为配位体与中心金属的距离。

几种常见晶体场势函数 $V(x, y, z)$ 的系数见下表。

表 7.1 - 6　$V(x, y, z)$ 的系数

晶体场类型	C_0	C_4
正八面体$(O_h)_0$	6	$\dfrac{35Q}{4R^2}$
正四面体(T_d)	4	$-\dfrac{35Q}{9R^2}$
立方体$(O_h)_c$	8	$-\dfrac{70Q}{9R^5}$

由表可以看出下述关系：

$$2C_4(T_d) = C_4(O_h)_c = -\frac{8}{9}C_4(O_h)_0$$

后面将要证明 $\Delta_0 \sim C_4(O_h)_0$。所以上述关系表明在 Δ_0 与 Δ_t 间亦有同样关系成立。

下面求算微扰能积分$\langle d \mid V_0 \mid d\rangle$，由(7.1 - 9)，(7.1 - 11)式已知其中第一项是球对称部分 Vs，它的贡献仅仅是把五个 d 轨道平移并不能引起能级的分裂，暂不必考虑它，只有第二项 V'_0 的微扰能积分是所求的。即$\langle d \mid V'_0 \mid d\rangle$，对于 O_h 场，$V'_0 = D(x^4 + y^4 + z^4 - \frac{3}{5}r^4)$，$d$ 轨道取实函数形式为

$$\begin{cases} d_{z^2} = d^0 \equiv (2,0) = \sqrt{\dfrac{5}{16\pi}} f(r) \dfrac{(3z^2 - r^2)}{r^2} \\ d_{x^2-y^2} = \dfrac{1}{\sqrt{2}}[d_{+2} + d_{-2}] \equiv \dfrac{1}{\sqrt{2}}\{(2,2) + (2,-2)\} \\ \qquad = \sqrt{\dfrac{15}{16\pi}} f(r) \dfrac{(x^2 - y^2)}{r^2} \\ d_{xy} = \dfrac{-i}{\sqrt{2}}[d_{+2} - d_{-2}] \equiv \dfrac{-i}{\sqrt{2}}\{(2,2) - (2,-2)\} = \sqrt{\dfrac{15}{4\pi}} f(r) \dfrac{xy}{r^2} \\ d_{yz} = \dfrac{-i}{\sqrt{2}}[d_{+1} - d_{-1}] \equiv \dfrac{-i}{\sqrt{2}}\{(2,1) - (2,-1)\} = \sqrt{\dfrac{15}{4\pi}} f(r) \dfrac{yz}{r^2} \\ d_{xz} = \dfrac{1}{\sqrt{2}}[d_{+1} + d_{-1}] \equiv \dfrac{1}{\sqrt{2}}\{(2,1) + (2,-1)\} = \sqrt{\dfrac{15}{4\pi}} f(r) \dfrac{xz}{r^2} \end{cases} \tag{7.1 - 12}$$

显然，微扰能积分的具体计算，只要把 V_0' 和五个 d 轨道波函数分别代入微扰能积分公式 $\langle d \mid V_0' \mid d \rangle$ 中，即可求出五个相应的积分。例如：

$$\langle d_{z^2} \mid V'_0 \mid d_{z^2} \rangle \equiv \int d_{z^2}^* \cdot V'_0 d_{z^2} dz$$

$$= \frac{5}{16\pi}\int f(r)(3z^2 - r^2)D(x^4 + y^4 + z^4 - \frac{3}{5}r^4)f(r)(3z^2 - r^2)r^4 d\tau$$

式中 $d\tau = r^2 dr \sin\theta d\theta d\phi$

$$= \frac{4}{35}D\int_0^\infty f(r)r^4 f(r)r^2 dr$$

$$= \frac{12}{105}D\langle r^4 \rangle$$

$$= 6Dq$$

$$= \frac{3}{5}\Delta_0 \tag{7.1-13}$$

$$\text{式中}\begin{cases} D = \dfrac{35Q}{4R^5} \\ q = \dfrac{2}{105}\langle r^4 \rangle \\ \Delta_0 = 10Dq \end{cases} \tag{7.1-14}$$

同法可得

$$\langle d_{x^2-y^2} V'_0 \mid d_{x^2-y^2} \rangle = 6Dq = \frac{3}{5}\Delta_0 \tag{7.1-15}$$

$$\text{和}\quad \left.\begin{aligned} \langle d_{xy} \mid V'_0 \mid d_{xy} \rangle &= -4Dq = -\frac{2}{5}\Delta_0 \\ \langle d_{yz} \mid V'_0 \mid d_{yz} \rangle &= -4Dq = -\frac{2}{5}\Delta_0 \\ \langle d_{xz} \mid V'_0 \mid d_{xz} \rangle &= -4Dq = -\frac{2}{5}\Delta_0 \end{aligned}\right\} \tag{7.1-16}$$

晶体场的理论分裂能是以 Dq 为单位计算的，而经验分裂能 $\Delta_0 = 10Dq$。各种配位数的络合物的晶体场分裂的理论值列于下表。

表 7.1-7　各种晶体场中 d 轨道的分裂能(Dq)

配位数	络合物	类型	d 轨道				
			d_{z^2}	$d_{x^2-y^2}$	d_{xy}	d_{xz}	d_{yz}
2	MX_2	直线型	10.28	−6.28	−6.28	1.14	1.14
3	MX_3	三角形	−3.21	5.46	5.46	−3.86	−3.86
4	MX_4	正四面体	−2.67	−2.67	1.78	1.67	1.78
		正方形	−4.28	12.28	2.28	−5.14	−5.14
5	MX_5	三角锥	7.07	−0.82	−0.82	−2.72	−1.72
		四角锥	0.86	9.14	−0.86	−4.57	−4.57
6	MX_6	正八面体	6.00	6.00	−4.00	−4.00	−4.00
7	MX_7	双五角锥	4.98	2.82	2.82	−5.28	−5.28
8	MX_8	立方体	−5.34	−5.34	3.56	3.56	3.56

二、d^n 组态的弱场处理方案

当处理组态 d^n 且 $n \geq 2$ 时，由于电子间相互作用出现了比 d^1 时更为复杂的情况。

忽略轨道——自旋相互作用时，体系 Hamilton 算符 $\hat{H}$ 包含两部分，自由离子项和晶体场项，即 $\hat{H} = \hat{H}(F \cdot I) + \hat{H}(L \cdot F)$。其中，自由离子项 $\hat{H}(F \cdot I)$ 可分为中心场部分和电子间相互作用部分，即 $\hat{H}(F \cdot I) = \hat{H}C \cdot F + \hat{H}ee$。因而有以下三种情况：

① $\hat{H}(L \cdot F) < \hat{H}ee$　（弱场情形）

② $\hat{H}(L \cdot F) > \hat{H}ee$　（强场情形）

③ $\hat{H}(L \cdot F) \approx \hat{H}ee$　（中间场情形）

下面我们将分别讨论它们的处理办法。

首先讨论 d^n 组态的弱场处理方案。弱场方案的计算程序是先求 d^n 自由离子的谱项能，然后再求各谱项在晶体场中的分裂能。由原子结构理论

已知 d^n 组态的谱项，见表 7.1 - 8。

表 7.1 - 8 d^n 产生的谱项

组态	谱项
d^1 d^9	^2D
d^2 d^8	^3F ^3P ^1G ^1D ^1S
d^3 d^7	^4F ^4P ^2H ^2G ^2F $^2D(2)$ ^2P
d^4 d^6	^5D ^3H ^3G $^3F(2)$ ^3D $^3P(2)$ ^1I $^1G(2)$ ^1F $^1D(2)$ $^1S(2)$
	^4G ^4F ^4D ^4P ^2I ^2H
d^5	^6S $^2G(2)$ $^2F(2)$ $^2D(3)$ ^2D ^2S

［注］虚线括起的部分为各组态之基态谱项，括号中数字指出现的次数。

根据群论知识，各谱项在 O_h 场中的分裂列于表 7.1 - 9。

表 7.1 - 9 谱项在 O_h 场中的分解

谱 项	轨道简并度(2L+1)	O_h 场中分解
S	1	A_{1g}
P	3	T_{1g}
D	5	$E_g + T_{2g}$
F	7	$A_{2g} + T_{1g} + T_{2g}$
G	9	$A_{1g} + E_g + T_{1g} + T_{2g}$
H	11	$E_g + 2T_{1g} + T_{2g}$
I	13	$A_{1g} + A_{2g} + E_g + T_{1g} + 2T_{2g}$

下面以 d^2 为例进行一些较具体的讨论。为此先引用原子结构理论已给出的谱项能值，然后再求相应的分裂能。

表 7.1 - 10 d^2 谱项能

	ΔEe
^1S	$A+14B+7C$
^1D	$A-3B+2C$
^1G	$A+4B+2C$
^3P	$A+7B$
^3F	$A-8B$

A,B,C 为 Racah 参量，它们分别为

$$\begin{cases} A = F_0 - 49F_4 \\ B = F_2 - 5F_4 \\ C = 35F_4 \end{cases}$$

其中自由原子的 $3d$ 电子，$F_2 = 203Z(\text{cm}^{-1})$，$F_4 = 14.7Z(\text{cm}^{-1})$，$Z$：核电荷。由此得出 d^2 组态由于电子间相互作用 $\hat{H}ee$，其谱项能的分布如图 7.1－8，其中 ^3F 的能值最小是基态谱项。

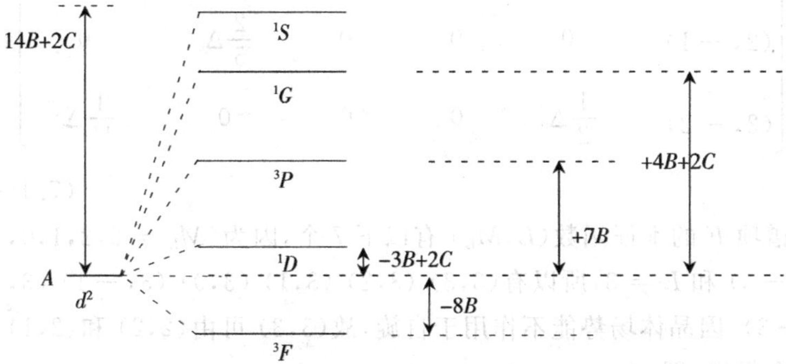

图 7.1－8　d^2 的谱项能

下面求 d^2 之各谱项在 O_h 场中的分裂能。现以基态谱项 ^3F $(L = 3)$ 为例具体说明求法。^3F 对任一 M_s 值（如 $M_s = +1$），轨道简并度为 $2L + 1 = 7$ 个。这与用一个 f 电子波函数为基的情形类似。由（7.1－1）式得

$$\chi^{(3)}(\alpha) = \frac{\sin\left(\frac{7\alpha}{2}\right)}{\sin\left(\frac{\alpha}{2}\right)}$$

求得可约表示的特征标如下：

O	E	C_2	C_3	C_2'	C_4
$\chi_\Gamma(R)$	7	-1	1	-1	-1
	$\alpha = 0$，	π，	$\frac{2\pi}{3}$，	π，	$\frac{\pi}{2}$

由表可知：$\Gamma(^3F) = {}^3A_2 \oplus {}^3T_1 \oplus {}^3T_2$，而 ^3F 在 O_h 场分解为 $^3A_{2g}$，$^3T_{1g}$，

$^3T_{2g}$ 之和。现在求算 $^3A_{2g}$，$^3T_{1g}$ 和 $^3T_{2g}$ 的微扰能。为此须利用 d^1 的结果

$$\begin{bmatrix} & (2,2) & (2,1) & (2,0) & (2,-1) & (2,-2) \\ (2,2)^* & \frac{1}{10}\Delta_0 & 0 & 0 & 0 & \frac{1}{2}\Delta_0 \\ (2,1)^* & 0 & -\frac{2}{5}\Delta_0 & 0 & 0 & 0 \\ (2,0)^* & 0 & 0 & \frac{3}{5}\Delta_0 & 0 & 0 \\ (2,-1)^* & 0 & 0 & 0 & \frac{2}{5}\Delta_0 & 0 \\ (2,-2)^* & \frac{1}{2}\Delta_0 & 0 & 0 & 0 & \frac{1}{10}\Delta_0 \end{bmatrix} \tag{7.1-17}$$

谱项 F 的本征函数 (L,M_L) 有以下 7 个，因为 $(M_L=3,2,1,0,-1,-2,-3)$ 和 $L=3$，所以有 $(3,3)$ $(3,2)$ $(3,1)$ $(3,0)$ $(3,-1)$ $(3,-2)$ $(3,-3)$。因晶体场势能不作用于自旋，故 $(3,3)$ 可由 $(2,2)$ 和 $(2,1)$ 的线性组合得出，即

$$(3,3)=\frac{1}{\sqrt{2}}\{(2,2)_1(2,1)_2-(2,2)_2(2,1)_1\}$$

下指标表示 d^2 中电子的标号 1 或 2。又因电子 1,2 的晶体场势能是独立的，即 $V_0=V_0(1)+V_0(2)$。于是，有

$$\langle(3,3)\mid V_0\mid(3,3)\rangle\equiv\int(3,3)^*V_0(3,3)d\tau$$

$$=\frac{1}{2}\iint\{(2,2)_1(2,1)_2-(2,2)_2(2,1)_1\}^*V_0\{(2,2)_1(2,1)_2-(2,2)_2(2,1)_1\}d\tau_1d\tau_2$$

$$=\int(2,1)_2^*V_0^{(2)}(2,1)_2d\tau_2+\int(2,2)_1^*V_0^{(1)}(2,2)_1d\tau_1$$

由(7.1 - 17)式，得

$$V_0=-\frac{2}{5}\Delta_0+\frac{1}{10}\Delta_0=-\frac{3}{10}\Delta_0$$

同法可求出其他不为 0 的矩阵元的值，构成 ^3F 的相互作用矩阵。

$$
\begin{array}{c|ccccccc|}
 & (3,3) & (3,2) & (3,1) & (3,0) & (3,-1) & (3,-2) & (3,-3) \\
\hline
(3,3)^* & -\frac{3}{10}\Delta_0 & 0 & 0 & 0 & \sqrt{\frac{3}{20}}\Delta_0 & 0 & 0 \\
(3,2)^* & 0 & \frac{7}{10}\Delta_0 & 0 & 0 & 0 & \frac{1}{2}\Delta_0 & 0 \\
(3,1)^* & 0 & 0 & -\frac{1}{10}\Delta_0 & 0 & 0 & 0 & \sqrt{\frac{3}{20}}\Delta_0 \\
(3,0)^* & 0 & 0 & 0 & -\frac{3}{5}\Delta_0 & 0 & 0 & 0 \\
(3,-1)^* & \sqrt{\frac{3}{20}}\Delta_0 & 0 & 0 & 0 & -\frac{1}{10}\Delta_0 & 0 & 0 \\
(3,-2)^* & 0 & \frac{1}{2}\Delta_0 & 0 & 0 & 0 & \frac{7}{10}\Delta_0 & 0 \\
(3,-3)^* & 0 & 0 & \sqrt{\frac{3}{20}}\Delta_0 & 0 & 0 & 0 & -\frac{3}{10}\Delta_0
\end{array}
\tag{7.1-18}
$$

[注] 与 d^1 类似，仅当 $m = m'$ 和 $m = m' \pm 4$ 的项不为 0。

由(7.1 - 18)得出久期行列式：(均以 $10D_q$ 乘之)

$$
\begin{array}{c|ccccccc|}
 & (3,3) & (3,-1) & (3,-3) & (3,1) & (3,2) & (3,-2) & (3,0) \\
(3,3)^* & -3Dq-E & \sqrt{15}\,Dq & & & & & \\
(3,-1)^* & \sqrt{15}\,Dq & -1Dq-E & & & & & \\
(3,-3)^* & & & -3Dq-E & \sqrt{15}\,Dq & & & \\
(3,1)^* & & & \sqrt{15}\,Dq & -1Dq-E & & & \\
(3,2)^* & & & & & 7Dq-E & 5Dq & \\
(3,-2)^* & & & & & 5Dq & 7Dq-E & \\
(3,0)^* & & & & & & & -6Dq-E
\end{array}
=0
\tag{7.1-19}
$$

即 $\begin{vmatrix} -3Dq-E & \sqrt{15}Dq \\ \sqrt{15}Dq & -1Dq-E \end{vmatrix}=0$ （有 2 个）$\left\{\begin{matrix} (\text{Ⅰ}) \\ (\text{Ⅱ}) \end{matrix}\right.$

$\begin{vmatrix} 7Dq-E & 5Dq \\ 5Dq & 7Dq-e \end{vmatrix}=0$ （Ⅲ）

$|-6Dq-E|=0$ （Ⅳ）

由（Ⅳ），得 $E=-6Dq$ ①

由（Ⅲ），得 $E=\begin{cases} 2Dq & ② \\ 12Dq & ③ \end{cases}$

由（Ⅰ），（Ⅱ），得 $E=\begin{cases} 2Dq & (2\text{ 个同根}) \\ -6Dq & (2\text{ 个同根}) \end{cases}$

所以 ^3F 在 O_h 场中分解谱项的微扰能各为

$$E=\begin{cases} -6Dq & (\text{三个}) & (^3T_{1g}) \\ 2Dq & (\text{三个}) & (^3T_{2g}) \\ 12Dq & (\text{一个}) & (^3A_{2g}) \end{cases} \tag{7.1-20}$$

因为取 $10Dq=\Delta_0$，得

$$^3F\left[\begin{aligned} E(^3A_{2g}) &= \frac{6}{5}\Delta_0 \\ E(^3T_{2g}) &= \frac{1}{5}\Delta_0 \\ E(^3T_{1g}) &= -\frac{3}{5}\Delta_0 \end{aligned}\right. \tag{7.1-21}$$

现图示如下：

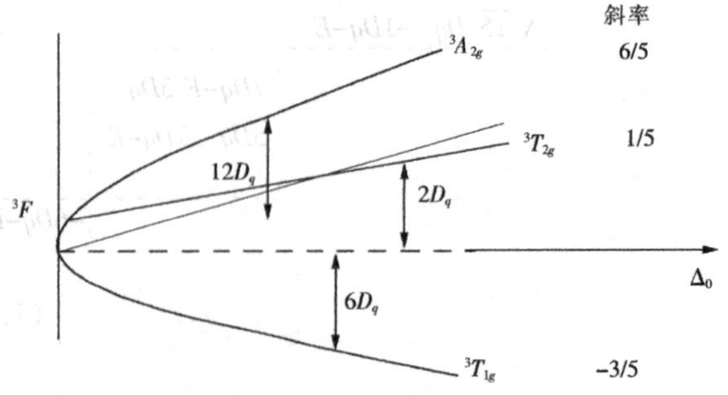

图 7.1 - 9

本征函数和分裂能分量列于表 7.1 - 11。

表 7.1 - 11　O_h 场中 $^3F(d^2)$ 的分量

本征函数	能量	对称性
$\sqrt{\frac{3}{8}}(3,-1)+\sqrt{\frac{5}{8}}(3,3)$ $\sqrt{\frac{3}{8}}(3,1)+\sqrt{\frac{5}{8}}(3,-3)$ $(3,0)$	$-\frac{3}{5}\Delta_0$	$^3T_{1g}$
$\sqrt{\frac{5}{8}}(3,-1)-\sqrt{\frac{3}{8}}(3,3)$ $\sqrt{\frac{5}{8}}(3,1)-\sqrt{\frac{3}{8}}(3,-3)$ $\sqrt{\frac{1}{2}}\{(3,2)+(3,-2)\}$	$\frac{1}{5}\Delta_0$	$^3T_{2g}$
$\sqrt{\frac{1}{2}}\{(3,2)-(3,-2)\}$	$\frac{6}{5}\Delta_0$	$^3A_{2g}$

同法可求出其余各谱项的分裂能，一并绘于图 7.1 - 10。

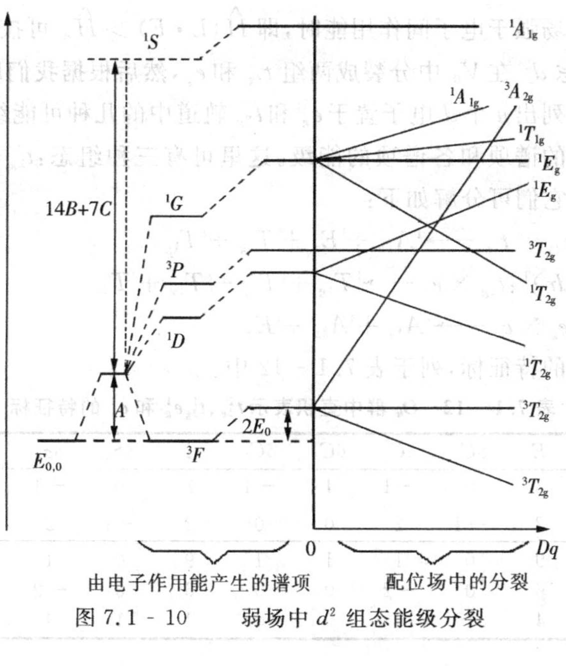

图 7.1 - 10　弱场中 d^2 组态能级分裂

由图(7.1 - 10)可见,d^2 的所有谱项的分裂能级,除共同移动 $2E_0$ 外,分裂的重心是不变的。这称为“重心规则”。

例:^3F

$3\times(-6Dq)+3\times 2Dq+1\times 12Dq=0$

容易求出,d^2 的两个电子在 t_{2g} 和 e_g 中的分布数 n,因若电子总数为 N,在 t_{2g} 中的电子数为 n,能量为 XDq 时,则等式 $-4n+(N-n)6=X$ 显然是成立的。因此,可得分布在 t_{2g} 上的电子数 n,即

$$n=\frac{6N-X}{10} \tag{7.1 - 22}$$

例:$3d^2$

$N=2,\ X[E(T_{2g})]=-6D_q$

则由(7.1 - 22)式,得:$n=\frac{9}{5}$(在 t_{2g} 上),$2—n=\frac{1}{5}$(在 e_g 上)。

三、强场处理方案

当晶体场强于电子间作用能时,即 $\hat{H}(L\cdot F)>\hat{H}_{ee}$ 可按强场方案处理。首先考虑 d^2 在 V_0 中分裂成两组 t_{2g} 和 e_g,然后根据我们所研究的 d^n 组态的情况列出 n 个 d 电子置于 e_g 和 t_{2g} 轨道中的几种可能组态,最后计算这些组态的谱项和各谱项的能级。这里可有三种组态:t_{2g}^2,$t_{2g}^1e_g^1$ 和 e_g^2。由群论易知它们可分解如下:

$(d\varepsilon)^2: t_{2g}\times t_{2g}\longrightarrow {}^1A_{1g}+{}^1E_g+{}^3T_{2g}+{}^1T_{1g}$

$(d\varepsilon)^1(dr)^1: t_{2g}\times e_g\longrightarrow {}^1T_{1g}+{}^1T_{2g}+{}^3T_{1g}+{}^3T_{2g}$

$(dr)^2: e_g\times e_g\longrightarrow {}^1A_{1g}+{}^3A_{2g}+{}^1E_g$

其直积表示的特征标,列于表 7.1 - 12 中。

表 7.1 - 12 O_h 群中直积表示 t_{2g}^2,$t_{2g}^1e_g^1$ 和 e_g^2 的特征标

O_h	E	$8C_3$	$3C_2'$	$6C_2$	$6C_4$	i	$8S_6$	$3\sigma_n$	$6\sigma_d$	$6S_4$
T_{2g}	3	0	−1	1	−1	3	0	−1	1	−1
E_g	2	−1	2	0	0	2	−1	2	0	0
$t_{2g}\times t_{2g}$	9	0	1	1	1	9	0	1	1	1
$t_{2g}\times e_g$	6	0	−2	0	0	6	0	−2	0	0
$e_g\times e_g$	4	1	4	0	0	4	1	4	0	0

现以 e_g^2 组态为例说明能量的计算。

已知配位体场分裂能为 $\Delta(e_g^2)=2E_0+12Dq$，电子间排斥能的计算过程如下：

e_g 是二重简并，双电子体系自旋有两种可能，即 $s=0$ 和 1，故有 6 种可能的电子分布方式，波函数各为

$$\psi(^1A_g)=\frac{1}{2}\{d_{z^2}(1)d_{z^2}(2)+d_{x^2-y^2}(1)d_{x^2-y^2}(2)\}$$

$$(\alpha\beta-\beta\alpha))\quad M=0\quad M=1$$

$$\psi(^3A_{2g})=\frac{1}{\sqrt{2}}\{d_{z^2}(1)d_{x^2-y^2}(2)-d_{x^2-y^2}(1)$$

$$d_{z^2(2)\}}\begin{cases}\alpha\alpha\\ \frac{1}{\sqrt{2}}(\alpha\beta+\beta\alpha)\quad M=0\quad M=-1\\ \beta\beta\end{cases}$$

$$\psi(^1E_g)=\left.\begin{cases}\frac{1}{2}\{d_{x^2-y^2}(1)d_{x^2-y^2}(2)-d_{z^2}(1)d_{z^2}(2)\}\\ \frac{1}{2}\{d_{z^2}(1)d_{x^2-y^2}(2)+d_{x^2-y^2}(1)d_{z^2}\}\end{cases}\right\}(\alpha\beta-\beta\alpha)\quad M=0$$

对 e_g^2 组态有 $e_g\times e_g={}^aA_1+{}^bA_2+{}^cE$，因 $2s+1=1$ 或 3，故由 $1a+1b+2c=6$，得知 $a=1,b=3$ 和 $c=1$，即 $e_g\times e_g={}^1A_{1g}+{}^3A_{2g}+{}^1E_g$。

利用原子结构知识，可求得电子排斥能为

$$\int\psi(^1A_{1g})\frac{e^2}{r_{12}}\psi(^1A_{1g})d\tau=A+8B+4C=\Delta E_e(^1A_{1g})$$

$$\int\psi(^3A_{2g})\frac{e^2}{r_{12}}\psi(^3A_{2g})d\tau=A-8B=\Delta E_e(^3A_{2g})$$

$$\int\psi(^1E_g)\frac{e^2}{r_{12}}\psi(^1E_g)d\tau=A+2C=\Delta E_e(^1E_g)$$

同法可得，对 t_{2g}^2 组态：配位体场分裂能为 $\Delta(t_{2g}^2)=2E_0-8D_q$，电子间排斥能为

$$\Delta E_e(^3T_{1g})=A-5B$$

$\Delta E_e(^1A_{1g}) = A + 10B + 5C$

$\Delta E_e(^1E_g) = A + B + 2C$

$\Delta E_e(^1T_{2g}) = A + B + 2C$

对 $t_{2g}^1e_g^1$:配位体场分裂能为 $\Delta(t_g^1e_g^1) = 2E_0 + 2D_q$,电子间排斥能为

$\Delta E_e(^3T_{2g}) = A - 8B$

$\Delta E_e(^3T_{1g}) = A + 4B$

$\Delta E_e(^1T_{2g}) = A + 2C$

$\Delta E_e(^1T_{1g}) = A + 4B + 2C$

总的能级分裂如图 7.1 - 11 所示。

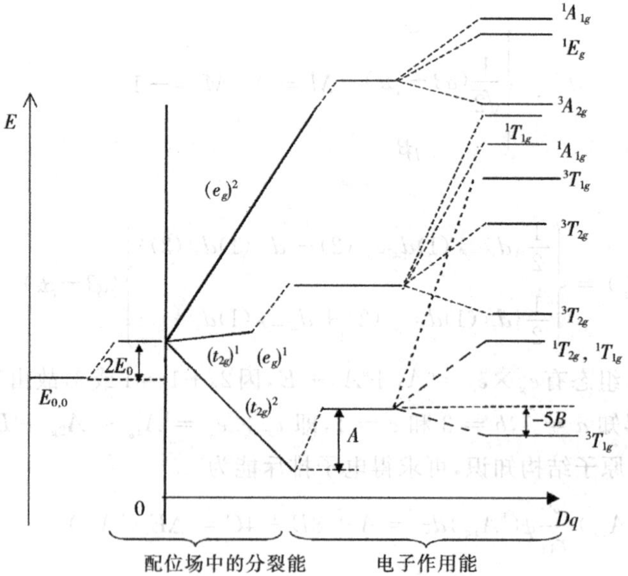

图 7.1 - 11 d^2 组态在强八面体场中能级图

当晶体场强与电子间相互作用差不多时,即 $\hat{H}(L,F) \approx \hat{H}_{ee}$,则属于中间场,在此不详细讨论了。现将在 O_h 场中组态的能量相关图画在图 7.1 - 12 中。

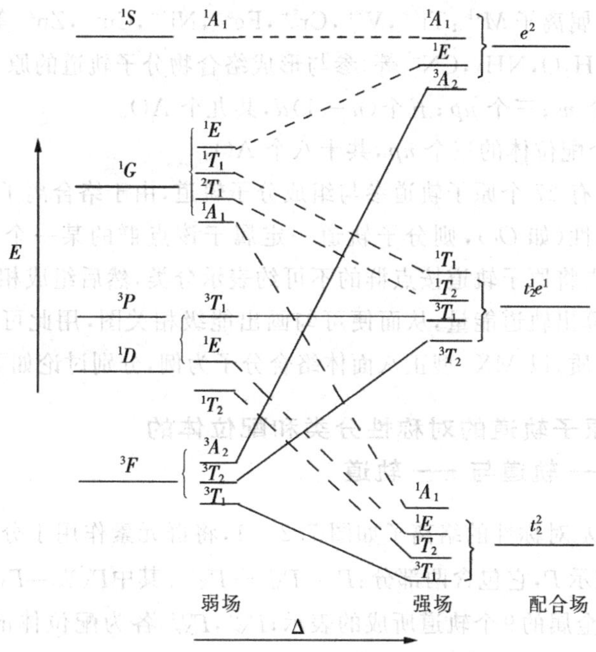

图 7.1 - 12　O_h 场中 d^2 离子的相关图(所有谱项的宇称均属 g 类)

§7.2　分子轨道理论

晶体场理论本质上是点电荷的静电模型。d 电子受中心过渡金属离子的电场和配位体点电荷(或电偶矩)形成的晶体场所控制,而只能绕中心离子周围运动,它对解释配位体是非极性的络合物(如 $CH_2 = CH_2$,乙二胺等)以及中心离子的轨道与配位体轨道有明显重叠的络合物是无能为力的。实验表明很大一类络合物中 d 电子发生了明显地离域作用,即中心离子 d 轨道与配位体轨道形成了分子轨道,如 $InCl^{2-}$ 络合离子的 ESR 超精细结构表明有 MO 形成,所以需要用分子轨道法讨论络合物成键性质,并称 MO 理论和晶体场理论的结合为配位场理论。

下面还是以 MX_6 型正八面体络合分子为例说明分子轨道理论的要点。

中心金属离子 M^{n+}：Ti^{3+}，V^{3+}，Cr^{3+}，Fe^{3+}，Ni^{2+}，Cu^{2+}，Zn^{2+} 等。配位体 X：F^-，Cl^-，H_2O，NH_3，CN^- 等。参与形成络合物分子轨道的原子轨道为

M：一个 ns；三个 np；五个 $(n-1)d$，共九个 AO。

X：每个配位体的三个 np，共十八个 AO。

即总共有 27 个原子轨道参与组成分子轨道，由于络合离子具有某种点群的对称性（如 O_h），则分子轨道一定属于该点群的某一个不可约表示，因此须先将原子轨道按点群的不可约表示分类，然后组成相应的分子轨道，并应算出轨道能量，从而便可勾画出能级相关图，用此可说明许多络合物的性质。以 MX_6 型正八面体络合分子为例，分别讨论如下。

一、原子轨道的对称性分类和配位体的 σ— 轨道与 π— 轨道

具有 O_h 对称性的络离子如图 7.2 - 1，将群元素作用于分子可得到一个可约表示 Γ，它包含两部分：$\Gamma = \Gamma_M^{(9)} + \Gamma_X^{(18)}$。其中 $\Gamma_X^{(18)} = \Gamma_{X\sigma}^{(6)} + \Gamma_{X\pi}^{(12)}$，$\Gamma_M^{(9)}$ 为中心金属的 9 个轨道所成的表示；$\Gamma_{X\sigma}^{(6)}$，$\Gamma_{X\pi}^{(12)}$ 各为配位体的 6 个 σ 轨道和 12 个 π 轨道的表示，如图7.2 - 1。

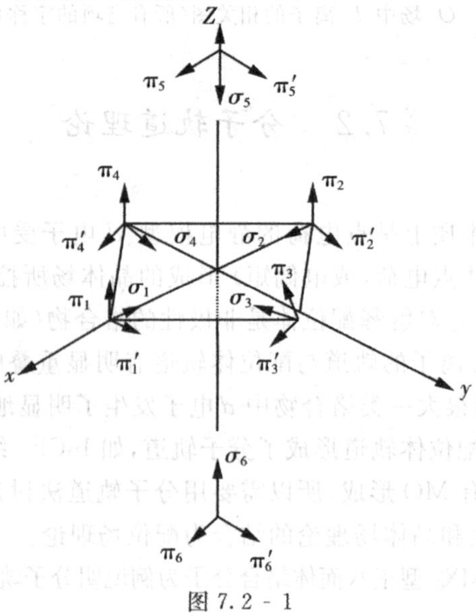

图 7.2 - 1

由表 7.2 - 1 易知 $\Gamma_M^{(9)}$，$\Gamma_{X\sigma}^{(6)}$ 和 $\Gamma_{X\pi}^{(12)}$ 将进一步分解：

表 7.2 - 1

O_h	E	$8C_3$	$6C_2'$	$6C_4$	$3C_2$	i	$6S_4$	$8S_6$	$3\sigma_h$	$6\sigma_d$	基函	
A_{1g}	1	1	1	1	1	1	1	1	1	1	s	
E_g	2	−1	0	0	2	2	0	−1	2	0		$d_{z^2}, d_{x^2-y^2}$
T_{1g}	3	0	−1	1	−1	3	1	0	−1	−1		
T_{2g}	3	0	1	−1	−1	3	−1	0	−1	1		d_{xy}, d_{xz}, d_{yz}
T_{1u}	3	0	−1	1	−1	−3	−1	0	1	1	p_x, p_y, p_z	
T_{2u}	3	0	1	−1	−1	−3	1	0	1	−1		
$\Gamma_M^{(9)}$	9	0	1	1	1	3	−1	0	3	3		
$\Gamma_{X\sigma}^{(6)}$	6	0	0	2	2	0	0	0	4	2		
$\Gamma_{X\pi}^{(12)}$	12	0	0	0	−4	0	0	0	0	0		

$$\left.\begin{aligned}\Gamma_M^{(9)} &= A_{1g} \oplus E_g \oplus T_{2g} \oplus T_{1u} \\ \Gamma_{X\sigma}^{(6)} &= A_{1g} \oplus E_g \oplus T_{1u} \\ \Gamma_{X\pi}^{(12)} &= T_{1g} \oplus T_{2g} \oplus T_{1u} \oplus T_{2u}\end{aligned}\right\} \qquad (7.2 - 1)$$

中心金属的九个原子轨道在 O_h 群下的表示 $\Gamma_M^{(9)}$ 可分解为 A_{1g}，E_g，T_{2g} 和 T_{1u} 的直和是显而易见的。对于六个配位体的原子轨道须做些说明。在图中用短矢标记配位体的三个 np 轨道，规定箭头指向为 AO 的正位向。且令与 x,y,z 轴方向一致的各为 np_x，np_y 和 np_z。由图可看出这 18 个 AO 可分成两类：一类 AO 方向都指向正八面体中心金属 M，记作 σ；另一类则与平面四边形垂直或平行，记为 π 和 π'。这两类原子轨道与中心金属原子成键效果显然是不同的，并且它们在对称变换中也是独立的。所以已将它们又分成两组 $\Gamma_{X\sigma}$ 与 $\Gamma_{X\pi}$。它们在 O_h 群下的分解如(7.2 - 1) 式。

为有效地组成分子轨道应将 6 个原子轨道 $\sigma_1,\sigma_2,\sigma_3,\sigma_4,\sigma_5,\sigma_6$ 和 12 个原子道 $\pi_1,\pi_2,\pi_3,\pi_4,\pi_5,\pi_6$ 与 $\pi_1',\pi_2',\pi_3',\pi_4',\pi_5',\pi_6'$ 按上面的不可约表示线性组合成对称性匹配轨道(SAF)，结果如下：

$$\sigma_s = \frac{1}{\sqrt{6}}(\sigma_1 + \sigma_2 + \sigma_3 + \sigma_4 + \sigma_5 + \sigma_6) \in A_{1g} \qquad (7.2 - 2)$$

$$\left.\begin{aligned}\sigma_x &= \frac{1}{\sqrt{2}}(\sigma_1 - \sigma_2)\\ \sigma_y &= \frac{1}{\sqrt{2}}(\sigma_3 - \sigma_4)\\ \sigma_z &= \frac{1}{\sqrt{2}}(\sigma_5 - \sigma_6)\end{aligned}\right\}\in T_{1u} \tag{7.2 - 3}$$

$$\left.\begin{aligned}\sigma_{x^2-y^2} &= \frac{1}{2}(\sigma_1 + \sigma_2 - \sigma_3 - \sigma_4)\\ \sigma_{z^2} &= \frac{1}{\sqrt{12}}(2\sigma_3 + 2\sigma_6 - \sigma_1 - \sigma_2 - \sigma_3 - \sigma_4)\end{aligned}\right\}\in E_g \tag{7.2 - 4}$$

$$\left.\begin{aligned}\pi_x &= \frac{1}{2}(\pi_3' + \pi_4' + \pi_5 + \pi_6)\\ \pi_y &= \frac{1}{2}(\pi_1' + \pi_2' + \pi_5' + \pi_6')\\ \pi_z &= \frac{1}{2}(\pi_1 + \pi_2 + \pi_3 + \pi_4)\end{aligned}\right\}\in T_{1u} \tag{7.2 - 5}$$

$$\left.\begin{aligned}\pi_{xy} &= \frac{1}{2}(\pi_1' + \pi_2' + \pi_3' + \pi_4')\\ \pi_{yz} &= \frac{1}{2}(\pi_1 - \pi_2 + \pi_5 - \pi_6)\\ \pi_{xz} &= \frac{1}{2}(\pi_3 - \pi_4 + \pi_5 - \pi_6')\end{aligned}\right\}\in T_{2g} \tag{7.2 - 6}$$

$$\left.\begin{aligned}\pi_a &= \frac{1}{2}(\pi_3 - \pi_4 - \pi_5' + \pi_6')\\ \pi_b &= \frac{1}{2}(\pi_1 - \pi_2 - \pi_5 + \pi_6)\\ \pi_c &= \frac{1}{2}(\pi_1' - \pi_2' - \pi_3' + \pi_4')\end{aligned}\right\}\in T_{1g} \tag{7.2 - 7}$$

$$\left.\begin{aligned}\pi_a' &= \frac{1}{2}(\pi_3' + \pi_4' - \pi_5 - \pi_6)\\ \pi_b' &= \frac{1}{2}(\pi_1' + \pi_2' - \pi_5' - \pi_6')\\ \pi_c' &= \frac{1}{2}(\pi_1 + \pi_2 - \pi_3 - \pi_4)\end{aligned}\right\}\in T_{2u} \tag{7.2 - 8}$$

以上各群轨道已是正交归一化了的，可与中心金属原子的对称性相同的原子轨道组合成络合体的分子轨道。

分子轨道构成情况列于表(7.2 - 2)。

表 7.2 - 2

O_h	金属原子轨道	配位体群轨道	络合物分子轨道
A_{1g}	ns	σ_s	a_{1g}, a_{1g}^*
T_{1u}	np_x	σ_x	
		π_x	$t_{1u}(\sigma)$
		σ_y	
	np_y	π_y	$t_{1u}(\pi)$
		σ_z	
	np_z	π_z	t_{1u}^*
Eg	$(n-1)d_{x^2-y^2}$	$\sigma_{x^2-y^2}$	e_g, e_g
	$(n-1)d_{z^2}$	σ_{z^2}	
T_{2g}	$(n-1)d_{xy}$	π_{xy}	
	$(n-1)d_{xz}$	π_{xz}	t_{2g}, t_{2g}^*
	$(n-1)d_{yz}$	π_{yz}	
T_{1u}	——	π_a	t_{1g}
	——	π_b	
	——	π_c	
T_{2u}	——	π_a'	
	——	π_b'	t_{2u}
	——	π_c'	

二、MO 能量的计算

由于分子轨道已按 O_h 群的不可约表示分类，所以

$$(\psi_i^{(\Gamma s)}, \hat{H}\psi_j^{(\Gamma t)}) = 0 \qquad 当 \quad \Gamma s \neq \Gamma t$$

$$(\psi_i^{(\Gamma)}, \hat{H}\psi_j^{(\Gamma)}) = 0 \qquad i \neq j$$

因而久期行列式就大为简化了。若只考虑 σ 型原子轨道的组合，只须解三个二阶行列式和一个一阶行列式即可。下面讨论二阶行列式的求解问题：

设 MO 表示为 $X = C_M\Phi_M + C_L\Phi_L$。

式中 Φ_M 和 Φ_L 各为中心原子和配位体的原子轨道，属于点群的某一不可约表示。

X 满足 $\hat{H}X = EX$ 的条件，由量子力学知

$$\begin{cases}(H_M - E)C_M + (H_{ML} - SE)C_L = 0 \\ (H_{ML} - SE)C_M + (H_L - E)C_L = 0\end{cases}$$

式中

$$\begin{cases} H_M = \int \Phi_M \hat{H} \Phi_M d\tau \\ H_L = \int \Phi_L \hat{H} \Phi_L d\tau \\ H_{ML} = H_{LM} = \int \Phi_M \hat{H} \Phi_L d\tau \\ S = \int \Phi_M \Phi_L d\tau \end{cases}$$

要 C_M 和 C_L 不同时为零的解，必有下面的久期行列式为零。

$$\begin{vmatrix} H_M - E & H_{ML} - S \\ H_{ML} - SE & H_L - E \end{vmatrix} = 0$$

即 $(H_M - E)(H_L - E) - (H_{ML} - SE)^2 = 0$。一般地，$H_M > H_L$，则上方程的两个根一个接近 H_M，一个接近 H_L，前者可用下式近似。

$$(H_M - E_2)(H_L - H_M) = (H_{ML} - H_M S)^2$$

$$\text{解之 } E_2 = H_M + \frac{(H_{ML} - H_M S)^2}{H_M - H_L} \tag{7.2 - 9}$$

后者，有 $(H_M - H_L)(H_L - E_1) = (H_{ML} - H_L S)^2$，解得

$$E_1 = H_L - \frac{(H_{ML} - H_M S)^2}{H_M - H_L} \tag{7.2 - 10}$$

当 H_M 和 H_L 之差较大时，上两式是较好的近似。

由于积分 H_{ML} 不易做出，常取如下近似，即假定它与重叠积分 S 成比例，即

$$H_{ML} = FS\frac{H_M + H_L}{2} \tag{7.2 - 11}$$

比例系数 $F = 2$，则(7.2 - 9) 和(7.2 - 1) 式变为

$$E_1 = H_L - \frac{H_M^2}{H_M - H_L} S^2 \tag{7.2 - 12}$$

$$E_2 = H_M + \frac{H_L^2}{H_M - H_L} S^2 \tag{7.2 - 13}$$

式中 H_M，H_L 可采用经验参数，各轨道间的重叠积分较易算出，并已列成表。上述做法称为推广的 Hückel（休克尔）方法（EHMO）。

对于正八面体络合物$[Co(NH_3)_6]^{3+}$的MO能级图绘于图(7.2-2)中。

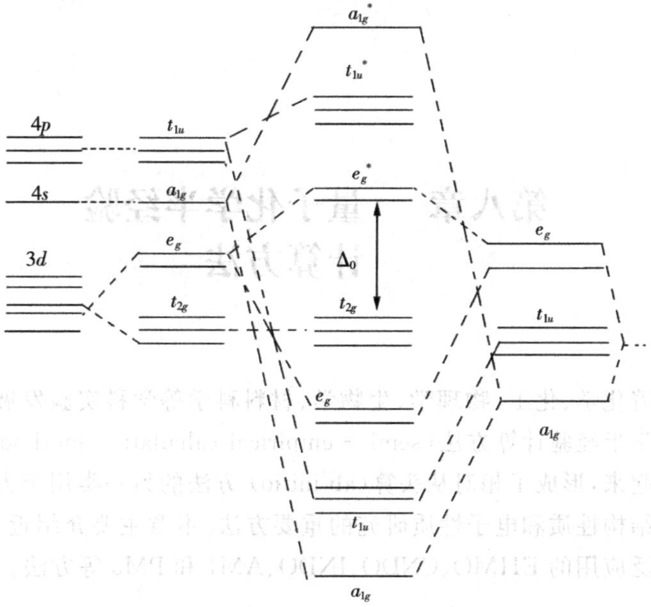

图7.2-2　$[Co(NH_3)_6]^{3+}$的MO能级图

由上图可看出，a_{1g}(非简并)，t_{1u}(三重简并)和e_g(二重简并)是成键分子轨道，t_{2g}的能量与d轨道的相同，没有配位体的原子轨道参与组成MO，故是非键轨道，其余e_g^*，t_{1u}^*和a_{1g}^*均为反键分子轨道，具有较高的能量，而t_{2g}轨道与e_g^*轨道间能量之差Δ_0，即是轨道分裂能。由上述能级图可以解释络合物的许多性质(如磁性，反应性和光谱)。当考虑到配位体的π轨道参与成键时，可使图(7.2-2)的能级进一步分裂，由此便可解释诸如络合物顺磁共振谱的超精细结构等现象。

本章仅以正八面体MX_6型络合物为例说明了配位场理论方法的主要内容，是很不完善的，对其他对称性络合物未做讨论，一些关于络合物结构和性能很重要的问题，如自旋—轨道相互作用和John—Teller(姜—泰勒)效应等均未涉及。

第八章　量子化学半经验计算方法

随着化学、化工、物理学、生物学、材料科学等学科实验发展的需要，量子化学半经验计算方法(semi－empirical calculation method)逐渐发展完善起来，形成了相对从头算(ab initio)方法的另一类用于大分子、聚合物的结构性质和电子性质研究的重要方法。本章主要介绍近年来仍得到较广泛应用的EHMO、CNDO、INDO、AM1和PM3等方法。

§8.1　半经验计算方法理论基础

一、量子化学ab initio法与半经验计算方法的区别

ab initio法与半经验计算方法是分子轨道理论计算的两种主要方法，通过求解Schrödinger方程，得到分子中电子的运动状态，描述分子的结构和电子性质。

ab initio法是从Schrödinger方程出发，仅使用Born－Oppenheimer(玻恩－奥本哈默)近似和单电子近似，采用真实的Hamilton量，不再借用任何经验参数，精确计算包含在Schrödinger方程中的全部电子的积分。而半经验计算方法则是使用简单的Hamilton量，用实验值或ab initio法的计算结果确定的参数代替一些待计算积分；或

者补充一些新的近似假定，简化复杂分子的计算。20世纪80年代以前，计算机还没有达到可以大量计算的程度，而化学计算对计算机的要求较高，人们主要依赖于半经验计算方法。因为每种半经验性近似方法中的参数都局限于分子的某些性质，或某一类分子。为了适合各种分子的计算，在半经验计算方法的不断发展中出现了很多种半经验近似方法，如EHMO、PPP、CNDO、INDO、NDDO、MNDO、AM1、PM3，等等。近几十年来，随着计算机的运算量及运算速度的迅速发展，ab initio法的研究工作较为活跃。但由于计算机计算水平始终不能满足于人们探知大分子、大尺寸材料结构和性能的欲望。所以半经验计算方法仍不失为探讨有机大分子、生物分子、固体材料的光电磁性质，预期可能的结构，分析电子转移规律等的有效手段，仍然受到实验和理论工作者的重视。图 8.1 - 1 中树型图可清晰描述半经验计算方法的理论依据及其与 ab initio 法的关系。

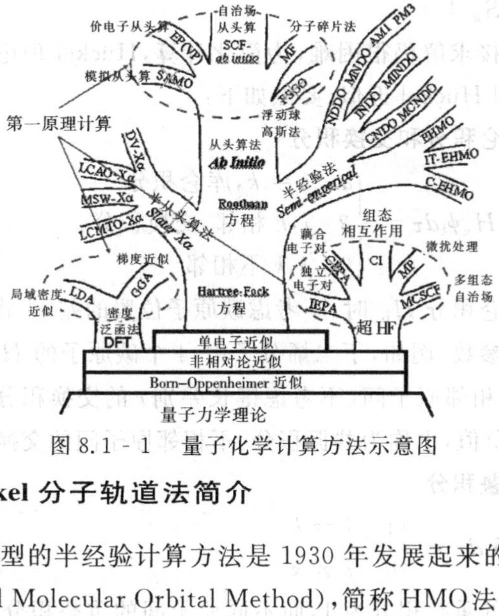

图 8.1 - 1　量子化学计算方法示意图

二、Hückel 分子轨道法简介

最早、最典型的半经验计算方法是 1930 年发展起来的 Hückel 分子轨道法(Hückel Molecular Orbital Method)，简称 HMO 法。HMO 法能够处理有机共轭分子和一些无机化合物，如 NO_2，CO_2，CO_3^{2-} 等，曾经广泛用来定性分析和预测共轭化合物的性质和反应。

HMO 法在定核近似、非相对论近似和单电子近似基础上，进一步引入价电子近似、$\sigma-\pi$ 分离近似和 π 单电子近似。此时的 Schrödinger 方程可表示为

$$\hat{H}_{\pi}\psi_i = \varepsilon_i\psi_i \tag{8.1 - 1}$$

$$\hat{H}_{\pi} = \sum_{i=1}^{n_{\pi}} \hat{H}^{eff}(i) \tag{8.1 - 2}$$

其中，$\hat{H}_{\pi}$ 是电子的有效 Hamilton 算符。在 HMO 法中，碳原子 p_z 原子轨道线性组合，构成 π 分子轨道。以这种轨道的线性组合作为试探波函数，用线性变分法求得线性组合系数，从而得出近似的分子轨道波函数。变分法处理后，得到的久期方程和久期行列式为

$$\sum_{j=1}^{m}(H_{kj}-\varepsilon_i S_{kj})C_{kj} = 0 \quad (k = 1,2,\cdots) \tag{8.1 - 3}$$

$$| H_{jk} - \varepsilon_i S_{jk} | = 0 \tag{8.1 - 4}$$

考虑到直接求解仍很困难，为简化计算，Hückel 理论中又引入了最关键的假设，即 Hückel 近似。要点如下：

1. 对于库仑积分和交换积分

$$H_{jk} = \int \phi_j H_{\pi} \phi_k d\tau = \begin{cases} \alpha & j = k, \text{库仑积分} \\ \beta & j,k \text{ 相邻,交换积分} \\ 0 & j,k \text{ 不相邻} \end{cases}$$

在处理库仑积分 H_{jj} 时，不考虑碳原子位置的差别，将其一律视为由实验值确定的参数。例如，丁二烯分子中，4 个碳原子的 H_{jj} 均相同。对于交换积分 H_{ij}，相邻原子间（不考虑键长差别）的交换积分为由实验确定的参数 β，β 为负值，也称为共振积分，不相邻原子间的交换积分视为 0。

2. 对于重叠积分

$$S_{jk} = \int \phi_j \phi_k d\tau = \begin{cases} 1 & j = k \\ 0 & j \neq k \end{cases} \tag{8.1 - 5}$$

即同一个原子的重叠积分为 1，而不同原子间的重叠积分为 0，略去所有原子间的重叠。这些处理方法虽然比较粗略，但能够较好地反映对成键起主要作用的交换积分 β 的贡献，并且便于求解。因此，HMO 在化学基础理论的发展方面起了重要的作用。由此引出的一些较清晰的量子化学概念，

在后续的讨论中也将是有用的。

以丁二烯为例阐述 HMO 法的应用。在 HMO 法中只考虑碳原子是否直接相互连接，所以没有顺式和反式结构的区别，原子标号如下

$$\underset{1}{C}H_2 = \underset{2}{C}H - \underset{3}{C}H = \underset{4}{C}H_2$$

根据 Hückel 近似，可有 $H_{11} = H_{22} = H_{33} = H_{44} = \alpha$，$H_{12} = H_{23} = H_{34} = \beta$，$H_{13} = H_{14} = H_{24} = 0$。由此写出 Hückel 行列式，整理得到方程，求得 4 个分子轨道能量 ε_i，进一步求出系数，得到分子轨道 ψ_1。其具体 ψ_i 和 ε_i 形式如下

$$\psi_1 = 0.372\phi_1 + 0.602\phi_2 + 0.602\phi_3 + 0.372\phi_4$$

$$\varepsilon_1 = \alpha + 1.618\beta$$

$$\psi_2 = 0.602\phi_1 + 0.732\phi_2 - 0.732\phi_3 - 0.602\phi_4$$

$$\varepsilon_2 = \alpha + 0.618\beta$$

$$\psi_3 = 0.602\phi_1 - 0.732\phi_2 - 0.732\phi_3 + 0.602\phi_4$$

$$\varepsilon_3 = \alpha - 1.618\beta$$

$$\psi_4 = 0.372\phi_1 - 0.602\phi_2 + 0.602\phi_3 - 0.372\phi_4$$

$$\varepsilon_4 = \alpha - 1.618\beta$$

当分子处于基态时，4 个电子填充在两个成键轨道 ψ_1 和 ψ_2 中，则丁二烯的 π 体系能量是 $E_\pi = 2E_1 + 2E_2 = 4\alpha + 4.472\beta$。同时，与两个定域的乙烯体系相比，可求得离域能为 $DE_\pi = 2(2E'_1) - (2E_1 + 2E_2) = 0.472\beta$。

HMO 理论在实际应用中得到了 $4m + 2$ 规则、前线分子轨道理论(FMOT) 等重要规律性结论。FMOT 认为在发生化学反应时，前线分子轨道，即最高占有轨道(HOMO) 和最低空轨道(LUMO) 等是最活跃的。对于丁二烯：HOMO(ψ_2) 在 C_1 和 C_4 上的系数最大，所以亲电反应将发生在 1,4 位置上。同理，在萘中：$\psi_{HOMO} = 0.425(\phi_1 - \phi_4 + \phi_5 - \phi_8) + 0.236(\phi_2 - \phi_3 + \phi_6 - \phi_7)$。所以亲电反应易在 α 位(1,4,5,8 位) 发生，而 β 位亲电活性较差。这些与实验事实定性一致。

三、改进的 Hückel 分子轨道法

在 HMO 法中，忽略了非相邻原子的交换积分，也就是忽略了非相邻原子之间存在着相互作用，这将给计算结果带来较大误差。另外，把相邻

原子的交换积分都看做常数，这就意味着在同一个分子中，所有相邻原子间的作用都是相同的，这显然不符合实际。1963年，Hoffmann针对HMO法的局限性，并将其扩展到可用于处理非平面体系，提出改进的Hückel分子轨道法（Extended Hückel Molecular Orbital Method），简称EHMO法。EHMO法是最早处理非平面分子的半经验分子轨道方法，对HMO法的重大改进体现在以下几个方面。

① 在求解Schrödinger方程时考虑全部价电子，把HMO法推广到包含σ电子的体系中，可应用于非共轭体系。价电子Hamilton算符为单电子Hamilton算符的和，即

$$\hat{H}_{\text{val}} = \sum_{i=1}^{n_{价}} \hat{H}^{eff}(i) \tag{8.1-6}$$

② EHMO法不忽略重叠积分，对Schrödinger方程中的所有重叠积分S_{ij}都要计算。

③ 考虑所有原子之间的相互作用。在处理多电子体系时，首先进行价电子近似，在此基础上进行单电子近似，用分子轨道ψ_i描述单电子的运动状态。ψ_i可用原子轨道的线性组合表示，即$\psi_i = \sum_i C_i\varphi_i$（无$\sigma$-$\pi$分离近似）。

Schrödinger方程的算符表达式为$\hat{H}\psi = E\psi$。其中，$\hat{H}$是单电子Hamilton算符，无解析式。应用变分原理可得如下方程

$$\sum_{\mu}(H_{\mu\nu} - E_j S_{\mu\nu})C_{\mu\nu} = 0 \tag{8.1-7}$$

其久期行列式为

$$|H_{\mu\nu} - E_j S_{\mu\nu}| = 0 \tag{8.1-8}$$

对于库仑积分作如下处理

$$H_{\mu\mu} = \begin{cases} -I_{\mu}(\text{电离能}) & \text{占据轨道} \\ A_{\mu}(\text{亲合势}) & \text{空轨道} \end{cases}$$

价轨道电离能的计算公式是$\text{VOIE} = Aq^2 + Bq + C$，此式为经验公式。$q$是原子的净电荷，$A$，$B$，$C$是常数，可从一些参考书中查得。

交换积分可用下列三种方法求得

a. 算术平均值法：$H_{\mu\nu}=\frac{1}{2}k(H_{\mu\mu}+H_{\nu\nu})S_{\mu\nu}$，其中，常数 $k=1.75$（有时也可以取 1 ～ 3 之间的数值）；

b. 几何平均值法：$H_{\mu\nu}=k(H_{\mu\mu}\cdot H_{\nu\nu})^{\frac{1}{2}}S_{\mu\nu}$；

c. Mulliken 法：$H_{\mu\nu}=kS_{\mu\nu}$。

对于重叠积分，不忽略。其处理方法是：① 同原子中，$S_{\mu\nu}=\delta_{\mu\nu}$（正交归一）；② 不同原子所有重叠积分 $S_{\mu\nu}$ 都通过所选择的原子轨道形式严格计算，原子轨道一般取 Slater 函数，并且计算中的核间距离被给出。

用严格的 ab initio 方法计算 $S_{\mu\nu}$ 时，所用到一个重要参数是轨道指数 $\zeta=\frac{Z^*}{n^*}$，其中 Z^* 是有效核电荷，n^* 是有效主量子数。H ～ F 原子的轨道指数取值如表 8.1 - 1。

表 8.1 - 1　原子 H ～ F 的轨道指数

原子 / 轨道	H/1s	Li/2s,2p	C/2s,2p	N/2s,2p	O/2s,2p	F/2s,2p
指数	1.2	0.65	1.625	1.95	2.275	2.425

体系价电子总能量通过公式 $E_{\text{val}}=\sum_i n_i\varepsilon_i$ 给出，即总价电子能量为占有轨道能量的和。

EHMO 方法的优点是能够处理全部价电子，根据分子的几何构型和价轨道解析式计算出所有的 $H_{\mu\nu}$ 和 $S_{\mu\nu}$，并且能量以数值形式给出，计算比较简单，所需参数齐全，计算结果中轨道类型和能级次序正确，可以讨论具有任何空间几何构型的多原子分子，也适于计算含重元素的分子。

但是 EHMO 方法仍然存在缺点，即未考虑到电子之间的相互作用，从而总能量不可靠，区别不开单重态和三重态。没有双电子积分项，不能提供电子激发能。对于键的极性不是很高的分子，用 EHMO 法能够得出较精确的键角值，但是对于含有极性键很强的分子，给出的键角值很差。例如，对于 H_2O 分子，EHMO 理论预测为线型分子，从而预测分子几何构型不可靠。

四、全忽略微分重叠法

1965 年，Pople，Santry 和 Segal 提出全忽略微分重叠（Complete Neglect of Differential Overlap Method），简称 CNDO 法。

CNDO 方法是一种 SCF 分子轨道法，在 Fock 矩阵元素中使用积分近似求解 Roothaan 方程。

在 Roothaan 方程中

$$\sum_{\nu} C_{\nu}\left\{H_{\mu\nu}+\sum_{\lambda\nu} P_{\lambda\sigma}\left[\langle\mu\nu \mid \lambda\sigma\rangle-\frac{1}{2}\langle\mu\lambda \mid \nu\sigma\rangle\right]\right\}=\varepsilon\sum_{\nu} C_{\nu} S_{\mu\nu} \quad (8.1-9)$$

若 μ,ν,λ 和 σ 均不相同，即 4 个原子轨道属于 4 个不同的原子，方程中的积分为四中心积分，求解非常麻烦。Pople 提出假设两个原子轨道在空间任何地方都不重叠，即采取忽略微分重叠（Neglecting Differential Overlap，NDO）近似，即零微分重叠（Zero Differential Overlap，ZDO）近似。可表示为 $\phi_{\mu}(1)\phi_{\nu}(1)d\tau=0$，式中 $\mu\neq\nu$，此时电子排斥积分为

$$\langle\mu\nu \mid \lambda\sigma\rangle=\left\langle\phi_{\mu}(1)\phi_{\lambda}(1)\left|\frac{1}{r_{12}}\right|\phi_{\nu}(2)\phi_{\sigma}(2)\right\rangle=\delta_{\mu\nu}\delta_{\lambda\sigma}\gamma_{\mu\lambda} \quad (8.1-10)$$

这样许多电子排斥积分被忽略，尤其是三中心和四中心电子排斥积分都被忽略，从而简化了计算。此时 Roothaan（儒汤）方程中四中心积分可以处理为 $\langle\mu\nu \mid \lambda\sigma\rangle=\langle\mu\mu \mid \lambda\lambda\rangle\delta_{\mu\nu}\delta_{\lambda\sigma}$，忽略三中心和四中心积分，只计算单中心积分（$\langle\mu\mu \mid \mu\mu\rangle$）和双中心积分（$\langle\mu\mu \mid \lambda\lambda\rangle$。Roothaan 方程中的 $F_{\mu\nu}$ 为

$$F_{\mathrm{val},\mu\nu}=H_{\mathrm{val},\mu\nu}^{\mathrm{core}}+\sum_{\lambda=1}\sum_{\sigma=1} P_{\lambda\sigma}\left[\langle\mu\nu \mid \lambda\sigma\rangle-\frac{1}{2}\langle\mu\sigma \mid \lambda\nu\rangle\right] \quad (8.1-11)$$

在 NDO 近似方法基础上，还有各种不同级别的近似，从而产生了 CNDO，NDDO，INDO 等方法。

CNDO 方法把内层电子和原子核看做一个整体，而只处理全价电子。其价电子 Hamilton 算符为

$$\hat{H}_{\mathrm{val}}=\sum_{i=1}^{n_{\mathrm{val}}}\left[-\frac{1}{2}\nabla_{i}^{2}+V(i)\right]+\sum_{i=1}^{n_{\mathrm{val}}}\sum_{j>i}\frac{1}{r_{ij}}$$

$$= \sum_{i=1}^{n_{\mathrm{val}}} \hat{H}_{\mathrm{cal}}^{\mathrm{core}}(i) + \sum_{i=1}^{n_{val}} \sum_{j>i} \frac{1}{r_{ij}} \quad (8.1-12)$$

$$\hat{H}_{\mathrm{val}}^{\mathrm{core}}(i) = -\frac{1}{2}\nabla_i^2 + V(i)$$

n_{val} 为价电子数目，$V(i)$ 是第 i 个价电子在原子核和内层电子所形成的场中的势能，$\hat{H}_{\mathrm{val}}^{\mathrm{core}}(i)$ 是 $\hat{H}_{\mathrm{val}}$ 的单电子部分。

CNDO 方法对所有原子轨道的重叠积分和电子排斥积分采取 NDO 近似，并忽略所有双电子排斥积分中的微分重叠，余下的库仑积分值仅与所属原子有关，而与轨道类型无关。可以有

$$\langle \mu\mu \mid \lambda\lambda \rangle = \begin{cases} \gamma_{\mathrm{AA}} & \mu,\lambda \in A(\text{同属 } A \text{ 原子，包括 } \mu=\lambda) \\ \gamma_{\mathrm{AB}} & \mu \in \mathrm{A}, \lambda \in \mathrm{B} \end{cases}$$

即在 CNDO 方法中，原子 A 的单中心电子排斥积分为 γ_{AA}，原子 A 和 B 的双中心电子排斥积分为 λ_{AB}，λ_{AA} 和 λ_{BB} 积分使用原子 A 和原子 B 的轨道计算，其值依赖轨道指数，价电子数目以及原子 A 和原子 B 之间的距离。

对含核实的积分，忽略单原子微分重叠，$H_{\mu\mu}$ 和 $H_{\mu\nu}$ 表示为

$$H_{\mu\mu} = \langle \mu \left| -\frac{1}{2}\nabla^2 - \sum_B \hat{V}_B \right| \mu \rangle \quad (\text{设 } \mu \in A) \quad (8.1-13)$$

$$H_{\mu\nu} = \langle \mu \left| -\frac{1}{2}\nabla^2 - \sum_B \hat{V}_B \right| \nu \rangle \quad (\mu \neq \nu) \quad (8.1-14)$$

当 μ 和 ν 属于同一个原子 A，即 $\mu,\nu \in$ A 时，$H_{\mu\nu}$ 表示为

$$H_{\mu\nu} = \langle \mu \left| -\frac{1}{2}\nabla^2 - \sum_B \hat{V}_B \right| \nu \rangle - \sum_{B\neq A} \langle \mu \mid \hat{V}_B \mid \nu \rangle = 0$$

当 μ 属于原子 A，ν 属于原子 B，即 $\mu \in$ A，$\nu \in$ B 时，$H_{\mu\nu}$ 表示为

$$H_{\mu\nu} = \langle \mu \left| -\frac{1}{2}\nabla^2 - \sum \hat{V}_B \right| \nu \rangle - \sum_{C\neq A,B} \langle \mu \mid V_C \mid \nu \rangle = \hat{\beta}_{AB}$$

$$= \beta_{AB} S_{\mu\nu}$$

采取上述近似后的 Roothaan 方程为 $\sum_{\nu} F_{\mu\nu} C_\nu = \varepsilon C_\mu$。其中 $F_{\mu\nu}$ 矩阵元为

$$F_{\mu\mu} \xlongequal{\mathrm{ZDO}} H_{\mu\mu} + \sum_{\lambda} P_{\lambda\lambda} \langle \mu\mu \mid \lambda\lambda \rangle - \frac{1}{2} P_{\mu\mu} \langle \mu\mu \mid \mu\mu \rangle$$

$$= U_{\mu\mu} - \sum_{B\neq A} V_{AB} + \sum_{\lambda\in A} P_{\lambda\lambda}\langle\mu\mu\mid\lambda\lambda\rangle +$$

$$\sum_{\lambda\in A} P_{\lambda\lambda}\langle\mu\mu\mid\lambda\lambda\rangle - \frac{1}{2}P_{\mu\mu}\gamma_{AA}$$

$$= U_{\mu\mu} - \sum_{B\neq A} V_{AB} + P_{AA}\gamma_{AA} + \sum_{B\neq A} P_{BB}\gamma_{AB} - \frac{1}{2}P_{\mu\mu}\gamma_{AA}$$

$$= U_{\mu\mu} + \left(P_{AA} - \frac{1}{2}P_{\mu\mu}\right)\gamma_{AA} + \sum_{B\neq A}(P_{BB}\gamma_{AB} - V_{AB})$$

$$F_{\mu\nu} \overset{\text{ZDO}}{=\!=\!=} H_{\mu\nu} - \frac{1}{2}P_{\mu\nu}\langle\mu\mu\mid\nu\nu\rangle$$

$$\overset{\text{CNDO}}{=\!=\!=\!=} \begin{cases} \frac{1}{2}P_{\mu\nu}\gamma_{AA} & (\mu,\nu\in A) \\ \beta_{AB}S_{\mu\nu} - \frac{1}{2}P_{\mu\nu}\gamma_{AB} & (\mu\in A,\nu\in B) \end{cases}$$

进一步整理，得到 CNDO 近似下的 Roothaan 方程为

$$\sum_{\nu} C_{\nu}\left\{H_{\mu\nu} + \sum_{\lambda\nu} P_{\lambda\nu}\left[\langle\mu\nu\mid\lambda\nu\rangle - \frac{1}{2}\langle\nu\lambda\mid\nu\sigma\rangle\right]\right\} = \varepsilon\sum_{\nu} C_{\nu}S_{\mu\nu} \tag{8.1 - 15}$$

通过计算可求得组合系数$\{C_{j\mu}\}$和轨道能量$\{\varepsilon_j\}$，进一步得到体系的总能量，即 $E_{总} = \frac{1}{2}\sum_{\mu,\nu} P_{\mu\nu}(H_{\mu\nu} + F_{\mu\nu}) + \sum_{A<B}\frac{Z_A^{\text{core}} - Z_B^{\text{core}}}{R_{AB}}$。

其中第一部分为电子总能量，第二部分为核实间排斥能。也可以将总能量分割为单中心和双中心两部分，即 $E_{总} = \sum_{A}^{\text{all}} E_A + \sum_{A<B}^{\text{all}} E_{AB}$。这里 E_A 为单中心部分，E_{AB} 为双中心部分，可分别表示为

$$E_A = \sum_{\mu}^{A} P_{\mu\mu}U_{\mu\mu} + \frac{1}{2}\sum_{\mu,\nu}^{A}\left(P_{\mu\mu}P_{\nu\nu} - \frac{1}{2}P_{\mu\nu}^2\right)\gamma_{AA}$$

$$E_{AB} = \sum_{\mu}^{A}\sum_{\nu}^{A}\left(2P_{\mu\nu}\beta_{\mu\nu} - \frac{1}{2}P_{\mu\nu}^2\gamma_{AB}\right) +$$

$$Z_A^{\text{core}}Z_B^{\text{core}}R_{AB}^{-1} - P_{AA}V_{AB} - P_{BB}V_{AB} + P_{AA}P_{BB}\gamma_{AB})$$

CNDO 按照参量化方案不同，可分为 CNDO/1，CNDO/2，CNDO/SW，CNDO/BW，CNDO/S 等。

CNDO/2 方法中，$S_{\mu\nu}$ 按公式用从头算法严格计算，$U_{\mu\mu}$，V_{AB}，γ_{AB}，γ_{AA}

和 β_{AB} 项以实验值参量化，其中，$V_{AB}=Z_B^{\text{core}}$；计算 γ_{AA} 和 γ_{AB} 时用到主量子数相同的 s 轨道，此时 $\gamma_{AA}=\langle ss \mid ss\rangle \doteq \langle ss \mid pp\rangle \doteq \langle pp \mid pp\rangle$。

对于 $U_{\mu\mu}$，使用轨道电负性来确定，即 $-\frac{1}{2}(I_\mu + A_\mu) = U_{\mu\mu} + \left(C_A - \frac{1}{2}\right)\gamma_{AA}$，$C_A$ 为价电子数。表 8.1 - 2 给出了 Pople 等人得到原子轨道电负性数据。

表 8.1 - 2　原子轨道电负性 $-\frac{1}{2}(I_\mu + A_\mu)$ 和成键参量 β_{AB} 数据

	H	Li	Be	B	C	N	O	F
$\frac{1}{2}(I_s+A_s)$	7.176	3.106	5.946	9.594	14.051	19.316	25.390	32.275
$\frac{1}{2}(I_p+A_p)$		1.258	2.563	4.001	5.572	7.275	9.111	11.080
$-\beta_A$	9.0	9.0	13.0	17.0	21.0	25.0	31.0	39.0

CNDO/2 方法中，Roothaan 方程的变化还体现在 Fock 矩阵元的变化，即

$$F_{\mu\mu} = -\frac{1}{2}(A_\mu + I_\mu) + \left[(P_{AA} - Z_A^{\text{core}}) - \frac{1}{2}(P_{\mu\mu} - 1)\right]\gamma_{AA} + \sum_{B\neq A}(P_{BB} - Z_B)\gamma_{AB}$$

而总能量表达式 $E = \sum E_A + \sum E_{AB}$ 的变化体现在双原子部分的变化。

$$E_{AB} = \sum_{\mu}^{A}\sum_{\mu}^{B}(2P_{\mu\nu}\beta_{\mu\nu} - P_{\mu\nu}^2\gamma_{AB}) + (Z_A^{\text{core}}Z_B^{\text{core}}R_{AB}^{-1} - P_{AA}V_{AB} - P_{BB}V_{AB}) + P_{AA}P_{BB}\gamma_{AB}$$

CNDO/1 计算的键长偏短，结合能比实验值高，目前几乎无人使用。CNDO/2 方法计算键长、键角、偶极矩、电子密度等比较准确，分子轨道能级次序正确。这也是 *CNDO*/2 方法最成功的方面。但是对于电离势、结合能、拉伸力常数的计算与实验值吻合不好，计算出的生成热值比实验值大 2 ～ 3 倍；键的力常数较差；开壳层的自旋密度预示也不正确，特别是结合能和电离势的计算误差较大。CNDO/BW 计算成键能比较有效，尤

其是计算含杂原子分子的成键能。CNDO/S 主要计算电子光谱，方法中包括一些组态相互作用，适于计算芳香族化合物。

五、间忽略微分重叠法及其改进

1. INDO

间忽略微分重叠法（Intermediate Neglect of Differential Overlap Method）简称 INDO 方法，是对 CNDO 方法的改进，其特点是同一原子的原子轨道间的微分重叠不被忽略，但是忽略双中心电子排斥积分。或者说，它只是对单中心积分不作近似，其余部分都和 CNDO 一样，因此增加的计算工作量是很少的。在双电子积分处理上，INDO 方法比 CNDO 方法所做的忽略要少，但两种方法在本质上是相同的。INDO 方法针对 CNDO 的结果进行改进，尤其是在计算电子自旋共振谱时，电子自旋分布的改进是很重要的。

在 INDO 方法中，当 μ,ν 属于原子 A，而 λ,σ 属于原子 B（但 $\mu\neq\nu,\lambda\neq\sigma$）时，积分 $\langle\mu\nu\mid\lambda\sigma\rangle$ 被忽略。因为这个积分是涉及同一原子的各对轨道重叠的排斥积分，但不是单中心积分。这也是 INDO 方法的特点，即

$$\langle\mu\nu\mid\mu\nu\rangle\xlongequal{\text{CNDO}}0=\int\phi_\mu(1)\phi_\mu(1)\frac{1}{r_{12}}\phi_\nu(2)\phi_\nu(2)d\tau_1 d\tau_2$$

它是典型的交换积分形式，其反应自旋相互作用，考虑可弥补 CNDO 计算自旋密度不好的缺陷。其余与 CNDO 方法相同，包括参数的输入，并且以 NDO 近似为前提。

与 CNDO 相似，INDO 能够给出合理的键长和键角，但是偶极矩和离解能较差。INDO 参量化后产生可预测电子光谱的 INDO/S 方法。其中包括组态相互作用计算，激发态的精确表示需要用组态相互作用。尽管 INDO 方法现在已经不常用，但 INDO/S 方法仍被广泛地用来计算电子光谱，对于较大的分子，包括过渡金属化合物的垂直激发能计算，能够给出很好的结果。

2. MINDO

在 CNDO 和 INDO 方法中，Pople 力图得到相当于 ab initio SCF 分子轨道的最小基组的计算结果，同时需要比 ab initio 方法少的计算时间。这

些方法对于分子几何能够给出较好的结果，但键能的计算较差。Dewar 及其合作者发展了几种与 INDO 和 NDDO 类似的半经验 SCF 分子轨道理论。但是 Dewar 的目的不是重现 ab initio SCF 波函数和性质，而是发展一套能够得到在化学精确范围内的合理的分子键能的理论，同时对大分子计算没有计算量的限制。

在半经验 SCF 理论中合理的选择参数，能够得到较好的结果，因为选择合适的参数能够弥补 ab initio 理论中电子相关部分的忽略。

Dewar 力图全面计算分子的基态性质，希望尽可能地使计算结果与实验测量的各种性质符合。依据参数化不同，Dewar 在1969 ~1975 年分别提出了几种改进的间忽略微分重叠法(Modified Intermediate Neglect of Differential Overlap Method)，分别简称为 MINDO/1，MINDO/2，MINDO/3 等。MINDO 的一些基本假定为

① 保留全部单电子排斥积分

$\langle \mu\mu \mid \nu\nu \mid \rangle = g_{\mu\nu}; \langle \mu\nu \mid \mu\nu \rangle = h_{\mu\nu} \quad \mu,\nu \in A$

② 双电子排斥积分

$\langle \mu\mu \mid \nu\nu \mid \rangle = \gamma_{AB} \quad \mu \in A, \nu \in B$

③ 单中心核实积分：$H_{\mu\mu} = U_{\mu\mu} - \sum_{B\neq A} Z_A^{\text{core}} \gamma_{AB} \quad H_{\mu\nu}^{AA} = 0$

④ 双原子核实积分：$H_{\mu\nu}^{AB} = \beta_A^{\text{core}}$　(不同于 INDO)

⑤ $V_{AB}^{NN} = C(R_{AB})$　(最大区别于 INDO)

MINDO/1 和 MINDO/2 有一些不成功之处，已经很少有人使用。MINDO/3 对含有 C，H，O，N，B，F，Cl，Si，P 和 S 的化合物参量化，在 MINDO/3 计算的性质中绝对平均误差是：生成热为11 kcal/mol，键长为 0.022 Å，键角为 5.6°，偶极矩为 0.49D，电离能为 0.7 eV. MINDO/3 对于某些分子基态性质计算较为成功，但对于小环化合物、有三重键的化合物、芳香化合物和硼化合物等的生成热误差较大。

六、忽略微分重叠法

1. NDDO

忽略微分重叠法(Neglect of Differential Overlap Method)简称

NDDO方法，它是在INDO基础上进行改进发展起来的，对于涉及同一原子的各轨道重叠的排斥积分全部予以保留，不同原子间的重叠积分被忽略。

$$\varphi_\mu(1)\varphi_\nu(1)d\tau\begin{cases}\neq 0 & \mu,\nu\in A\\ = 0 & \mu\in A,\nu\in A\end{cases}$$

即只有当 μ 和 ν 是属于不同原子的原子轨道时才使用NDO近似，这样最多也就是出现双中心积分。显然这比全略微分重叠的近似程度要好，NDDO中重叠积分的忽略远比CNDO和INDO合理，但是所保留的单中心和双中心积分数目仍然很多，因而此方法难以过渡到半经验水平上去。

NDDO方法的Roothaan方程的Fock矩阵元素为

$$F_{\mu\nu}^{AA}=H_{\mu\nu}^{AA}+\sum_B\sum_{\lambda\sigma}P_{\lambda\sigma}\langle\mu\nu\mid\lambda\sigma\rangle-\frac{1}{2}\sum_{\lambda\sigma}P_{\lambda\sigma}\langle\mu\sigma\mid\nu\lambda\rangle \tag{8.1-16}$$

$$F_{\mu\nu}^{AB}=H_{\mu\nu}^{AB}-\frac{1}{2}\sum_{\sigma}\sum_{\lambda}P_{\lambda\sigma}\langle\mu\sigma\mid\nu\lambda\rangle \tag{8.1-17}$$

核实矩阵元素为

$$H_{\mu\nu}^{AA}=U_{\mu\nu}^{AA}-\sum_{B\neq A}\langle\mu_A\mid\hat{V}_B\mid\nu_A\rangle \tag{8.1-18}$$

$$H_{\mu\nu}^{AB}=\beta_{\mu\nu}^{0}(I_\mu+I_\nu)S_{\mu\nu}^{AB} \tag{8.1-19}$$

CNDO，INDO和NDDO方法对 $\langle\mu\nu\mid\lambda\sigma\rangle$ 积分的处理对比列于表8.1-3。

表8.1-3 CNDO，INDO和NDDO方法处理 $\langle\mu\nu\mid\lambda\sigma\rangle$ 积分的对比

CNDO	INDO	NDDO
$\langle\mu\mu\mid\lambda\lambda\rangle$	$\langle\mu\mu\mid\nu\nu\rangle=\gamma_{\mu\nu}$	$\langle\mu\mu\mid\nu\nu\rangle\mu,\nu\in A$
$\Vert$		
γ_{AA},γ_{AB}	$\langle\mu\nu\mid\mu\nu\rangle=K_{\mu\nu}$	$\langle\mu\nu\mid\mu\nu\rangle$
	$\mu,\nu\in A$	$\langle\mu\mu\mid\lambda\lambda\rangle\neq 0$，
$\mu\lambda\in A,\mu\in A,\lambda\in B$	$\langle\mu\mu\mid\lambda\lambda\rangle=\gamma_{AB}$	$\mu\nu\lambda\in A$
	$\mu\in A,\lambda\in B$	$\langle\mu\nu\mid\lambda\sigma\rangle\neq 0$
		$\mu\nu\in A,\lambda\sigma\in B$

2. NDDO-G

1999 年，Rösch 及其合作者在 NDDO 近似基础上，发展了使用点电荷模型和 Mataga－Nishimoto 公式计算双中心双电子积分的 NDDO－G 方法。NDDO－G 方法对 H、C、N 和 O 元素参量化，可以计算分子的几何结构和光谱性质。

对于正交化的原子轨道，闭壳层体系的 Fock 方程可以写成 FC = CE。

Fock 矩阵元可以表示为

$$F_{\mu\mu} = U_{\mu\mu} + \sum_B V_{\mu\mu,B} + \sum_\nu P_{\nu\nu}(g_{\mu\nu} - \frac{1}{2}h_{\mu\nu}) + \sum_B \sum_{\sigma\lambda} P_{\sigma\lambda}\langle \mu\mu,\sigma\lambda\rangle$$

$$F_{\mu\nu} = \sum_B V_{\mu\nu,B} + \frac{1}{2}P_{\mu\nu}(3h_{\mu\nu} - g_{\mu\nu}) + \sum_B \sum_{\sigma\lambda} P_{\sigma\lambda}\langle \mu\mu,\sigma\lambda\rangle$$

$$F_{\mu\sigma} = \beta_{\mu\sigma} - \frac{1}{2}\sum_{\nu\lambda}\langle \mu\nu,\sigma\lambda\rangle$$

这里 μ 和 ν 为原子 A 的原子轨道，σ 和 λ 为原子 B 的原子轨道。Fock 矩阵中的各项描述如下：

① 单中心单电子能量 $U_{\mu\mu}$ 为原子轨道 μ 中的一个电子动能的总和以及核吸引势能。

② 库仑积分 $g_{\mu\nu} = (\mu\mu,\nu\nu)$，交换积分，计算中使用这些参数的光谱值。

③ 原子 A 的单中心电子分布 $\mu\nu$ 和原子 B 间的核与电子吸引项 $V_{\mu\nu,B}$ 使用相应的双中心双电子积分，$V_{\mu\nu,B} = -Z_B(\mu\nu, s^B s^B)$，$s^B$ 代表 s 轨道，Z_B 是原子 B 的有效核电荷。

④ 双中心单电子交换积分 $\beta_{\mu\sigma}$ 为：$\beta_{\mu\sigma} = (\beta_\mu + \beta_\nu)S_{\mu\sigma}$。

参数 β_μ 和 β_ν 取自实验值，重叠积分 $S_{\mu\sigma}$ 使用指数为 ζ_s 和 ζ_p 的 Slater 型轨道计算。σ－共振相互作用使用参数 β_s 和 β_p 计算，π－共振相互作用使用参数 β_π。优化的 NDDO－G 参数列于表8.1－4。

表 8.1-4　优化的 NDDO-G 参数

	H	C	N	O
U_s(eV)	−13.38	−50.74	−71.62	−92.23
U_p(eV)		−39.58	−58.87	−79.94
ζ_s(au)	1.20	1.70	2.35	3.50
ζ_p(au)		1.70	2.35	2.65
β_s(eV)	−10.32	−20.20	−22.92	−36.00
β_p(eV)		−11.90	−27.78	−40.00
β_π(eV)		−10.19	−27.28	−40.00

NDDO－G 可以进行计算分子的几何结构，也可以用选择的单激发态组态相互作用(CIS) 计算分子的电子光谱. NDDO－G方法计算分子几何结构的精确程度与 AM1 和 PM3 相似。Rösch 等选择 60 个分子计算了 176 个键长，其平均绝对误差为 0.014 Å，计算了 90 个键角，其误差为 1.8°。与实验值相比，NDDO－G 方法能够提供可靠的几何结构。在使用 NDDO－G 计算垂直跃迁能和电离势时，对于使用何种方法产生几何结构并不敏感，但是从实践的观点，使用同一种方法计算几何和光谱参数是很方便的。用NDDO－G 方法计算了 47 个有机分子的 196 个激发能，其平均绝对误差为 0.13 eV。另外，NDDO－G 方法能够较准确的计算生物体系分子的光谱，核间的激发能的平均误差为 0.15 eV，小于用 INDO/S 方法计算的误差(0.25 eV)。因此，可以用 NDDO－G 方法解释和预测多核苷酸及其相关体系的光谱性质。用NDDO－G 方法计算的 46 个有机分子的电离势，平均绝对误差为 0.24 eV，远小于 INDO/S 方法计算的误差(0.40 eV)。

NDDO－G 方法的局限性是三重态的激发能明显低于实验值，若将参数 β_π 增大 1.35 倍，则三重态的激发能会明显改进，因此，不能同时得到相同精度的单重态和三重态激发能。

七、改进的忽略双原子微分重叠法

Pople 的 CNDO，INDO 和 Dewar 的 MINDO，它们都是在 NDO 基础上建立的。NDO 太粗略，再怎样修改误差也较大 —— 修改已到极限。

Pople 提出 NDDO 法，Dewar 在 NDDO 法基础上进行改进，得到改进的忽略双原子微分重叠法(Modified Neglect of Diatomic Overlap Method)，简称 MNDO 法。这是最接近原始 HFR 方程的近似分子轨道法。MNDO 法对包含 H, Li, Be, B, C, N, O, F, Al, Si, Ge, Sn, Pb, P, S, Cl, Br, I, Zn 和 Hg 元素的化合物的参量化。

MNDO 法的价电子 Hamilton 算符表示为

$$\hat{H}_{\text{val}} = \sum_{i=1}^{n_{\text{val}}}\left[-\frac{1}{2}\nabla_i^2 + V(i)\right] + \sum_{i=1}^{n_{\text{val}}}\sum_{j>i}\frac{1}{r_{ij}} \equiv \sum_{i=1}^{n_{\text{val}}}\hat{H}_{\text{val}}^{\text{core}}(i) + \sum_{i=1}^{n_{\text{val}}}\sum_{j>i}\frac{1}{r_{ij}} \tag{8.1 - 20}$$

Fock 矩阵元为

$$F_{\text{val},\mu\nu} = H_{\text{val},\mu\nu}^{\text{core}} + \sum_{\lambda=1}\sum_{\sigma=1}P_{\lambda\sigma}\left[\langle\mu\nu\mid\lambda\sigma\rangle - \frac{1}{2}\langle\mu\sigma\mid\lambda\nu\rangle\right] \tag{8.1 - 21}$$

价电子 1 的核 Hamilton 算符写作 $\hat{H}^{\text{core}}(1) = -\frac{1}{2}\nabla_1^2 + \sum V_B(1)$，这里 $V_B(1)$ 是电子 1 的势能部分。为了计算(8.1 - 21) 中的 Fock 矩阵元素，需要核矩阵元素 $H_{\mu\nu}^{\text{core}}$ 电子排斥积分$(\mu\nu\mid\lambda\sigma)$ 和密度矩阵元素 $P_{\lambda\sigma}$ 的初始猜想。

MNDO 法下重叠积分阵仍为单位阵，即 $S = 1$。Fock 矩阵元为

$$F_{\mu\nu} = U_{\mu\mu} + \sum_B V_{\mu\mu}^B + \sum_{\nu}^{A}P_{\mu\nu}\left[\langle\mu\mu\mid\nu\nu\rangle - \frac{1}{2}\langle\mu\nu\mid\mu\nu\rangle\right]$$

$$F_{\mu\nu}^{AA} = \sum_B V_{\mu\nu}^B + \frac{1}{2}P_{\mu\nu}[3\langle\mu\nu\mid\mu\nu\rangle - \langle\mu\mu\mid\nu\nu\rangle] + \sum_B\sum_{\lambda,\sigma}^{B}P_{\lambda\sigma}\langle\mu\nu\mid\nu\sigma\rangle$$

$$F_{\mu\lambda}^{AB} = \beta_{\mu\lambda} - \frac{1}{2}\sum_{\nu}^{A}\sum_{\sigma}^{B}P_{\nu\sigma}\langle\mu\nu\mid\nu\sigma\rangle$$

$U_{\mu\mu}$ 的轨道能与 MINDO 法一样，单中心双电子排斥积分为

$$\begin{cases}\langle\mu\mu\mid\nu\nu\rangle = g_{\mu\nu}\\ \langle\mu\nu\mid\mu\nu\rangle = h_{\mu\nu}\end{cases},\mu\perp\nu\in A。$$

双中心双电子排斥积分为$\langle \mu_A\mu_A \mid \lambda_B\sigma_B\rangle$，采用了多极矩一多极矩相互作用近似，这样有

$$\langle \mu_A\nu_B \mid \lambda_B\sigma_B\rangle = \sum_{l_1}\sum_{l_2}\sum_{m}[M_{l_1}^A m_1, M_{l_2}^B m_2]$$

其中，多极矩相互作用项为

$$[M_{l_1}^A m_1, M_{l_2}^B m_2] = \frac{e^2}{2l_1 2l_2}\sum_{i=1}^{2l_1}\sum_{j=1}^{2l_2} f_1(R_{ij})$$

而 $f_1(R_{ij}) = [R_{ij}^2 + (\rho_{\lambda_1}^A + \rho_{\lambda_2}^B)^2]^{-\frac{1}{2}}$

当 μ 和 ν 为 s 轨道时，单极矩 l 为 0；当 μ 为 s，同时 ν 为 p 轨道时，偶极矩 l 为 1；当 μ,ν 为 p 轨道时，四极矩 l 为 2。在极限条件下，则有

$$\sum_{l_1}\sum_{l_2}\sum_{m}[M_{l_1 m_1}^A M_{l_2 m_2}^B]\begin{cases} \xrightarrow{R_{AB}\to\infty} R_{AB}^{-1}(\text{点电荷}) \\ \xrightarrow{R_{AB}\to 0} \begin{cases} g_{ss}(\text{当 } l=0) \\ h_{sp}(\text{当 } l=1) \\ h_{pp}(\text{当 } l=2) \end{cases} \end{cases}$$

利用边界条件，可以确定 $\rho_0 = \dfrac{e^2}{2g_{ss}}\rho_1\rho_2$。双中心单电子核实积分处理为

$$H_{\mu\nu}^{AB} = \beta_{AB} = (\beta_\mu^A + \beta_\lambda^B)\cdot\frac{S_{\mu\nu}}{2}。$$

$$V_{\mu\nu}^B = \langle \mu_A \mid \hat{V}_B \mid \nu_A\rangle = -Z_B^{\text{core}}\langle \mu_A\nu_A \mid S_BS_B \mid\rangle$$

核间排斥能为

$$V_{AB}^{NN} = Z_A^{\text{core}}Z_\nu^{\text{core}}\langle S_AS_B \mid S_BS_B\rangle(1 + e^{\alpha_A R_{AB}} + e^{-\alpha_B R_{AB}})$$

可见，在 MNDO 方法中，要归结引入四个参数：$U_{\mu\nu}$，ξ，β_μ^A 和 α_A。

与 MINDO/3 相比，MNDO 法有明显地改进，对于同一个含有 C，H，O 和 N 元素的化合物，MNDO 的平均绝对误差是：生成热为 6.3 kcal/mol，键长为 0.014 Å，键角为 2.8°，偶极矩为 0.30D，电离能为 0.5 eV。

八、Austin Model 1 方法(AM1)

对于氢碳体系的研究，MINDO/3 方法是很有效的。但是，由于 MINDO/3 忽略单中心重叠，对于含有杂原子的分子的计算则出现一些

问题。MNDO方法对此未有太多改进，尤其对具有氢键的体系的计算，MNDO方法产生一些明显的局限性，如空间拥挤的体系，含有四元环的分子，能量误差较大。为此 Dewar 对 MNDO 方法加以改进，发展成为 Austin Model 1(AM1) 方法。AM1 的计算时间与 MNDO 相当。

AM1 方法对 H，B，Al，C，Si，Ge，Sn，N，P，O，S，F，Cl，Br，I，Zn 和 Hg 进行参数化。与 MNDO 不同，AM1 方法在同一个原子的价轨道指数 ζ_s 和 ζ_p 可以是不同值。MNDO方法过高估计原子间的排斥，AM1方法对此进行修改，即 AM1 方法主要对 MNDO 中的核－核排斥函数(CRF) 进行了修正，AM1 中的 CRF 表达式为

$$\mathrm{CRF(AB)} = Z_{\mathrm{A}} Z_{\mathrm{B}} \gamma_{\mathrm{SS}} [1 + F(\mathrm{A}) + F(\mathrm{B})]$$

这里

$$F(\mathrm{A}) = \exp(-\alpha_{\mathrm{A}} R_{\mathrm{AB}}) + \sum_i K_{Ai} \exp[L_{\mathrm{A}_i} (R_{\mathrm{AB}} - M_{\mathrm{A}_i})^2]$$

$$F(\mathrm{B}) = \exp(-\alpha_{\mathrm{B}} R_{\mathrm{AB}}) + \sum_j K_{Bi} \exp[L_{B_j} (R_{\mathrm{AB}} - M_{B_j})^2]$$

除了CRF外，AM1中的公式与MNDO在本质上相同，单中心电子排斥保持不变。

Dewar的AM1由大量实验数据参量化，在参量化时又未用组态相互作用(CI)，故其参数中包含了一定电子相关考虑。所以对一般化学反应问题只要不涉及非动态相关起重要作用的情况，AM1的研究可以不必再加CI计算。与CNDO，INDO方法相比，参量化后的MNDO与AM1的计算可靠性得到改善，而CNDO和INDO等一般只用了一些小分子的低水平从头计算数据及少量光谱数据作为参量化依据。

AM1中的参量化是固定的，各种参数不能由使用者随意改动以适合其所处理问题，这与EHMO，X_α，CNDO 和 INDO 等的参量化不同。其目的是力图保证计算结果的一致性、可靠性和可比性。

用AM1对于旋转能垒、电离能、偶极矩以及分子几何构型的计算结果均较满意，尤其是含氢键体系的生成热计算较合理，对于活化能的计算也要比 MNDO 优越。

平均结果误差分别为：含 C 和 H 分子的电离势误差为27.98kJ/mol，含 N 和 O 分子误差为 38.60 kJ/mol，含 C 和 H 分子的偶极矩误差为

0.17D，含 N 和 O 分子的误差为 0.26D，对于键长的计算精确度一般在 0.001 ～ 0.005 nm 或更小，键角的误差在几度以内。

九、Parametric Method 3 方法(PM3)

早期对于 MNDO 模型有两种参量化方法，除 AM1 外，1989 年，Stewart 将 AM1 重新参量化，提出一种基于 MNDO 模型的 MNDO－PM3 方法，或简记为 PM3。

PM3 与 AM1 的区别在于单中心电子排斥积分被看做是进行优化的参数，每个原子的核排斥函数包含两个 Gauss 项。PM3 方法对 H, C, Si, Ge, Sn, Pb, N, P, As, Sb, O, S, Se, Te, F, Cl, Br, I, Al, Ga, In, Tl, Be, Mg, Zn, Cd 和 Hg 参量化。

PM3 对于每一个原子有 18 个参数组成一个参数集，记为 $P = P_1, \cdots, P_i, \cdots, P_N (i = 1, \cdots, N)$。这 18 个参数为 U_{ss}, U_{pp}, β_s, β_p, ζ_s, ζ_p, α, G_{ss}, G_{sp}, G_{pp}, G_{p}^2, H_{sp}, a_1, b_1, c_1, a_2, b_2, c_2。对于氢原子则只有 11 个参数，涉及 p 轨道的项不存在。在参数的优化过程中用参考函数来代替实验观察函数，实验观察函数可以通过多次生成热测定值的权重处理得到，这个量是无维数量。同时，分子的性质可以用于定义理论的参考函数。依据实验与理论参考函数之间差值的平方可以调节、优化参数。在 PM3 中使用以上三种类型的参考函数。

可以依据生成热、电离势和偶极矩的实验值与计算值分别得到实验与理论参考函数。由于要求参考函数是无维数的，所以需要加入一个权重因子(ω)来转换。例如，下面三个式子分别是生成热、偶极矩和电离势参考函数(q)：

$$q_i = \omega_i \Delta H_{f_i}^{\mathrm{calc}}, q_i = \omega_i D_i^{\mathrm{calc}}, q_i = -\omega_i \varepsilon(-n)_i$$

式中 $\varepsilon(-n)_i$ 是最高占据能级以下 $n-1$ 个分子轨道能级。几何构型函数可从 ΔH_f 得来，$q_i = -\omega_i \dfrac{\delta \Delta H_f}{\delta x_i}$，式中 x_i 是由实验确定的坐标，可以是键长、键角或二面角。

依据生成热的参考函数可以表示为：$q_i(\Delta P) = C_i + \sum_j \sum_k \alpha'_{ijk} \Delta P_j^k$。式中 C_j 是所计算的生成热，$\Delta P_j = P_j^0 - P_j$，P_j^0 是 MNDO 计算的值。如果

参数值只有小的差异，可以简化为

$$q_i(\Delta P) = C_i + \sum_i \alpha_{ij} \Delta P_j$$

参考函数和参数的关系可以表示为$\frac{\delta q_i}{\delta U_{SS}(k)} = -10\sum_\lambda C_{\lambda i}^2 \delta(\lambda, s_k)$。若 λ 表示类型 k 的一个 s 原子轨道，则 $\phi(\lambda, s_k) = 1$；否则 $\phi(\lambda, s_k) = 0$。可以定义一个误差函数：$s = \sum_i (q_i^{cacl} - q_i^{exp})^2$。依据上述一系列公式进行优化以得到合理的参数值结果。

PM3 与 AM1 相比有明显的改进，但也有一些不足。现在使用 PM3 进行计算的分子还不多，因此它的局限性还有待进一步考察。

§8.2　半经验计算方法的应用

一、分子几何结构

量子化学计算最重要的任务之一是能够正确预言体系的几何结构，在正确几何结构基础上，讨论体系的其他性质。因此一种方法能否正确计算几何结构是非常重要的。

一般来说，半经验方法能够给出满意的键长和键角，但结果不如使用中等基组的 ab initio 方法或者密度泛函理论方法计算的结果精确。Stewart 计算了包含 H，C，N，O，F，Al，Si，P，S，Cl，Br 和 I 化合物的 460 个键长和 196 个键角，平均绝对误差值列于表8.2-1。Dewar 计算了包含 H，C，N，O，F，Cl，Br 和 I 化合物的 344 个键长和 146 个键角，平均绝对误差值列于表 8.2-1 的括号中。

表 8.2-1　MNDO，AM1，PM3 计算的化合物的平均绝对误差

	MNDO	AM1	PM3
Bond length/Å	0.055	0.051(0.027)	0.037 (0.022)
Bond Angle/Degree	4.3	3.8(2.3)	4.3(2.8)

本章以苯分子(C_6H_6)为例，比较半经验AM1和PM3方法对键长计算的精确程度，计算结果列于表8.2-2。与实验测定的苯分子中C—C键长(1.3970Å)、C—H(1.1000Å)相比，两种方法计算C—C键长误差分别为0.002Å和0.0059Å，C—H的误差分别为0.0004Å和0.0053Å，可见，计算有机分子构型较合理。根据所要计算的体系选择适当的方法是很重要的。

表8.2-2 苯分子的键长计算值(Å)

	AM1	PM3
C—C	1.3950	1.3911
C—H	1.0996	1.0947

一些包含较多原子的大分子体系，使用AM1和PM3半经验方法可以节省计算资源。对于图8.2-1所示的分子，在目前P4计算机上，HF/6-31G(d)方法优化结构需CPU机时3小时5分43秒；B3LYP/6-31G(d)方法需机时4小时31分21秒，而AM1方法只需要23秒。

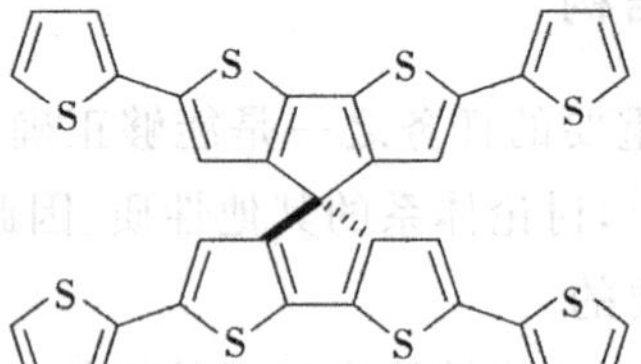

图8.2-1 螺旋低聚噻吩计算模型

AM1和PM3半经验方法可以计算较多原子的体系，图8.2-2是我们用PM3方法优化得到的Armchair型碳纳米管(3,3)和Zigzag型碳纳米管(5,0)结构，其计算结果与实验值吻合较好。

Armchair型碳纳米管

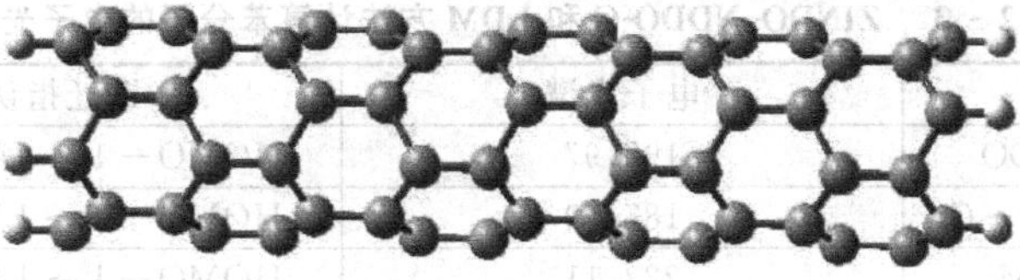

Zigzag 型碳纳米管

图 8.2－2　PM3 优化的两种碳纳米管结构

二、体系总能量

在量子化学计算中，尤其在讨论生物大分子构象异构体的性质时，体系总能量的分析是非常重要的。通过体系能量分析，可得到体系的稳定性、反应活性、结合能等重要信息。

我们用半经验 AM1 方法计算了巴比妥酸葡萄糖系列衍生物，计算模型如图 8.2－3 所示。随着葡萄糖环的增加，能量逐渐降低，体系更稳定。

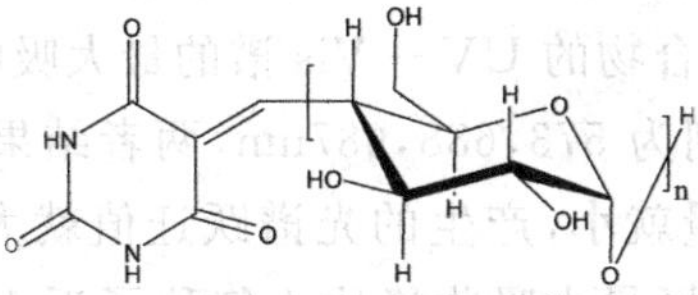

$A_1: n=1; A_2: n=3; A_3: n=5$

图 8.2－3　巴比妥酸葡萄糖系列衍生物计算模型

三、电子光谱

半经验方法可以解释和预测分子的光谱性质，由于半经验方法所用的计算资源较少，因而可以计算较大的分子体系。ZINDO 和 NDDO－G 方法在有机分子的光谱计算中发挥了重要作用。新近发展起来的定域密度矩阵(LDM)LODESTAR 方法也可以较好的计算光谱。表 8.2－3 为几种方法计算的苯分子的电子光谱。

表 8.2 - 3 ZINDO,NDDO-G 和 LDM 方法计算苯分子的电子光谱(nm)

	电子光谱	跃迁指认
ZINDO	197.97	HOMO－1→LUMO＋1
NDDO－G	187.90	HOMO－1→LUMO＋1
LDM	223.11	HOMO－1→LUMO＋1

ZINDO 和 NDDO－G 方法计算得到一条主要的吸收谱线，跃迁类型为 $\pi\rightarrow\pi^*$，是 $HOMO_{-1}\rightarrow LUMO_{+1}$ 跃迁的结果。实验得到三条谱线，分别为 184 nm，203 nm，256 nm，其中最强的谱线在 184 nm 处，与 ZINDO 和 NDDO－G 方法计算值分别相差 13.97 和 3.9 nm 左右。LDM 方法的偏差稍大。

我们用 ZINDO 方法计算了单、双核亚酞菁的电子光谱，计算模型如图 8.2 - 4 所示。1 为 F 取代单核亚酞菁分子，中心原子为 B，单键取代物为 Cl 原子。2(cis) 和 3(trans) 分别为顺反式双核体系，它们的区别是：右侧亚酞菁单元上的 Cl 原子分别在 B 原子上侧或下侧。各体系的最大波长吸收及跃迁性质列于表 8.2 - 4，括号中为实验值。

实验测定三个化合物的 UV－Vis 谱的最大吸收峰分别为 573，690，693nm，而计算值分别为 573，688，687nm，两者结果基本相符。因为能隙小，跃迁时需要的能量就小，产生的光谱跃迁值就大，所以化合物 2 和 3 的电子光谱的可见光区最大吸收峰比 1 红移了近 120nm，与实验现象一致。三个化合物的最大波长吸收主要是 HOMO→LUMO 跃迁所致，为 $\pi\rightarrow\pi^*$ 的跃迁结果。

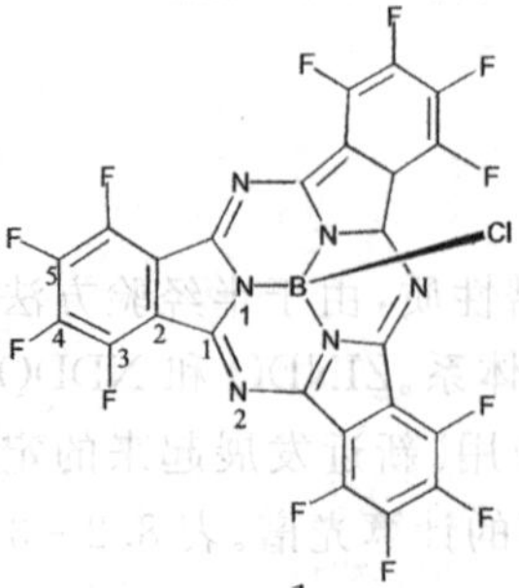

1

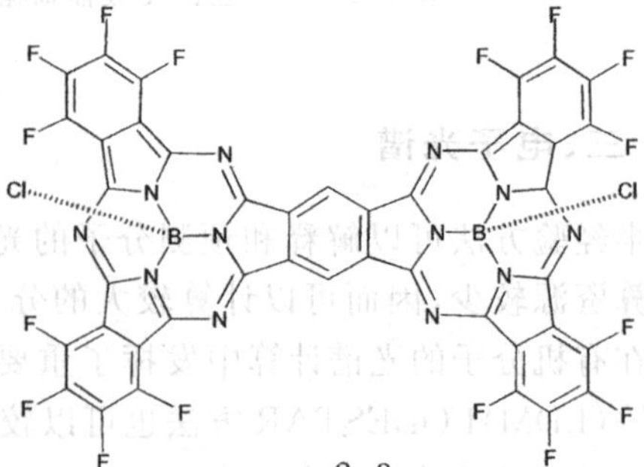
2,3

图 8.2 - 4 单、双核亚酞菁化合物结构

表 8.2-4　ZINDO 方法计算的单、双核亚酞菁化合物的电子光谱

体系	最大吸收波长 /nm	跃迁指认
1	573.0(573)	HOMO → LUMO
2	687.8(690)	HOMO → LUMO
3	687.1(693)	HOMO → LUMO

四、非线性光学性质

具有共轭 π 电子结构的有机化合物，由于具有较大的非线性光学系数、较快的光学响应速度、较高的光学损伤阈值而成为一类有前途的非线性光学材料，研究有机共轭 π 电子结构化合物的非线性光学性质，成为实验和理论化学家有兴趣的课题。半经验方法能够处理较大的原子体系，得到合理的非线性光学系数，如今依然被使用。本章选取具有典型的 D－π－A(电子给体－共轭桥－电子受体) 结构的对硝基苯胺，在 AM1 和 PM3 方法优化几何构型基础上，分别用 ZINDO/SOS(求和 AM1(或 PM3)/ 有限场(FF) 方法，计算得到二阶非线性光学系数，列于表 8.2-5。由表中数据可以看出，用 ZINDO/SOS 方法计算的 β_{vec} 与实验值吻合较好，但 AM1/FF 方法的计算值偏低。

表 8.2-5　对硝基苯胺的二阶 NLO 系数

方法	β_{vec}(计算值) (esu)	β_{vec}(实验值)($cm^5\ esu^{-1}$)
ZINDO－SOS//AM1	26.18×10^{-30}	34.5×10^{-30}
ZINDO－SOS//PM3	26.49×10^{-30}	
AM1－FF//AM1	5.722×10^{-30}	
PM3－FF//PM3	37.124×10^{-30}	

采用半经验 PM3 方法，选取 2，4，6，8 和 10 个环的聚并苯(PAS) 及其取代基结构进行优化，然后用有限场(FF) 方法计算其非线性光学系数。计算模型如图 8.2-5 所示。

聚并苯有 3 种结构模型，分别为键长均匀的对称型结构(a)、顺式(b) 和反式(c)，取代物为将链端的 H 原子分别用$-NH_2$、$-NO_2$ 基团来取

代。聚并苯为二维平面的共轭体系，分子中电子具有良好的离域性，较易产生偶极和较高的非线性光学系数。计算模型的二阶、三阶非线性光学系数分别列于表 8.2 - 6 和表8.2 - 7。

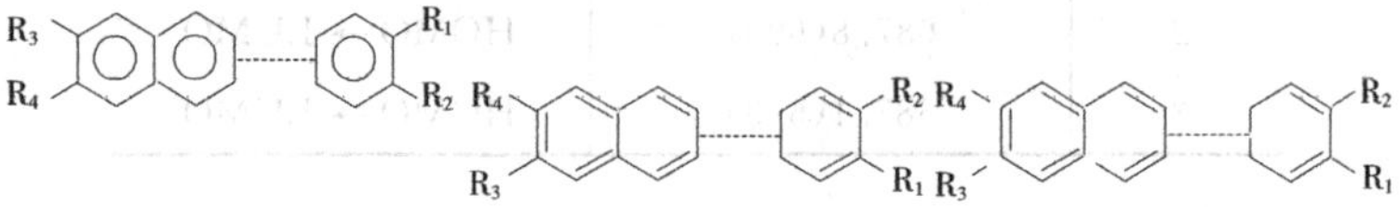

(a)$R_1 = R_2 = R_3 = R_4 = H$；

(b) $R_1 = R_2 = R_3 = R_4 = H$；

(c) $R_1 = R_2 = R_3 = R_4 = H$；

(a_1) $R_1 = NH_2$，$R_4 = NO_2$，$R_2 = R_3 = H$；

(b_1) $R_1 = NO_2$，$R_4 = NH_2$，$R_2 = R_3 = H$；

(c_1) $R_1 = NH_2$，$R_4 = NO_2$，$R_2 = R_3 = H$；

图 8.2 - 5 聚并苯及其取代物的计算模型

由表 8.2 - 6 可知，聚并苯及其取代物的β值都随着链长的增加而增大，每增加两个环，β值至少增加两倍左右。非取代物 PAS 的 3 种结构中，均匀结构模型因其结构为中心对称，所以分子偶极较小，从而导致此种结构聚合物分子的β值也较小。3 种结构中没有对称性的顺式结构β最大，这又一次验证了克服对称中心是设计和制作非线性光学材料的关键。$-NH_2$，$-NO_2$ 是典型的电子给受体，被$-NH_2$，$-NO_2$ 取代后的β值与原来的基体相比有了突破性的变化，β值剧增，其中反式结构β值为最大，达到3.27×10^{-27} esu，说明电子离域空间的扩展和取代基的引入，对二阶非线性光学系数的增加很有益。

表 8.2 - 6 不同链长的聚并苯及其取代物的 β 值(10^{-30} esu)

Cycle numbers	2	4	6	8	10
a	−0.001	−0.029	−0.126	−0.361	0.553
b	−0.058	−1.048	−3.750	−7.761	−12.367
c	−0.012	−0.088	−0.344	−1.033	−2.756
a_1	15.797	41.452	75.575	110.508	142.104
b_1	15.503	38.619	64.549	86.7821	03.610
c_1	19.994	103.744	403.454	1245.619	3270.404

由表 8.2 - 7 中 γ 值的变化可以看到，γ 值的变化趋势与 β 值的变化趋势相同，呈单调上升趋势，取代物 γ 值大幅度增加。聚并苯作为一种已应用于生产实践的导电材料，在这里也表现出其微观结构上的光学优势。其中非取代分子中，反式聚并苯 γ 值最大；取代后的分子中反式聚并苯为最大，达到 5.76×10^{-32} esu，可以预见其在发光应用方面具有良好的开发前景。同时也说明反式聚并苯结构对非线性光学系数的增加有利。

表 8.2 - 7　不同链长的聚并苯及其取代物的 γ 值(10^{-36} esu)

Cycle numbers	2	4	6	8	10
a	5.11976	49.7047	235.745	690.063	1477.18
b	5.48135	53.8221	239.773	641.891	1265.01
c	5.69148	102.013	968.384	5436.73	21408.6
a_1	31.6230	172.496	540.129	1207.74	2182.25
b_1	31.7778	170.301	496.719	1029.16	1748.26
c_1	30.1332	346.973	2711.68	14383.3	57575.6

五、磁性质

有机铁磁性分子的理论和实验研究是目前十分活跃的领域，早在 60 年代 Mc Connell 就提出有机自由基体系中铁磁性的理论依据。近年来，发展的半经验与 ab initio 方法能较好地讨论有机体系的磁学性质。通过理论计算能够为磁性材料的分子设计与实验合成提供重要的依据。

表 8.2 - 8 为二甲氧基双自由基体系的单、三重态的能量和自旋期望值。三重态的自旋期望值(S^2)较大，即自旋污染严重。对于邻位和对位的二甲氧基双自由基体系的能量，三重态低于单重态，而间位情况与此相反。

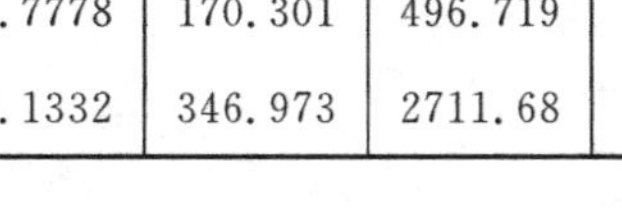

图 8.2 - 6　二甲氧基双自由基体系

(a：邻位；b：间位；c：对位)

表 8.2-8 体系单、三重态的能量(eV) 和⟨S^2⟩

体系	E(T)	E(S)	S^2(T)	S^2(S)
a	−4.0969	−4.7468	2.0000	0.0008
b	−4.1868	−3.8745	2.0000	0.0040
c	−4.2380	−5.0073	2.0000	0.0023

在过去，半经验计算方法对于促进量子化学的发展及其应用做出了重要贡献。而在计算机技术飞跃发展的今天，半经验计算方法的作用已逐渐被严格的 ab initio 方法和密度泛函理论方法所代替。但是，正像前面所述，由于计算机在所处时代的局限性，科研工作者探求科学前沿问题的前瞻性，半经验方法仍然在有机大分子、生物分子和大尺寸功能材料体系中发挥其不可替代的作用。

第九章　量子化学 ab initio 计算方法

量子化学研究中，Schrödinger 方程的全部解，原则上可精确地描述一个多电子分子体系。由于方程求解过程的复杂性，寻求简化方法，从而求得一定程度下的近似解是必要的。根据采用近似程度的不同，量子化学计算方法可划分为两类：从头计算(ab initio) 方法和半经验计算方法。以分子轨道理论为基础的量子化学 ab initio 方法是继量子力学基本原理之后，在上世纪 60 年代开始发展。随着计算机运算速度和计算精度的不断提高，ab initio 方法迅速发展并得到广泛应用，现在已成为理论化学研究的重要手段。

§9.1　分子轨道理论

分子轨道理论是近四十年来发展最快的化学键理论，其核心是 Hartree－Fock－Roothaan(HFR) 方程。

一、闭壳层分子的 HFR 方程

闭壳层分子是指分子中所有的 N 个电子均按自旋相反的方式进行配对，填充到 $n = N/2$ 个空间轨道，这 n 个空间轨道记为 $\{\Phi_i,\ i = 1,\ 2,\ 3,\ \cdots,\ N/2\}$。描述分子体系的行列式波函数可表示为如下形式

$$\psi_0 = |\Phi_1\alpha_{(1)}\Phi_1\beta_{(2)}\Phi_2\alpha_{(3)}\Phi_2\beta_{(4)}\cdots\Phi_{N/2}\alpha_{(N-1)}\Phi_{N/2}\beta_{(N)}| \qquad (9.1-1)$$

不考虑磁相互作用，体系的 Hamilton 量可表示为：$\hat{H} = \sum_{i=1}^{N}\hat{H}(i) + \sum_{i<j}^{N}\hat{g}(i,j)$。其中，单电子算符 $\hat{H}(i) = -\frac{1}{2}\nabla_i^2 - \sum_{\alpha=1}^{M}\frac{Z_\alpha}{r_{\alpha i}}$（$M$代表原子核数目），双电子算符 $\hat{g}(i,j) = \frac{1}{r_{ij}}$。于是体系的电子总能量可以表示为

$$E = 2\sum_{i}^{\frac{N}{2}}\langle\Phi_i \mid h(i) \mid \Phi_j\rangle + \sum_{i,j=1}^{\frac{N}{2}}[2\langle\Phi_i\Phi_j \mid g(i,j) \mid \Phi_i\Phi_j\rangle - \langle\Phi_i\Phi_j \mid k(i,j) \mid \Phi_j\Phi_i\rangle] \qquad (9.1-2)$$

如果将分子轨道表示为基函数的线性组合，用变分法确定组合系数，就得到了 Roothaan 方程。选用的基函数，既可以是正交的，也可以是非正交的。常用的基函数有 Slater 基函数、Gauss 基函数或类氢函数。如果将分子轨道向基函数的完全集合展开，会得到单粒子近似下体系能量的精确解，但实际的计算只能选取有限个基函数。假设分子轨道用基函数集合 $\{\chi_\mu, \mu = 1,2,3,\cdots,m\}$ 形式展开，$\Phi_i = \sum_{\mu=1}^{m} c_{\mu i}\chi_\mu$。于是(9.1-2)式可写成

$$E = 2\sum_{\mu,\nu}\sum_{i} c_{\mu i}^{*}c_{\nu i}h_{\mu\nu} + \sum_{\mu,\nu,\lambda,\sigma}\sum_{i,j} c_{\mu i}^{*}c_{\nu i}c_{\lambda j}^{*}c_{\sigma j}[2\langle\mu\nu \mid \lambda\sigma\rangle - \langle\mu\lambda \mid \sigma\nu\rangle] \qquad (9.1-3)$$

其中系数 $c_{\mu i}$ 是满足空间轨道正交归一性（$\langle\Phi_i\Phi_j\rangle = \delta_{ij}$）条件下使 E 最小的最优值。用 Lagrange 不定乘因子方法，引入求极值的函数 $W = E - 2\sum_{ij}\varepsilon_{ij}\langle\Phi_i \mid \Phi_j\rangle$，对其变分求极值，则有

$$\begin{aligned}\delta_W &= \delta E - 2\sum_{i,j}\varepsilon_{ij}\delta\langle\Phi_i \mid \Phi_j\rangle \\ &= 2\sum_{i}\sum_{\mu,\nu}\delta c_{\mu i}^{*}c_{\nu i}h_{\mu\nu} + \sum_{i,j}\sum_{\mu,\nu,\lambda,\sigma}(\delta c_{\mu i}^{*}c_{\lambda j}^{*}c_{\nu i}c_{\sigma j} + c_{\mu i}^{*}\delta c_{\lambda j}^{*}c_{\nu i}c_{\sigma_j}) \\ &\quad [2\langle\mu\nu \mid \lambda\sigma\rangle - \langle\mu\sigma \mid \lambda\nu\rangle] - 2\sum_{i,j}\sum_{\mu,\nu}\varepsilon_{ij}\delta c_{\mu i}^{*}c_{\nu i}S_{\mu\nu} + c.c. \\ &= 0\end{aligned}$$

由于 δc_{ui}^{*} 是任意的，并且 $|\varepsilon_{ij}|$ 是 Hermite 矩阵，经酉变换可得

$$\sum_{\nu}(F_{\mu\nu}-\varepsilon_i S_{\mu\nu})c_{\nu i}=0 \quad (\mu=1,2,\cdots,m;i=1,2,\cdots,m)$$

(9.1 - 4)

其中，

$$\begin{aligned}F_{\mu\nu} &= h_{\mu\nu}+G_{\mu\nu}\\ &= h_{\mu\nu}+\sum_{\lambda,\sigma}(\sum_{j}c_{\sigma j}c_{\lambda j}^{*})(2\langle\mu\nu\mid\lambda\sigma\rangle-\langle\mu\sigma\mid\lambda\nu\rangle)\\ &= h_{\mu\nu}+\sum_{\lambda,\sigma}(2\langle\mu\nu\mid\lambda\sigma\rangle-\langle\mu\sigma\mid\lambda\nu\rangle)P_{\sigma\lambda}\end{aligned}$$

(9.1 - 4) 式即为闭壳层分子的 Hartree－Fock－Roothaan 方程。

一般地，(9.1 - 4) 式被表示为矩阵形式

$$FC = SC\varepsilon \qquad (9.1 - 5)$$

其中，$F=h+G$。(9.1 - 5) 式中的 F、h 和 G 矩阵分别被称为 Fock 矩阵、Hamilton 矩阵和电子排斥矩阵。

(9.1 - 5) 式 HFR 方程在形式上是求解本征值问题，ε 相当于算符 F 的本征值，C 相当于算符 F 属于本征值 ε 的本征向量。但是，它与一般的本征值问题不同，因为算符 F 本身是分子轨道组合系数 $\{c_{\mu i}\}$ 的二次函数，目前在求解 HFR 方程时只能用迭代的方法，即所谓的自洽场(Self－Consistent－Field，SCF) 方法。迭代是否收敛的判据有两种：一种是本征向量判据，另一种是本征值判据。在 Gaussian 98/03 计算程序中，本征值判据缺省值为 10^{-8}，本征向量判据的缺省值为 10^{-6}。

二、开壳层分子的 HFR 方程

对含有奇数个电子的分子，不可能把所有电子都成对地置于相应的分子轨道中，体系将有未成对电子，此时，分子体系处于开壳层状态。对于开壳层分子而言，存在两种可能的电子排布处理方法。一种是自旋限制 Hartree-Fock(ROHF) 理论，即对于由 M 个原子核和 N 个电子组成的分子体系，$2p$ 个电子填充在闭壳层轨道$\{\Phi_i, i=1,2,3,\cdots,p\}$，另外$(N-2p)$ 个电子填充在开壳层轨道$\{\Phi_j,\ j=p+1,\ p+2,\cdots,\ p+q\}$ 中。该理论与闭壳层情况类似，其 ROHF 方程为

$$F^c C_k = \sum_j SC_j\varepsilon_{jk}$$

$$\gamma F^0 C_m = \sum_j SC_j \varepsilon_{jm} \tag{9.1 - 6}$$

其中

$$F^c = h + \sum_k (2J_k - K_k) + \gamma \sum_m (2J_m - K_m)$$

$$F^0 = h + \sum_k (2J_k - K_k) + 2\alpha\gamma \sum_m J_m - b\nu \sum_m K_m \tag{9.1 - 7}$$

C_k 和 C_m 分别为闭壳层和开壳层分子轨道的系数矩阵，$\gamma = (N - 2p)/2q$ 为开壳层的占据分数，h 为 Hamilton 矩阵，J_j 和 K_j 分别为 Coulomb 算符和交换算符的矩阵表示，即

$$(J_j)_{\mu\nu} = \sum_{\lambda,\sigma} c_{\lambda j}^* c_{\sigma j} \langle \mu\nu \mid \lambda\sigma \rangle$$

$$(K_j)_{\mu\nu} = \sum_{\lambda,\sigma} c_{\lambda j}^* c_{\sigma j} \langle \mu\sigma \mid \lambda\nu \rangle$$

第二种是自旋非限制 Hartree-Fock(UHF) 理论。在该理论下，空间轨道被分为 α,β 两套，分别记为 ψ_i^α 和 $\psi_i^\beta (i = 1,2,3,\cdots,N)$，从而对于由 M 个原子核和 N 个电子组成的分子体系(其中含有 p 个 α 电子、q 个 β 电子，$p + q = N$)，两套分子轨道 ψ_i^α 和 ψ_i^β 将由两套不同的组合系数加以确定。

$$\psi_i^\alpha = \sum_\mu c_{\mu i}^\alpha \Phi_\mu \qquad \psi_i^\beta = \sum_\mu c_{\mu i}^\beta \Phi_\mu$$

$c_{\mu i}^\alpha$ 与 $c_{\mu i}^\beta$ 线性无关。类似地，按照闭壳层体系处理方法则得到

$$\sum_{\nu=1}^{N} (F_{\mu i}^\alpha - \varepsilon_i^\alpha S_{\mu\nu}) C_{\mu i}^\alpha = 0$$

$$\sum_{\nu=1}^{N} (F_{\mu i}^\beta - \varepsilon_i^\beta S_{\mu\nu}) C_{\mu i}^\alpha = 0 \tag{9.1 - 8}$$

其中 Fock 矩阵定义为

$$F_{\mu\nu}^\alpha = H_{\mu\nu}^{\text{core}} + \sum_{\lambda,\sigma=1}^{N} [(P_{\lambda\sigma}^\alpha + P_{\lambda\sigma}^\beta)\langle \mu\nu \mid \lambda\sigma \rangle - P_{\lambda\sigma}^\alpha \langle \mu\lambda \mid \nu\sigma \rangle]$$

$$F_{\mu\nu}^\beta = H_{\mu\nu}^{\text{core}} + \sum_{\lambda,\sigma=1}^{N} [(P_{\lambda\sigma}^\alpha + P_{\lambda\sigma}^\beta)\langle \mu\nu \mid \lambda\sigma \rangle - P_{\lambda\sigma}^\beta \langle \mu\lambda \mid \nu\sigma \rangle]$$

密度矩阵定义为

$$P_{\mu\nu}^\alpha = \sum_{i=1}^{\alpha_{\text{ecc}}} c_{\mu i}^{\alpha *} c_{\nu i}^\alpha \qquad P_{\mu\nu}^\beta = \sum_{i=1}^{\beta_{\text{ecc}}} c_{\mu i}^{\beta *} c_{\nu i}^\beta$$

而重叠矩阵 S、Hamilton 矩阵 $H_{\mu\nu}^{core}$ 与闭壳层分子体系一致。

开壳层体系的 HFR 方程也需要用迭代法求解本征值和本征向量。

§9.2　ab initio 方法

量子化学 ab initio 方法自 20 世纪 60 年代在国际上开始发展，随着计算手段的进步，70 年代以后得到广泛应用，现已成为理论化学研究的重要方法之一。

“ab initio 法”就是在三个基本近似基础上进行的计算：(1) 采用非相对论量子理论，即从 Schrödinger 方程出发；(2) 应用 Born-Oppenheimer 近似；(3) 应用轨道近似，即单电子波函数近似。除这些近似外，不再使用任何经验参数，因此称为 ab initio 计算方法。

ab initio 方法以 MO 理论为基础，从 RHF 和 UHF 方程出发，适当选取原子轨道的线性组合去模拟 MO。

$$\phi_\mu = \sum_{\mu=1}^{m} c_{\omega i}\varphi_\mu \tag{9.2 - 1}$$

计算时，选定了基函数后，对于 RHF 和 UHF 方程所涉及的全部单电子积分和双电子积分均严格地计算。

一般，选取 ab initio 基函数有两种方法：①Slater 型轨道(STO)，用它描述电子云分布优于其他函数，但计算时涉及一些无穷级数，非常复杂，只是早期对一些小分子进行了计算；②Gauss 型函数(GTF)，选用 GTF 作为基函数，使多中心积分容易计算，且有简明的解析表达式，便于在现代计算机上实现，应用广泛。

一、STO 定义

量子化学计算中应用广泛的一类基函数是 Slater 轨道，即

$$\varphi_{nlm}^{s}(\xi,r) = \left[\frac{2\xi^{2n+\frac{1}{2}}}{(2n)!}\right]^{\frac{1}{2}} r^{n-1}e^{-\xi r}S_{lm}(\theta,\varphi) \tag{9.2 - 2}$$

其中 $S_{lm}(\theta,\varphi)$ 是归一化实球谐函数。

$$S_{lm}(\theta,\varphi)=\left[\frac{(2l+1)(l-|m|)!}{2\pi\delta_m(l+|m|)!}\right]^{\frac{1}{2}}\quad P_m^{|m|}(\cos\theta)\times\begin{cases}\cos m\varphi\,(m\geqslant 0)\\ \sin m\varphi\,(m<0)\end{cases}$$

式中 $P_l^{|m|}$ 是联属 Legend 多项式；当 $m=0$ 时，$\delta_m=2$；$m\neq 0$ 时，$\delta_m=1$；ξ 称为轨道指数。

可有几种方法确定轨道指数 ξ。Slater 在 1930 年建议了一种常用的计算 ξ 值的实验方法：

$$\xi=\frac{Z-\sigma}{n^*}\tag{9.2 - 3}$$

其中 Z 是原子的核电荷数，n^* 是有效主量子数，可以把原子中的电子分属于如下一些组：(1s)，(2s，2p)，(3s，3p)，(3d)，(4s，4p)，(4d)，(4f)，等等。屏蔽常数 σ 按下面的方法确定。

① 对所考虑壳层电子，任一外壳层没有屏蔽贡献；

② 同一壳层内每个其他电子贡献 0.35(1s 电子为 0.30)；

③ 对于 s，p 壳层电子，主量子数小于 1 的每个电子贡献0.85，更内层的每个电子贡献 1.00；

④ 若是 d 或 f 壳层，每一内层电子均贡献 1.00。

根据以上规则可以求出每个电子的有效核电荷数 $Z^*=Z-\sigma$，从而求出 ξ 值。例如，$C(1s^2 2s^2 2p^2)$

$$Z_{1s}^*(C)=6-0.30=5.70$$

$$Z_{2sp}^*(C)=6-(3\times 0.35+2\times 0.85)=3.25$$

由此得到 $\xi_{1s}(C)=5.70$，$\xi_{2sp}(C)=1.625$。

表 9.2 - 1　主量子数 n 及其对应的有效量子数 n^*

n	1	2	3	4	5	6
n^*	1	2	3	3.7	4.0	4.2

二、GTF 定义

径向 Gauss 函数定义为

$$g_{nlm}(\alpha,r) = \left(\sqrt{\frac{2}{\pi}}\frac{(4\alpha)^{\frac{n+1}{2}}}{(2n-1)!!}\right)^{\frac{1}{2}} r^{n-1}e^{-\alpha r^2}Y_{lm}(\theta\varphi) \quad (9.2-4)$$

它与STO主要差别在于$e^{\alpha r^2}$和$e^{-\xi r}$，两者角度函数部分相同。GTF的另一种笛卡儿表达式为：$g(A,\alpha,l,m,n) = Nx_A^l y_A^m z_A^n e^{-\alpha r_A^2}$。其中，$x_A$，$y_A$，$z_A$是以点A为坐标原点的空间点的坐标，$r_A$为原点到空间点的距离，即$r = \sqrt{x_A^2+y_A^2+z_A^2}$。

Gauss 函数集合是完全集合，它包含著名的 Hermite 函数集合。实际上，Gauss 函数集合包含无穷多个完全集合。

归一化系数N为

$$N(\alpha,l,m,n) = \left(\frac{2^{2(l+m+n)}\alpha^{l+m+n+\frac{3}{2}}}{(2l-1)!!(2m-1)!!(2n-1)!!}\left(\frac{2}{\pi}\right)^{\frac{3}{2}}\right)^{\frac{1}{2}}$$

其中$(2l-1)!! = 1\cdot 3\cdot 5\cdot \cdots \cdot(2l-1)$。

§9.3 GTF 基组

求解 HFR 方程首先须选择基函数集合，通常可选取类氢原子轨道——STO 和 GTF。这里介绍目前应用广泛的 GTF 基组。

一、Gauss 轨道集合

s型GTF都取为$e^{-\alpha r^2}$，即仅用1s Gauss函数，这不同于STO集合，STO 1s，2s，… 分别采用$e^{-\xi r}$，$re^{\xi r}$，… 所有p_z型GTF均取为$ze^{-\alpha r^2}$，即2p_z形式，所有d_{xy}取为$xye^{-\alpha r^2}$等等。对于$l+m+n=2$时，有6个GTF，其中5个线性无关(xy，xz，yz，x^2-y^2，$3z^2-r^2$)，第6个是$x^2+y^2+z^2$，本质上等价于3s轨道，与前5个线性相关。概括起来，常用的GTF形式为

$e^{-\alpha r^2}$　　s型轨道

$$\left.\begin{matrix}x\\y\\z\end{matrix}\right\}e^{-\alpha r^2}\qquad p\text{型轨道}$$

$$\left.\begin{array}{l} xy \\ xz \\ yz \\ x^2-y^2 \\ 3z^2-r^2 \end{array}\right\} e^{-\alpha r^2} \quad d\text{ 型轨道}$$

对于每种类型，α 可选若干不同值，由此构成基函数集合。计算表明，对氢原子选用4个 s 型 GTF，即用4个不同的 α 值，结果就很好。从锂到氖原子，选9个 s 型 GTF 和5个 p 型 GTF，计算结果就很接近于 Hartree－Fock 结果，该基函数集合记为（$9s5p$），用这种基组进行简单计算，结果令人满意。

轨道指数 α 一般用最小二乘法进行优选，也可用几何级数优选 GTF 的指数。

二、收缩的 Gauss 函数集合

如果 GTF 基组用于第一周期原子构成的分子，并力求得到优于极小 STO基组的计算结果，则可能的选择是（$7s3p/3s$）。这样，对于大分子计算就很复杂了，对于苯分子含114个函数，使SCF计算相当繁琐。为了减小基组中 GTF 的数目，又适当保持原有计算的精度，可采用收缩 Gauss 函数（Contracted GTF），就是将某些 Gauss 数的固定组合作为一个新的基函数，如用 n 个 Gauss 函数集合$\{g_1, g_2, \cdots g_n\}$ 做出 m 个新函数 g_1^c，$g_2^c, \cdots, g_m^c (m < n)$，即

$$g_i^c = \sum_k C_{ik} g_k \quad (i = 1,2,3,\cdots, m)$$

$\{g_1^c, g_2^c, \cdots, g_m^c\}$ 被称为收缩的基函数，这样基函数个数减小，即减小了自由度，而计算精度的损失一般小于10％。例如，对 H_2O 的计算，原始 GTF 基组为（$9s5p/4s$），即 O 用 $9s$ 和 $5p$，H 用 $4s$ 型 GTF，总的 H_2O 的基组为32个GTF。当使用收缩基组[$3s2p/2s$]时，O 只用由 $9s$ 收缩成的3个 s 轨道和 $5p$ 收缩成的2个 p 轨道，H 只用由 $4s$ 收缩成的2个 s 轨道。在这种收缩基组下计算 H_2O，总共包括了13个收缩的 GTF，相应的计算工作大为减少。

三、STO 向 GTF 展开

选择基函数有两条原则：① 使用最有效和最可能精确的一些函数。这是指对于展开式

$$\varphi_i = \sum_{\mu=1}^{m} c_{\mu i}\phi_\mu$$

而言。为了精确表达轨道 φ_i 使用最少的 ϕ_μ 项数，这一点上 STO 优于 GTF。② 双电子积分易于计算。这一点 GTF 则优于 STO，收缩 Gauss 基组在一定意义上兼顾了两者的优点。这里是另一种收缩基组方法，即将 STO 向 GTF 展开，它同样兼有上述两种优点。

STO 形式为

$$\phi_{nlm}^{S}(\xi,r,\theta,\phi) = R_n(\xi,r)Y_{lm}(\theta,\phi) = N_n r^{n-1} e^{-\xi r} Y_{lm}(\theta,\phi)$$

球 GTF 形式为

$$\phi_{nlm}^{G}(\alpha,r,\theta,\phi) = R_n(\alpha,r)Y_{lm}(\theta,\phi) = N_n(\alpha) r^{n-1} e^{-\alpha r^2} Y_{lm}(\theta,\phi)$$

因为球 GTF 函数是完全集合，可以把 STO 向它们展开

$$\varphi_{nlm}^{S}(\xi,r,\theta,\varphi) \cong \sum_{i=1}^{N} c_{ilm}\phi_{ilm}^{G}(\alpha_i,r,\theta,\phi)$$

根据计算需要近似选 N 项（3 ～ 6 项）展开，N 是展开长度，称为 STO－NG 基组。

目前，量子化学 ab initio 中常用的 Gauss 基组有 Dunning 等人给出的从（$9s5p/4s$）得出的一些收缩基组以及 Pople 及其合作者求出的 STO－NG 和 N－31G 基组等。

1. STO－NG 基组

$$\varphi_{1s}^{\text{CGE}}(\xi = 1.0) = \sum_{i=1}^{N} d_{i,1s} g_{1s}(\alpha_i, 1s)$$

$$\varphi_{2s}^{\text{CGE}}(\xi = 1.0) = \sum_{i=1}^{N} d_{i,2s} g_{1s}(\alpha_i, 2ps)$$

$$\varphi_{2p}^{\text{CGE}}(\xi = 1.0) = \sum_{i=1}^{N} d_{i,2p} g_{1s}(\alpha_i, 2ps)$$

取 $N = 3,4,5,6$ 就分别给出 STO－3G，STO－4G，STO－5G 和 STO－6G 基组。

2. STO－N－31G 基组

若把外壳层 Slater 轨道取为双 Zeta 函数，对内层轨道分别做下面的展开，可得到 N－31G 基组。例如，C 外层轨道双 Zeta 化，其 STO 基组为：$1s, 2s', 2p_x', 2p_y', 2p_z', 2s'', 2p_x'', 2p_y'', 2p_z''$。将这些径向函数向 GTF 展开有

$$\varphi_{1s}(r) = \sum_{k=1}^{N} d_{1s,k} g_s(\alpha_{1k}, r)$$

$$\varphi'_{2s}(r) = \sum_{k=1}^{k_2'} d'_{2s,k} g_s(\alpha'_{2k}, r)$$

$$\varphi'_{2p_x}(r) = \sum_{k=1}^{k_2'} d'_{2p,k} g_{p_x}(\alpha'_{2k}, r)$$

$$\varphi''_{2s}(r) = \sum_{k=1}^{k_2''} d''_{2p,k} g_s(\alpha''_{2k}, r)$$

$$\varphi''_{2p_x}(r) = \sum_{k=1}^{k_2''} d''_{2p,k} g_{p_x}(\alpha''_{2k}, r)$$

对于 $2p_y', 2p_z', 2p_y''$ 和 $2p_z''$ 有相同展开形式，同类型三个 p 轨道展开系数相同。当 $N = 4$ 或 6 等时的 N－31G 基组如表 9.3－1。其中 6－31G 和 4－31G 基组收缩方式相同，只是内壳层 $1s$ 轨道用了 6 个 $1s$ 型 GTF 去展开，记为 $(10s4p/4s)/[3s2p/2s]$。当把 d 轨道加入 6－31G 基组，就得到 6－31G* 基组，此时 d 轨道不收缩，记为 $(11s4p1d/4s)/[4s2p1d/2s]$。再进一步的改进是考虑 H 的极化，加上 p 轨道，得到 6－31G** 基组，记为 $(11s4p1d/4s1p)/[4s2p1d/2s1p]$。

表 9.3－1 STO－N－31G 基组的组成

基组	N	K_2'	K_2''	(非收缩基)/(收缩基)
3－21G	3	2	1	$(6s3p/3s)/[3s2p/2s]$
4－31G	4	3	1	$(8s4p/4s)/[3s2p/2s]$
6－31G	6	3	1	$(10s4p/4s)/[3s2p/2s]$
6－31G*	6	3	1	$(11s4p1d/4s)/[4s2p1d/2s]$
6－31G**	6	3	1	$(11s4p1d/4s4p)/[4s2p1d/2s1p]$

四、极化函数和弥散函数

前面介绍了收缩 Gauss 函数(CGTF)和 STO－NG 及 N－31G 基组。这些基组对重元素，如 B,C,N,O 和 F 等又引入 $3d$ 函数，对 H 引入 $2p$ 函数，对过渡金属元素引入 f 函数，称为极化函数。分裂价基函数可改变轨道大小，但不能改变其形状。极化基组取消了这种限制，可以增加轨道角动量来描述每一个原子的基态。若对重原子添加 3 组 d 函数和一组 f 函数，对氢原子添加两组 p 函数，这些函数称为弥散函数。弥散函数相对于极化函数是更大的 s 和 p 型函数，这些函数增加轨道占据了更大的空间区域。带有弥散函数的基组对于电子离核较远的体系是非常重要的，如有孤对电子的分子，负离子和带负电荷的体系，激发态的体系，低电离势的体系，等等。

具体计算中，在哪些情况下使用极化函数和弥散函数?如何确定分子计算中极化函数的指数?

使用极化函数和弥散函数依赖于几种因素，如要达到的精度，所研究问题的性质和采用的理论方法等。几何的预言也离不开极化函数的作用，如对 H_3O^+ 和 H_2O 等分子的计算表明，DZ 基组仅给出近似合理的键长与键角，只有包含极化函数才能得到正确的结构预言。

五、基组选择

ab initio 基组的选择是非常灵活的，正像 Rothenberg 和 Schasfer 所说："ab initio 基组选择更像一门艺术而不像一门科学。"关于基组的选择是经验的积累，对一个特定问题很难说出明确的基组选择建议，但有一些基本规则。

① 基组应当有"好的平衡"。一个好的平衡基组保证了所描述原子或分子的价轨道有粗略相同的误差，对于第一周期原子，这相当于求出 GTF 基组中适当的比值 ms/mp。

② 通常分子中 H 的轨道指数为 1.20，对于其他原子，至少 DZ 基组和大多数基组已选出最好的原子轨道指数。

③ 极化函数应当加到最好的原子基组上(DZ 或更好的基组)。

④ 对于负离子电子亲合势和电子光谱中 Rydberg 态来说，还须加入混杂函数。

§9.4 ab initio 计算的应用

由于 ab initio 计算方法的精确度较高，自 20 世纪 60 年代以来，它的应用范围不断扩大，从小分子到大分子，从静态性质到动态性质，从分子内相互作用到分子间相互作用都有应用。近十年来计算机处理能力的日益增强和量子化学计算软件的迅速发展，使计算量子化学应用更加广泛，计算的精确度不断提高。目前，量子化学研究方法由以前占主导地位的半经验方法过渡到了 ab initio 和 DFT 方法，一些高级别的 ab initio 和 DFT 计算方法逐渐成为人们使用的主流。本节以一些简单体系为例，简要给出 ab initio 方法计算定则，并探讨计算中采用不同基组的适用性。

量子化学计算对化学问题的应用可以分为

① 研究的目的是对于特定的问题完成对所用方法可靠性的验证；

② 计算的目的用于肯定或支持实验结果；

③ 计算提供实验上得不到的数据。

一、分子几何结构

预言体系合理的平衡几何结构，是量子化学计算最重要的任务之一。只有在体系正确的几何结构基础上，来讨论其他物理量的性质才具有真正的意义。这里以简单的苯分子（C_6H_6）为例，来说明不同的计算方法和基组对体系几何构型精确度的影响和消耗资源的差异，从中总结对不同体系所采取的计算方法的一般规律。

对于稳定分子，在实验上能精确测量其键长和键角。用 ab initio 方法计算出的有机分子的键长和键角通常与实验结果比较是相当符合的。在 ab initio 研究中，虽然有许多更高级别的计算方法，如 MP2，MP3，

MP4(SDQ),MP4(SDTQ),CI,QCISD 等,可以优化体系的几何构型,但这些方法需要消耗大量的计算机资源。只有对于较小的体系和大型计算机才能实现这些计算。因此考虑通常的体系和计算机处理能力,人们使用较多的是 HF、MP2 以及 CI 方法。MP2 即为考虑了电子相关效应的二阶 Mϕller－Plesset 微扰理论,是 Post－SCF 方法中较为简单的一种。CI 是在 N 电子函数 Slater 行列式基组下对角化 N 电子 Hamilton 量,把精确波函数表示成 N 电子试探函数的线性组合,再使用线性变分法。同样,对于基组的选择也是如此,要考虑计算的体系和所需要的计算信息精度要求来决定选取何种基组,不能一味追求基组越大越好。表9.4－1是采用 HF 和 MP2 方法在不同基组下计算得到的苯分子的键长,与实验测定的苯中 C—C 键(0.1397nm)、C—H 键(0.110nm) 相比,HF 方法的结果偏小,而 MP2 方法的结果略有偏大。在 HF 方法中,采用 6－31G 和 6－31＋G* 基组的结果相对接近实验值,而在 MP2 方法中,6－31G* 基组的结果较好。总的来说,使用极化函数和弥散函数可得到与实验符合得较好的几何构型。但这也不是绝对的,正如前面所说的那样,基组的选择是非常灵活的,有许多经验和技巧在里面。

表 9.4－1　不同方法和基组计算苯的几何结构

方法 / 基组	C—C(nm)	C—H(nm)
HF/STO－3G	0.13868	0.10826
MP2/STO－3G	0.14162	0.11009
HF/6－31G	0.13883	0.10733
MP2/6－31G	0.14128	0.10911
HF/6－31G*	0.13862	0.10756
MP2/6－31G*	0.13986	0.10874
HF/6－31＋G*	0.13881	0.10757
MP2/6－31＋G*	0.13992	0.10881
HF/6－311G	0.13878	0.10709
MP2/6－311G	0.14082	0.10869

二、体系总能量与分子稳定性

在量子化学计算中，讨论体系的稳定性是一项重要内容。分子的相对稳定性与其静态和动态物理、化学性质密切相关。通过对体系能量的分析，可得到体系的反应活性、结合能及键能等一些重要的信息。

以简单的双原子分子为例，探讨 ab initio 分子轨道法描述分子稳定性的规律。表 9.4 - 2 是 H_2 的总能量和结合能，BSSE 为基函数重叠误差校正。由于是双原子分子，计算得到的结合能应该等于双原子分子化学键能，因此可以判断化学键的强弱。实验测定 H—H 化学键的键能为 453.6 kJ/mol(0.1728a.u)，从计算得到的结果看，采用STO—3G基组的结果更接近于实验值，但这样小的基组对几何构型的预测误差较大(HF方法计算得到 H_2 的键长为 0.07122 nm，MP2 方法为 0.07237 nm，实验值为 0.074 nm)，但增大基组两种方法计算得出的结合能均小于实验值。

表 9.4 - 2　不同方法和基组下 H_2 体系的总能量和结合能(a.u)

方法 / 基组	$E(H_2)$	E(H)	E(H,BSSE)	ΔE	ΔE(BSSE)
HF/STO－3G	－1.1175	－0.4666	－0.4710	－0.1843	－0.1755
HF/6－31G	－1.1268	－0.4982	－0.4982	－0.1304	－0.1304
HF/6－311G	－1.1280	－0.4998	－0.4998	－0.1284	－0.1284
MP2/STO－3G	－1.1301	－0.4666	－0.4710	－0.1969	－0.1881
MP2/6－31G	－1.1441	－0.4982	－0.4982	－0.1477	－0.1477
MP2/6－311G	－1.1459	－0.4998	－0.4998	－0.1463	－0.1463

表 9.4 - 3　不同方法和基组下 O_2 体系的总能量和结合能(a.u)

方法 / 基组	$E(O_2)$	E(O)	E(O, BSSE)	ΔE	ΔE(BSSE)
HF/6－31G	－149.5286	－74.7782	－74.7789	0.0278	0.0292
HF/6－31G*	－149.5983	－74.7790	－74.7795	－0.0403	－0.0393
HF/6－31＋G*	－149.6014	－74.7815	－74.7822	－0.0384	－0.0370
MP2/6－31G	－149.8019	－74.8307	－74.8334	－0.1405	－0.1351
MP2/6－31G*	－149.9558	－74.8813	－74.8841	－0.1932	－0.1876
MP2/6－31＋G*	－149.9645	－74.8869	－74.8898	－0.1907	－0.1859

对于 O_2 来说，HF 方法计算得到 O_2 的结合能很小，其中 HF/6－31G 得到正的结合能，而 O_2 是以 σ 键和 π 键结合稳定存在的，实验测定其键能为 498 kJ/mol (0.1897a.u)，因此可以认为 HF 的计算结果是错误的。根据 O_2 的电子组态可知，O_2 是顺磁性物质，在 O_2 中有单电子存在，这样考虑电子相关效应是必要的，同时对于第二周期的元素，在计算中使用带有极化函数和弥散函数的基组结果的精度可进一步提高，因此采用 MP2/6－31G* 和 MP2/6－31＋G* 计算得到的结果与实验值符合得很好。

三、分子轨道与电子光谱

在 ab initio 计算中，结合组态相互作用(CI) 方法可以得到体系的电子光谱值和跃迁性质。进一步分析体系的前线分子轨道，每条谱线所对应的能级之间电子跃迁规律可以得到指认。目前，理论计算对有机分子体系的实验电子吸收光谱给予了很好的解释，同时对于预测新物质的电子光谱具有重要的指导意义。

这里以前面讨论过的稳定构型的苯为例，计算得到其电子光谱。表 9.4－4 是在 6－31G* 基组水平上由 HF 和 MP2 方法计算得到的苯的电子光谱，计算得到一系列吸收谱线，其中跃迁系数最大的一条是由 HOMO → LUMO 及 $HOMO_{-1}$ → $LUMO_{+1}$ 的跃迁引起的，而在苯中 $HOMO_{-1}$ 和 HOMO 及 LUMO 和 $LUMO_{+1}$ 是简并的 π 轨道，实际上就是两个能级之间的跃迁。实验中测得的是三条主要谱线，跃迁类型为 $\pi \to \pi^*$，其中 184 nm 处的谱线是最强的，与计算值相差 40 nm 左右。分析其中的原因，一是由于计算本身的误差，另外还有实验测定是在溶液中进行，溶剂效应的影响是明显的。苯的这些实验数据是在异辛烷做溶剂时测定的，对于 $\pi \to \pi^*$ 跃迁，在极性溶剂中会减小 π 和 π^* 间的能级差，使吸收谱线红移。另外的两条实验测定谱线强度较弱，与苯分子中的核振动有关，在计算中体现不明显。

表 9.4－4　HF 和 MP2 方法计算苯分子的电子光谱(nm)

方法 / 基组	电子光谱	光谱	跃迁系数
HF/6－31G*	143.93	HOMO → LUMO $HOMO_{-1}$ → $LUMO_{+1}$	1.1212
MP2/6－31G*	145.76	HOMO → LUMO $HOMO_{-1}$ → $LUMO_{+1}$	1.1202

四、原子净电荷分布与非线性光学性质

分子中原子净电荷分布可以体现出前线分子轨道(FMO)的性质,同时对于分子的极性与亲电、亲核等反应规律具有很好的预测和指导作用。由于分子中原子的净电荷分布决定着分子的偶极矩,分子中电子跃迁、电荷转移使分子基态与激发态的偶极矩不同,而分子的非线性光学性质取决于基态与激发态的分子轨道组成、电子跃迁、电荷转移等特征。因此,原子净电荷分布影响着体系非线性光学性质。

有机共轭体系由于其π电子的离域性,往往表现出较大的非线性光学(NLO)效应,且由于其光学响应快、损伤阈值高、可进行分子设计等特点,近年来受到科技工作者的高度重视,这方面的理论与实验研究取得了很大进展。"分子工程"、"材料工程"为有机非线性光学材料的应用奠定了基础,量子化学计算方法的不断改进、计算机处理能力的日益提高,为有机NLO材料的分子设计提供了有力的手段,通过对实验的解释提供分子结构 — 性能方面的信息,为进一步分子设计打下基础。

对硝基苯胺具有典型的D-π-A(电子给体 — 共轭桥 — 电子受体)结构,这样的体系一般可表现出明显的NLO效应,在理论和实验研究中都有重要的意义。表9.4-5是ab initio HF方法计算得到的对硝基苯胺中硝基和胺基上的净电荷分布和二阶NLO系数,其二阶NLO系数与文献给出的结果具有很好的一致性。

表9.4-5 对硝基苯胺中部分原子净电荷分布和二阶NLO系数

方法/基组	净电荷 $-NO_2$, $-NH_2$	β_{vec}(计算值) (esu)	β_{vec}(文献值) ($cm^5 esu^{-1}$)	β_{vec}(实验值) ($cm^5 esu^{-1}$)
HF/STO-3G	-0.2692, -0.0085	4.469×10^{-30}	1.7×10^{-30}	
HF/6-31G	-0.6314, -0.2367	10.349×10^{-30}	3.6×10^{-30}	34.5×10^{-30}
HF/6-31G*	-0.4537, -0.1649	7.274×10^{-30}	3.1×10^{-30}	
HF/6-31+G	-0.4735, -0.1785	12.386×10^{-30}	4.4×10^{-30}	

五、电子自旋与磁性质

我们知道，物质的磁性是未配对电子自旋磁矩的宏观反映，而绝大多数的有机物是由共价键结合而成，每个原子中的电子都已配对成键，它们应是抗磁性物质。而早在六十年代 Mc Connell 就提出在有机自由基体系中实现铁磁性的理论依据，但自由基的不稳定性制约了有机铁磁体的实际合成及应用。同时由于物质的磁性源于内部电子的自旋，理论上的探讨也较为复杂。1986 年始，苏联和美国的一些实验室成功地合成出了有机磁性体样品，有机磁性体的研究在实验上取得了重大进展，对有机铁磁体的理论设计提出了现实性的要求，引起了理论工作者的极大关注。

应用 ab initio 方法讨论有机双自由基体系的磁性耦合作用可得出令人较满意的结果。在简单价键法近似下，共轭多自由基的基态自旋可用 Heisenberg Hamilton 表征

$$H = \sum_{i<j} -2J_{ij}S_iS_j \tag{9.4-1}$$

因此，对于双自由基体系，如果 UHF 波函数中高于三重态的污染可以忽略，则估算有效交换积分 J_{ij} 的式子为

$$J_{ij} = \frac{E(S)-E(T)}{S^2(T)-S^2(S)} \tag{9.4-2}$$

式中 $E(\mathrm{S})$ 和 $E(\mathrm{T})$ 分别表示单重态(S)、三重态(T)体系的总能量，S^2 为自旋平方期望值。以苯为铁磁耦合单元(FC)，以 ·N—O 和 ·C—O 等自由基为自旋耦合单元(SC)的双自由基体系(图9.4-1)的磁性耦合规律，ab initio UHF 方法可给予合理的解释。

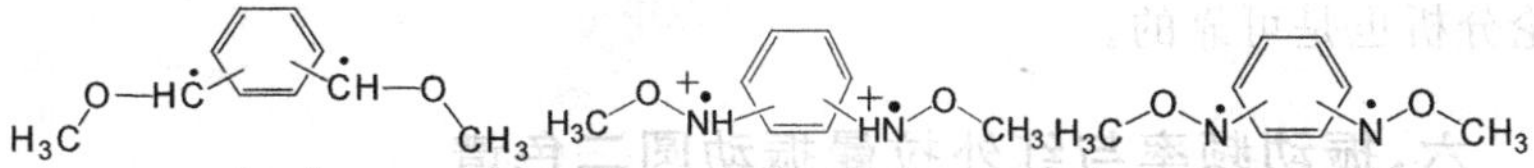

1a~1c　　2a~2c　　3a~3c

图 9.4-1　二甲氧基苯双自由基体系

(a：邻位；b：间位；c：对位)

表 9.4-6 体系单、三重态的能量(a.u.),⟨S^2⟩及 J_{ij}(cm^{-1})值(UHF,6-31G)

体系	E(T)	E(S)	S^2(T)	S^2(S)	J_{ij}
1a	−534.52	−534.55	2.06	1.26	−8230.30
1b	−534.56	−534.51	2.66	1.30	9682.69
1c	−534.52	−534.53	2.03	1.17	−2552.03
2a	−566.94	−566.95	2.15	1.00	−1908.48
2b	−567.00	−566.94	2.66	1.33	9901.10
2c	−566.96	−566.99	2.04	1.09	−6930.78
3a	−566.38	−566.41	2.05	1.32	−9019.51
3b	−566.43	−566.37	2.71	1.33	8897.62
3c	−566.39	−566.42	2.03	1.25	−8441.34

表 9.4-6 是三类体系中双自由基在不同位置时的自旋耦合情况。计算表明:不同基组情况下体系的 J_{ij} 值规律相同,两自由基处于苯环间位时,$J_{ij}>0$,体系三重基态稳定,自由基间表现为铁磁性耦合;两自由基处于苯环邻、对位时,$J_{ij}<0$,体系单重基态稳定,自由基间表现为反铁磁性耦合。与体系的构型相对照,符合 Yamaguchi 基于对共轭型双卡宾的计算得到的自旋拓扑规则,这对于有机铁磁性的分子设计非常重要。当把·N—O 和·C—O 作为一个共轭型的准原子时,可得出与 Ovchinnikov 公式 $S=(n^*-n)/2$ 相同的结果,同时与价键(VB)法对体系基态自旋的预言完全一致。因此,ab initio UHF 方法对于非平面共轭自由基体系的理论分析也是可靠的。

六、振动频率与红外拉曼振动圆二色谱

分子是由原子通过化学键连接而组成的,分子中的原子和化学键都处于不断的运动中,这些运动除了分子中原子核外电子运动外,还有原子的振动和转动。每种运动形式都能吸收能量而引起能级的跃迁,其中由振动能级跃迁产生的光谱为振动光谱,振动光谱对应频率为振动频率。在谐

振子模型下，双原子分子的振动频率（以波数表示）为 $\nu = \frac{1}{2\pi c}\sqrt{\frac{K}{\mu}}$。式中 c 为光速（单位：$3\times10^8\,m\cdot s^{-1}$），$K$ 为化学键的力常数（单位：$N\cdot cm^{-1}$），μ 为折合质量（单位：kg）。

双原子分子只有一种振动模式，可产生一个基本振动吸收峰。多原子分子随着原子数目的增加，振动方式也更复杂，可以出现一个以上基本振动吸收峰，这些峰的数目与分子的振动自由度有关。

量子化学 ab initio 方法在讨论分子振动光谱方面有很好的应用，可以用来计算分子的力常数、振动频率及强度。除了正常的频率之外，还可以计算振动圆二色性（VCD）强度，同时可以使用不同的温度、压力或同位素重新进行简正模式分析和热化学分析。

对于甲苯，采用 HF/6－31G(d,p) 方法优化得到两种局域稳定构象，一种是甲基上的一个 H 与苯环在同一平面，其余两个 H 分布在苯环的两侧，为 Cs 对称性（构象 a）；另一种是甲基上的一个 H 在苯环一侧，其余两个 H 在苯环另一侧，也为 Cs 对称性（构象 b），即后者是前者甲基 H 旋转 30 度的产物。对于这两种不同的构象，图 9.4-2 是 HF/6－31G(d, p) 计算得到的它们的振动频率图。

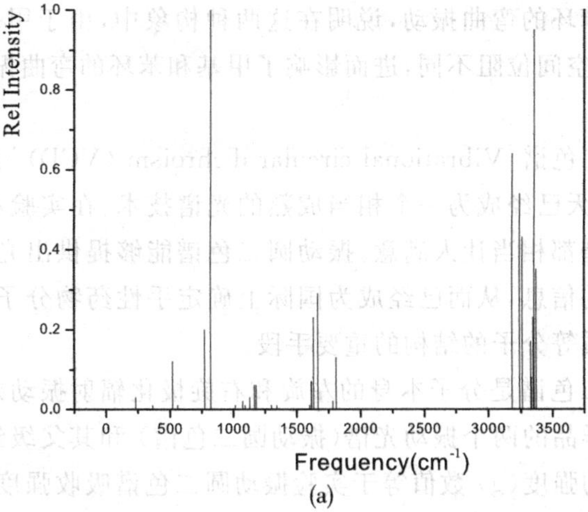

(a)

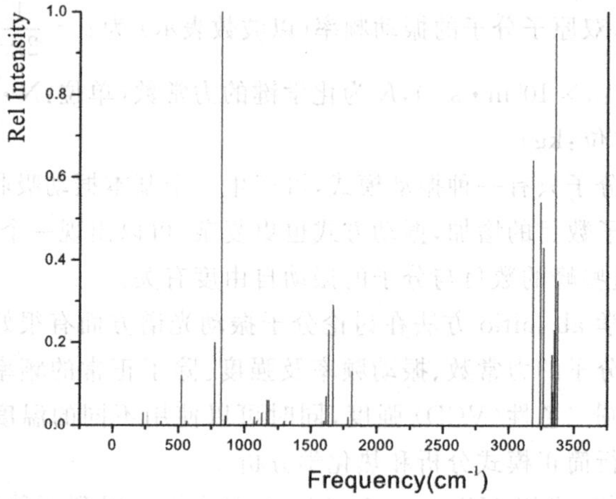

(b)

图 9.4 - 2　HF/6 − 31G(d,p) 方法计算甲苯的振动频率图

在图 9.4 - 2 中，振动谱线中对应波数值较大的谱线，(a)，(b) 两图是一致的，分析得知这些谱线主要是苯环上的 H 和苯环骨架 C 的对称和不对称伸缩引起的，因此这两种不同构象对苯环原子的伸缩振动跃迁影响很小；两图在波数小的谱线中有差别，这些谱线对应甲苯中甲基和苯环的弯曲振动，说明在这两种构象中，由于甲基 H 位置的不同，体系的空间位阻不同，进而影响了甲基和苯环的弯曲振动及其跃迁形式。

振动圆二色谱[Vibrational circular dichroism (VCD)] 经过 30 多年的发展，到今天已经成为一个相当成熟的光谱技术。在实验和理论方面，振动圆二色谱都相当让人满意。振动圆二色谱能够提供出光学活性分子许多结构上的信息，从而已经成为国际上确定手性药物分子、天然产物、核酸和蛋白质等分子的结构的重要手段。

振动圆二色谱是分子本身的左旋和右旋极化辐射振动差别光谱。每次测量得到样品的两个振动光谱（振动圆二色谱）和其父级红外光谱。振动圆二色谱的强度(g) 数值等于实验振动圆二色谱吸收强度和红外吸收强度之比，是一个与分子取向无关的值，而其符号取决于电子和磁性偶极跃迁距的方向。

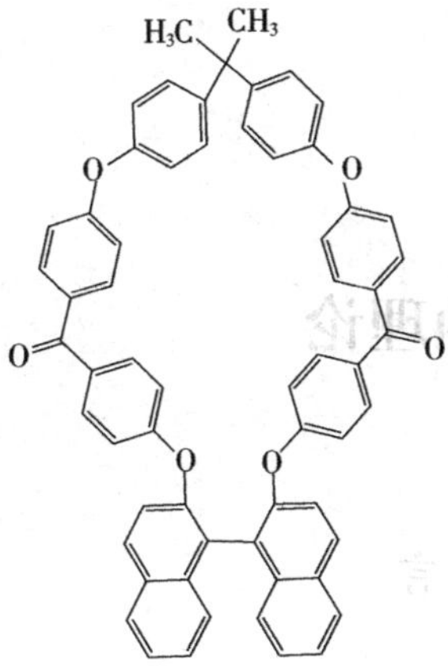

图 9.4 - 3　双蒽手性环醚分子

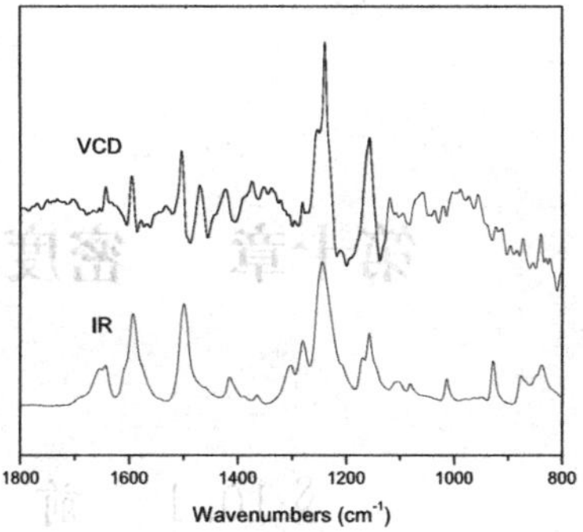

图 9.4 - 4　双蒽手性环醚分子的VCD计算谱图

总之，量子化学 ab initio 方法在分子结构的确定和预测、物质性质的探讨和分子设计等各个领域有着广泛的应用，ab initio 方法为实验化学提供了可靠的理论依据，并进一步推动了实验化学的发展。随着 ab initio 方法功能的日趋完善，今后几年中，在新材料设计、生命科学及星际化学等研究中，ab initio 方法将得到更深入的应用。

第十章　密度泛函理论

§10.1　前　　言

1998年诺贝尔化学奖授予美国科学家科恩(Walter Kohn)和英国科学家波普尔(John A. Pople),以表彰他们在量子化学领域作出的开创性贡献。科恩发展了电子密度泛函理论(Density Functional Theory,简称DFT),波普尔发展了量子化学的计算方法。科恩在获得诺贝尔化学奖后接受记者采访时曾经通俗地介绍他的研究如下:"从20世纪20年代中期开始,科学家是用薛定谔方程来求解电子的运动的。薛定谔方程在计算电子的运动时,需要知道每一个电子的位置,而每一个电子的位置在空间中需要3个坐标来描述,这样当电子数多起来的时候,就需要描述非常大量的电子位置坐标,这种计算对人类来说几乎是无法想象的。而我们找到了一个全新的角度可以描述电子运动的变量。我们的办法是不像薛定谔方程那样研究任意时间每一个电子的确切位置,而是研究一个特定位置上的平均电子数目,先取一很小的空间体积,然后研究一定时刻这个空间体积内的平均电子数目。这样描述整个体系只需要3个空间变量,因为密度方程只有3个变量,这就像看到一片云,用云中水滴的密度来描述云彩一样。这种方法的诞生已经有35年了。"

在过去的近二十年中,Kohn-Sham DFT已经逐渐成为量子化学中的一种主要方法。它被广泛地应用于各种问题,包括从气相到凝聚态,如固态的有机化学、有机金属化学、无机化学领域中的化学结构及反应等。是什么原因使得 Kohn－Sham DFT 有如此大的魅力呢？当然，一个重要的原因就是它是利用第一原理的方法，实际操作时有很高的效率（可满足的数量级－N^3 的计算成本，N 是参数的大小，如电子的数目），同时具有很高的精确度（通常同实验制值相差在几 kcal/mol 以内）。它不仅可以精确地预测和模拟实际体系的行为和性质，而且可以利用量子化学的方法，依据 MO 理论中的常规内容来理解。对于 DFT 来说，简单的 MO 模型就是 Kohn－Sham(KS) 方法的本质，使得对精确性和准确性的研究可能一致。本章将从 DFT 理论的发展历史、各种密度函数的方法比较及 DFT 方法应用举例等方面加以描述。

在本章开始之前，首先对有关函数符号进行注解：函数的定义是从一组变量（或坐标）中得出的数；复函数或泛函的定义是从与变量有关的函数中得出的数。因为波函数与电子密度都是函数，而取决于波函数或者电子密度的能量是函数的函数，所以称为“泛函”。我们用圆括弧来表示与变量有关的函数，如 $f(x)$，而用方括弧来表示与函数有关的泛函，如 $F[f]$。

§10.2 历史回顾

密度泛函原理的历史要追溯到 20 世纪 20 年代，是由 THOMAS 和 FERM 提出的。他们的论点是：电子体系的基态能量在原子核外部势能 $V(r)$ 运动中，可直接单独由电子密度来表达。因此，这样一个方法将可以大大简化为解决多体系问题而做出的努力：复杂的 N 电子波函数 $\psi(1,2,3,\cdots,n)$ 有 $4N$ 个自由度（每个电子有三个空间坐标和一个自旋坐标），被更为简单的只有 4 个自由度的电子（自旋）密度 $\rho(r,s)$ 所取代。

与波动力学方法相比较，能量泛函分为三部分：动能 $T[\rho]$，核与电子间的吸引能 $E_{ne}[\rho]$，电子间的排斥能 $E_{ee}[\rho]$（核之间的排斥能在 Born－Oppenheimer 近似中是一个常量）。而且参考 Hartree－Fock 理论，电子间的排斥项 $E_{ee}[\rho]$ 可分为库仑项 $J[\rho]$ 和交换项 $K[\rho]$，即在所有项中均含相关能量。$E_{ne}[\rho]$ 和 $J[\rho]$ 泛函可以用经典表达式给出。其中在 $J[\rho]$ 项中的 1/2 因子，可以对两个变量在全空间进行积分。

$$E_{\mathrm{ne}}[\rho]=\sum_{a}\int\frac{Za\rho(r)}{|Ra-r|}dr \tag{10.2-1}$$

$$J[\rho]=\frac{1}{2}\iint\frac{\rho(r)\rho(r')}{|r-r'|}drdr'$$

早期在以无相互作用、均匀的电子气体前提下，试图推导出动能和交换能的泛函表达式。对于这样一个体系，$T[\rho]$ 和 $K[\rho]$ 可表示为

$$T_{\mathrm{TF}}[\rho]=C_{\mathrm{F}}\int\rho^{\frac{5}{3}}(r)dr \tag{10.2-2}$$

$$K_{\mathrm{D}}[\rho]=-C_{x}\int\rho^{\frac{4}{3}}(r)dr$$

$$C_{\mathrm{F}}=\frac{3}{10}(3\pi^{2})^{\frac{2}{3}}$$

$$C_{\mathrm{x}}=\frac{3}{4}\left(\frac{3}{\pi}\right)^{\frac{1}{3}}$$

能量泛函 $E_{\mathrm{TF}}[\rho]=T_{\mathrm{TF}}[\rho]+E_{\mathrm{ne}}[\rho]+J[\rho]$ 被称为 Thomas-Fermi(TF) 理论，加上 $K_{\mathrm{D}}[\rho]$ 交换部分（最初由 Block 推导出来，但是通常与 Dirac 的名字联系在一起）称为 Thomas-Fermi-Dirac(TFD) 模型。

对于原子和分子体系来说，无相互作用、均匀的电子气体的假定还很不完善。总能量值的误差达到 15% ～ 50%，更为严重的是 TF 和 TFD 理论都没有考虑到化学键，所以不能处理分子体系。T 和 K 泛函可以由于某些项的加入得到改进，这些项不仅依赖于密度本身，而且依赖于它的导数。这相当于考虑了非均匀电子气体，并且对密度进行了泰勒极数的展开。梯度校正项的引入改进了结果，如现在化学键是允许的，但是对于建立 DFT 模型所得出的结果与通过力学波的方法得出的结果比较起来看，这不是一种切实可行的方法。

直到 1964 年，Hohenberg 和 Kohn 证明了多体体系基态的两个重要性质，构成所谓的 Hohenberg-Kohn 定理。它有两个主要陈述，如下：

首先（陈述一），基态的总能量可以写成是电荷密度的泛函，也就是说，存在 $E_{\mathrm{G.S.}}[\psi(r_1,r_2,r_3,\cdots,r_N)]\rightarrow E_{\mathrm{G.S.}}[\rho(r)]$ 这样的对应关系。如此当然大大地简化了求基态总能量问题的自由度。

其次(陈述二),若将不是基态的电荷密度 $\rho(r)$ 代入,一定会导致 $E_{G.S.}[\rho(r)] \geqslant E_{G.S.}[\rho_{G.S.}(r)]$,也就是说,该总能量的电荷密度泛函 $E_{G.S.}[\rho(r)]$ 满足变分学原理。

利用上述性质,我们会想利用各种方法猜测 $\rho(r)$ 并代入 $E_{G.S.}[\rho(r)]$ 求值,只要一直试到产生最低的能量,则该能量保证是基态的总能量,且该电荷分布保证是基态的电荷密度分布。

然而,即使只是获得基态,都已经足以预测很多性质了。例如,分子的键长,振动频率,固体的晶胞长度、弹性系数张量,甚至是化学键的断裂或是生成,对电子而言都是基态的性质。因此,能预测体系的基态是非常有用的。

密度泛函理论(或说H－K理论)只证明了 $E_{G.S.}[\rho(r)]$ 存在,却并未给出明确的形式或公式。因此只能写下 $E_{G.S.}[\rho(r)]$ 的近似,再将之分成动能与势能两个部分,即 $E_{G.S.}[\rho(r)] = T_{G.S.}[\rho(r)] + U_{G.S.}[\rho(r)]$,其中由总电荷密度 $\rho(r)$ 要得到势能 $U_{G.S.}[\rho(r)]$ 比较容易。库伦定律告诉我们一个电荷分布在空间中会建立怎样的静电位势;然而同样给定电荷分布在空间的函数,却没有什么物理定律能精确告诉我们基态的总动能 $T_{G.S.}[\rho(r)]$。DFT方法的目的是要在电子密度和能量之间建立函数关系。

DFT方法在计算化学方面应用的基础是由Kohn和Sham引入的轨道。在TF模型中主要问题是动能没有充分地阐述。Kohn－Sham(KS)理论的基本思想是把动能函数分成两部分:可以精确计算的一项和小的校正项。

现在假定当 $0 \leqslant \lambda \leqslant 1$ 时,哈密顿算符的形式为

$$H_\lambda = T + V_{ext}(\lambda) + \lambda V_{ee} \tag{10.2-3}$$

当 $\lambda = 1$ 时,算符 V_{ext} 等于算符 V_{ne},若 λ 取中间值,假定外部势能 $V_{ext}(\lambda)$ 能够得到调整,以至于当 $\lambda = 1$(实际的体系)和 $\lambda = 0$(电子间无相互作用的假想的体系)时得到相同的密度。当 $\lambda = 0$,由分子轨道组成的斯莱特行列式给出了薛定谔方程的精确解,由此得到精确的动能函数的形式为

$$T_S = \sum_{i=1}^{N} \langle \phi_i \left| -\frac{1}{2}\nabla^2 \right| \phi_i \rangle \tag{10.2-4}$$

下角标 S 表示通过斯莱特行列式来计算动能。$\lambda = 1$ 的情况是对于电子间有相互作用的情况来说的，(10.2 - 4) 式仅仅是对实际动能值的近似，但对 TF 公式(10.2 - 2) 做了重要改进。

证明(10.2 - 4) 式在计算动能的应用中是否合理的另一种方法是参考自然轨道函数(密度矩阵的本征向量)。通过由精确的密度矩阵得出的自然轨道(NO) 可以计算出精确的动能值。

$$T[\rho_{\text{exact}}] = \sum_{i=1}^{\infty} n_i \left(\phi_i^{NO} \middle| -\frac{1}{2}\nabla^2 \middle| \phi_i^{NO} \right)$$

$$\rho_{\text{exact}} = \sum_{i=0}^{\infty} n_i \mid \phi_i^{NO} \mid^2 \tag{10.2 - 5}$$

$$N = \sum_{i=1}^{\infty} n_i$$

轨道占有数 n_i(密度矩阵的本征值) 在 0 ～ 1 之间，与轨道中的电子数相关。特别值得注意的是精确的密度表示通常需要无限的自然轨道数。第一个 N 占有数(N 是体系中电子的总数) 通常接近 1，其余的接近 0。

虽然精确的密度矩阵不知道，但是近似的密度函数可以由一组单电子的辅助函数、辅助轨道函数写出来。

$$\rho(r) = \sum_{i=1}^{N} \mid \phi_i(r) \mid^2 \tag{10.2 - 6}$$

它与 10.2 - 5 式相符合，占有数为精确的 1 或 0。所以根据 10.2 - 4 式计算得出的动能不准确是因为占有数偏离了 1 或 0。

从 10.2 - 4 式可以看出，KS 理论的关键在于动能的计算是在假定电子间无相互作用的情况下进行的(与 HF 轨道函数在波动力学方法中描述无相互作用的电子具有相同的意义)。实际上，电子间是有相互作用的，根据 10.2 - 4 式不能计算出总的动能。然而，根据 HF 理论得出的动能值为正确值的 99% 左右，精确的动能值与在假定电子间无相互作用的前提下计算出来的动能值之间的差值很小。其他的动能合并到交换 — 相关的项中，DFT 能量的一般表达式可写为

$$E_{\text{DFT}}[\rho] = T_s[\rho] + E_{\text{ne}}[\rho] + J[\rho] + E_{\text{xc}}[\rho] \tag{10.2 - 7}$$

通过把 E_{DFT} 视为精确的能量，下面这个表达式可以看做是 E_{xc} 的定义式，它是扣除了无相互作用的动能、E_{ne} 和 J 势能项之后余下的能量。

$$E_{xc}[\rho]=(T[\rho]-T_s[\rho])+(E_{ee}[\rho]-J[\rho]\quad(10.2-8)$$

在(10.2 - 8)式中，第一个圆括弧中的项可以认为是动能相关能，而第二个圆括弧包含的项是交换和势能相关能。

交换能是 E_{xc} 的最大贡献者。例如，对于氖原子来说，交换能是 −12.11a.u.，相关能是 −0.39a.u.（根据波动力学方法计算得出）。既然交换能主要决定 E_{xc}，人们就完全有理由发出质疑，为什么我们不能利用轨道函数（与动能类似）或者是波动力学方法中已知的公式来精确地计算出交换能，或者根据 DFT 只计算出计算比较困难的部分 —— 相关能。其实这已经尝试过，但得出的结果不理想。基本问题在于 DFT 中交换能和相关能的定义不能完全等同于波动力学方法中对两者的定义。在波动力学方法中相关能的定义是精确能量值与相应的 Hartree − Fock 值的差，交换能等于总的电子间的排斥能减去库仑能。这些能量分为短程和长程两部分（根据两电子间的距离）。长程相关能是"静电"相关能（即"多重参考"部分），而短程相关能是"动力学"相关能。在波动力学方法中交换能的长程部分有效地扣除了相关能的长程部分。而在 DFT 中交换能和相关能的定义是定域的（短程），它们仅取决于某一特定点上及最直接邻近（密度的导数）的密度。在建立交换 − 相关泛函时包括了被扣除的长程部分。根据波动力学计算交换能和根据 DFT 计算相关能会避免这种扣除。

DFT 的有利之处在于仅需要考虑总密度。然而，为了计算具有足够精确度的动能值，必须重新引入轨道。不过，如 10.5 节的讨论，DFT 的计算成本与 HF 理论的计算成本相似，却可以得到更为精确（基本上准确）的结果。

DFT 的主要问题是推导出适宜的交换 − 相关项的公式。目前假定这样一个函数可以推导出来，但与 HF 理论中用波动力学方法处理过程中遇到的问题相似，即确定一组能使能量达到最小的正交轨道函数（正交轨道函数的必要条件是基本符合鲍里原理）。因为 $J[\rho]$ 或 $E_{xc}[\rho]$ 泛函取决于总密度，所以轨道函数的确定需要迭代的序列。利用拉格郎日方法可以限制轨道的正交性，这也与 HF 理论中波动力学方法相类似。

$$L[\rho]=E_{DFT}[\rho]-\sum_{ij}^{N}\lambda_{ij}[\langle\phi_i/\phi_j\rangle-\delta_{ij}]\quad(10.2-9)$$

要求使 L 的变量消失而组成一组方程，方程包括单电子的并与波动力学方法中 Fock 算符相似的有效算符($\mathbf{h}_{KS}$)。

$$\mathbf{h}_{KS}\phi_i = \sum_j^N \lambda_{ij}\phi_j$$

$$\mathbf{h}_{KS} = -\frac{1}{2}\nabla^2 + \mathbf{V}_{eff} \tag{10.2-10}$$

$$\mathbf{V}_{eff}(\mathbf{r}) = \mathbf{V}_{ne}(\mathbf{r}) + \int \frac{\rho(\mathbf{r}')}{|\mathbf{r}-\mathbf{r}'|}d\mathbf{r}' + \mathbf{V}_{xc}(\mathbf{r})$$

我们也可以选择归一化，从而使拉格朗日因子对角矩阵得出一组规范的 KS 轨道，结果得出的拟合本征值方程称为 KS 方程。

$$\mathbf{h}_{KS} = \varepsilon_i\phi_i \tag{10.2-11}$$

拉格朗日因子可以与分子轨道能量相联系，但是只有当使用精确的交换－相关泛函的情况下，最高占轨道能量是电离势能(Koopmans′定理)。因为这不是在实际计算中的情况，实际计算的轨道能量不像 HF 理论中计算的轨道能量而具有非常重要的意义。未知的 KS 轨道可以用数字方法确定，或者类似于 HF 方法，在一组基本函数中展开。

尽管 HF 理论中的波动力学方法和 DFT 之间存在许多相似之处，但两者之间也存在重要的差异。如果 $E_{xc}[\rho]$ 的精确值已知，DFT 就可以算出精确的包含电子间相关能的总能量值。DFT 方法中的势能包括波动力学方法中计算困难的部分——相关能，计算难度与确定非相关 HF 能量的难度相似。尽管这种情况对于 $E_{xc}[\rho]$ 的近似无疑是正确的(如下所示)，但是对于 $E_{xc}[\rho]$ 的精确求值是很难的。这样会使精确的 $E_{xc}[\rho]$ 泛函变得复杂以至于解 KS 方程的计算难度与用波动力学方法精解薛定谔方程的计算难度相似。确实，除非人们认为薛定谔方程包含足够的信息的时候，可能是这种情况。虽然普遍认为用任何一种方法都不能获得精确的解，但重要的问题却是：得出具有某种精确度的解法的计算成本是多少？在这个方面，DFT 方法的前景非常可观。

能够证明交换－相关势能是对所有体系有效的唯一的泛函，但是这种势能明确的泛函形式还很令人困惑。DFT 方法之间的差异在于交换－相关能量的泛函形式的选择。从理论中几乎不会获得如何选择泛函的启示，结果引入了许多不同的势能。通常设计的泛函形式具有某种限制性，如包括均匀电子气体极限，使参数与已知的精确数据相拟合。哪一种函数形式更好必须通过与实验或高水平的波动力学方法得出的结果相比较才能确定下来。

确定 E_{xc} 泛函形式较为新近的方法之一是以式(10.2 - 7)“颠倒”为基础的。精确的电子密度可以由高级的波动力学方法来计算(如偶合簇)，而得出这种密度值的一组 KS 轨道函数可以通过与动能最小化有关的“限制搜寻”方法来确定。这种观点最初由 Levy 和 Perdew 提出的，后来由 Parr 和其他人详尽阐述。新近的补充和应用由 Baerends 和 Handy 等完成。这样使交换－相关能的计算成为可能(从总的 DFT 能量中扣除 T，V_{ne} 及 J)，从而使 $\mathbf{V}_{xc}$ 直接取决于密度 ρ。由于 DFT 在计算化学领域中属于新兴的理论，目前没有像传统 ab initio 理论中的 MP2 和 CISD 似的具有明确标准的方法，不同方法的标准很难得到发展。虽然下文给出的几种函数目前应用相当广泛，但是当 DFT 成为一种活跃的研究理论，极有可能会出现新的并且经过改进的势能函数。

通常将 $E_{xc}[\rho]$ 分成两部分：纯交换能 E_x 和相关能 E_c。即使不能明确这是否是一种合理的假设(即上述有关交换能和相关能定义的讨论)。这些能量通常根据每个粒子能量(能量密度)写成 ε_x 和 ε_c。

$$E_{xc}[\rho] = E_x[\rho] + E_C[\rho]$$
$$= \int \rho(\mathbf{r})\varepsilon_x[\rho(\mathbf{r})]d\mathbf{r} + \int \rho(\mathbf{r})\varepsilon_c[\rho(\mathbf{r})]d\mathbf{r} \qquad (10.2 - 12)$$

在(10.2 - 10)式中相应的势能函数写成能量对密度的导数。

$$\mathbf{V}_{xc}(\mathbf{r}) = \frac{\partial E_{xc}[\rho]}{\partial \rho(\mathbf{r})} = \varepsilon_{xc}[\rho(\mathbf{r})] + \rho(\mathbf{r})\frac{\partial \varepsilon_{xc}(\mathbf{r})}{\partial \rho} \qquad (10.2 - 13)$$

自旋平行电子之间的相关能与自旋反平行电子之间的相关能不同。因为交换能仅包含具有相同自旋的电子，交换能可以定义为 α 和 β 自旋密度贡献的总和。将动能、核与电子的吸引能、库仑能这三项进行简单分离，得到

$$E_x[\rho] = E_X^{\alpha}[\rho_\alpha]E_X^{\beta}[\rho_\beta]$$
$$E_c[\rho] = E_c^{\alpha\alpha}[\rho_\alpha] + E_c^{\beta\beta}[\rho_\beta] + E_c^{\alpha\beta}[\rho_\alpha, \rho_\beta] \qquad (10.2 - 14)$$

总密度是 α 和 β 贡献的总和($\rho = \rho_\alpha = \rho_\beta$)，并且对于闭壳单重态两项相等

($\rho_\alpha = \rho_\beta$)。交换能和相关能泛函可以用分离的自旋密度公式表示；然而它们经常由自旋极化 ζ(ρ_α 和 ρ_β 之间的标准差) 函数和单电子的有效体积的半径 r_S 给出。

$$\zeta = \frac{\rho_\alpha - \rho_\beta}{\rho_\alpha + \rho_\beta},\ \frac{4}{3}\pi r_S^3 = \rho^{-1} \qquad (10.2-15)$$

在下述各公式中暗含了交换能是 α 和 β 自旋密度贡献总和的假定。

§10.3 定域密度方法

在定域密度近似中(LDA)，假定密度仅是均匀电子气体，或者是缓慢发生变化的函数。对于均匀电子气体来说，交换能由 Dirac 公式给出[eq. (10.2-2)]。

$$E_X^{\mathrm{LDA}}[\rho] = -C_X\int\rho^{\frac{4}{3}}(\mathbf{r})d\mathbf{r}$$

$$\varepsilon_X^{\mathrm{LDA}}[\rho] = -C_X\rho^{\frac{1}{3}} \qquad (10.3-1)$$

实际上，在通常的情况下，α 和 β 密度不相等，LDA(当 α 和 β 密度总和增加到 4/3 幂) 已经被定域自旋密度近似(LSDA) 所屏弃和取代[单个电子密度总和增加到 4/3 幂的和，eq. (10.3-2)]。

$$E_X^{\mathrm{LSDA}}[\rho] = -2^{\frac{1}{3}}C_X\int[\rho_\alpha^{\frac{4}{3}} + \rho_\beta^{\frac{4}{3}}]d\mathbf{r}$$

$$\varepsilon_X^{\mathrm{LSDA}}[\rho] = -2^{\frac{1}{3}}C_X[\rho_\alpha^{\frac{1}{3}} + \rho_\beta^{\frac{1}{3}}] \qquad (10.3-2)$$

LSDA 也可以根据总密度和自旋极化写成

$$\varepsilon_X^{\mathrm{LSDA}}[\rho] = -\frac{1}{2}C_X\rho^{\frac{1}{3}}[(1+\zeta)^{\frac{4}{3}} + (1-\zeta)^{\frac{4}{3}}] \qquad (10.3-3)$$

因为对于闭壳体系，LSDA 与 LDA 等同，这是最常见的情况，因此 LDA 经常与 LSDA 互换使用，尽管在一般表达式(10.3-1) 和(10.3-2) 中并不相同。在 1951 年，由 Slater 提出的 X_α 方法可被认为是一种 LDA 方法，其中相关能被忽略，交换项可以写成

$$\varepsilon_{X_\alpha}[\rho] = -\frac{3}{2}\alpha C_X\rho^{\frac{1}{3}} \qquad (10.3-4)$$

当 $\alpha=\frac{2}{3}$ 时，(10.3 - 4) 式就与 Dirac 表达式相同。在最初的 X_α 方法中，α 取 1，但是对于原子和分子体系，α 取 $\frac{3}{4}$ 得到了更好的认同。所以 Slater 经常作为 L(S)DA 的代名词，因为交换能包含的电子密度增加到 $\frac{4}{3}$ 次幂 ($\frac{1}{3}$ 次幂是对能量密度来说的)。

对于大量不同密度，均匀电子气体的相关能已由 Monte Carlo 方法确定。为了在 DFT 计算中使用这些结果，希望得到一个适宜的分析插值公式。这个公式已由 Vosko、Wilk 和 Nusair(VWN) 建立，并且普遍认为该公式精确度很高。在非极化($\zeta=0$) 和自旋极化($\zeta=1$) 极限之间插入下述泛函。

$$\varepsilon_c^{\mathrm{VMN}}(r_S,\zeta)=\varepsilon_c(r_S,0)+\varepsilon_a(r_S)\left[\frac{f(\zeta)}{f''(0)}\right][1-\zeta^4]+[\varepsilon_c(r_S,1)-\varepsilon_c(r_S,0)]f(\zeta)\zeta^4$$

$$f(\zeta)=\frac{(1+\zeta)^{\frac{4}{3}}+(1-\zeta)^{\frac{4}{3}}-2}{2(2^{\frac{1}{3}}-1)} \tag{10.3 - 5}$$

$\varepsilon_c(r_S,\zeta)$ 和 $\varepsilon_a(r_S)$ 泛函用参数表示为

$$\varepsilon_{\frac{c}{a}}(x)=A\left\{\ln\frac{x^2}{X(x)}+\frac{2b}{Q}\tan^{-1}\left(\frac{Q}{2x+b}\right)-\frac{bx_0}{X(x_0)}\left[\ln\frac{(x-x_0)^2}{X(x)}+\frac{2(b+2x_0)}{Q}\tan^{-1}\left(\frac{Q}{2x+b}\right)\right]\right\}$$

$$x=\sqrt{r_S}$$

$$X(x)=x^2+bx+c$$

$$Q=\sqrt{4c-b^2} \tag{10.3 - 6}$$

参数 A,x_0,b 和 c 是拟合常数，不同于 $\varepsilon_c(r_S,0)$，$\varepsilon_c(r_S,1)$ 和 $\varepsilon_a(r_S)$。

$\varepsilon_{\frac{c}{a}}(r_S)$ 的改进形式由 Perdew 和 Wang 给出，它的用法与 10.4 节阐述的 PW91 函数相联系。公式中的 $a,\alpha,\beta_1,\beta_2,\beta_3$ 和 β_4 都是适宜的常数。

$$\varepsilon_{\frac{c}{a}}^{\mathrm{PW91}}(x)=-2a\rho(1+\alpha x^2)\ln\left(1+\frac{1}{2a(\beta_1x+\beta_2x^2+\beta_3x^3+\beta_4x^4)}\right) \tag{10.3 - 7}$$

一般,LSDA 近似会使交换能量值低估近 10%,因此误差大于计算总的相关能。而在这种近似中,使电子相关能量值偏高接近于 2 倍,结果键强度也因此偏高。尽管基本假定简单,LSDA 方法得出的结果的精确度与由 HF 理论中波动力学方法得到的结果的精确度相近。

§10.4 梯度校正方法

对 LSDA 方法的改进必须考虑到非均匀电子气的情况。其中一步就是将交换能和相关能不仅取决于电子的密度,而且取决于密度的导数。这种方法称为梯度校正方法或一般的梯度近似(GGA) 方法(直接的 Taylor 展开式不能使 LSDA 得到改进,实际上会使情况更为糟糕,所以名称为一般的梯度近似)。GGA 方法有时也指非定域性方法,尽管这种做法多少有些令人误解,因为泛函在某一特定点上,只取决于密度(与导数),而不取决于如同Hartree-Fock 交换能一样的空间体积。

(10.4 - 1) 式是 Perdew 和 Wang(PW86) 提出的经过改进了的 LSDA 交换项表达式,式中 x 是无方向的梯度变量,a, b, c 是适宜的参数(假定了具有相同 α 密度和 β 密度表达式的总和)。

$$\varepsilon_X^{PW86} = \varepsilon_X^{LDA}(1 + ax^2 + bx^4 + cx^6)^{\frac{1}{15}}$$
$$x = \frac{|\nabla_\rho|}{\rho^{\frac{4}{3}}} \tag{10.4 - 1}$$

Becke 提出了应用广泛的 LSDA 交换能校正式(B 或 B88),式中的校正项 $-r^{-1}$ 对于能量密度来说具有渐进性(不是对交换势能来说)。

$$\varepsilon_X^{B88} = \varepsilon_X^{LDA} + \Delta\varepsilon_X^{B88}$$
$$\Delta\varepsilon_X^{B88} = -\beta\rho^{\frac{1}{3}} \frac{x^2}{1 + 6\beta x \sinh^{-1} x} \tag{10.4 - 2}$$

参数 β 通过与已知的原子数据拟合而获得,x 由(10.4 - 1) 式定义。

由 Becke 和 Roussel(BR) 提出的另一种泛函形式(不是校正式) 为

$$\varepsilon_X^{BR} = -\frac{2 - 2e^{-al} - ale^{-al}}{4b}$$

$$a^3 e^{-al} = 8\pi\rho$$

$$a(ab-2) = b\frac{\nabla^2\rho - 2D}{\rho} \qquad (10.4-3)$$

$$D = \sum_i^N |\nabla\phi_i|^2 - \frac{(\nabla\rho)^2}{4\rho}$$

泛函中包含了轨道函数的导数，不仅是总密度的梯度，这种泛函的计算成本稍微多了一些。尽管(10.4-2)和(10.4-3)式中交换项的泛函形式明显不同，但是它们都能得出相同质量的结果。

Perdew 和 Wang 已提出了与 B88 相似的交换能泛函，它将与下文(10.4-8)式给出的 PW91 相关能泛函联合使用。

$$\varepsilon_X^{\text{PW91}} = \varepsilon_X^{\text{LDA}}\left(\frac{1 + xa_1\sinh^{-1}(xa_2) + (a_3 + a_4 e^{-bx^2})x^2}{1 + xa_1\sinh^{-1}(xa_2) + a_5 x^2}\right) \qquad (10.4-4)$$

式中的 $a_{1\sim5}$ 和 b 也是适宜的常数，x 由(10.4-1)式定义。

现在已经提出了各种各样的相关能量梯度校正泛函形式。其中普遍受认可的一个泛函是由 Lee、Yang 和 Parr(LYP) 提出的。

$$\varepsilon_c^{\text{LYP}} = -a\frac{\gamma}{(1+d\rho^{-\frac{1}{3}})} - al\frac{\gamma e^{-c\rho^{-\frac{1}{3}}}}{9(1+d\rho^{-\frac{1}{3}})\rho^{\frac{8}{3}}} \times [18(2^{\frac{2}{3}})C_F(\rho_\alpha^{\frac{8}{3}} +$$

$$\rho_\beta^{\frac{8}{3}}) - 18\rho t_W + \rho_\alpha(2t_W^\alpha + \nabla^2\rho_\alpha) + \rho_\beta(2t_W^\beta + \nabla^2\rho_\beta)]$$

$$\gamma = 2\left[1 - \frac{\rho_\alpha^2 + \rho_\beta^2}{\rho^2}\right] \qquad (10.4-5)$$

$$t_W^\sigma = \frac{1}{8}\left(\frac{(\nabla\rho_\sigma)^2}{\rho_\sigma} - \nabla^2\rho_\sigma\right)$$

式中参数 a,l,c 和 d 通过与氦原子的数据拟合获得。泛函 t_W 称为定域的 Weizsacker 动能密度。注意当所有自旋平行排列($\rho = \rho_\alpha, \rho_\beta = 0$)时，因子 γ 为零，即在这种情况下，LYP 泛函没有预测自旋平行相关项(e.g. 在三重态氦原子中，LYP 相关能量为零)，通过部分积分密度的二次导数可以除去，得出下式：

$$\varepsilon_c^{\text{LYP}} = -4a\frac{\rho_\alpha\rho_\beta}{\rho^2(1+d\rho^{-\frac{1}{3}})} - al\omega\left\{\frac{\rho_\alpha\rho_\beta}{18}[144(2^{\frac{2}{3}}C_F(\rho_\alpha^{\frac{8}{3}} +\right.$$

$$\rho_\beta^{\frac{8}{3}}) + (47-7\delta)|\nabla\rho|^2 - (45-\delta)(|\nabla\rho_\alpha|^2 +$$

$$|\nabla\rho_\beta|^2) + 2\rho^{-1}(11-\delta)(\rho_\alpha|\nabla\rho_\alpha|^2 + \rho_\beta|\nabla\rho_\beta|^2)] +$$
$$\frac{2}{3}\rho^2(|\nabla\rho_\alpha|^2 + |\nabla\rho_\beta|^2 - |\nabla\rho|^2) -$$
$$(\rho_\alpha^2|\nabla\rho_\beta|^2 + \rho_\beta^2|\nabla\rho_\alpha|^2)\}$$

$$\omega = \frac{e^{-c\rho^{-\frac{1}{3}}}}{(1+d\rho^{-\frac{1}{3}})\rho^{\frac{14}{3}}} \tag{10.4 - 6}$$

$$\delta = c\rho^{\frac{1}{3}} + \frac{d\rho^{-\frac{1}{3}}}{(1+d\rho^{-\frac{1}{3}})}$$

Perdew 提出了对 LSDA 结果的梯度校正。由于是 1986 年提出的，所以用 P86 为词头来命名。

$$\varepsilon_c^{\mathrm{P86}} = \varepsilon_c^{\mathrm{LDA}} + \Delta\varepsilon_c^{\mathrm{P86}}$$

$$\Delta\varepsilon_c^{\mathrm{P86}} = \frac{e^{\Phi}C(\rho)|\nabla\rho|^2}{f(\zeta)\rho^{\frac{7}{3}}} \tag{10.4 - 7}$$

$$f(\zeta) = 2^{\frac{1}{3}}\sqrt{\left(\frac{1+\zeta}{2}\right)^{\frac{5}{3}} + \left(\frac{1-\zeta}{2}\right)^{\frac{5}{3}}}$$

$$\Phi = a\frac{C(\infty)|\nabla\rho|}{C(\rho)\rho^{\frac{7}{6}}}$$

$$C(\rho) = \varphi_1 + \frac{\varphi_2 + \varphi_3 r_S + \varphi_4 r_S^2}{1 + \varphi_5 r_S + \varphi_6 r_S^2 + \varphi_7 r_S^3}$$

式中 a 和 φ_{1-7} 是常数。

后来，这个泛函由 Perdew 和 Wang 在 1991 年(PW91 或 P91) 改写为下面的形式(也是对 LSDA 能量的校正)：

$$\Delta\varepsilon_c^{\mathrm{PW91}}[\rho] = \rho[H_0(t,r_S,\zeta) + H_1(t,r_S,\zeta)]$$

$$H_0(t,r_S,\zeta) = l^{-1}f(\zeta)^3\ln\left[1 + a\frac{t^2 + At^4}{1 + At^2 + A^2t^4}\right]$$

$$H_1(t,r_S,\zeta) = \left(\frac{16}{\pi}\right)(3\pi^2)^{\frac{1}{3}}[C(\rho) - c]f(\zeta)^3 t^2 e^{\frac{-dx^2}{f(\zeta)^2}}$$

$$f(\zeta) = \frac{1}{2}[(1+\zeta)^{\frac{2}{3}} + (1-\zeta)^{\frac{2}{3}}] \tag{10.4 - 8}$$

$$t = \left(\frac{192}{\pi^2}\right)^{\frac{1}{6}}\frac{|\nabla\rho|}{2f(\zeta)\rho^{\frac{7}{6}}}$$

$$A = a\left[e^{\frac{-l\varepsilon_c(r_S,\zeta)}{f(\zeta)^3}} - 1\right]^{-1}$$

式中 $\varepsilon(r_S,\zeta)$ 是 LSDA 相关能泛函 PW92 参数表达式[见(10.3 - 7)式]，x 和 $C(\rho)$ 是在(10.4 - 1)式和(10.4 - 7)式中定义的，a,l,c 和 d 是适宜的常数。

应当注意的是几种已提出的泛函违背了基本的限制条件，如预测单电子体系的相关能量(如 P86 和 PW91)或者未能从交换能量中扣除自我排斥的库仑能。不存在这些问题的较新的泛函之一是 Becke(B95) 提出的，它的形式为

$$\varepsilon_c^{B95} = \varepsilon_c^{\alpha\beta} + \varepsilon_c^{\alpha\alpha} + \varepsilon_c^{\beta\beta}$$

$$\varepsilon_c^{\alpha\beta} = \left[1 + a(x_\alpha^2 + x_\beta^2)\right]^{-1} \varepsilon_c^{PW91,\alpha\beta}$$

$$\varepsilon_c^{\sigma\sigma} = \left[1 + l x_\sigma^2\right]^{-2} \frac{D_\sigma}{D_\sigma^{LDA}} \varepsilon_c^{PW91,\sigma\sigma}$$

$$D_\sigma^{LDA} = 2^{\frac{5}{3}} C_F \rho_\sigma^{\frac{5}{3}} \qquad (10.4 - 9)$$

式中的 σ 包括 α 和 β 自旋，x_σ 和 D_σ 在(10.4 - 1)和(10.4 - 3)式中已定义，a 和 l 是拟合参数，ε_c^{PW91} 是 LSDA 相关泛函中的 Perdew-Wang 参数表达式[见(10.3 - 7)式]。

§10.5　杂 化 方 法

从(10.2 - 3)式中的哈密顿算符和(10.2 - 8)式中的交换－相关能量的定义可以看出，交换－相关能量与无相互作用参考体系和实际体系之间相联系的对应势能之间可以建立精确关系。得出的方程式称为绝热连接公式(ACF)，它包含对参数 λ 求积分，给出电子间的相互作用。

$$E_{Xc} = \int_0^1 \langle \Psi_\lambda \mid \mathbf{V}_{Xc}(\lambda) \mid \Psi_\lambda \rangle d\lambda \qquad (10.5 - 1)$$

在最初的近似中(由于 V_{Xc} 与 λ 成线性关系)，积分的结果为两个端点能量值的平均值。

$$E_{Xc} \simeq \frac{1}{2}\langle \Psi_0 \mid V_{Xc}(0) \mid \Psi_0 \rangle + \frac{1}{2}\langle \Psi_1 \mid \mathbf{V}_{Xc}(1) \mid \Psi_1 \rangle \qquad (10.5 - 2)$$

在 $\lambda = 0$ 的极限中，假定电子是无相互作用的情况，结果没有相关能量，只有交换能。而且，在这种情况下，精确的波泛函是由 KS 轨道组成的单 Slater 行列式，交换能可以根据 Hartree-Fock 理论得出。如果 KS 轨道与 HF 轨道相同，那么“精确”的交换项与根据 HF 理论中波动力学方法计算得出的相同。在(10.5 - 2)式中最后一项仍然未知，根据 LSDA 的结果进行的近似称为 Half-and-Half(H + H) 方法。

$$E_{Xc}^{H+H} = \frac{1}{2}E_X^{exact} + \frac{1}{2}(E_X^{LSDA} + E_c^{LSDA}) \quad (10.5 - 3)$$

因为 GGA 方法对 LDA 进行了实质性的改进，所以在(H + H) 方法中把交换项写成与 LSDA 适当的组合，等于精确交换项与梯度校正项的加和。相关能也可以同样认为是 LSDA 公式加上一个梯度校正项。

$$E_{Xc}^{B3} = (1-a)E_X^{LSDA} + aE_X^{exact} + l\Delta E_X^{B88} + E_c^{LSDA} + c\Delta E_c^{GGA} \quad (10.5 - 4)$$

包括精确交换项的模型通常称为杂化方法，名称为 ACM，Becke 3 参数泛函(B3)就属于杂化方法[见(10.5 - 4)式]。参数 a，l 和 c 与实验数据拟合后得到，取决于所选的 E_c^{GGA} 的形式，所取的典型值为：a 取 0.2，l 取 0.7，c 取 0.8。实际上由于参数化的泛函的计算结果较好，(H + H) 方法几乎不再使用。虽然 B3 的方法中趋于增加较多的拟合参数，但是改进的效果不是很明显。

§10.6 性 能 比 较

DFT 方法的特别之处在于要求选择合适的交换能和相关能的形式。尽管原则上它们中的一个可以选择 LSDA 形式，另一个可以选择梯度形式，实际上并不谐调。在 LSDA 近似中，交换项由 Dirac-Slater 表达式(10.3 - 2) 明确给出，对于相关能量来说，唯一的区别在于插入泛函的使用能够再次得出(非常理想的)Monte Carlo 结果。一般认为 VMN 公式(10.3 - 5)/(10.3 - 6) 考虑了理想的插入泛函，所以 LSDA 几乎与 SVMN 同义。梯度校正法使用 B88 交换项[(10.4 - 2) 式] 或者是 B3/ACM 杂化[(10.5 - 4) 式]，以及 LYP，P86，PW91 相关项中的任意一种[(10.4 - 5 ~

10.4－8)式]。与此相关的表示为 BLYP,BP86,BPW91,B3LYP,B3P86和 B3PW91。

梯度校正方法一般比 LSDA 的效果要好。对 G2－1 数据结果,忽略了电子的亲和力,得出了表 10.6－1 中列出的平均绝对偏差。加入了梯度项后,改进效果明显。在这些测试中,杂化方法,如 B3PW91 的效果几乎与精密的 G2 模型结果一样好。对于参考数据比较多的集合,称为 G2－2 集合,数据如表 10.6－2 所示。

表 10.6－1　由平均绝对偏差比较 DFT 方法的效果(kcal/mol)

方法	G2	LSDA	B88	BPW91	B3PW91
原子化能	1.2	35.7	3.9	5.7	2.4
离子化能	1.4	6.3	11.2	4.1	3.8
质子亲和能	1.0	5.6	2.4	1.5	1.2

表 10.6－2　DFT 方法效果比较(kcal/mol)

方法	平均绝对偏差	最大绝对偏差
G2	1.6	8.2
G2(MP2)	2.0	10.1
G2(MP2,SVP)	1.9	12.5
SVWN	90.9	228.7
BLYP	7.1	28.4
BPW91	7.9	32.2
B3LYP	3.1	20.1
B3PW91	3.5	21.8

通常,当计算成本与 HF 的计算成本相当时,GGA 方法可以给出性质与 MP2 相同或比 MP2 好的稳定分子的几何构型和振动频率。对于含有多重参考性质的体系来说,MP2 不能得到理想的结果,DFT 方法得出

的结果的质量能够与偶合簇方法得出的结果质量相近。

另一个特别优势是，对于开壳体系来说，以非限制行列式（类似于UHF）为基础的DFT方法不必强烈地受"自旋污染"的影响，即$\langle S^2 \rangle$通常接近于$S_z(S_z+1)$。基本上，这是由于在单行列式波函数中包含了电子相关项的结果（根据E_{xc}）。实际上已经争论过"自旋污染"在DFT方法中没有得到很好的定义，并且$\langle S^2 \rangle$不应该等于$S_z(S_z+1)$。争论的基本问题在于实际体系所显示出的"自旋极化"现象，如在空间存在ρ_α大于ρ_β的点（假定α电子的数量大于β电子的数量）。通过限制性的开壳行列式不能得到这种结果（类似于ROHF），只有通过允许α,β轨道有区别的非限制行列式才能得出，对于对称性破缺的非限制行列式来说，E_{xc}存在的另一种结果是限制性行列式比Hartree-Fock波函数具有更强的稳定性。例如，对臭氧来说，使用纯DFT方法（LSDA，BLYP，BPW91）不可能找出一种相当于UHF的低能量解，尽管这些DFT方法考虑到精确的交换项仍显示出三重态的不稳定性。

由于分散作用（范德瓦尔斯相互作用）很难用现今已有的泛函来描述弱相互作用。由于键强值普遍偏高，LDA确实预测了一种稀有气体之间存在的吸引力，尽管不是很精确，然而实质上所有的梯度校正方法都预测了一种纯排斥作用（至少校正了基组的重合误差后）。氢键主要是静电作用，在DFT方法中对此进行了很合理的解释。有证据指出根据DFT方法预测的相对能精确度较低，有时不能充分地描述出过渡态结构，但是如前提到的，DFT方法得到校正的体系的数目还是相当的少。

最后，DFT方法目前不能很好地适应与基态具有相同对称性的激发态。波函数的缺乏很难保证基态和激发态波函数发生正交。

§10.7 计算中的具体问题

KS轨道可以通过与HF方法相类似的数字程序来确定。实际上，这样的程序局限于体积小的体系。所有的计算都用到 KS 轨道在原子基组中的展开式。

$$\phi_i = \sum_{\alpha}^{M} c_{\alpha i}\chi_\alpha \tag{10.7 - 1}$$

通常用到的基组函数与在波动力学方法中为了展开 HF 轨道用到的相同。尽管不能保证由波函数的变分原理所确定的指数和收缩系数对 DFT 轨道同样适用，但是由两种方法导出的电子密度非常相似，所以可以假定差异会很小。

在原子轨道基组中，变分原理也可以得到矩阵方程，表示如下：

$$\begin{aligned}
&\mathbf{h}_{\mathrm{KS}}\mathbf{c} = \mathbf{S}\mathbf{C}_\varepsilon \\
&\mathbf{h}_{\alpha\beta} = \langle \chi_\alpha \mid \mathbf{h}_{\mathrm{KS}} \mid \chi_\beta \rangle \\
&\mathbf{S}_{\alpha\beta} = \langle \chi_\alpha / \chi_\beta \rangle \\
&\mathbf{h}_{\mathrm{KS}} = -\frac{1}{2}\nabla^2 + \mathbf{V}_{ne} + \int \frac{\rho(\mathbf{r}')}{\mid \mathbf{r} - \mathbf{r}' \mid} d\mathbf{r}' + \mathbf{V}_{Xc}
\end{aligned} \tag{10.7 - 2}$$

$\mathbf{h}_{\mathrm{KS}}$ 矩阵与在波动力学方法中 Fock 矩阵相似，同时单电子和库仑项与 Fock 矩阵中相应的元素相同。交换－相关项根据电子密度得出，也可能包含密度的导数(或者是轨道，如(10.4 - 3)式的 BR 泛函)。

$$\int \chi_\alpha(\mathbf{r})\mathbf{V}_{Xc}[\rho(\mathbf{r}), \nabla\rho(\mathbf{r})]\chi_\beta(\mathbf{r})d\mathbf{r} \tag{10.7 - 3}$$

由于 $\mathbf{V}_{Xc}$ 泛函取决于隐含了电子密度的积分变量，积分不能分解求值，而必须由数字积分来形成。

$$\int \chi_\alpha(\mathbf{r})\mathbf{V}_{Xc}[\rho(\mathbf{r}), \nabla\rho(\mathbf{r})]\chi_\beta(\mathbf{r})d\mathbf{r} \simeq \sum_{k=1}^{G} \mathbf{V}_{Xc}[\rho(\mathbf{r}_k), \nabla\rho(\mathbf{r}_k)]\chi_\alpha(\mathbf{r}_k)\chi_\beta(\mathbf{r}_k)\nabla V_k \tag{10.7 - 4}$$

当梯度点 G 的数量趋向于无穷大，近似将变为精确。实际上，梯度点的数量的选择基于最后结果所要求的精确度，即如果能量值仅要求精确到 10^{-3}，积分点的数量会少于能量值要求精确到 10^{-5} 所需要的积分点的数量。为了得到最好的精确度，也可以根据一些技术性的技巧来选择特定点的最佳分布，既泛函 $\mathbf{V}_{Xc}$ 变化最多的地方点应该密集些。梯度点通常选择为围绕在原子核周围的球状，从而使其在核的径向部分密集，在价空间的角度部分密集。通常，每个原子要用到 1 000 ～ 10 000 个点。应当注意的是只有梯度点比较多才能达到饱和，即一般能量取决于梯度点的数量和位置。为了比较不同体系的能量，必须使用相同的梯度点。对于 E_{Xc} 而言，梯度所起的作用和基组对其他项所起的作用相同。如同不应该把不同的基组计算出来的能量值相比较一样，我们也不能把用不同的梯度尺寸的 DFT 方法计算出来的能量间相比较。而且，不完整的梯度会导致与基组重合误差相类似的“梯度重合误差”。

随着轨道以基组函数的展开，由于 J 泛函中存在的库仑积分(也可能由于杂化方法中的精确交换项)，解 KS 方程所需要的积分数增加到 M^4。对于 E_{xc} 的数字积分[(10.7 - 4)式]，梯度点的数量随着体系尺寸的增大而线性增加。交换－相关项的计算成本也增加为 GM^2，即取决于体系大小的三次方。当库仑项(也可是“精确的”交换项)可以直接由对基组函数的积分中求得数值时，DFT 方法计算的成本为 M^4。然而，库仑项(交换项)计算对于大体系来说，可以用快速多极方法计算需要 M^1 计算成本。对交换、相关项进行数字积分可以减少计算成本，此积分随体系尺寸呈线性关系。换言之，采用现代技术，DFT 方法是一种真正的线性成本方法。它使对含有成千上万原子的体系进行精确计算成为可能，并有可能对传统计算化学以外的许多领域产生影响。

尽管如此，形式如 M^4 的计算成本已经得出了减少至 M^3 的方法。它是通过将电子密度拟合成函数的线性组合，并在库仑项中的 J 积分的取值中使用拟合的密度而得出的。

$$\rho \cong \sum_{\alpha}^{M'} a'_{\alpha} \chi'_{\alpha} \tag{10.7 - 5}$$

密度拟合的函数与展开轨道中的函数可能相同或不同。拟合常数 a'_{α} 选择的前提是能够使源自精确密度和拟合密度之差的库仑能值最小，以电荷守恒为限制条件。J 积分变为

$$\int \chi_{\alpha}(1)\chi_{\beta}(1)\frac{1}{|\mathbf{r}_1-\mathbf{r}_2|}\chi'_{\gamma}(2)d\mathbf{r}_1 d\mathbf{r}_2 \tag{10.7 - 6}$$

这个式子仅涉及到三个基本函数，所以能减少至 M^3 的计算成本。

在某些情况下，交换－相关势能泛函 $\mathbf{V}_{xc}$ 可以像拟合密度一样拟合成一套函数的组合。

$$\mathbf{V}_{xc} \cong \sum_{\alpha}^{M''} b''_{\alpha} \chi''_{\alpha} \tag{10.7-7}$$

同样，这组拟合函数与轨道和（或）密度基函数可能相同或不同。一旦势能被拟合，交换－相关能量可以从涉及三个函数的积分中求出值，与(10.7－6)式类似。这种拟合不能减少计算的成本，因为交换－相关项已经为 M^3。

在线性计算方法完全发展前，许多附加拟合设计就已推导出来，但不清楚它们是否存在优势。实际上，对于能量导数的计算，它们似乎效果相反，因为拟合程序使计算表达式变得很复杂。

在求算能量导数时，使用梯度技术计算交换－相关项贡献的数字积分时存在一些缺陷。为此发展无梯度的 DFT 方法是有意义的，这样交换－相关势能可以完全用分析积分来表示。

实际上，DFT 计算方法与 HF 计算方法存在相同的努力方向。而且，与 HF 方法一样，DFT 方法是一维的，增加基组的数量，可使 KS 轨道的表达越来越完善。因为 DFT 能量直接取决于电子密度，希望 DFT 中对基组要求与 HF 方法相似，即利用 TZ(2df) 型基组接近收敛。

§10.8　DFT 方法与其他计算方法的比较

应当将 DFT 方法视为 ab initio 还是半经验的方法？如果认为 ab initio 没有拟合参数，LSDA 方法是 ab initio，但梯度校正方法可能是也可能不是 ab initio。LSDA 交换能量项不包含参数，相关能泛函作为密度的平面泛函，已被精确地确定。VMN 相关能泛函[(10.3－5)式和(10.3－6)式] 仅仅是实际计算中所必需的适宜的插入公式；对于原子或分子体系，为了改进效果，选择的常量不能代表拟合参数。某些梯度校正方法中（如

B88 交换和 LYP 相关)，包含了与原子实验数据符合的拟合参数，但是拟合参数的数量明显比半经验方法的参数的数量要少。例如，半经验性的 PM3 方法中，对每个原子来说，有 18 个参数，而在 B88 方法中，交换泛函仅有一个对整个周期系有效的拟合常数。其他泛函完全由理论推导而来，可以被认为是“纯”ab initio。

如果 ab initio 意味着以理论为基础，原则上能得出精确结果的方法，那么 DFT 方法就是 ab initio。但现今的方法不能得出精确的结果，即使是求完整的基本基组的极限，因为精确的交换－相关能的泛函形式还不知道。波动力学方法使用的是精确的哈密顿算符，并对波函数进行近似，而 DFT 方法是对哈密顿算符进行近似，这样比在算符中加入校正项更容易改进波函数的表达式。可能会有一些误解，似乎非常不同的泛函给出了相似的结果。尽管经过梯度校正的 DFT 方法得出了成功的结果，甚至是解决理论上很难解决的问题，但是缺少为了得出精确结果而扩展系列计算的系统方法是 DFT 方法的重要缺陷。当基组增加时，结果收敛于一特定的值，但是理论上不允许在极限中估计存在的内在误差值(像 HF 理论中，用波动力学方法得出的振动频率值偏高)。而且，尽管像 LSDA，BPW91，B3PW91 这样的方法得到了改进，能够得出与参考数据相比错误率较低的数据，如标准的 Gaussian－2 模型，但是不能保证这样的改进对于具有特性的某一给定体系也能得出越来越好的结果。确实，LSDA 方法在某些情况下，甚至在大的基组极限情况下，也比任何一种比较“完善”的梯度校正方法得出的结果好。一个特定结果的质量只有通过与能够得到实验的或高质量的波动力学处理结果的相似体系比较才能被确定。在这方面，DFT 与半经验性的方法类似。DFT 方法(特别是经过梯度校正的 DFT 方法)和杂化方法，如 MNDO 体系的方法具有更高精确度(误差非常相同)，最终 DFT 方法对于不需要非常高精确度的体系来说是一个有价值的方法。以密度泛函理论为基础的量子力学材料计算的时代已经开始。

§10.9 DFT 应用实例

密度泛函理论的另一个长处是物理意义直观。对指定的化学环境的精确计算和对这些计算结果的理解与解释通常难以达成一致。量子化学家时常会遗憾地发现，越复杂越精确的计算，对于需要证明的结果的理解就越难以琢磨。事实上，Kohn-Sham DFT 不仅提供了一条精确计算和预测的方法，而且允许我们用基本的物理模型解释和理解化学键。更重要的是，DFT 方法可以实现概念的统一化。

从能量的观点说，中性分子体系的化学势，就是电子能量 E 与电子数 N 之间的单调下降函数在电中性处的斜率，它近似等于 $-(I+A)/2$。$-(I+A)/2$ 就是 Mulliken 于 1934 年定义的电负性 χ 的负值。

宏观体系的化学势是化学平衡理论最重要的基本概念。宏观的化学平衡就是反应物、产物之间的化学势拉平。以前，人们还从未考虑过微观体系有没有化学势。1978 年，Parr 根据密度泛函理论把“绝对电负性”定义为体系化学势的负值。显然，用微观化学势定义的绝对电负性要比 Mulliken 或 Pauling 的电负性的物理含义深刻得多。

过去化学家熟知的“电负性均衡原理”(R. T. Sanderson，1951 年)，实际上也是从未被严格证明过的。现在，从密度泛函理论来看是不言自明的：两个分子结合就必定要微观化学势或绝对电负性拉平。

体系能量作为电子数 N 的函数又总是可以写成幂级数展开，所以 Parr 于 1983 年从二阶导数项又得到了“绝对硬度”η 的定义：化学势随电子数改变的变化率。它和电负性一样都是体系的全局性质。任意中性化合物 S 的歧化反应 $S+S \rightarrow S^{+}+S^{-}$ 的能量增值就与绝对硬度有关。

Parr 的看法得到了硬软酸碱概念的提出者 R. G. Pearson 的赞同，尽管 Pearson 在 70 年代曾经说过：“我本人极端怀疑是否有必要把硬软酸碱概念定量化。”从此，硬软酸碱不再是一个定性概念了，而是统一化的新

概念 —— 绝对硬度。其实，概念的统一化要比定量化更进了一步。在统一化概念上形成的科学直觉，显然远远超过在旧概念上形成的直觉。正因为科学家十分看重概念和直觉，所以他们也必定重视概念要植根于统一的理论框架，使知识的基础更扎实。即使数据拟合得再好，唯象理论也不一定能避免搞错概念。实验检验理论不仅指数值上是否相符，而且要检验概念的原始程度。

由密度泛函理论出发，还可以得到微观体系的其他概念，如压力、熵和温度，甚至还得到了类似于宏观热力学的麦克斯韦关系式。总之，密度泛函理论不但给计算分子性质开辟了新途径，更重要的是导致化学的基本概念“经历一个由老概念崩溃、重新定义概念到概念统一化的过程”(Parr，1975 年)。

参考文献

1. 唐敖庆，杨忠志，李前树．量子化学．北京：科学出版社，1982.
2. 徐光宪，黎乐民．量子化学基本原理和从头算方法(上、中、下)．北京：科学出版社，1980.
3. I. N. Levine, Quantum Chemistry, Prentice Hall, Englewood Cliffs, fifth Edition, 1999.
4. Eyring, walter&Kimball, Quantum Chemistry, (1944), C. J. Ballhauson, Introduction to ligand Field Theory, 1962.
5. 张乾二，林连堂，王南钦．休克尔矩阵图形方法．北京：科学出版社，1981.
6. 曾谨言编著．量子力学(上、下)．北京：科学出版社，1982.
7. F. A. 科顿著，刘春万，游效增，赖伍江译．群论在化学中的应用(第三版)．福州：福建科学技术出版社，1999.
8. 唐敖庆，李前树．原子簇的结构规则和化学键．济南：山东科学技术出版社，1998.
9. 唐敖庆，杨忠志，叶元杰．大分子体系的量子化学，长春：吉林大学出版社，2000.
10. 唐敖庆，江元生，鄢国森等．分子轨道图形理论．北京：科学出版社，1980
11. M. 卡普路斯，R. N. 波特．原子与分子．王荣顺等译．北京：科学出版社，1986
12. J. N. 默雷尔，S. F. A. 凯特尔，J. M. 特德．原子价理论．文振翼，姚惟馨等译．北京：科学出版社，1978.
13. L. E. 欧格耳．过度金属化学导论，配位场理论．游效曾等译．北京：科学出版社，1966.
14. 陈念陔，高坡，乐征宇．量子化学理论基础．哈尔滨：哈尔滨工业大学出版社，2002.
15. R. G. Parr and W. Yang Density Functional Theory, Oxford University Press, 1989.
16. M. Levy and J. P. Perdew, in Density Functional Methods in Physics, ed. R. M. Dreizler and J. da Providencia, Plenum, 1985.
17. W. Koch and M. C. Holthausen, A Chemist's Guide to Density Functional Theory, Second Edition, 2001, Wiley-VCH
18. David C. Young, Computational chemistry— A practical guide for applying techniques to real-world problems, Wiley interscience, A John wiley & Sons, Inc. , Publication, New York, 2001.

附录 Ⅰ 常用物理常数

光速 c	2.997925×10^{8} 米/秒或 2.997925×10^{10} 厘米/秒
电子的电荷 e	1.607191×10^{-19} 库仑或 4.8025×10^{-10} 静电系电位
阿伏加德罗数 N_A	6.020169×10^{23}/摩尔
哈特里 $H=\frac{e^2}{a_0}$	27.205 eV
原子质量单位	1.66053×10^{-27} 千克或 1.66053×10^{-24} 克
电子的静质量 m_0	9.109558×10^{-31} 千克或 9.109558×10^{-28} 克
质子的静质量 m_p	1.672614×10^{-27} 千克或 1.672614×10^{-24} 克
普朗克常数 h	6.626196×10^{-34} 焦·秒或 6.626196×10^{-27} 尔格·秒
$\hbar$	1.054592×10^{-34} 焦·秒或 1.054592×10^{-27} 尔格·秒
里德堡常数 R_∞（核质量为无限大时）	1.09737×10^{7} 米$^{-1}$ 或 109737.303 厘米$^{-1}$
波尔米径 a_0	5.29169×10^{-11} 米或 0.529169×10^{-8} 厘米
自由电子的 g 因子	2.0023

附录 Ⅱ 一些重要的积分公式

1. $\int x^n e^{ax}dx=\frac{x^n e^{ax}}{a}-\frac{n}{a}\int x^{n-1}e^{ax}dx$

2. $\int_0^\infty x^n e^{-ax}dx=\frac{n!}{a^{n+1}}, n>-1, a>0$

3. $\int_0^\infty e^{-ax^2}dx=\frac{1}{2}\sqrt{\frac{\pi}{a}}$

4. $\int_0^\infty x^2 e^{-ax^2}dx=\frac{1}{4}\sqrt{\frac{\pi}{a^3}}$

5. $\int_0^\infty x^{2n}e^{-ax^2}dx=\frac{1\cdot3\cdot\cdots\cdot(2n-1)}{2^{n+1}}\sqrt{\frac{\pi}{a^{2n+1}}}$

6. $\int_0^\infty xe^{-ax^2}dx=\frac{1}{2a}$

7. $\int_0^\infty x^3 e^{-ax^2}dx=\frac{1}{2a^2}$

8. $\int_0^\infty x^{2n+1}e^{-ax^2}dx=\frac{n!}{2a^{n+1}}$

9. $\int_1^\infty e^{-ax}dx=\frac{e^{-a}}{a}$

10. $\int_1^\infty xe^{-ax}dx=\frac{e^{-a}}{a^2}(1+a)$

11. $\int_1^{\infty} x^2 e^{-ax} dx = \frac{2e^{-a}}{a^3}\left(1 + a + \frac{a^2}{2}\right)$

12. $\int_1^{\infty} x^n e^{-ax} dx = \frac{n!e^{-a}}{a^{n+22}} \sum_{k=0}^{n} \frac{a^k}{k!} \equiv A_n(a)$

13. $\int_{-1}^{+1} e^{-ax} dx = \frac{1}{a}(e^a - e^{-a})$

14. $\int_{-1}^{+1} xe^{-ax} dx = \frac{1}{a^2}[e^a - e^{-a} - a(e^a + e^{-a})]$

15. $\int_{-1}^{+1} x^n e^{-ax} dx = (-1)^{n+1} A_n(-a) - A_n(a)$

附录 Ⅲ 化学上重要对称群的特征标表

1. 无轴群

G_1	E
A	1

C_1	E	σ_h		
A'	1	1	x, y, R_x	x^2, y^2, z^2
A''	1	-1	x, R_x, R_y	xy, yz, xz

C_4	E	i		
A_0	1	1	R_x, R_y, R_z	x^2, y^2, z^2
A_u	1	-1	x, y, z	xy, yz, xz

2. C_n 群

C_2	E	C_2		
A	1	1	z, R_z	x^2, y^2, z^2, xy
B	1	-1	x, y, R_x, R_y	yz, xz

C_3	E	C_3	C_3^2		$e = \exp^{3\pi i/3}$
A	1	1	1	z, R_z	$x^2 + y^2, z^2$
E	$\begin{Bmatrix} 1 \\ 1 \end{Bmatrix}$	$\begin{matrix} \varepsilon \\ \varepsilon^* \end{matrix}$	$\begin{matrix} \varepsilon^* \\ \varepsilon \end{matrix}$	$(x, y)(R_x, R_y)$	$(x^2 - y^2, xy)(yz, xz)$

C_4	E	C_4	C_2	C_4^3		
A	1	1	1	1	z, R_z	x^2+y^2, z^2
B	1	-1	-1	-1		x^2-y^2, xy
E	$\begin{cases}1 & i & -1 & -i \\ 1 & -i & -1 & i\end{cases}$				$(x,y)(R_x,R_y)$	(yz, xz)

3. D_n 群

D_2	E	$C_2(z)$	$C_2(y)$	$C_2(x)$		
A	1	-1	1	1		x^2, y^2, z^2
B_1	1	1	-1	-1	z, R_z	xy
B_2	1	-1	1	-1	y, R_y	xz
B_3	1	-1	-1	1	x, R_x	yz

D_3	E	$2C_3$	$3C_2$		
A	1	1	1		x^2+y^2, z^2
A_2	1	1	-1	z, R_z	
E	2	-1	0	$(x,y)(R_x,R_y)$	$(x^2-y^2, xy)(xy, yz)$

D_4	E	$2C_4$	$C_2(=C_4^2)$	$2C_2'$	$2C_2''$		
A_1	1	1	1	1	1		x^2+y^2, z^2
A_2	1	1	1	-1	-1	z, R_z	
B_1	1	-1	1	1	-1		x^2-y^2
B_2	1	-1	1	-1	1		xy
E	2	0	-2	0	0	$(x,y)(R_x,R_y)$	(xz, yz)

D_5	E	$2C_6$	$2C_3$	C_2	$3C_2'$	$3C_2''$		
A_1	1	1	1	1	1	1		x^2+y^2, z^2
A_2	1	1	1	1	-1	-1	z, R_z	
B_1	1	-1	1	-1	1	-1		x^2-y^2
B_2	1	-1	1	-1	-1	1		
E_1	2	1	-1	-2	0	0	$(x,y)(R_x,R_y)$	(xz, yz)
E_2	2	-1	-1	2	0	0		(x^2-y^2, xy)

4. C_n 群

C_{2v}	E	C_2	$\sigma_{v(xz)}$	$\sigma'_{v(yz)}$		
A_1	1	1	1	1	z	x^2, y^2, z^2
A_2	1	1	-1	-1	R_z	xy
B_1	1	-1	1	-1	x, R_y	xz
B_2	1	-1	-1	1	y, R_x	yz

C_{3v}	E	$2C_3$	$3\sigma_v$		
A_1	1	1	1	z	x^2+y^2, z^2
A_2	1	1	-1	R_z	
E	2	-1	0	$(x, y)(R_x, R_y)$	$(x^2-y^2, xy)(xz, yz)$

C_{4v}	E	$2C_4$	C_2	$2\sigma_v$	$3\sigma_d$		
A_1	1	1	1	1	1	z	x^2+y^2, z^2
A_2	1	1	1	-1	-1	R_z	
B_1	1	-1	1	1	-1		x^2-y^2
B_2	1	-1	1	-1	1		xy
E	2	0	-2	0	0	$(x, y)(R_x, R_y)$	(xy, yz)

5. C_{nh}

C_{2h}	E	C_2	i	σ_h		
A_g	1	1	1	1	R_z	x^2, y^2, z^2, xy
B_g	1	-1	1	-1	R_x, R_y	xy, yz
A_u	1	1	-1	-1	z	
B_u	1	-1	-1	1	x, y	

C_{3h}	E	C_3	C_3^2	σ_h	S_3	S_3^5		
A'	1	1	1	1	1	1	R_z	x^2+y^2, z^2
E'	$\begin{cases}1\\1\end{cases}$	$\begin{matrix}\varepsilon\\\varepsilon^*\end{matrix}$	$\begin{matrix}\varepsilon^*\\\varepsilon\end{matrix}$	$\begin{matrix}1\\1\end{matrix}$	$\begin{matrix}\varepsilon\\\varepsilon^*\end{matrix}$	$\begin{matrix}\varepsilon^*\\\varepsilon\end{matrix}$	(x, y)	x^2-y^2, xy
A''	1	1	1	-1	-1	-1	z	
E''	$\begin{cases}1\\1\end{cases}$	$\begin{matrix}\varepsilon\\\varepsilon^*\end{matrix}$	$\begin{matrix}\varepsilon^*\\\varepsilon\end{matrix}$	$\begin{matrix}-1\\-1\end{matrix}$	$\begin{matrix}-\varepsilon\\-\varepsilon^*\end{matrix}$	$\begin{matrix}-\varepsilon^*\\-\varepsilon\end{matrix}$	(R_x, R_y)	xz, yz

C_{4h}	E	C_4	C_2	C_4^3	i	S_4^3	σ_h	S_4		
A_g	1	1	1	1	1	1	1	1	R_z	x^2+y^2, z^2
B_g	1	-1	1	-1	1	-1	1	-1		x^2-y^2, xy
E_g	$\begin{cases}1\\1\end{cases}$	$\begin{matrix}i\\-i\end{matrix}$	$\begin{matrix}-1\\-1\end{matrix}$	$\begin{matrix}-i\\i\end{matrix}$	$\begin{matrix}1\\1\end{matrix}$	$\begin{matrix}i\\-i\end{matrix}$	$\begin{matrix}-1\\-1\end{matrix}$	$\begin{matrix}-i\\i\end{matrix}$	(R_x, R_y)	xz, yz
A_u	1	1	1	1	-1	-1	-1	-1	z	
B_u	1	-1	1	-1	-1	1	-1	1		
E_u	$\begin{cases}1\\1\end{cases}$	$\begin{matrix}i\\-i\end{matrix}$	$\begin{matrix}-1\\-1\end{matrix}$	$\begin{matrix}-i\\i\end{matrix}$	$\begin{matrix}-1\\-1\end{matrix}$	$\begin{matrix}-i\\i\end{matrix}$	$\begin{matrix}1\\1\end{matrix}$	$\begin{matrix}i\\-i\end{matrix}$	(x, y)	

6. D_{nh} 群

D_{2h}	E	$C_2(z)$	$C_2(y)$	$C_2(x)$	i	$\sigma(xy)$	$\sigma(xz)$	$\sigma(yz)$		
A_g	1	1	1	1	1	1	1	1		x^2, y^2, z^2
B_{1g}	1	1	-1	-1	1	1	-1	-1	R_z	xy
B_{2g}	1	-1	1	-1	1	-1	1	-1	R_y	xz
B_{3g}	1	-1	-1	1	1	-1	-1	1	R_x	yz
A_u	1	1	1	1	-1	-1	-1	-1		
B_{1u}	1	1	-1	-1	-1	-1	1	1	z	
B_{2u}	1	-1	1	-1	-1	1	-1	1	y	
B_{3u}	1	-1	-1	1	-1	1	1	-1	x	

D_{3h}	E	$2C_3$	$3C_2$	σ_h	$2S_3$	$3\sigma_v$		
A'_1	1	1	1	1	1	1		x^2+y^2, z^2
A'_2	1	1	−1	1	1	−1	R_z	
E'	2	−1	0	2	−1	0	(x, y)	x^2-y^2, xy
A''_1	1	1	1	−1	−1	−1		
A''_2	1	1	−1	−1	−1	1	z	
E''	2	−1	0	−2	1	0	(R_x, R_y)	(xy, yz)

D_{4h}	E	$2C_6$	$3C_3$	C_2	$3C'_2$	$3C''_2$	i	$2S_3$	$2S_6$	σ_h	$3\sigma_d$	$3\sigma_v$		
A_{1g}	1	1	1	1	1	1	1	1	1	1	1	1		x^2+y^2, z^2
A_{2g}	1	1	1	1	−1	−1	1	1	1	1	−1	−1	R_z	
B_{1g}	1	−1	1	−1	1	−1	1	−1	1	−1	1	−1		
B_{2g}	1	−1	1	−1	−1	1	1	−1	1	−1	−1	1		
E_{1g}	2	1	−1	−2	0	0	2	1	−1	−2	0	0	(R_x, R_y)	(xy, yz)
E_{2g}	2	−1	−1	2	0	0	2	−1	−1	2	0	0		(x^2-y^2, xy)
A_{1u}	1	1	1	1	1	1	−1	−1	−1	−1	−1	−1		
A_{2u}	1	1	1	1	−1	−1	−1	−1	−1	−1	1	1	z	
B_{1u}	1	−1	1	−1	1	−1	−1	1	−1	1	−1	1		
B_{2u}	1	−1	1	−1	−1	1	−1	1	−1	1	1	−1		
E_{1u}	2	1	−1	−2	0	0	−2	−1	1	2	0	0	(x, y)	
E_{2u}	2	−1	−1	2	0	0	−2	1	1	−2	0	0		

7. D_{nd} 群

D_{2d}	E	$2S_4$	C_2	$2C'$	$2\sigma_d$		
A_1	1	1	1	1	1		x^2+y^2, z^2
A_2	1	1	1	−1	−1	R_z	
B_1	1	−1	1	1	−1		x^2-y^2
B_2	1	−1	1	−1	1	z	xy
E	2	0	−2	0	0	$(x, y); (R_x, R_y)$	(xy, yz)

D_{3d}	E	$2C_3$	$2C_2$	i	$2S_6$	$3\sigma_d$		
A_{1g}	1	1	1	1	1	1		x^2+y^2,z^2
A_{2g}	1	1	1	1	1	1	R_z	
E_g	2	1	0	2	1	0	(R_x,R_y)	(x^2-y^2,xy)
A_{1u}	1	1	1	1	1	1		(xz,yz)
A_{2u}	1	1	1	1	1	1	z	
E_u	2	1	0	2	1	0	(x,y)	

8. S_n 群

S_4	E	S_4	C_2	S_4^3		
A	1	1	1	1	R_z	x^2+y^2,z^2
B	1	-1	1	-1	z	x^2+y^2,xy
E	$\begin{cases}1\\1\end{cases}$	$\begin{matrix}i\\-i\end{matrix}$	$\begin{matrix}-1\\-1\end{matrix}$	$\begin{matrix}-i\\i\end{matrix}$	$(x,y);(R_x,R_y)$	(xz,yz)

S_6	E	C_3	C_3^2	i	S_6^5	S_6		$e=\exp(2\pi/3)$
A_g	1	1	1	1	1	1	R_z	x^2+y^2,z^2
E_g	$\begin{cases}1\\1\end{cases}$	$\begin{matrix}\delta\\\varepsilon^*\end{matrix}$	$\begin{matrix}\varepsilon^*\\\varepsilon\end{matrix}$	$\begin{matrix}1\\1\end{matrix}$	$\begin{matrix}\varepsilon\\\varepsilon^*\end{matrix}$	$\begin{matrix}\varepsilon^*\\e\end{matrix}$	(R_x,R_y)	$(x^2-y^2,xy);(xz,yz)$
A_u	1	1	1	-1	-1	-1	z	
E_u	$\begin{cases}1\\1\end{cases}$	$\begin{matrix}\varepsilon\\\varepsilon^*\end{matrix}$	$\begin{matrix}\varepsilon^*\\\varepsilon\end{matrix}$	$\begin{matrix}-1\\-1\end{matrix}$	$\begin{matrix}-\varepsilon\\-\varepsilon^*\end{matrix}$	$\begin{matrix}-\varepsilon^*\\-e\end{matrix}$	(x,y)	

9. 立方体群

T	E	$4C_3$	$4C_3^2$	$3C_2$		$\varepsilon=\exp(2\pi i/3)$
A	1	1	1	1		$x^2+y^2+z^2$
E	$\begin{cases}1\\1\end{cases}$	$\begin{matrix}\varepsilon\\\varepsilon^*\end{matrix}$	$\begin{matrix}\varepsilon^*\\\varepsilon\end{matrix}$	$\begin{matrix}1\\1\end{matrix}$		$(2z^2-x^2-y^2,x^2-y^2)$
T	3	0	0	-1	$(R_x,R_y,R_z)(x,y,z)$	(xy,xz,yz)

T_d	E	$8C_3$	$3C_2$	$6C_4$	$6\sigma_d$		
A_1	1	1	1	1	1		$x^2+y^2+z^2$
A_2	1	1	1	−1	−1		
E	2	−1	2	0	0		$(2\varepsilon^2-x^2-y^2, x^2-y^2)$
T_1	3	0	−1	1	−1	(R_z, R_y, R_z)	
T_2	3	0	−1	−1	1	(x, y, z)	(xy, xz, yz)

O	E	$6C_4$	$3C_2(=C_4^2)$	$8C_3$	$6C_2$		
A_1	1	1	1	1	1		$x^2+y^2+z^2$
A_2	1	−1	1	1	−1		
E	2	0	2	−1	0		$(2z^2-x^2-y^2, x^2-y^2)$
T_1	3	1	−1	0	−1	(R_x, R_y, R_z); (x, y, z)	
T_2	3	−1	−1	0	1		(xy, xz, yz)

O_h	E	$8C_3$	$6C_2$	$6C_4$	$3C_2(=C_4^2)$	i	$6S_4$	$8S_6$	$3\sigma_h$	$6\sigma_d$		
A_{1g}	1	1	1	1	1	1	1	1	1	1		$x^2+y^2+z^2$
A_{2g}	1	1	−1	−1	1	1	−1	1	1	−1		
E_g	2	−1	0	0	2	2	0	−1	2	0		$(2z^2-x^2-y^2, x^2-y^2)$
T_{1g}	3	0	−1	1	−1	3	1	0	−1	−1	(R_x, R_y, R_z)	
T_{2g}	3	0	1	1	−1	3	−1	0	−1	1		(xz, yz, xy)
A_{1u}	1	1	1	1	1	−1	−1	−1	−1	−1		
A_{2u}	1	1	−1	−1	1	−1	1	−1	−1	1		
E_u	2	−1	0	0	2	−2	0	1	−2	0		
T_{1u}	3	0	−1	1	−1	−3	−1	0	1	1	(x, y, z)	
T_{2u}	3	0	1	−1	−1	−3	1	0	1	−1		

10. 线型分子的 $C_{\infty v}$ 群和 $D_{\infty h}$ 群

$C_{\infty v}$	E	$2C_{\infty}^{\Phi}$	$\cdots$	$\infty\sigma_v$		
$A_1 \equiv \sum^+$	1	1	$\cdots$	1	z	x^2+y^2, z^2
$A_2 \equiv \sum^-$	1	1	$\cdots$	1	R_z	
$E_1 \equiv \Pi$	2	$2\cos\Phi$	$\cdots$	0	$(x,y);(R_x,R_y)$	(xz,yz)
$E_2 \equiv \Delta$	2	$2\cos 2\Phi$	$\cdots$	0		(x^2-y^2,xy)
$E_3 \equiv \Phi$	2	$2\cos 3\Phi$	$\cdots$	0		
$\cdots$	$\cdots$	$\cdots$	$\cdots$	$\cdots$		

$D_{\infty h}$	E	$2C_{\Phi}$	$\cdots$	$\infty\sigma_v$	i	$2S_{\infty}^{\Phi}(2iC_{\Phi})$	$\cdots$	$\infty C_2(i\sigma_v)$		
$\sum_g^+$	1	1	$\cdots$	1	1	1	$\cdots$	1		x^2+y^2, z^2
$\sum_g^-$	1	1	$\cdots$	-1	1	1	$\cdots$	-1	R_z	
Π_g	2	$2\cos\Phi$	$\cdots$	0	2	$-2\cos\Phi$	$\cdots$	0	(R_x,R_y)	(xz,yz)
Δ_g	2	$2\cos\Phi$	$\cdots$	0	2	$2\cos\Phi$	$\cdots$	0		(x^2-y^2,zy)
$\cdots$	$\cdots$	$\cdots$	$\cdots$	$\cdots$	$\cdots$	$\cdots$	$\cdots$	$\cdots$		
$\sum_u^+$	1	1	$\cdots$	1	-1	-1	$\cdots$	-1	z	
$\sum_u^-$	1	1	$\cdots$	-1	-1	-1	$\cdots$	1		
Π_u	2	$2\cos\Phi$	$\cdots$	0	-2	$2\cos\Phi$	$\cdots$	0	(x,y)	
Δ_u	2	$2\cos 2\Phi$	$\cdots$	0	-2	$-2\cos\Phi$	$\cdots$	0		
$\cdots$	$\cdots$	$\cdots$	$\cdots$	$\cdots$	$\cdots$	$\cdots$	$\cdots$	$\cdots$		